城乡建设绿色发展下
装配式建筑施工与技术发展研究

徐丽娟　卯永升　主　编

U0345968

吉林科学技术出版社

图书在版编目（CIP）数据

城乡建设绿色发展下装配式建筑施工与技术发展研究 /
徐丽娟，卯永升主编 .-- 长春 : 吉林科学技术出版社，
2023.10
　　ISBN 978-7-5744-0912-5

　　Ⅰ . ①城… Ⅱ . ①徐… ②卯… Ⅲ . ①装配式构件—
建筑施工—研究 Ⅳ . ① TU3

中国国家版本馆 CIP 数据核字 (2023) 第 197972 号

城乡建设绿色发展下装配式建筑施工与技术发展研究

主　　编　徐丽娟　　卯永升
出 版 人　宛　霞
责任编辑　郝沛龙
封面设计　道长矣
制　　版　道长矣
幅面尺寸　185 mm×260 mm　　1/16
字　　数　340 千字
页　　数　389
印　　张　24.5
印　　数　1-1500 册
版　　次　2023 年 10 月第 1 版
印　　次　2024 年 2 月第 1 次印刷

出　　版　吉林科学技术出版社
发　　行　吉林科学技术出版社
地　　址　长春市净月区福祉大路 5788 号
邮　　编　130118
发行部电话 / 传真　0431-81629529　81629530　81629531
　　　　　　　　　　 81629532　81629533　81629534
储运部电话　0431-86059116
编辑部电话　0431-81629518
印　　刷　三河市嵩川印刷有限公司

书　　号　ISBN 978-7-5744-0912-5
定　　价　75.00 元

前　言

　　随着全球人口的快速增长和城市化进程的加速推进，传统建筑施工方式已经无法满足迅速增长的住房需求以及对环境友好的要求。传统建筑施工过程中产生的大量噪声、污染和浪费现象已经成为社会发展和可持续发展的阻碍。在当今社会，城乡建设正迎来绿色发展的时代，装配式建筑作为一种可持续、高效、环保的建筑模式，日益受到广泛关注与应用。装配式建筑作为一种全新的建筑理念和技术，通过工厂化生产和模块化设计，使建筑施工变得更加高效、质量可控、资源可持续利用，并极大地减少了对环境的影响。

　　基于此，本书以"城乡建设绿色发展下装配式建筑施工与技术发展研究"为题，首先，探讨了城乡绿色发展的理论范式，城乡建设绿色发展的技术体系；其次，从城乡建筑绿色理念及施工、装配式建筑助力城乡建设绿色发展的角度展开深入讨论；再次，探究了装配式木结构设计与施工控制、装配式钢结构设计与施工管理、装配式混凝土建筑构件的生产、装配式混凝土建筑的施工技术、装配式装饰设计与施工管理；从次，分析了BIM技术在装配式建筑全生命周期的应用、BIM技术在装配式建筑中的具体应用；最后，对装配式建筑智慧管理体系发展展开多维探索（包括基于BIM与RFID技术的装配式建筑智慧管理体系、基于精益管理的装配式建筑智慧化管理体系发展）。

　　本书从城乡建设绿色发展的整体需求出发，将装配式建筑施工与技术发展和环境保护、可持续发展、资源利用等相关领域进行综合研究。通过对多个层面的分析和对比，为读者呈现一个全面而深入的视角。旨在为读者提供关于装配式建筑施工与技术发展的前沿知识、案例分析和实践经验，帮助读者深入了解这一领域的最新动态，并为城乡建设绿色发展提供宝贵的指导与启示。

　　本书共十二章，其中第一主编徐丽娟（兰州市建设稽查执法支队）负责第四章、第五章、第六章、第十章内容编写，计12万字；第二主编卯永升（兰州城市建设设计研究院有限公司）负责第二章、第七章、第八章、第十一章内容编写，计12万字；第一副主编张莉（兰州市建设稽查执法支队）负责第一章、第九章内容编写，计5万字；第二副主编毛炳（卵定集团有限公司）负责第三章、第十二章内容编写，计5万字；编委宋少华（兰州市政府投资项目代建管理办公室）、张玉（兰州路域产业综合开发有限公司）、龚雨鑫（兰州市墙体材料革新建筑节能中心）、裴浩（兰州市公有房屋管理中心）负责全书统稿。

笔者在撰写本书的过程中，得到了许多专家学者的帮助和指导，在此表示诚挚的谢意。由于笔者水平有限，加之时间仓促，书中所涉及的内容难免有疏漏之处，希望读者多提宝贵意见，以便笔者进一步修改，使之更加完善。

目 录

第一章　城乡绿色发展的理论范式

城乡绿色发展是一种理论范式，旨在实现城乡经济、社会和环境的协调可持续发展。本章从城乡绿色发展的概念及其维度、城乡绿色发展的核心观念分析、城乡绿色发展的理论体系结构三个方面具体阐释。

第一节　城乡绿色发展的概念及其维度

一、城乡绿色发展的概念与目标

(一) 城乡绿色发展的概念及辨析

1. "绿色" 的三个范畴

"为了解决生态危机，人类经过探索和实践，提出了绿色发展的概念。"[1] 一般而言，城乡空间中谈及的 "绿色" 有狭义、广义、中义范畴之分。

广义范畴的 "绿色" 指的是包含经济、社会、自然三个子系统的复合生态，强调三个系统的互动良性发展，最终实现三者的协同共生、整体最优。按照中央 "五位一体" 总体布局的要求，广义的 "绿色" 可拓展为 "经济、政治、社会、文化、生态" 五个维度的整体协同。由于广义的 "绿色" 涵盖全系统，如果将 "绿色" 作为政府专项工作或学术专业研究，无法将之与其他工作和研究区分，因此广义的 "绿色" 仅适用于全局性、综合性的绿色发展场景。例如，推动某城市的全面绿色发展、向全社会普及绿色理念等。

狭义范畴的 "绿色" 即自然生态，主要强调对自然生态的保护修复和城市园林绿化建设。由于城乡空间是一个复杂开放的巨大系统，资本、物质、能量、信息等可以在经济、社会、自然三个子系统中自由流动，经济、社会子系统的 "贡献" 可转化为自然生态子系统 "贡献"，同样，经济、社会子系统的 "消耗" 可转化为自然

---

① 赵平. 浅议绿色发展 [J]. 西部皮革，2018(20)：40.

生态子系统"消耗"。因此，如果不走计划经济的道路，只强调自然生态子系统中的"绿色"，就会因边界不"闭合"导致综合效益和子系统效益都难以实现最优，不是真正意义上的"绿色"方案，因此，必须提出广义范畴。

中义范畴的"绿色"概念，目的是在政府专项工作或学术专业研究的场景下，既形成一个与其他政府工作、学术研究有明显区别和边界的概念，又不仅限于"自然生态"这个无法"闭合"的狭窄领域。中义的"绿色"概念重点研究"人与自然和谐共生的问题"，重点空间为城乡生产生活及其关联地域，涵盖"生态、资源、环境、安全"四个领域。

2. 城乡绿色发展的概念

"统筹推进城乡建设绿色发展是实现共同富裕目标的基本遵循。"[①] 以中义范畴的"绿色"为基础，"城乡绿色发展"是采用较轻的生态扰动、较少的资源消耗、较小的环境影响和较低的安全风险的发展方式，实现较高的"五位一体"综合效益。它兼顾"生态、资源、环境、安全"的投入成本和"经济、政治、社会、文化、生态"的产出效益，探索在紧约束条件下实现社会主义现代化的高质量发展路径。

（1）生态低冲击。将城乡发展对所处自然生态系统的扰动控制在较小幅度，尽量多地维护既有生态平衡，保持生物多样性、重要物种数量及其栖居环境健康，又可实现城乡空间与所在自然地域生物群落的有机共存。

（2）资源低消耗。将用于实现城乡建设、运营和各类活动所消耗的资源、能源、人造资本维持在较小规模，能量转换和利用处于较高水平，严格控制不可再生资源、能源的消耗。

（3）环境低影响。将城乡代谢产生的土壤、水、大气、噪声、垃圾等废弃物及时处理，终端排放对环境的负面影响控制在较低限度，不得超出环境自我降解的能力。

（4）安全低风险。使城乡空间支撑体系能够防范重大灾害和安全事故，降低灾害和事故发生概率，发生灾害和事故后有快速响应能力，能将损失控制在较小幅度并较快恢复。

3. 城乡绿色发展相关概念辨析

（1）低碳。低碳是指较低的温室气体（二氧化碳为主）排放。理由是温室气体排放会导致全球气候变化和臭氧层破坏，进而导致自然灾害频发、人类聚居地不再适宜居住，危害人类生存环境和健康安全。

低碳体现了城乡绿色发展中"环境低影响"的导向，当用于控制含碳资源的使用时，体现了"资源低消耗"的导向。

---

① 李旭辉，王经伟. 共同富裕目标下中国城乡建设绿色发展的区域差距及影响因素 [J]. 自然资源学报，2023(2)：441.

（2）节能。按照世界能源委员会提出的定义，节能是指采取技术上可行、经济上合理、环境和社会可接受的一切措施，来提高能源资源的利用效率。

节能体现了城乡绿色发展中"资源低消耗"的导向。

（3）环保。环保即环境保护，指人类有意识地保护自然资源并使其得到合理的利用，防止自然环境受到污染和破坏，对受到污染和破坏的环境做好综合治理，以创造出适合于人类生活、工作的环境。治理环境污染的对象一般分为水、空气、土壤、固体废弃物。

环保体现了城乡绿色发展中"环境低影响"的导向。

（4）循环。循环指以物质和能源循环利用为特征的生产、生活模式。物质、能源在这个不断循环的过程中得到充分、持久的利用。

循环体现了城乡绿色发展中"资源低消耗"的导向。

（5）生态。生态是指生物在一定的自然环境下生存和发展的状态，也指生物的生理特性和生活习性。在城乡空间中，生态是指人与自然生态系统构成要素间平衡有序的发展状态。

生态体现了城乡绿色发展中"生态低冲击"的导向。

（6）绿化。绿化是指栽植防护林、路旁树木、农作物以及居民区和公园内的各种植物以改善环境的活动，如国土绿化、城市绿化、四旁绿化和道路绿化等。绿化对维持生态平衡、改善自然环境、塑造城市景观具有重要作用。

绿化体现了城乡绿色发展中"生态低冲击""环境低影响"的导向。

（二）城乡绿色发展的目标

城乡绿色发展的目标是通过绿色的规划、建设和管理方式，实现政治、经济、社会、文化、生态五个方面的协同发展，促进生态、农业和城镇空间的全面发展，以及过去、现在和未来的可持续发展。其核心是实现经济共荣、政治共治、文化共兴、社会共享和生态共生的"五共"目标。

第一，"经济共荣"是城乡绿色发展的重要目标之一。其主要目的是推动经济的活力和繁荣，实现全民共同富裕。在城乡绿色发展中，通过绿色的经济建设方式，促进产业的发展和就业的增加，提高人民的生活水平和幸福感。

第二，"政治共治"是城乡绿色发展的关键目标。意味着政府、市场和社会的多元共同治理，以党的领导为核心。通过政治建设的改革和创新，加强政府的职能和责任，构建更加公正、透明和高效的治理体系，实现全社会的参与和共同管理。

第三，"文化共兴"是城乡绿色发展的重要方面。意味着中华民族文化的复兴以及中西方文化的交融和共济。通过加强文化建设，保护和传承中华民族的优秀传统文化，促进不同文化之间的交流和融合，实现文化的多样性和共同繁荣。

第四，"社会共享"是城乡绿色发展的核心目标之一。意味着实现人人共享公平的发展机会和福利保障。通过加强社会建设，提供优质的教育、医疗、社会保障等公共服务，促进社会的公平正义，实现社会的和谐稳定和人民的幸福生活。

第五，"生态共生"是城乡绿色发展的根本目标。意味着实现人与自然的和谐共生，保护生态环境和可持续发展。通过采取对自然侵扰较少，甚至有益的建设活动方式，保护和修复生态系统，推动生态环境的改善和保护，确保人类社会与自然资源环境的可持续发展。

城乡绿色发展的目标侧重于人类社会与自然资源环境之间的相互作用和共生关系。通过采取绿色的规划、建设和管理方式，城乡绿色发展旨在创造城乡幸福的家园，以人民为中心，追求"生态、资源、环境、安全"投入和"经济、政治、社会、文化、生态"产出之间的综合效益最优解。

在城乡绿色发展中，注重保护和恢复自然生态系统，减少对自然的侵扰。通过可持续农业和生态旅游等措施，推动农业和生态环境的协同发展，促进农村地区的可持续发展和农民的增收。同时，注重城市的生态建设，加强城市绿地、生态公园和城市森林等生态空间的建设，提升城市居民的生活质量和幸福感。

城乡绿色发展还强调社会公平和公正。通过加强社会保障体系和公共服务设施建设，确保人民享有平等的发展机会和基本的福利保障。此外，加强教育、医疗、文化等社会事业建设，提升社会发展的全面素质和人民的综合素养。

政府在城乡绿色发展中发挥着重要的作用。需要加强政府的规划和管理能力，推动绿色发展的战略和政策落地实施。同时，注重市场的引导和监管，促进绿色产业和创新技术的发展，推动经济的绿色转型和可持续发展。

二、城乡绿色发展的总体维度

（一）城乡绿色发展的空间维度

城乡绿色发展本质上是探讨人地关系。就承载地域所对应的空间层次而言，城乡绿色发展包括建筑、街区（乡村）、城市、区域、全球五个层次。

1.建筑

建筑是城乡空间的"细胞"，是最小尺度的空间层次。建筑层次强调在建筑全生命周期内，通过建筑功能和空间设计、建筑结构、建筑节材和节能、可再生循环材料利用、雨水回用系统、暖通空调与室内环境、智能化系统等方面实现建筑设计、建造、运行的绿色化。

2. 街区（乡村）

街区（乡村）是城乡空间的"组织"，是城乡居民日常生活的基本空间单元。街区（乡村）满足人们的居住和社会交往功能，同时起到保护环境、传承文化的基础性作用，要在社区生活圈尺度内研究生活服务、场所环境、人车组织、物质代谢、微气候、特色人文、物业管理等内容。按照城市功能，街区又可细分为居住社区、大学园区、创新街区、工业园区等不同类型。

3. 城市

城市是城乡空间的完整单元，一般指城市及其周边辐射的乡村地域。我国绝大多数地区实行市管县体制，为简化概念，此处的"城市"层次是指城市直接管辖的城乡地域，即市辖区的概念。

城市具有城区、乡村地区两种异质的基本聚集形态，有时还存在过渡地区（城乡接合部）。在城市和街区之间，可根据实际需要设置"分区""片区"层次，视为城市的"器官"，承担面向区域的专业功能和面向本地的综合功能。

4. 区域

区域是若干城市因相对紧密的经济社会生态联系形成的"联合体"。区域内各行政主体之间往往不是直接的上下隶属关系，其联合方式多以"协调"为主。协调主题可包括流域生态环境治理、产业链上下游关系、毗邻地区功能布局等。在区域资源环境条件日趋严格的背景下，可以通过上级政府主导来强化"统筹"。

5. 全球

全球是最大尺度的空间层次。全球层次的绿色发展，应着眼于人类生存发展面临的共同挑战，包括全球气候变化、能源和水资源短缺、粮食安全、热带雨林破坏、环境污染、土地沙漠化、生物多样性破坏等突出问题，通过国际合作，分担责任和义务，共同实现可持续发展。

（二）城乡绿色发展的时间维度

城乡绿色发展不是某一个时间段的工作，而是覆盖"规划／设计—建设／更新—管理／运营"的全周期过程，每一个环节都会对综合效益产生影响。

1. 规划／设计阶段

在城乡绿色发展的时间维度中，规划／设计阶段扮演着关键的角色。尽管在这个阶段并不直接产生碳排放，但科学的规划却能带来最大的效益，而规划的失误则是最大的浪费。因此，规划／设计的科学程度将对后期管理和运营效率产生重要的影响。

在城乡绿色发展的规划／设计阶段，首要任务是制定可持续发展的目标和策略。

这需要综合考虑社会、经济、环境等多个因素，确保在城乡发展中平衡各方利益的同时，实现资源的高效利用和生态环境的保护。科学的规划应当基于准确的数据分析和全面的评估，借助模型和工具来预测和优化未来的发展格局。

一个科学的规划/设计还需要考虑长远的时间尺度。城乡发展是一个长期过程，规划者必须预见未来数十年甚至数百年的变化，并考虑如何在这个时间跨度内实现绿色发展。这需要注重可持续性，确保所做的规划不会对未来的发展造成不可逆转的损害。

在规划/设计阶段，应该强调基础设施的可持续性和低碳化。例如，在城市规划中，可以提倡公共交通系统的建设，以减少个人汽车的使用。同时，规划者应该考虑能源供应的可再生性，例如鼓励使用太阳能、风能等清洁能源，以减少对传统化石燃料的依赖。此外，规划/设计阶段还应该注重生态保护和恢复。规划者应该合理规划土地利用，保留和恢复自然生态系统，包括湿地、森林和草原等。这样不仅可以维护生物多样性，还能提供自然资源和生态服务，如水源保护和空气净化。

在规划/设计阶段，还应考虑社会参与的重要性。规划者应当与居民、利益相关方和专家进行广泛的沟通和合作，听取他们的意见和建议，以确保规划的科学性和可行性，提高居民对规划决策的接受度，减少后期实施中的阻力和纠纷。

规划/设计阶段还需要注重监测和评估机制的建立。只有通过定期的监测和评估，才能了解规划方案的实施情况和效果，并及时进行调整和改进。这可以帮助规划者及时发现问题并采取相应的措施，确保城乡绿色发展目标的实现。

2. 建设/更新阶段

在城乡绿色发展的时间维度中，建设/更新阶段是至关重要的。建设/更新阶段必然涉及资源环境的消耗过程，而绿色发展的目标在于从以下三个方面降低这种消耗的总量：

（1）绿色发展通过减少建设施工和建材生产、运输环节的资源环境消耗来实现。在传统的建设过程中，大量的资源被用于建筑施工和建材生产，同时还需要耗费能源进行运输。而在绿色发展的理念下，我们可以采取一系列措施，如推广使用节能环保的建筑材料、推动绿色施工技术的应用，以及优化物流运输等，从而降低资源和能源的消耗。

（2）绿色发展还通过提高建筑和设施的寿命来降低建设过程中的资源环境消耗。传统建筑和设施在使用一段时间后常常需要进行大规模的修缮或重建，这不仅浪费了大量的资源和能源，还对环境造成了不必要的压力。而在绿色发展中，我们可以采用更加耐久和可持续的建筑材料，提高建筑和设施的寿命，从而减少在建设过程中分摊到总寿命期内的年均资源环境消耗。

（3）绿色发展追求从大规模拆除和重建到有机更新的方式，以降低更新过程中的资源环境消耗总量。传统的城市更新往往采用大拆大建的方式，导致大量的建筑物被拆除，同时也浪费了大量的资源。而有机更新则更加注重保留和改造现有建筑和设施，尽可能减少资源的浪费和环境的破坏。这包括通过改造和再利用现有建筑，提升其能源利用效率和环境适应性，以及引入可持续发展的理念和技术，实现城市更新的绿色发展。

3. 管理 / 运营阶段

城乡绿色发展的时间维度可以从管理 / 运营阶段来考虑。在管理 / 运营阶段，绿色发展涉及多个时间维度，包括短期、中期和长期。

（1）短期。绿色发展在短期内注重的是对资源环境消耗的控制和减少。这包括改善能源使用效率，减少能源浪费，采用清洁能源替代传统能源，降低排放量，促进循环经济和废弃物处理的可持续性。在这个阶段，绿色技术创新和管理创新的推广和应用起到关键作用。

（2）中期。在中期，绿色发展的重点是实现资源环境消耗的平衡和自然生态的恢复。这包括推动产业结构的优化升级，减少污染物排放，改善生态系统健康，保护生物多样性，提高土地利用效率等。同时，建立健全的城乡规划体系，促进城市绿地和园林绿化建设，提高城市的生态环境质量。

（3）长期。长期的绿色发展目标是实现可持续发展，构建资源节约型、环境友好型社会。这包括推动经济发展与生态环境保护的协调发展，推动生产、生活方式的转型，培育绿色产业，提高绿色技术的创新能力和应用水平，建立低碳、循环、可持续的城乡发展模式。

（三）城乡绿色发展的体系维度

城乡绿色发展包括理论、法规、标准、评价、技术、示范等体系。我国的绿色城乡发展经历了长期的过程，各体系已经有了相对完善的基础。但在"生态优先、绿色发展"的新发展理念之下，各体系需要在既有基础上不断改进、优化和完善。

1. 城乡绿色发展的理论体系

城乡绿色发展的理论体系是一个由城乡绿色发展基本概念及其相关作用原理、机制、方法等构成的有机整体。这个理论体系包括了本体、支柱和外延理论等多个方面。目前的研究主要侧重于城镇和乡村的空间结构和功能布局，但未来应该向农业、生态空间以及生态、资源、环境和安全等领域拓展。

城乡绿色发展的基本概念是指在城乡一体化发展中，注重保护和恢复生态环境，提高资源利用效率，促进经济社会可持续发展的理念。这个概念强调了城乡发展中的绿色发展路径，即在追求经济增长的同时，保护自然生态环境，提高资源利用效率，并确保人民群众的生活质量和福祉。

城乡绿色发展的相关作用原理和机制主要包括生态系统服务、循环经济、低碳发展等方面。生态系统服务指的是自然生态系统为人类社会提供的各种生态产品和服务，如水源涵养、土壤保持、气候调节等。循环经济强调资源的回收再利用和循环利用，减少资源消耗和环境污染。低碳发展则是指通过减少温室气体排放和提高能源利用效率，实现经济发展和碳排放的分离。

在城乡绿色发展的实施过程中，需要采取一系列方法和措施来推动。这些方法包括建立健全的城乡规划体系，推进绿色建筑和低碳交通，发展循环农业和生态农业，推动生态城市和生态乡村建设等。这些方法的实施将有助于改善城乡环境质量，提高资源利用效率，促进经济社会可持续发展。

未来，城乡绿色发展的研究应该向农业、生态空间和生态、资源、环境、安全四个领域拓展。在农业领域，可以研究绿色农业技术和可持续农业模式，提高农业生产效率，减少农药和化肥的使用，保护农田生态环境。在生态空间方面，可以研究城乡绿色空间规划和生态景观设计，促进城乡绿色空间的合理布局和生态功能的发挥。在生态、资源、环境和安全领域，可以研究生态保护与恢复、资源循环利用、环境治理和安全风险管理等方面的问题，推动城乡绿色发展的全面实施。

2. 城乡绿色发展的法规体系

城乡绿色发展的法规体系对于规划、建设和管理活动具有重要的指导作用。它是由一系列相互支撑、互为补充的法定文件组成，包括法令、条例、规则和章程等，这些文件受到国家和地方权力的保护，并且为解决涉法纠纷提供准绳。目前的城乡绿色发展法规体系还需要在生态补偿、绿色激励、存量用地更新、资源市场化交易等领域进行增补。

（1）生态补偿是城乡绿色发展的重要组成部分。指的是对生态环境受损或破坏的补偿措施，旨在修复生态系统功能和生态环境质量。在法规体系中，应该明确生态补偿的标准、程序和责任主体，以保证生态补偿的有效性和可持续性。

（2）绿色激励是推动城乡绿色发展的重要手段。绿色激励可以通过财税政策、金融支持和市场机制等方式来鼓励和奖励环境友好型产业和行为。相关的法规政策应该建立和完善相应的激励机制，确保绿色激励的有效实施。

（3）存量用地更新也是城乡绿色发展的关键环节。存量用地更新指的是对已经利用的土地资源进行再利用和再开发，以提高土地利用效率和环境质量。法规体系应该明确存量用地更新的程序、标准和监管要求，为存量用地更新提供合法的依据和规范。

（4）资源市场化交易是城乡绿色发展的重要支撑。资源市场化交易是指通过市场机制对自然资源的配置和交易进行管理，促进资源的高效配置和可持续利用。在法规体系中，应该制定相应的法规政策，规范资源市场化交易的流程和规则，提高资源配置的市场化水平。

3. 城乡绿色发展的标准体系

城乡绿色发展是指在城乡发展过程中，以保护生态环境、提高资源利用效率和促进人与自然和谐发展为核心，推动经济社会可持续发展的一种发展理念和路径。为了实现城乡绿色发展，需要建立一套科学完整的标准体系，以引导和规范城乡绿色发展的各项工作。下面将从目标导向、生态保护、资源利用、环境治理和社会参与五个方面，展开对城乡绿色发展标准体系的阐释。

（1）目标导向是城乡绿色发展标准体系的基础。城乡绿色发展的目标应该是在保护生态环境的前提下，实现经济发展、社会进步和人民福祉的统一。标准体系应当明确城乡绿色发展的总体目标和阶段性目标，并制定相应的评价指标和考核机制，确保各项工作朝着绿色发展的目标稳步推进。

（2）生态保护是城乡绿色发展标准体系的重要内容之一。标准体系应当确保城乡开发建设过程中的生态环境不受破坏，并促进生态系统的恢复与保护。其中包括保护自然生态系统的完整性和多样性，保护水资源、森林资源、土壤资源等重要生态资源，提升生态环境质量，减少生态风险，促进生态文明建设。

（3）资源利用是城乡绿色发展标准体系的核心内容之一。标准体系应当鼓励和规范高效利用资源的技术和模式，推动资源的节约与循环利用，减少资源消耗和浪费。这包括推广清洁能源利用，发展循环经济，推进绿色生产和消费方式，优化资源配置和利用效率，实现资源的可持续利用。

（4）环境治理是城乡绿色发展标准体系的重要内容之一。标准体系应当规范和推动城乡环境治理的各项工作，包括大气污染治理、水污染治理、土壤污染治理等方面。标准体系应当建立完善的环境监测、评估和管控机制，加强环境污染源的管理和减排措施的落实，保障城乡环境质量和人民身体健康。

（5）社会参与是城乡绿色发展标准体系的重要保障。标准体系应当鼓励广大市民、企业和社会组织参与城乡绿色发展的规划、决策和实施过程，促进社会共治和共建绿色发展的良好环境。标准体系应当建立健全的信息公开和参与机制，增强公众环保意识，推动绿色发展理念深入人心，确保公众对城乡绿色发展进展的监督和评价。

4. 城乡绿色发展的评价体系

城乡绿色发展的评价体系是一个包含若干相对独立但相互联系的指标集合，旨在分析和评估城乡绿色发展的质量状况。该评价体系对于城市体检评估以绿色发展为主题、新城新区建设、老城更新改造、运营动态监测，以及行政绩效考核等方面具有重要的参考价值。城乡绿色发展的指标体系应该根据本书提出的"绿色"概念为构架，体现出对生态环境的低冲击、资源消耗的低程度、环境影响的低程度以及安全风险的低程度的控制和引导目标。

需要强调的是，"绿色"的本质在于城乡绿色发展的主体对外部环境不断变化的适应能力。因此，无法用统一的标准数值来衡量绿色城市的发展程度，必须选取适应当地自然环境和符合当地社会经济条件的管控标准作为评价指标。城乡绿色发展的评价体系应当综合考虑以下四个方面的指标：

（1）生态环境方面的指标是评价城乡绿色发展的重要内容之一。包括保护和恢复生态系统的能力，减少环境污染和生态破坏的程度，促进生态平衡的能力等。这些指标可以涉及空气质量、水资源管理、土壤保护、生物多样性保护等方面。

（2）资源利用方面的指标是评价城乡绿色发展的重要考量。包括能源消耗、水资源利用效率、土地利用效率等方面的指标。评价体系应该关注城乡发展过程中是否合理利用资源，以及是否有效地减少资源消耗和浪费。

（3）环境影响方面的指标应该被纳入城乡绿色发展的评价体系中。包括对环境的影响程度、环境容量的掌控能力、环境风险的预防能力等。评价体系应该关注城乡发展对周边环境的影响，并确保发展过程中环境质量得到有效的保护和改善。

（4）安全风险方面的指标是评价城乡绿色发展的重要考虑因素。包括自然灾害的风险防范能力、环境健康安全管理能力等方面的指标。评价体系应该关注城乡发展过程中是否能够有效预防和减少安全风险，并确保居民和环境的安全。

5.城乡绿色发展的技术体系

城乡绿色发展的技术体系是指一套完整的技术方案和方法，旨在实现城乡环境的绿色化和可持续发展。这个技术体系包含了各种分析评估方法、规划布局原理以及相关的技术、工艺、装备和流程等。它可以被看作一个庞大的工具包，为城乡发展提供了多种可供选择的解决方案。

在城乡绿色发展中，技术集成起着至关重要的作用。通过对城乡环境进行综合分析评估，可以了解问题的本质和规模，为制定合理的发展策略提供依据。在这个过程中，规划布局原则是指在城乡规划中考虑生态环境和可持续发展的原则，如合理利用土地资源、保护自然生态系统、优化城市布局等。这些原则可以指导城乡发展的方向和方式，确保绿色发展的实现。

此外，城乡绿色发展的技术体系还包括一系列相关的技术、工艺、装备和流程。这些技术可以应用于城乡的不同领域，包括能源、水资源、废弃物管理、环境监测等。采用清洁能源技术，如太阳能、风能等，可以减少对传统能源的依赖，降低能源消耗和排放。在水资源管理方面，可以应用雨水收集技术和水资源循环利用技术，实现水资源的高效利用。废弃物管理方面，可以采用垃圾分类、资源回收利用等技术，减少废弃物对环境的污染。

在实施城乡绿色发展技术体系时，需要根据具体的地区和问题来选择合适的技术方案。技术人员扮演着诊断城市问题的角色，需要因地制宜、对症下药地选择适合的解决方案。城市和乡村的发展现状、自然资源的分布、经济条件等都是选择技术方案的考虑因素。因此，技术体系并不是建设绿色城市的充分条件，也不是必要条件，而是一种可供选择的方法。

6. 城乡绿色发展的示范体系

建立城乡绿色发展的示范体系，旨在探索和推广一套可行的经验和方法，以实现经济、社会和环境的协同发展，打造美丽宜居的城乡环境。

（1）城乡绿色发展示范区是推动城乡一体化发展的重要平台。政府可以选择一些具备发展潜力和示范价值的城市和农村地区，充分发挥其资源优势和区位条件，全面推进生态文明建设，提升经济发展水平和环境质量。这些示范区应当成为政策创新、科技创新、管理创新的试验田，形成可复制、可推广的经验，为其他地区提供借鉴。

（2）城乡绿色发展的核心是生态保护，包括保护水资源、土地资源、森林资源、生物多样性等。政府应当加大力度推进生态环境保护，建立健全生态保护红线制度，加强环境监测和治理，推动生态补偿机制的建立，保护生态系统的完整性和稳定性。同时，鼓励农村地区发展生态农业，推广有机农业和循环农业，减少农药和化肥的使用，提高农产品的质量和安全性。

（3）绿色产业是城乡绿色发展的重要支撑，其可以促进经济增长、创造就业机会和改善人民生活水平。政府应当制定支持政策，吸引和引导绿色产业的发展，推动产业结构的升级和优化，推广清洁能源和节能环保技术，推动循环经济的发展，培育绿色企业和绿色就业。

第二节　城乡绿色发展的核心观念分析

核心观念是人们对城乡绿色发展总的看法和根本观点，它决定了对这一问题的认知高度。

全球人类文明史是循环演进的。东方农业文明体现了生产力水平不足时人类顺应自然的智慧；西方工业文明体现了生产力水平提高后人类改造自然的能力。在步入生态文明时代的今天，城乡绿色发展有必要在响应世界可持续发展进程中，从以中国为代表的东方文明中汲取营养，复兴传统生态智慧，构建有中国特色的、适应现代化进程需求的城乡绿色发展理论，回应现代化建设需求，谱写中国特色的生态文明篇章。

中国传统生态智慧，历经数千年中华文化传承和城市建设实践，其思想核心是建立人与自然和谐统一的关系。它统合在儒、道、佛等思想流派中，以"天人合一""道法自然""众生平等"等为基本精神，诠释着朴素的生态伦理和哲学。有别于西方以"还原论""物竞天择""改造世界"为特点的自然哲学，中国传统生态智慧表现为"整体""共生""适应""永续"为特征的绿色发展观念。

一、城乡绿色发展的整体观

城乡绿色发展的整体观是指在城乡统筹的基础上，以可持续发展为目标，注重整体性、系统性和综合性，以实现经济、社会和环境的协同进步。在城乡绿色发展的整体观中，要重视以下五个方面：

第一，注重资源的合理利用。城乡绿色发展要推动资源的高效利用和循环利用，减少资源的浪费和污染。在城市中，可以通过发展循环经济、提高能源利用效率、推广清洁能源等方式来实现资源的有效利用。在农村地区，可以加强农田水利建设，提高灌溉水利效益，合理规划土地利用，推进农业资源的可持续利用。

第二，注重生态环境的保护和改善。城乡绿色发展要坚持生态优先、绿色发展的理念，保护生态环境，修复生态系统，提高生态系统的抗干扰能力和恢复能力。在城市中，可以加强城市绿地建设，提升空气质量，改善水环境，加强垃圾处理和污水处理等工作。在农村地区，可以加强农田水土保持，保护生态农业，加强农村环境卫生建设，提高农村生活环境的质量。

第三，注重经济的可持续发展。城乡绿色发展要以经济发展为基础，实现经济效益、社会效益和环境效益的有机结合。可以通过发展生态旅游、环保产业、绿色农业等方式，推动绿色产业的发展，提高经济的竞争力和可持续发展的能力。同时，要注重解决城乡发展不平衡不充分问题，促进城乡经济的协同发展。

第四，注重人民群众的生活质量和幸福感。城乡绿色发展要以人民群众的福祉为中心，提高人民群众的生活质量和幸福感。可以通过改善城市基础设施，提供优质公共服务，提升城市居民的居住条件和生活品质。在农村地区，可以加强农村教育、医疗、养老等基础服务，提高农民的收入水平和生活条件，实现城乡居民的共同发展。

第五，城乡绿色发展的整体观要求各级政府、企事业单位和社会组织共同参与，形成合力。政府要加强宏观调控，制定相关政策和规划，提供支持和引导，推动城乡绿色发展。企事业单位要履行社会责任，加强环境保护和资源节约，推动绿色生产和绿色供应链建设。社会组织要发挥积极作用，组织和参与各类绿色发展活动，推动社会参与和共治。

二、城乡绿色发展的共生观

城乡绿色发展的共生观是指在城市和农村发展中，追求经济发展的同时注重生态环境保护和资源可持续利用的理念。这一理念旨在实现城乡之间的和谐共生，促进人与自然的和谐发展。

随着城市化进程的加快，城市和农村之间的差距不断缩小，城乡一体化发展成为当今社会发展的重要趋势。然而，传统的城市发展模式往往忽视了对生态环境的保护和农村资源的可持续利用，导致生态环境破坏和资源浪费问题日益突出。因此，城乡绿色发展的共生观应运而生。

城乡绿色发展的共生观强调了城市和农村相互依存、相互促进的关系。在城市发展中，应注重节约资源、保护环境的原则，推动绿色经济的发展。例如，在城市规划中，应采用可持续发展的理念，合理利用土地资源，提高土地利用效率，减少土地的浪费。同时，应大力发展清洁能源和低碳技术，减少能源消耗和环境污染。此外，城市还应建设更多的绿地和公园，提高城市生态环境质量，为居民提供良好的生活环境。

与此同时，农村地区也应加强绿色发展，实现农业可持续发展和生态环境保护。农村地区是生态系统的重要组成部分，保护农村生态环境对于整个社会的可持续发展至关重要。农村应积极推动有机农业的发展，减少农药和化肥的使用，提高农产品的质量和安全性。此外，农村还应大力发展农村旅游和生态农业，促进农民增收和就业。通过这些举措，可以有效保护农村的生态环境，提高农民的生活质量。

城乡绿色发展的共生观强调了城乡发展的协调性和可持续性。通过推动城乡一体化发展，可以实现资源的优化配置和生态环境的协调发展。同时，城乡绿色发展的共生观也需要政府、企业和公众的共同参与和支持。政府应制定和实施相关政策，提供资金和技术支持，引导城乡绿色发展的方向。企业应加强环境保护意识，积极推动绿色生产和绿色供应链建设。公众应增强环保意识，积极参与城乡绿色发展，采取节能减排、垃圾分类等行动，为绿色发展贡献力量。

三、城乡绿色发展的适应观

城乡绿色发展是指在城市和农村地区，以环境保护和可持续发展为导向，推动经济增长与生态平衡相协调的发展模式。它强调资源的合理利用、环境的保护和生态系统的恢复，旨在实现经济、社会和环境的协同进步。城乡绿色发展的适应观是指人们对城乡绿色发展的适应态度和行为。

城乡绿色发展的适应观需要从多个方面进行考虑：

第一，城乡居民应加深对绿色发展的认识和理解，认识到绿色发展对于实现可持续发展的重要性。他们应该了解资源的有限性和环境的脆弱性，并意识到过度开发和污染对经济和生活的长远影响。

第二，政府和决策者应该加大对城乡绿色发展的支持力度。他们应该制定并实施相关政策和措施，鼓励和引导人们采取绿色生产方式和消费行为。政府还应加强环境管理和监测，确保资源的可持续利用和环境的健康。

第三，企业和产业界应积极参与城乡绿色发展。他们应该将环境保护和可持续发展纳入企业的发展战略中，推动绿色技术和创新的应用，减少资源的消耗和环境污染。企业还可以通过与当地社区合作，推动绿色就业和可持续农业的发展，促进城乡居民的收入增长和生活质量的提高。

第四，教育和宣传是城乡绿色发展适应观的重要组成部分。人们需要接受环境教育，了解环境问题的严重性和解决方法，培养绿色生活方式和环境保护意识。媒体和社会组织可以通过宣传和倡导活动，提高公众对城乡绿色发展的关注和参与度。

第五，城乡绿色发展的适应观需要注重平衡和协调。城市和农村地区之间存在着差异，需要根据各地的具体情况和需求制定相应的发展策略。在城乡协调发展的过程中，要保证资源的合理配置和效能利用，避免过度集中和浪费。同时，还需要注重社会公平和民生福祉，确保城乡居民都能分享城乡绿色发展的成果。

四、城乡绿色发展的永续观

城乡绿色发展是一种永续发展的观念，旨在实现城市和乡村的协调发展，以保护环境、提高人民生活质量和推动经济增长。这一理念的核心是在保护和改善自然环境的基础上，促进经济的可持续发展，提高居民的生活品质，并创造更加美丽宜居的城乡环境。

城乡绿色发展强调生态环境保护和资源可持续利用，追求人与自然的和谐共生。它注重建设生态文明，倡导绿色生活方式和绿色生产方式，努力减少对自然资源的消耗和对环境的破坏。通过推动清洁能源的使用、节约能源的措施和循环经济的发展,可以减少污染物的排放,降低碳排放,实现能源的可持续利用。

在城乡绿色发展的过程中,重视保护和恢复生态系统的功能。通过建设城市绿地、乡村林网和湿地保护区等生态空间,可以改善环境质量,提供生态系统服务,增强生态系统的稳定性和适应性。此外,城乡绿色发展还鼓励保护和恢复自然生态系统,保护珍稀濒危物种的栖息地,推动生物多样性的保护。

城乡绿色发展还强调人民群众的参与和社会的协同。它倡导公众参与环境保护和生态建设,加强环境教育和宣传,增强公众的环境意识和保护意识。通过建立城乡绿色发展的示范区和社区,激发居民的环保热情,形成人人参与、人人共享的良好氛围。

实施城乡绿色发展需要政府、企业和社会各方的共同努力。政府应加大投入,制定相关政策和法规,提供资金和技术支持,推动城乡绿色发展的实施。企业应加强环境管理,推动绿色生产,推广节能减排技术,实现经济效益和环境效益的双赢。社会组织和公民应积极参与城乡绿色发展的行动,共同推动绿色发展理念的落地。

城乡绿色发展的永续观念对于实现可持续发展目标至关重要。通过保护环境、改善生态系统、促进经济增长和提高居民生活质量,城乡绿色发展可以为人们创造一个更加美丽宜居的城乡环境。这种发展方式注重平衡人类需求和自然资源的利用,通过可持续的方法保护地球生态系统,确保资源在未来世代中得到有效利用。

城乡绿色发展倡导绿色生产和绿色生活方式,通过减少污染物排放、推动可再生能源利用和提倡节约能源的措施,减少对环境的负面影响。同时,强调了生态系统的保护和恢复,通过建设绿地和湿地保护区,保护濒危物种和增加生物多样性,实现生态系统的健康运行。

城乡绿色发展需要广泛的参与和合作。政府在制定相关政策和法规的同时,应提供资金和技术支持,引导城乡绿色发展的实施。企业在绿色生产和环境管理方面承担重要责任,应加强环境监管、推广可持续技术和创新,并与政府、社会组织和公民共同努力,实现绿色发展目标。公民和社会组织应增强环境保护意识,参与城乡绿色发展行动,共同创造绿色、可持续的未来。

第三节　城乡绿色发展的理论体系结构

一、城乡绿色发展的本体理论

支柱理论阐述四个紧约束条件的规律及其与城乡空间的互动关系,为本体理论提供"绿色"支撑，并与外延理论交叉互动产生丰富的理论分支。

外延理论阐述有利于实现城乡绿色发展的经济、治理、文化、社会模式，为本体理论和支柱理论提供外部体制机制支撑。

(一) 城乡聚居理论的概念

城乡聚居理论是关于城市和乡村人类居住形式的理论框架。城乡聚居是现代社会中为了便于生活和生产而广泛形成的在城市和乡村集中居住的方式。这一理论包括两个核心概念：聚居的内容和聚居的容器。

聚居的内容，指的是城乡地区的居民以及他们所从事的经济和社会活动。无论是在城市还是乡村，人们都生活在特定的社会环境中，并从事各种各样的职业和活动。城市和乡村居民之间的生活和生产方式可能存在差异，但都构成了城乡聚居的内容的一部分。这些内容是城乡聚居中相对变化的部分，随着时间的推移可能会发生变化。

聚居的容器，指的是城市和乡村的有形场所及其周围的环境。城市和乡村的容器由自然和人工元素组成，包括建筑物、交通设施、公共空间、农田等等。这些容器为城乡居民提供了物质基础，为他们的生活和生产活动提供了场所和资源。城市和乡村的容器相对稳定，不易改变，但随着社会和经济的发展，也可能会发生相应的变化。

城乡聚居理论认为，城市和乡村的居住形式是人类社会根据不同的需求和目标而形成的。城市和乡村之间存在着相互联系和相互影响的关系，城乡聚居既反映了人们对于生活便利和经济发展的追求，也反映了自然和地理条件对于居住形式的制约。城乡聚居的理论研究可以帮助我们更好地理解城市化和农村发展的过程和特点，为城乡规划和社会发展提供理论指导。

(二) 城乡聚居理论的基本属性

城乡聚居是以城市、乡村或者城乡融合形态为载体的聚居形式，是自然力量和人类力量共同作用的产物；是动态发展的有机体。其决定和影响聚居演变的要素众多，需要协同推进。

第一，人类聚居。城乡聚居的主体是人，既要满足人类个体需求，也要符合群体生存发展需要。人类是地球最高级的生物体，人类聚居是高度复杂的生物群组织形式，有特殊的发展需求和组织方式，具有多种表现形式。

第二，由自然力量和人类力量共同作用而形成。城乡聚居的进化过程既可以在人类的引导下不断调整改变，也受自然演变规律的制约，是一个开放的系统。

第三，动态发展。城乡聚居总是处在运动中，不断革新和变化，过去、现在和未来密切联系，不同的阶段具有不同的特征。时间使得城乡聚居的形态、规模、结构、功能具有不同的表现内容。

第四，协同推进。城乡聚居的演变，需要各组成城乡发展的要素协同联动，在总体演进中实现动态平衡。因而需要从整体上将各种现象联系起来认识，需要多学科协同研究和决策。

第五，不同程度的自组织、自适应现象。各类城乡聚居具有内生发展演变动力，能因环境变化调整适应。这一点在自发形成的传统城乡聚居中尤为明显，现代城乡聚居大多有严格的规划建设管理措施，对个体建造活动有严格限定，但从不同层级的规划、建设、赋权等方面，仍展现出一定规则下的组织和自适应特征。

(三) 城乡聚居理论的系统构成

对应人的不同需求，城乡聚居从内容上可以划分为场所和空间、支撑、经济、社会、自然五大系统，每个系统可以进一步分解为若干子系统。五大系统中，经济系统、社会系统是人类活动及在活动中形成的关系，自然系统是维持人类活动的自然基础，场所和空间系统、支撑系统是人工创造的物质环境。在任何一个聚居环境中，五大系统围绕人的需求共同构成城乡聚居系统，它们相互联系并具有独立的体系。

第一，场所和空间系统。场所和空间系统是指人们在从事生产生活各项活动时，需要使用的物质环境实体和空间，一般有具体的功能。例如，用于居住的住宅，用于商业服务的超市、商场，用于工业生产的车间，用于物流的仓库等。

第二，支撑系统。支撑系统是指各类基础设施，包括交通、能源、给水排水、通信、网络、防灾设施等物质环境。它为城乡活动提供支持，把不同单元连接成为整体，是其他系统得以正常运行、发挥作用的基本保障。

第三，经济系统。经济是价值的创造、转化与实现。城乡聚居的经济系统是指城乡生产、流通、分配和消费过程中创造、转化与实现价值的经济元素的有机整体。它决定了城乡基本生产水平。

第四，社会系统。社会是由人所形成的集合体，是人们在相互交往和共同活动的过程中形成的相互关系。城乡聚居的社会系统是人们在城乡相互交往和共同活动的过程中形成的政治、文化等关系的有机集合，如公共管理和法律、社会关系、人口趋势、文化、社会分化、健康和福利等。城乡聚居社会系统由个体的人组成，个体居民的心理、行为等需求是构成社会系统的基本要素。

第五，自然系统。自然系统是指城乡聚居所处地域的气候、水文、地质、植物、动物、土壤、资源、地形等非人工的客观世界集合，它是城乡活动的自然界基础。

（四）城乡聚居理论的研究方法

城乡聚居研究是对一个开放的复杂巨系统求解的过程。复杂巨系统的特征主要表现在高阶次、多回路、非线性以及子系统的数量巨大、类别繁多、多重反馈、结构复杂上，不能简单做认识上的叠加，它们相互关联甚至互为前提，因此，必须考虑事物的联系，综合使用多学科研究方法，并且与城乡发展联系起来。

复杂巨系统的研究方法，即各有关学科综合在一起，先把问题找出来，以问题为导向进行求解，在此基础上进行综合。具体可体现为以下五个要点：

第一，以问题为导向，抓住要害、化繁为简。由于城乡人居涉及的领域驳杂，如果不对研究对象加以限定，有限的资源很容易迷失在研究的海洋里。因此，应明确城乡聚居表现突出的问题，通过剖析其涉及诸多方面和内容、过程，简化为可以把握的若干重点，抓住要害进行研究，使复杂问题"博"而"约"，保持研究的聚焦和投入的可控。

第二，寻找基础性规律，大胆假设、小心求证。城乡聚居问题具有复杂的层次。通过表面现象得出的规律往往不足以解释城乡聚居演变的内在逻辑，需要抽丝剥茧，探索更为基础性的规律。这需要研究者对城乡活动的本质有所认识，有时要上升到哲学层面，对习惯性观点、措施提出质疑和思考，创新性地提出"假设"，并通过细致审慎的研究对"假设"加以求证。通过清晰地思考、推理和论证，得到更为本质的规律性的认知，从而得出科学的结论。

第三，多学科集成，综合认知、有限求解。城乡聚居问题的复杂性需要多学科合作，不同学科反映着城乡聚居问题不同侧面的特点、规律，它们相互叠加、印证才能展现城乡聚居问题的实质和全貌。在研究初期，不同学科在明确问题后适宜平行开展研究，以保持学科专业性。形成一定研究成果后，在研究的中间阶段，需要通过学科间不断交叉整合，逐渐建立对问题的完整认知。通过行之有效的研究和工作组织方法建立起多学科之间和多个工作部门之间的相关性关系，弄清庞大系统中各子系统之间的相互作用和影响，从而使研究决策的思维方式更贴近于现实世界，解决问题的方案更具综合性和广泛的利益协调性。

在透彻把握城乡聚居问题后，可以着手研究解决问题的方案。就城乡聚居问题的复杂性而言，相应方案也不宜追求全盘解决，而是根据工作阶段和重点有限度的制定，推动关键问题在未来一段时间内获得良好解决，从而实现城乡聚居水平的螺旋式上升。

第四，定性、定量相结合。定性是指把科学理论、经验知识和专家判断力相结合，提出经验性假设（判断或猜想）；定量是指用经验性数据、资料和有大量参数的模型对这些定性认识的确实性进行检测。定量模型必须建立在对经验和系统的切实理解上，经过定量计算、反复对比后形成结论，使定性认识上升到定量认识。通过这个过程，研究结论不再仅仅是先验判断和猜想，还是有足够科学根据的结论。这种方法将专家群体、数据和各种信息与计算机技术有机结合起来，形成一个研究系统，并发挥出这个系统的整体和综合优势。

第五，借鉴横断科学研究成果。横断科学是各门自然科学、技术科学乃至社会科学能共用的一门科学，它与边缘科学、综合科学等新学科在20世纪下半叶出现，使得现代科学在高度分化的同时高度综合，加强了科学体系结构的整体化趋势。

不同学科由于具有共同的属性或共同的内在联系形式，形成了从不同的角度研究同一对象的体系，从中提升出一种新的更抽象的学科，即横断科学，比如逻辑学、老三论（系统论、信息论、控制论）和新三论（耗散结构理论、突变论、协同论）。横断科学的理论和方法具有跨学科的共同属性，从许多物质结构及其运动形式中抽出某一特定的共同方面作为研究对象，其研究对象横贯多个领域甚至一切领域，为许多理论的突破创新提供了方向，超循环论、分形理论和混沌理论都借鉴了横断科学的观点。它脱离了"还原论"和线性思维的特征，形成了一个"复杂性科学"的新兴学科群，孕育着源头性的创新。

城乡聚居理论领域容纳多学科，综合性很强，但也容易落在某个或某几个学科的特定研究框架内，忽略跨学科的共同属性和规律。而横断科学打破了学科间的藩篱，提供了认识事物发生、发展规律的新视角，对于分析、研判城乡聚居特征，进而把握其发展趋势往往具有启示性价值。例如，突变理论是研究自然界和人类社会中不连续现象的数学分支，它结合事物状态变化的临界点、临界点附近非连续性态特征、不连续现象的理论分析和观察资料进行建模，从而对不连续现象的机理做出预测，因而在说明事物质变的方式上具有独特优势。突变理论用于城乡聚居后，可以解释诸如结构调整、门槛、强度控制等问题。

二、城乡绿色发展的支柱理论

（一）城乡生态理论

城乡绿色发展的生态理论是关于人类城乡聚居单元与自然环境之间相互作用的理论。其基础学科有生态学、生物学、地理学等。

城乡生态关注各个生态要素的综合平衡，关注不同尺度生态单元的保护和恢复生物多样性，注重维持生态系统结构、功能和过程的完整性，强调构建和维护城乡生态安全格局，使城乡生态进入良性循环，追求人与自然和谐发展，形成有机、可持续的关系。

1. 城乡生态理论的基本概念

（1）有机体。有机体包括个体、种群、生物群落、生态系统和生物圈五个层次，有机体的复杂性随着层次的提高而增加。

第一，个体是最低层次，具备从环境中获得资源并将资源分配给维持、生殖、修复、保卫等方面的进化和适应对策。

第二，种群是栖息在某一地域中同种个体组成的群体，具有一系列群体特征。

第三，生物群落是栖息在同一地域中的动物、植物和微生物的复合体，由不同类别的种群构成，具有新的外貌、结构、动态、多样性、稳定性等群体特征。

第四，生态系统是同一地域中生物群落和非生物环境的复合体。

第五，生物圈是指地球上全部生物和一切适合于生物栖息的场所，包括岩石圈上层、水圈全部和大气层下层，对应全球性问题。

（2）种间关系。生物活动会改变所栖息的环境。当一些生物个体进入其他个体生活中时，会发生相互作用。这些相互作用大致可以分为竞争、捕食、寄生、互利共生和腐食。种间关系是理解生态系统的群落结构、食物链、物种角色和地位的基础。

（3）进化和演替。生态进化是生命系统适应于环境系统改变而在同一层次上发生的一系列可遗传的变异，生态进化的过程是通过遗传信息的逐代改变而产生生态适应的过程。生态演替是指随着时间的推移，生物群落中一些物种侵入，另一些物种消失，群落组成和环境向一定方向产生有顺序的发展变化，通常以一定区域为对象。

（4）生态系统服务。按照联合国"千年生态系统评估"所提供的定义，生态系统服务是指人类从生态系统获得的各种惠益，包括：在提供食物和水等方面的供给服务，在调控洪水和疾病等方面的调节服务，在提供精神、消遣和文化惠益等方面的文化服务，在养分循环等方面维持地球生命条件的支持服务。生态系统的各种服务之间密切关联，任何一种生态系统服务的变化，将影响其他服务的状况。

（5）生态修复。生态修复是利用生态系统的自我恢复能力，辅以人工措施，使受损生态系统逐渐恢复到受损前的状态。

它具有三个特点：①严格遵循循环再生、和谐共存、整体优化、区域分异等生态学原理；②影响因素多而复杂；③生态学、物理学、化学、植物学、微生物学、分子生物学、栽培学和环境工程学等多学科交叉。

2. 城乡生态理论的基本理论

（1）生态适宜性理论。生态适宜性即某一特定生态环境对某一特定生物群落所提供的生存空间的大小及对其正向演替的适宜程度。

这一概念目前已经在生物对环境条件的适合性测度、种间竞争、群落结构、物种多样性保护、种群生存力分析，以及资源利用等方面得到广泛应用，成为寻求与自然和谐、资源潜力相适应的资源开发方式与社会经济发展途径的一种基本指导思想。

生态适宜性理论认为，自然界不同种类的生物基于互惠关系而共同生活在一起，任何生物的生长和发育都会受到周围生态环境或生态条件的制约和限制，并且只能生活在一定的环境梯度范围内。在这种生态环境条件下，生物种群能够保持着最大的生命活力、生产力和稳定性。

（2）生物多样性理论。生物多样性即生物及其环境形成的生态复合体，以及与此相关的各种生态过程的总和，是生物资源丰富多样的标志。生物多样性包括植物、动物和微生物的所有物种和生态系统，以及物种所在生态系统中的生态过程。

生命自产生以来，生存环境一直处在不可逆地向着多维化方向发展变化中，为生物多样性提供了环境基础。个体、种群间互为环境，形成的生态系统也进一步加大了环境的多维化。而生物自身的多样化，使得单个个体本身的内部环境日趋复杂。因此，生物会向着以自身遗传物质为基础，在生物要求的和能适应的环境作用下产生多样性方向上的进化。生物多样性表现为基因多样性、物种多样性、生态系统多样性和景观多样性等，各层次的多样性相互联系。

（3）生态位理论。生态位是指在自然生态系统中一个物种的时间、空间上的位置及其与相关种群间的机能关系。如果某个物种在所处群落中，较其他伴生种有更好地利用生境条件的能力，则该物种在该微域生境中居于优势地位。

根据不同的标准，可以得到不同的生态位分类系统：①每一种生态因子对应着一种或特定的生态位，如光、温度、食物等生态位；②按照生态元的类别，有基因、细胞、个体、物种、生态系统、城市、生物圈、地球生态位；③根据竞争与否，生态位可分为基础生态位（竞争前）和现实生态位（竞争后）。

生态位的大小可以用生态位宽度加以衡量，是指在环境的现有资源谱当中，某种生态元能够利用多少（包括种类、数量及其均匀度）的一个指标，它与物种的耐受性有关。

生态位理论为许多管理活动提供理论依据，例如恢复受人类活动影响的生境、应对外侵物种的危害以及濒危物种的保护等，同时生态位的分化为物种共存提供了理论依据。

（4）系统生态学理论。系统生态学起源于19世纪末湖泊和海洋研究，强调从系统的整体来研究生物分布与环境之间的相互关系。它有以下四个主要内容：

第一，以生态关系为主要研究对象，关注这些关系的形成机理、作用规律和功效。如果以具有生态学结构和功能的组织单元为生态元，能为目标系统存储提供运输物质、能量、信息，并与目标系统生存发展密切相关的系统成为生态库，则系统生态学的研究对象可以理解为三类关系的集合：元—元、元—库、元—系（高层次系统）。这些关系通过物质代谢、能量转化、信息传递、价值变迁、生物迁移等生态流构成一个自组织系统，并通过各种生态过程实现系统的功能。

第二，关注生态过程的稳定性。生态系统的发展不同于单纯的种群增长，而是具有主动适应环境、改造环境、突破限制因子束缚的趋向。在不同发展阶段，系统的有利因子和限制因子不断变化，使得系统的发展过程成为一组S形曲线的组合，是一个不断打破旧平衡、出现新平衡的过程。

第三，生态系统类型。不同生态系统和人类活动具有不同的关联强度、不同的生物关系，从而产生不同的生态现象和规律。

第四，生态资源与生态价值。生态资源是指一切可被生物的生存、繁衍和发展所利用的物质、能量、信息、时间和空间。生态资源根据其紧缺程度、获取难易度及付出的代价，具有不同的价值。生态价值包括利用该资源可能的获益，也包括形成和存储该资源的付出和利用时产生的消极影响。在进行生态资源开发利用等经济活动时，需要全盘考虑资源的生态价值，实现可持续利用。

（5）景观生态学理论。景观生态学是以整个景观为对象，运用生态系统原理和系统方法研究景观结构和功能、景观动态变化和相互作用原理，以及景观美化、优化、合理利用和保护等内容的学科。景观生态学强调景观的异质性、尺度性和综合性，斑块、廊道、基质是景观的基本要素。它有以下五个主要内容：

第一，岛屿生物地理学理论。岛屿生物地理学研究对象是海洋岛和陆桥岛，是一个相对简化的自然环境，其理论被广泛应用于岛屿状生境的研究中。其基本结论为：物种丰富度随岛屿面积或陆地群落取样面积呈单调增加的趋势，物种维持的数目是"新物种"嵌入"老物种"消亡或迁出之间动态均衡的结果。

第二，复合种群理论。复合种群是由空间上彼此隔离，功能上相互联系的两个或两个以上亚种群或局部种群组成的种群板块系统。广义概念是指所有占据空间上非连续生境板块的种群集合体，只要斑块之间存在个体或繁殖体，都可称为复合种群。复合种群可以分为经典型、大陆—岛屿型、斑块型、非平衡态、混合型等不同类型，不同复合种群具有不同的动态特征，反映了种群空间结构的多样性和复杂性。

第三，异质共生理论。指解释异质景观生态系统之间的结构和功能联系，进而阐述它们之间共生机制的理论。自然界的任何一个景观生态系统都是异质性和多样性的统一体。在每一层次的景观生态系统之间，都存在着紧密共生关系，其中的一个要素的存在以其他要素的存在为前提，同时又以它自身的存在强化着其他要素的生存手段和本领。由结构复杂、功能多样的异质景观镶嵌而成的景观生态系统，往往比结构简单、功能单一的均质景观生态系统更具有生命力，更利于稳定存在和发展。

第四，景观连接度、渗透和相变理论。景观连接度指景观空间结构单元之间的连续性程度，通常从结构连接度和功能连接度两方面来考虑；它依赖于观察尺度和所研究对象的特征尺度。渗透是指物种突破生境斑块破碎的限制，实现跨斑块移动。渗透理论和与之密切相关的相变理论研究的是，当生境斑块密度或距离达到某一临界阈值时，物种个体可以通过彼此相连的生境斑块从景观的一端达到另一端，从而大大降低景观破碎化对种群的动态影响。

第五，等级、尺度和地域分异理论。等级理论认为自然界是一个具有多水平分层等级结构的有序整体，每个层次或水平上的系统都是由低一级的系统组成，并产生新的整体属性；其根本作用在于简化复杂系统。尺度是对对象在不同层次上细节精度的反映。时间和空间尺度包含于景观的生态过程中：小尺度表示较小的面积或较短的时间间隔，有较高分辨率，但概括能力低；大尺度则相反。地域分异指景观在地球表层按一定层次分化并按一定方向发生有规律分布的现象。

(6) 生态修复原理。生态修复的机制主要有：污染物的生物吸收与富集机制，有机污染物的生物降解机制，有机污染物的转化机制，生化修复的强化机制。其基本方式包括微生物和植物两类主体与物理化学作用的不同组合。

生态修复的最佳生态条件，取决于多种因素，在技术参数上大体可涉及水分、营养物质、处理场地、氧气与电子受体、介质物化因素。此外，微生物接种、共代谢作用与二次利用、生物有效性及其改善、生物进化与利用均为其关键技术。

(二) 城乡资源理论

资源科学是研究资源的形成、演化、质量特征与时空分布及其与人类社会发展之间相互关系的科学。其目的是更好地开发、利用、保护和管理资源，协调资源与人、经济、环境之间的关系，促使其向有利于人类生存与发展的方向演进。

城乡绿色发展的资源理论是关于因城乡活动需要对自然资源进行开发、运输、利用、处置等活动以及伴随这些活动发生的能量、物质元素增减、转化、循环等过程的理论。其基础学科是自然资源学。

自然资源学主要研究自然资源的特征、性质及其与人类社会的关系。它以单项和整体的自然资源为对象，研究其数量、质量、时空变化、开发利用及其后果、保护和管理等。单项自然资源研究各自从有关学科派生出来，目前已发展成较为成熟的科学体系，如水资源学、矿产资源学、土地资源学、森林资源学等。整体（或综合）的自然资源研究，发展历史较短，理论与科学体系上还未完全定型，其研究方法也在发展和完善之中。

1.城乡资源理论的基本概念

（1）自然资源。自然资源是人类社会取自自然界的初始投入，即人类能够从自然界获取以满足其需要的任何天然生成物及作用于其上的人类活动结果。

自然资源学主要研究自然资源的特征、性质及其与人类社会的关系。它以单项和整体的自然资源为对象，研究其数量、质量、时空变化、开发利用及其后果、保护和管理等。

自然资源分为不可更新资源与可更新资源两大类。前者是地壳中储量一定的资源，即矿产资源（如铜矿、石油、煤等）；后者是在正常情况下可通过自然过程再生的资源（如生物、土壤、地表水等），后者可根据是否可能耗竭分为恒定性和临界性资源两类。

（2）有限性和稀缺性。有限性针对自然资源的客观存在而言。当人类利用数量超过自然资源数量，或利用强度超过自然资源更新速度时，自然资源的有限性就变得突出。人类需要的无限和自然资源的有限产生了"稀缺"这个自然资源固有的属性，它决定了自然资源的价值。

（3）可得性及其度量。可得性即可以为人类利用的数量有多少。不可更新资源，由于分布规律较为复杂，其可得性目前尚有很大不确定性。一般而言，其度量包括资源基础、探明储量、条件储量、远景储量、理论储量、最终可采资源等。

可更新资源可得性的估计通常以资源在一定时期内可生产有用产品或服务的能力或潜力为基础，衍生出最大资源潜力、持续能力、吸收能力、承载能力等概念。

2.城乡资源理论的基本理论

（1）C模式理论。增长无极限的传统模式叫A模式，在地球物理极限内减少增长的模式叫B模式，与资源消耗相对脱钩的增长模式叫C模式。C模式作为中国绿色发展道路的理论依据。

A模式为传统经济学下的褐色增长，即经济增长和社会发展以大幅度消耗自然资本为代价。B模式为发达国家目前的稳态增长，经济增长依赖攀比消费，对人类福利的持续增长并没有贡献，但进一步追求经济增长总是伴随更多的资源环境消耗。在此基础上，美国学者提出在保持提高人类发展指数不减少的情况下，通过存量资本的折旧而不是增量的物质增长，减少资源环境消耗至合理水平，一些欧洲的生态经济学家则提出了减增长战略。

C 模式为发展中国家所设计，这些国家人均生态足迹、人均 GDP 和人类发展指数均较低，远没有达到社会边界，因此需要有生态效率的跨越式增长，用可以接受的地球自然资本消耗实现较高的经济社会发展。C 模式把物质消耗总量控制在自然极限内，认为中国可持续发展的路径需要在物质存量有待增加的同时，重视流量增长；强调从物质要素积累开始就提高资源生产率，以少产实现绿色转型。运用 C 模式概念，可持续发展的关注点真正从环保变成了发展。经济增长与资源环境的关系如下：传统模式是以前者为自变量、后者为应变量，在环境压力增大的时候加强末端治理；C 模式以后者为自变量，倒逼前者提高效率，是在地球物理极限内正确发展的新模式。当前中国实现 C 模式需要解决的重要门槛问题有生态门槛、福利门槛和治理门槛。

（2）资源承载力理论。资源承载力是指在一定时期和空间区域内，资源所能维持自然环境和经济社会活动的可持续发展的支撑与保障能力，主要是指区域内固有自然资源支撑人类社会可持续发展的规模、限度及潜力。资源承载力通常与环境承载力合用，成为资源环境承载力，是现行国土空间规划双评价的重要内容。

（3）资源保护和开发的基本原理。自然资源保护，从经济含义看，是通过控制开发规模和速度、选择经营规模和周期、调整利用强度和方式等手段，实现资源利用的长期效用最大化。自然资源开发是通过成本与效益的权衡，使效用最大化，以体现"资源利用的更替"。

（4）资源配置理论。资源配置是指根据一定的原则合理分配各种自然资源到用户的过程，目的是使有限的资源产生最大的效能，即最优化。包括在空间或不同部门间，以及在不同时间段上或代际的动态优化配置。其基本原则是经济效率最高、资源消耗最少和资源可持续利用。

（5）资源替代理论。资源替代是指人类通过在各类资源间不断进行比较、选择和重新认识，逐步采用具有相似或更高效用的资源置换或取代现有资源的行为。

城市所依托的资源存在生命周期的现象，旧资源开始减少并走向衰落时，需要新的资源进行替代，以实现城市的可持续发展。总体是用"多次型资源"替代"一次型资源"，一般有四种典型方式：①再生型替代非再生型，主要是用生物替代矿物（如特色植物、动物）；②无耗型替代有耗型，主要是用无形替代有形（如知识、文化、旅游）；③永续型替代短暂型，主要是用太阳能替代地球能（如光热、水能、风能、核能）；④创新型替代保守型，主要是用新方式替代旧模式（如数字经济大数据、物联网等）。

（三）城乡环境理论

城乡绿色发展的环境理论是关于城乡活动与环境相互作用的理论。主要研究的对象和任务有：人类社会经济行为引起的环境污染；环境系统在人类活动影响下的变化规律，当前环境程度及其与人类社会经济活动之间的关系，寻求发展与环境协调可持续的途径和方法。其基础学科为环境科学，相对主要的分支有环境工程学和环境地理学。

1. 城乡环境理论的基本概念

（1）环境。环境是人类生存和发展的基础，它包括自然环境、人工环境和社会环境三个方面。在城乡绿色发展理论体系中，主要指自然环境，有时也指人工环境。

自然环境是人类赖以生存和发展的物质条件，是人类周围各种自然因素的总和，即客观物质世界。目前人类活动的范围仅限于生物圈的范围，故自然环境主要指生物圈的部分。《中华人民共和国环境保护法》中所称的环境是指大气、水、土地、矿藏、森林、草原、野生动物、野生植物、水生生物、名胜古迹、风景游览区、温泉疗养区、自然保护区、生活居住区等。

人工环境是指在自然环境基础上，由人类的工业、农业、建筑、交通、通信等工程所构成的环境。它表示由人类社会建造的有一定社会结构和物质文明的世界，包括地球上使用技术手段的一切领域或地球表层由技术引起全部变化的总和。

社会环境是指人类生活的社会制度和上层建筑，是人类在物质资料生产过程中为共同进行生产组合起来的生产关系的总和。

（2）环境质量。环境质量对于人类的生存和发展具有至关重要的意义。它是一个衡量环境是否适宜人类居住和繁荣发展的指标，同时也能反映环境所遭受的污染和破坏的程度。

环境质量的衡量可以从多个方面进行评估：

第一，大气质量。随着工业活动、交通运输和能源消耗的增加，大量的废气排放和空气污染物的释放导致空气质量下降。空气污染不仅对人类健康造成威胁，还对生态系统和农作物产量产生负面影响。

第二，水质。水是生命之源，保持良好的水质对于维护人类健康和生态平衡至关重要。然而，工业废水、农业污染和城市污水排放等因素导致水质恶化，给水资源的可持续利用带来挑战。严重的水污染不仅会对水生态系统造成破坏，还会引发水源短缺和传染性疾病的扩散。

第三，土壤质量。土壤是农业生产的基础，而土壤遭受化学物质、重金属和农药等有害物质污染时，将严重威胁粮食安全和生态平衡。土地荒漠化和土壤侵蚀等问题也导致了可耕地面积的减少，进一步加剧了粮食短缺和环境恶化的问题。

第四，噪声污染、固体废弃物。噪声污染、固体废弃物处理不当、生物多样性丧失等问题也是环境质量的重要方面。噪声污染对人类的身心健康造成不利影响，固体废弃物的堆积和处理不当给环境带来了污染和危害，而生物多样性的丧失将削弱生态系统的稳定性和抵抗力。

（3）环境容量。环境容量的概念认为种群可利用的食物量总有一个最大值，是种群增长的一个限制因素。种群增长越是接近这个上限，增长速度越缓慢，直到停止增长。这个值即为环境容量或负荷量。

环境科学领域中的环境容量，是指在人类生存和自然生态系统不致受害的前提下，某一环境通过自然条件净化，在生态和人体健康阈限值以下所容纳的环境污染物最大允许量；或是一个生态系统在维持生命体的再生、适应和更新能力的前提下，承受有机体数量的最大环境限度。环境容量的大小一般取决于两个因素：一是环境本身具备的背景条件，如环境空间的大小、气象、水文、地质、植被等自然条件，生物种群特征，污染物的理化特性等；二是人们对特定环境功能的规定，可用环境质量标准来表述。

环境容量与一定的区域、一定的时期和一定的状态条件相对应，依据一定的环境标准要求进行推算。常见的环境容量分析涉及水环境、大气环境、土壤环境等。

2. 城乡环境理论的基本理论

（1）温室效应与碳排放控制。温室效应是一种热保温效应，当太阳以短波的形式辐射到地表，地表温度随之升高，同时向外辐射红外线，将多余的热量释放出去。如果大气中的二氧化碳、甲烷等气体含量过高，本应溢出大气层的长波辐射被它们所吸收，大气层与地表之间的密闭空间长时间缺乏与外界的热量对流，导致大气温度长时间处于较高水平，进而产生一系列具有严重破坏性的自然灾害，如海平面上升、全球变暖、病害增加、土地沙漠化等。

京都议定书中确定了六种温室气体：二氧化碳（CO_2）、甲烷（CH_4）、氧化亚氮（N_2O）、氢氟碳化物（HFCs）、全氟碳化物（PFCs）和六氟化硫（SF_6）。后三类气体造成温室效应的能力最强，二氧化碳对温室效应的贡献最大，六种气体中有四种气体含碳，因此碳是最主要的控排对象，全球已有多国将"碳达标""碳中和"年限作为本国的责任目标。

（2）环境效应的外部性。外部性是指人们的经济行为有一部分利益不能归自己享受，或有部分成本不必自行负担，也可以将其称之为外部效益或外部成本。

对于负的外部性，环境经济学主张使内部的社会治理成本反馈到因污染而获利的污染者身上，从而解决环境问题，减少社会不公；反之，对于正的外部性，主张将社会获益补偿给创造环境正效益者，以鼓励改善环境。目前环境问题的重点是抑制负外部性。

（3）环境污染控制原理。环境污染控制是主动采取措施对因城乡工农业生产、生活、交通、游憩等活动形成的污染加以控制，使其污染量保持在环境可承载的一定限度内。污染控制的基本原理是根据环境污染类型，分别在产生污染的污染源和污染传播途径上采取措施，减少污染排放量、排放强度和污染范围，此外也包括对被污染对象的必要防护。

第一，大气污染。大气污染中的人为污染主要因能源开采和燃烧所致，主要污染物有烟尘、硫氧化物、氮氧化物、碳氧化合物、碳氢化合物和含卤素化合物等。大气污染会引发有害烟雾、酸雨、雾霾、破坏臭氧层，其防治手段主要为控制排放数量和扩散影响范围，采用技术手段净化污染物，改变燃料、工艺，加强大气环境质量管理。

第二，水体污染。水体污染包括有机污染物和无机污染物两种。前者主要因各种工业废水排入水体，以及农药的农田径流、大气沉降、降水等面源污染物进入水体，使地表水源遭受有机污染物的污染，人们饮用会致病，河湖出现"富营养化"。后者主要指重金属污染，污染源来自采矿、冶炼及金属表面精加工等产生的重金属废水。重金属在水体中不能被微生物降解，但可以转化、分散、富集，通过食物链威胁人类健康。水体污染主要考虑源头治理、集中治理和尾水的生态处理等措施。

第三，土壤污染。土壤污染源主要有工业、农业和生物三类。污染物主要为有机物、重金属、放射性物质和致病微生物。治理需要根据污染物采用相应的修复技术。

第四，固体废物。固体废物伴随城乡生产、生活和其他活动产生，应在产生、收集、运输、储存、处理和最终处置的全过程，根据矿业固废、工业固废、农业固废、城镇垃圾和危险废物等不同类别，按照减量化、资源化和无害化三原则分类管理和处置利用。

第五，物理环境污染。物理污染包括噪声、振动、电磁辐射、放射性、热、光等。一般通过污染源控制、传播途径控制、接收者保护三个环节实施污染控制和治理。

（四）城乡安全理论

城乡绿色发展的安全理论是关于城乡聚居活动如何规避和减少人为及自然因素导致的事故、灾害，及其带来的风险的理论。城乡安全一般分为自然灾害安全、事故灾害安全、公共卫生安全和社会事件安全四类。

1. 城乡安全理论的基本概念

（1）灾害和事故。灾害是指能够对人类和人类赖以生存的环境造成破坏性影响的事物总称。事故是指工程建设、生产活动与交通运输中发生的意外损害或破坏。灾害和事故是城乡安全，着力避免发生和减少损害的对象，由于灾害影响范围大，条件不利时可引起次生灾害，或扩张演变成灾难，是城乡安全工作的重点。

（2）风险。风险即遭遇灾难、蒙受损失与伤害的可能性。城乡风险可以指事故或灾害发生的可能性及其后果（财产损失、人员伤亡和环境破坏）。城乡安全应科学评估各类风险，采取措施减缓和控制各类风险的发生。

（3）韧性。韧性的概念源于物理学和心理学等学科，最初用来衡量系统、目标或个体，通过保持可接受的功能水平并返回到功能中断前的水平，来抵御其不受中断影响的能力，即保持平衡的能力。当韧性概念引申到生态韧性和适应韧性等概念后，形成了多种平衡和非平衡方法。

城市韧性即城市系统持续发展的能力，包括减轻危害、防御和吸收外来冲击、快速恢复到系统基本功能，并通过跳跃式弹跳发展到更好的系统配置，能更有效地适应外力的破坏性事件。它通常具备三个特征：①具有一系列改变并且保持功能和结构的控制力；②具有进行自组织的能力；③具有能够建立和促进学习自适应的能力。

实现韧性需要将鲁棒性、稳定性、多样性、冗余性、资源性、协调能力、模块化、协作性、灵活性、效率、创造力、公平性、预见能力、自组织性和适应性等基本原则和特性纳入城市系统。

2. 城乡安全理论的基本理论

（1）工程韧性理论。工程韧性理论强调通过增强物理基础设施的抵抗力和坚固性来控制最小化灾害的易损性，可以在很大程度上预测和预防灾害和破坏。如果压力超过安全值，系统出现故障，工程韧性能力将使其快速恢复到中断前的平衡状态。

工程韧性是传统城市安全的主要理论。它把安全架构在各项基础设施的坚固上，通过确定需要防御的灾害强度，按照对应的工程建设标准实施具体工程；工程等级的提高意味着安全性的提高。例如，用洪水重现期确定防洪工程标准，用防护绿带宽度降低易燃易爆品的风险冲击。工程韧性的标准是具体的，灾后响应以尽快恢复灾前工程面貌，或重新评估灾害能级选择新的工程标准。

（2）适应韧性理论。适应韧性理论将城市系统概念化为复杂而动态的社会生态系统。它用嵌套的自适应循环用来模拟城市系统随时间和空间的性能变化。自适应韧性促进了慢变量和快变量之间的适当交互，使得系统能够在长时间的稳定和短时间的混沌变化之间平稳地切换，而不会丢失其完整性和功能性。适应韧性的基本特征有三点：社会生态记忆、自我组织和向过去学习的机制。

由于城市系统嵌套在适应性循环的层次结构中，因此在发生不利事件后，它不一定会回到原有的平衡状态，还可能向前弹跳发展，不断提高自身性能和适应能力。

（3）安全防御原理。城乡安全防御通常要确定安全类型，评估安全风险，确定危险源、传播途径、影响范围，区分安全等级，提出防御目标、可量化指标，确定工程性和非工程性防御措施。

第一，自然灾害防御。常见的自然灾害有旱、洪、涝、地震、滑坡和泥石流。按照灾害成因及特点，可以分为气象、地质、海洋和生物灾害四类。灾害防御通常要确定灾害类型、评估风险并预测，设定工程性设防标准并确定具体的工程性和非工程性防御措施。

第二，城市事故灾难防御。城市事故具有随机、突发、不可避免、规律性和可减少性的特点，按照城市活动和事故的关系，可以分为生产、生活、交通、游憩等类型。灾害防御通常要评估事故风险水平，确定危险源和不同类型的事故防御及避难措施，确定各项建设设施。

第三，公共卫生安全事件防御。公共卫生即社会为保障人民健康所采取的集体行动，广义可以理解为城乡安全和健康的工作和生活环境。从成因上看，突发性公共事件通常可分为传染病疫情、群体性不明原因疾病、食源性疾病和职业危害、动物疫情、其他严重影响公众健康和生命安全的事件等。公共卫生安全事件的防御通常采用时空分布分析法把握事件的爆发模式、影响因素、传播规律、空间聚集性和潜在风险，采用预警和应急管理体系，实施城乡卫生规划和应急医疗设施规划。

第四，社会安全事件防御。社会安全事件是威胁人与人之间正常关系或者整体利益的事件。社会安全事件具有群体性和突发性，前者意味着传播快、涉及利益主体复杂、公众参与广泛，后者意味着人为作用、威胁特定领域、有预谋。按时间类别不同，社会安全事件可以分为恐怖袭击、暴乱、治安突发、群体性事件等，成因复杂。防御需分析社会安全管控存在的问题和主要矛盾，评估社会安全风险，确定管控目标和重要的工程性和非工程性措施，此外宜明确重要地区、重要防御对象和有针对性的防御措施。

三、城乡绿色发展的外延理论

（一）绿色经济理论

作为一种经济形态，绿色经济是指以绿色产品和服务为主的经济。作为一种经济手段，绿色经济指针对关键环境制约因素，通过调整总需求、创建并积累新一代资本——清洁、低碳、能提高资源能源使用效率的人造资本，是对人类生活生存至关重要的自然资本，是受到良好教育、掌握现代化清洁技术、健康的人力资本，以及是有利于和谐包容和公平的社会资本。

绿色经济理论的基本理论框架有三部分：①人类发展存在地球边界和环境阻力，因此经济运行必须在环境制约内运行；②增长在于创造新一代资本，即国内生产总值来自人造资本、自然资本、人力资本和技术资本的组合作用，最终实现经济增长与生态环境破坏"脱钩"；③进行投资改革，即在总供给一定的情况下通过调整总需求中的投资、消费和政府开支来实现理想的 GDP、就业和价格水平，使绿色增长得以实现。

综合起来，绿色经济理论探讨的是：如何针对地球边界制约，通过总供给和总需求的改变来创建并积累新一代资本，变制约为契机，拉动新兴经济增长、就业和社会发展。在中国，低碳经济理论、循环经济理论、生态经济理论、碳汇理论、碳氧平衡理论、两山转化理论、消费经济理论等是当前绿色经济理论探讨的热点。

(二) 绿色治理理论

绿色治理理论，是指通过科学的、可持续的方式管理和保护环境资源，实现社会经济的可持续发展的理论体系。它强调人与自然的和谐共生，注重生态环境的保护和恢复，同时关注社会公正和经济效益的平衡。

绿色治理理论的核心思想是可持续发展，既满足当前需求的同时，又不损害后代和其他国家、地区以及生态系统的发展。绿色治理理论认为，只有通过合理的资源管理和环境保护，才能实现社会经济的长期繁荣和人民的福祉。

在绿色治理理论中，重要的原则之一是环境责任。环境责任是指个体、组织和政府对环境质量和资源的合理利用承担责任。绿色治理理论倡导将环境责任纳入各个层面的决策中，从个人行为到企业管理，从政府政策到国际合作，形成全社会共同关注和参与环境保护的格局。

绿色治理理论的另一个核心原则是可持续利用。可持续利用强调资源的循环利用和节约利用，以减少资源消耗和环境污染。在绿色治理理论中，鼓励采取先进的技术和创新的方法，促进经济活动的绿色转型，推动绿色产业的发展，实现资源的有效利用和循环利用。

绿色治理理论还关注社会公正和参与。它认为环境资源的利用和保护应该公平合理，不应该让少数人获益，而损害大多数人的利益。因此，绿色治理理论强调社会参与和民主决策的重要性，鼓励各利益相关方共同参与环境治理，确保各方利益得到平衡和保护。

为了实现绿色治理理论的目标，需要政府、企业、公民等各方的积极参与和合作。政府在制定环境政策和法律法规时应考虑环境的长远利益，加强监管和执法力度，推动绿色技术的研发和应用。企业应该承担社会责任，采取绿色生产方式，减少环境影响，提高资源利用效率。公民应该增强环境意识，节约能源、减少废物和污染物的产生，积极参与环境保护行动。

（三）绿色文化理论

绿色文化是指在社会发展和人类生活过程中，以尊重自然、保护环境为核心价值观的文化体系。随着城乡发展的迅速推进和环境问题的日益突出，绿色文化理论成为城乡绿色发展的重要外延理论。

第一，城乡绿色发展的绿色文化理论的内涵。城乡绿色发展的绿色文化理论的内涵主要包括三个方面：①绿色文化强调人与自然的和谐共生。它强调人类应当尊重自然、顺应自然规律，通过合理利用资源、减少环境污染等方式实现人与自然的和谐共生。②绿色文化倡导可持续发展。它强调经济、社会和环境的协调发展，追求长期的、可持续的发展路径，以满足当前和未来时代的需求。③绿色文化强调环保意识和环境责任。它鼓励个体和社会以环保为己任，积极采取环境友好的行为，共同保护地球家园。

第二，城乡绿色发展的绿色文化理论的特征。城乡绿色发展的绿色文化理论具有三个特征：①绿色文化是一种全面的价值观念。它不仅关注经济效益，还关注社会公平和环境可持续性，追求经济、社会和环境的协调发展。②绿色文化是一种生活方式。它强调人们在生活中的每一个方面都应当注重环保，从生产生活方式到消费习惯，都应当体现绿色文化的理念。③绿色文化是一种社会共识。它需要社会各界的共同参与和支持，形成广泛的环保意识和行动，从而推动城乡绿色发展的实现。

第三，城乡绿色发展的绿色文化理论的实践路径。城乡绿色发展的绿色文化理论的实践路径可以从五个方面展开：①加强绿色教育和宣传。通过教育和宣传活动，增强公众的环保意识和环境责任感，培养绿色文化的价值观念。②推动绿色产业的发展。发展绿色产业，加大对环保技术和创新的支持力度，促进经济增长与环境保护的良性循环。③加强法律法规的制定和执行。建立健全环境保护法律体系，确保绿色发展的合法性和可持续性。④推动绿色消费和生活方式的普及。鼓励人们选择绿色、环保的产品和服务，培养低碳、节能的生活习惯。⑤加强城乡规划和建设的绿色导向。将绿色理念融入城乡规划和建设中，提高生态效益和环境质量。

（四）绿色社会理论

绿色社会是致力于生态原则与社会主义结合，超越当代资本主义与现存社会主义模式而构建的一种新型人与自然和谐相处的社会主义模式，它能很好地解决人与自然的对立关系，使人们的思想意识随之发生根本性变革，最终实现人的全面发展。

绿色社会理论探讨的内容主要有以下五项：

第一，主张经济理性增长，建立"稳态经济"模式，反对生产过度，要求经济的发展不是以获得利润为目的，而是以人的需要为目的。这一观点强调了经济增长的合理性和可持续性，提出了一种经济发展模式的转变。传统上，许多经济活动都以追求利润最大化为目标，而忽视了对人们需求的真正关注。然而，稳态经济模式强调将经济发展与人的需求紧密结合，通过合理规划和资源管理，确保经济的可持续性和社会的稳定。

第二，主张建立发展模式，超越传统工业主义，实现社会主义的生态现代化，利润最大化的经济标准要服从于社会生态标准，实现经济、社会、生态三个维度的有效统一。这一主张强调了经济发展与生态环境的协调性。传统的工业主义发展模式往往以追求经济利润为中心，忽视了对环境的破坏和社会的公平。然而，社会主义的生态现代化模式强调了经济、社会和生态的三维统一，要求经济利润最大化的标准服从于社会和生态标准，以实现可持续发展和社会的公平正义。

第三，主张公平正义，包括各国家、地区、民族之间的公平正义，也包括人与人之间的公平正义。这一观点强调了公平和正义在社会发展中的重要性。公平正义的实现不仅涵盖了国家和地区之间的公平分配和合作，还包括了人们在社会生活中的公平待遇和平等机会。这意味着要消除社会中存在的不平等现象，促进社会的包容性和平等发展。

第四，注重精神生活的提升，反对消费过度，反对人们把消费同满足或幸福等同起来的观念，注重提高生活品质和精神文明。这一主张强调了人们精神层面的需求和生活质量的提高。现代社会，消费过度的观念导致人们过度追求物质享受，而忽视了精神层面的满足和文化的发展。然而，提升精神生活和追求精神文明的观念强调了人们对内心满足和情感发展的重视，提倡在追求物质生活的同时，注重提升生活品质、培养良好的精神状态和文化素养。

第五，主张构建每个人自由、平等、全面发展的社会，在人与人、人与自然、人与社会之间构建一种平等、和谐的关系。包容性发展、生态人、多元价值、积极公民是绿色社会的基本行动准则。这一观点强调了社会的平等、和谐，强调了人与人、人与自然以及人与社会之间的平衡和互动关系。在这种社会中，每个人都应该享有自由和平等的权利，并有机会全面发展。同时，包容性发展、生态人、多元价值和积极公民的理念也是绿色社会的核心准则，旨在促进社会的可持续发展、生态环境的保护和多元文化的繁荣。

第二章　城乡建设绿色发展的技术体系

绿色建筑是指在全生命周期内，节约资源、保护环境、减少污染，为人们提供健康、适用、高效的使用空间，最大限度地实现人与自然和谐共生的高质量建筑。"绿色建筑是可持续发展建筑，建筑节能是绿色建筑的重要组成部分。"[①] 发展绿色建筑，核心目标是满足人们日益增长的对建筑品质在安全耐久、健康舒适、生活便利、资源节约和环境宜居等方面的需求。绿色建筑的技术领域涉及绿色设计、绿色建造、绿色建材、绿色运营和既有建筑绿色化改造等方面。绿色建筑发展的重点方向是碳减排，这需要从设计、施工、运营、建材等所有环节的联动，才能真正实现整个建筑行业的减排。

第一节　绿色设计与绿色建造技术

一、绿色设计

(一) 绿色设计的基本内涵

绿色设计是指通过技术、材料的综合集成，减少建筑对不可再生资源的消耗和对生态环境污染，为使用者提供健康、舒适的工作和生活环境的设计。绿色设计具体体现在以下几个方面：

第一，绿色设计是系统化集成的设计，从时间、空间和系统上实现经济效益、环境效益、社会效益的最大化。

第二，绿色设计要从建设到拆除的全生命期考虑，注重从建筑设计、生产加工、材料选用、施工建造到运营维护全过程的统筹。

第三，绿色设计应遵循被动技术优先、主动技术优化的技术路线，优先采用自然采光、自然通风等被动技术，对采暖、制冷、通风等主动技术，合理优化采用，

[①] 韦延年. 绿色建筑与建筑节能 [J]. 四川建筑科学研究，2005(2)：133.

提高能效。

第四，绿色设计应积极响应"适用、经济、绿色、美观"的建筑方针，突出建筑使用功能以及节能、节地、节水、节材和环保。

第五，绿色设计应以场地的自然过程为基础，将自然地形、阳光、水、风及植物等因素结合在设计之中。

第六，绿色建筑设计技术包括节地和室外环境技术、节能和能源利用技术、节水和水资源利用技术、节材和材料资源利用技术、室内环境质量技术等。

第七，不同城市或地区的绿色建筑应遵循因地制宜的原则，结合当地的气候、环境、资源、经济及文化等特点，采用适宜的技术，提升建筑使用品质，降低对生态环境的影响。

以深圳建科大楼为例，说明绿色设计的内涵。深圳建科大楼是中国南方夏热冬暖（特别是湿热）气候区的典型绿色建筑代表。在绿色技术的使用上，一方面，基于气候和场地具体环境，通过建筑体型和布局设计，创造利用自然通风、自然采光、隔音降噪和生态共享的先决条件。另一方面，基于建筑体型和布局，通过集成选用与气候相宜的本土化、低成本技术，实现自然通风、自然采光、隔热遮阳和生态共享，提供适宜自然环境下的使用条件。此外，集成应用被动式和主动式技术，保障极端自然环境下的使用条件。

基于气候和场地条件的建筑体型与布局设计。建筑体型采用"凹"字形。凹面朝向夏季主导风向，背向冬季主导风向，同时合理控制开间和进深，为自然通风和采光创造基本条件。通过垂直布局以获得合理的交通组织和适宜的环境品质。中底层主要布置为交流互动空间以便于交通组织，中高层主要布置为办公空间，以获得良好的风、光、声、热环境和景观视野。结合朝向和风向进行平面布局设计，大楼东侧及南侧日照好，同时处于上风向，布置为办公等主要使用空间。大楼西侧日晒影响室内热舒适性，因此尽量布置为电梯间、楼梯间、洗手间等辅助空间。为使大楼与周围环境协调及与社区共享，首层、六层、屋顶均设计为架空绿化层，最大限度对场地进行生态补偿。结合架空绿化层，设置开放式交流平台，灵活用作会议、娱乐、休闲等功能，以最大限度利用建筑空间。

集成选用与气候相宜的本土化、低成本技术。突破传统开窗通风方式，建筑采用合理地开窗、开墙、格栅围护等开启方式，实现良好的自然通风效果。在建筑布局构成"功能遮阳""自保温复合墙体""节能玻璃"等基础上，结合绿化景观设计和太阳能利用技术，进一步进行立体遮阳隔热。大楼每层均种植攀岩植物，在改善大楼景观的同时，进一步强化了遮阳隔热的作用。针对夏季太阳西晒强烈的特点，在大楼的西立面和部分南立面设置了光电幕墙，既可发电又可作为遮阳设施减少西晒，提高西面房间热舒适度。

主动技术与被动技术的集成应用。集成采用高效的主动式技术，作为被动式技术的补充，如自然通风与空调技术结合、自然采光与照明技术结合、可再生能源与建筑一体化、绿化景观与水处理结合等。在与建筑一体化的可再生能源利用技术方面，大楼南面的光伏板与遮阳反光板集成，屋顶光伏组件与花架集成，西面光伏幕墙与通风通道集成，在发电的同时起到遮阳隔热作用。在与景观结合的水资源利用技术方面，设置中水、雨水、人工湿地与环艺集成系统，对生活污水经处理后的达标中水、经过滤和湿地处理后的雨水进行再利用，以减少市政用水量。

（二）绿色设计的主要内容

1. 绿色设计策划的内容

绿色设计策划应在建筑的设计方案阶段进行，应包括建筑设计阶段和运营管理阶段。绿色设计应包括下列内容：

（1）前期调研。

（2）项目定位与目标分析。项目定位与目标分析的内容包括：项目自身特点和需求分析；达到的现行绿色建筑评价标准的相应等级；适宜的总体目标和分项目标、可实施的技术路线及相应的指标要求。

（3）绿色建筑能源与资源高效利用的技术策略分析。

（4）绿色建筑技术措施的经济、技术可行性分析。

2. 建筑设计的内容

前期应对场地条件、区域资源等进行调研。场地条件调研包括对项目所在地的地理位置、周边物理和生态环境、道路交通、人流、公共服务设施、绿地构成和市政基础设施等规划条件进行分析。区域资源调研应包括对场地可再生能源可利用、水资源、材料资源情况及建筑自身节能需求进行分析，以确认符合区域条件及建筑特点的能源利用节约方案。建筑设计方案应包括下列内容：

（1）结合项目自身特点及资源条件，对选用的绿色建筑技术进行对策分析。

（2）远离污染源、保护生态环境的措施。

（3）场地总平面的竖向设计及透水地面和控制场地雨水外排总量的规划。

（4）改善室外声、光、热、风环境质量的措施及指标。

（5）地下空间的合理利用。

（6）公共交通及场地内机动车、非机动车的停车规划。

（7）装配式建筑的集成设计。

（8）围护结构的保温隔热措施及指标。

（9）可再生能源的利用。

（10）绿色建材的利用。

（11）自然采光和自然通风的措施。

（12）建筑遮阳的技术分析和形式。

（13）保证室内环境质量的措施及指标。

3. 结构设计的内容

结构设计方案应根据建筑物特点进行对比与分析，选择环境影响小、资源消耗低、材料利用率高的结构体系，充分考虑安全耐久、节省材料、施工便捷、环境保护、技术先进等因素。结构设计应包括下列内容：

（1）设计使用年限。

（2）地基基础设计方案。

（3）结构选型及相适应的材料。

（4）装配式建筑各单体预制率或装配率。

（5）高强度结构材料的应用。

（6）高耐久性建筑结构材料的应用。

4. 给排水设计的内容

前期应对区域水资源状况进行调查，遵循低质低用、高质高用的用水原则，对区域用水量和水质进行估算与评价，合理规划和利用水资源。应采用合理的水处理技术与设施，提高非传统水资源循环利用率。给排水设计方案应包括下列内容：

（1）合理规划场地雨水径流，利用场地空间设置绿色雨水基础设施，通过雨水入渗、调蓄和回用等措施，实现开发后场地雨水的年径流总量和年径流污染控制。

（2）对建筑与小区进行海绵城市设计规划。

（3）制定雨水、河道水、再生水等非传统水的综合利用方案。

（4）合理规划给排水系统设计，给排水管线宜与建筑结构分离。

（5）住宅套内卫生间应采用同层排水。

（6）生活热水供应采用太阳能、地热等可再生能源或余热、废热时，应与建筑、暖通等相关专业配合制定综合利用方案，合理配置辅助加热系统。太阳能、地热等可再生能源的利用不得对周边环境造成不利影响。

（7）应配合相关专业合理规划人工景观水体规模，根据景观水体的性质确定补水水质，并符合现行国家标准的相关规定。

5. 暖通空调设计的内容

暖通空调设计前期调研内容应包括：项目所在地的常规能源供应情况，可供利用的余热（或废热）等资源条件；可供利用的可再生能源条件，包括项目基地与周边的可利用地表水资源、地埋管场地资源和其他可利用资源。暖通空调设计方案应包括下列内容：

（1）对空调冷热源、输配系统和末端系统的形式及主要参数，设备与材料选用的安全耐久性，健康舒适的室内环境质量，便利生活的计量与控制，适用的资源节约及节能技术，宜居的室外物理环境及污染源控制等，提出技术方案和可供实施的设计策略。

（2）对是否适合采用能量回收系统、蓄能空调系统、分布式供能系统以及利用可再生能源等做可行性研究和技术与经济分析。

6. 电气设计的内容

电气设计前期应对项目实施太阳能光伏发电、风力发电等可再生能源的可行性进行调查分析。电气设计方案应包括下列内容：

（1）确定合理的居住区供配电系统，并合理选择配变电所的设置位置及数量，优先选择符合功能要求的节能环保型电气设备及节能控制措施，合理应用电气节能技术。

（2）对场地内的可再生能源进行评估，技术、经济合理时，宜采用太阳能光伏发电作为补充电力能源。

（3）居住区内利用太阳能提供路灯照明、庭院灯照明技术措施时，应进行技术、经济的可行性研究与分析。

（4）停车场（库）应具有电动车充电设施或具备充电设施的安装条件。

（三）绿色设计的基本要素

绿色建筑的设计要素主要包括室内外环境与健康舒适性、安全可靠性与耐久适用性、节约环保性与自然和谐性、低耗高效性与文明性以及综合整体创新设计。

1. 室内外环境

室内外环境设计是建筑设计的深化，是绿色建筑设计中的重要组成部分。随着社会的进步和人民生活水平的提高，建筑室内外环境设计在人们的生活中越来越重要。在现代社会，人类已不再只是简单地满足于物质功能的需要，而是更多地追寻精神上的满足。因此，绿色建筑室内外环境必须围绕着人们更高的需求来进行设计，包括物质需求和精神需求。具体而言，绿色建筑的室内外环境设计要素主要包括对建造材料的控制、对室内有害物质的控制、对室内热环境的控制、对建筑室内隔声的设计、对室内采光与照明的设计、对室外绿地的设计。

（1）建造材料的控制。绿色建筑提倡使用可再生和可循环的天然材料，尽量减少含甲醛、苯、重金属等有害物质的材料的使用。与人造材料相比，天然材料含有较少的有毒物质，并且更加节能。此外，绿色建筑还应该提高对高强度、高性能材料的使用量，这样绿色建筑可以进行垃圾分类收集、分类处理，以及有机物的生物处理，尽可能减少建筑废弃物的排放和空气污染物的产生，实现资源的可持续发展。

（2）室内有害物质的控制。现代人平均有 60% ~ 80% 的时间生活和工作在室内，室内空气质量的好坏直接影响着人们的生活质量和身体健康。认识和分析常见的室内污染物，采取有效措施对有害物质进行控制，防患于未然，对于提高人类生活质量有着重要的意义。其中，甲醛、氨气、苯和放射性物质等，不仅是目前室内环境污染物的主要来源，还是对室内污染物的控制重点。为此，在设计绿色建筑时，要控制污染源，尽量使用国家认证的环保型材料，提倡合理使用自然通风。这样不仅可以节省更多的能源，而且有利于室内空气品质的提高。此外，绿色建筑在建成后，还要通过环保验收，有条件的建筑可以设置污染监控系统，以确保建筑物内的空气质量达到人体所需要的健康标准。

（3）室内热环境的控制。在设计绿色建筑时，必须注意空气温度、湿度、气流速度，以及环境热辐射对建筑室内的影响。可以使用专门的仪器来监控绿色建筑的室内热环境。

（4）建筑室内隔声的设计。绿色建筑室内隔声的设计内容主要包括选定合适的隔声量、采取合理的布局、采用隔声结构和材料、采取有效的隔振措施。一方面，选定合适的隔声量，对于音乐厅、录音室、测听室等特殊建筑，可以按其内部容许的噪声级和外部噪声级的大小确定所需构件的隔声量；对于普通住宅、办公室、学校等建筑，受材料、投资和使用条件等因素的限制，选取围护结构隔声量时要综合各种因素来确定最佳数值，通常可用居住建筑隔声标准所规定的隔声量。另一方面，采取合理的布局。在设计绿色建筑的隔声时，最好不用特殊的隔声构造，而是利用一般的构件和合理布局来满足隔声要求。例如，在设计绿色住宅时，厨房、厕所的位置要远离邻户的卧室、起居室；在设计剧院、音乐厅时，可用休息厅、门厅等形成声锁来满足隔声的要求。此外，为了降低隔声设计的复杂性和投资额，绿色建筑应该尽可能将噪声源集中起来，使之远离需要安静的房间。

此外，采用隔声结构和材料。某些需要特别安静的房间，如录音棚、广播室、声学实验室等，可以采用双层围护结构或其他特殊构造，以保证室内的安静。在普通建筑物内，若采用轻质构件，只有设计成双层构造，才能满足隔声要求。对于楼板撞击声，可以采用弹性或阻尼材料来做面层或垫层，或在楼板下增设分离式吊顶，以减少干扰。同时，采取有效的隔振措施。如果绿色建筑内有电机等设备，除了利用周围墙板隔声之外，还必须在其基础和管道与建筑物的连结处安设隔振装置。

（5）室内采光与照明的设计。就人的视觉来说，没有光也就没有一切。在室内设计中，光不仅能满足人们的视觉需要，而且是一个重要的美学因素。光可以形成空间、改变空间或者破坏空间，直接影响人对物体大小、形状、质地和色彩的感知。研究证明，光还会影响细胞的再生长、激素的产生、腺体的分泌以及体温、身体的活动和食物的消耗等生理节奏。因此，室内照明是建筑室内设计的重要组成部分，在设计之初就应该加以考虑。室内采光主要有自然光源和人工光源两种。出于节能减排的考虑，绿色建筑应最大限度地利用自然光源，并辅以人工光源。但是，自然采光存在一个重大缺陷，即不稳定，难以达到所要求的室内照度均匀度。对此，可以在绿色建筑的高窗位置采用反光板、折光棱镜等，从而将更多的自然光线引入室内，改善室内自然采光形成照度的均匀性和稳定性。

（6）室外绿地的设计。要想合理有效地促进城市室外绿地建设，改善城市环境的生态和景观，保证城市绿地符合适用、经济、安全、健康、环保、美观、防护等基本要求，确保绿色建筑室外绿地设计质量，需要贯彻人与自然和谐共存、可持续发展、经济合理等基本原则，创造良好的生态和景观效果，协调并促进人的身心健康。

2. 健康舒适性

真正的绿色建筑不仅能提供舒适而又安全的室内环境，还具有与自然环境相和谐的良好的建筑外部环境。在进行绿色建筑规划、设计和施工时，不仅要考虑当地气候、建筑形态、设施状况、营建过程、建筑材料、使用管理等对外部环境的影响，以及是否具有舒适、健康的内部环境，还要考虑投资人、用户以及设计、安装、运行、维修人员之间的利害关系。

（1）注重利用大环境资源。在绿色建筑的规划设计中，合理利用大环境资源和充分节约能源，是可持续发展战略的重要组成部分，是当代建筑的发展方向。真正的绿色建筑要想实现资源的循环，应尽量加以回收利用，实现资源的优化合理配置，依靠梯度消费，减少空置资源，抑制过度消费，做到物有所值、物尽其用。

（2）具有完善的生活配套设施。住宅区配套公共服务设施不仅是满足居民基本的物质和精神生活所需的设施，也是保证居民生活品质的重要组成部分。居住区按照居民在合理的步行距离内满足基本生活需求的原则，可分为十五分钟生活圈居住区、十分钟生活圈居住区、五分钟生活圈居住区及居住街坊四级。在规划设计绿色建筑时，配套设施应遵循配套建设、方便使用、统筹开放、兼顾发展的原则进行配置，其布局应遵循集中和分散兼顾、独立和混合使用并重的原则，并应符合下列规定：

第一，十五分钟生活圈居住区和十分钟生活圈居住区配套设施，应依照其服务半径相对居中布局。

第二,五分钟生活圈居住区配套设施中,文化活动中心、社区服务中心(街道级)、街道办事处等服务设施宜联合建设并形成街道综合服务中心,其用地面积不宜小于 $1\,hm^2$ (hm^2,即公顷,是面积单位)。

第三,五分钟生活圈居住区配套设施中,社区服务站、文化活动站(含青少年、老年活动站)、老年人日间照料中心(托老所)、社区卫生服务站、社区商业网点等服务设施,宜集中布局、联合建设,并形成社区综合服务中心,其用地面积不宜小于 $0.3\,hm^2$。

第四,旧区改建项目应根据所在居住区各级配套设施的承载能力,合理确定居住人口规模与住宅建筑容量;不匹配时,应增补相应的配套设施或对应控制住宅建筑增量。

(3)具有多样化的住宅户型。由于信息技术的飞速发展,网络兴起,改变了人们的生活观念,人们的生活方式日趋多样化,对于户型的要求也变得越来越多样化,因而对于户型多样化设计的研究也就越发显得急迫。

(4)建筑功能的多样化。建筑功能是指建筑在物质方面和精神方面的具体使用要求,也是人们设计和建造建筑想要达到的目的。不同的功能要求产生了不同的建筑类型,如工厂为了生产,住宅为了居住、生活和休息,学校为了学习,影剧院为了文化娱乐,商店为了商品交易等。以绿色住宅为例,介绍建筑功能的多样化。绿色住宅的分区及其建筑功能如下:

第一,公共活动区,具有客厅、餐厅、门厅等建筑功能。

第二,私密休息区,具有卧室、书室、保姆房等建筑功能。

第三,辅助区,具有厨房、卫生间、储藏室、健身房、阳台等建筑功能。

(5)建筑室内空间的可改性。住宅方式、公共建筑规模、家庭人员和结构是不断变化的,生活水平和科学技术也在不断提高,因此,绿色建筑具有可改性是客观需要,也是符合可持续发展的原则。可改性首先需要有大空间的结构体系来保证,如大柱网的框架结构和板柱结构、大开间的剪力墙结构;其次应有可拆装的分隔体和可灵活布置的设备与管线。由于结构体系常受施工技术与装备的制约,需要因地制宜来选择,一般可以选用结构不太复杂,又可以适当分隔的结构体系,如轻质分隔墙。虽然轻质分隔墙已有较多产品,但要实现用户自己动手,既易拆卸又能安装,还需要进一步研究其组合的节点构造。

3. 安全可靠性

安全性和可靠性是绿色建筑最基本的特征,其实质是以人为本,对人的安全和健康负责。安全性是指建筑工程建成后在使用过程中保证结构安全、保证人身和环境免受危害的程度;可靠性是指建筑工程在规定的时间和规定的条件下完成规定功能的能力。绿色建筑安全可靠性的设计主要包括确保选址安全的设计措施、确保建筑安全的设计措施等要素。

（1）确保选址安全的设计措施。设计绿色建筑时，要在符合国家相关安全规定的基础上，对绿色建筑的选址和危险源的避让提出要求。绿色建筑必须考虑基地现状，最好仔细察看其历史上相当长一段时间的情况，有无发生过地质灾害。经过实地勘测地质条件，准确评价适合的建筑高度。

（2）建筑设计必须与结构设计相结合。绿色建筑的建筑设计与结构设计是整个建筑设计过程中两个最重要的环节，对整个建筑物的外观效果、结构稳定等起着至关重要的作用。建筑方案在结构上不合理，甚至无法实现，给建筑结构的安全带来了隐患。

（3）合理确定绿色建筑的设计安全度。结构设计安全度的高低是国家经济和资源状况、社会财富积累程度以及设计施工技术水平与材料质量水准的综合反映。具体来说，选择绿色建筑设计安全度要处理好与工程直接造价、维修费用以及投资风险（包括生命及财产损失）之间的关系。提高绿色建筑的设计安全度，绿色建筑的直接造价将有所提高，维修费用将减少，投资风险也将减少。如果降低绿色建筑的造价，则维修费用和投资风险都将提高。因此，确定绿色建筑的设计安全度就是在结构造价（包括维修费用在内）与结构风险之间权衡得失，寻求较优的选择。

总之，绿色建筑设计安全度的选择，不仅涉及生命财产的损失，而且有时会产生严重的社会影响，对于某些结构来说，还会涉及国家的经济基础和技术经济政策。

（4）绿色建筑消防设施的设计。建筑消防设计是建筑设计中一个重要的组成部分，关系到人民生命财产安全，应该引起全社会的足够重视。绿色建筑消防设施的一般规定如下：

第一，消防给水和消防设施的设置应根据建筑的用途及其重要性、火灾危险性、火灾特性和环境条件等因素综合确定。

第二，城镇（包括居住区、商业区、开发区、工业区等）应沿可通行消防车的街道设置市政消火栓系统。民用建筑、厂房、仓库、储罐（区）和堆场周围应设置室外消火栓系统。用于消防救援和消防车停靠的屋面上，应设置室外消火栓系统。耐火等级不低于二级且建筑体积不大于 $3000 \ m^3$ 的戊类厂房，居住区人数不超过 500 人且建筑层数不超过两层的居住区，可不设置室外消火栓系统。

第三，自动喷水灭火系统、水喷雾灭火系统、泡沫灭火系统和固定消防炮灭火系统等，以及超过 5 层的公共建筑；超过 4 层的厂房或仓库、其他高层建筑；超过 2 层或建筑面积大于 $10000 \ m^2$ 的地下建筑（室）的室内消火栓给水系统都应设置消防水泵接合器。

第四，甲、乙、丙类液体储罐（区）内的储罐应设置移动水枪或固定水冷却设施。高度大于 15 m 或单罐容积大于 2000 m^3 的甲、乙、丙类液体地上储罐，宜采用固定水冷却设施。

第五，总容积大于 50 m^3 或单罐容积大于 20 m^3 的液化石油气储罐（区）应设置固定水冷却设施，埋地的液化石油气储罐可不设置固定喷水冷却装置。总容积不大于 50 m^3 或单罐容积不大于 20 m^3 的液化石油气储罐（区），应设置移动式水枪。

第六，消防水泵房的设置应符合以下规定：单独建造的消防水泵房，其耐火等级不应低于二级；附设在建筑内的消防水泵房，不应设置在地下三层及以下或室内地面与室外出入口地坪高差大于 10 m 的地下楼层；疏散门应直通室外或安全出口。

第七，设置火灾自动报警系统和需要联动控制的消防设备的建筑（群）应设置消防控制室。消防控制室的设置应符合规定：单独建造的消防控制室，其耐火等级不应低于二级；附设在建筑内的消防控制室，宜设置在建筑内首层或地下一层，并宜布置在靠外墙部位，不应设置在电磁场干扰较强及其他可能影响消防控制设备正常工作的房间附近；疏散门应直通室外或安全出口；消防控制室内的设备构成及其对建筑消防设施的控制与显示功能以及向远程监控系统传输相关信息的功能，应符合相关规定。

第八，消防水泵房和消防控制室应采取防水淹的技术措施。

第九，设置在建筑内的防排烟风机应设置在不同的专用机房内。

第十，高层住宅建筑的公共部位和公共建筑内应设置灭火器，其他住宅建筑的公共部位宜设置灭火器。厂房、仓库、储罐（区）和堆场，应设置灭火器。

第十一，建筑外墙设置有玻璃幕墙或采用火灾时可能脱落的墙体装饰材料或构造时，供灭火救援用的水泵接合器、室外消火栓等室外消防设施，应设置在距离建筑外墙相对安全的位置或采取安全防护措施。

第十二，设置在建筑室内外供人员操作或使用的消防设施，均应设置区别于环境的明显标志。

第十三，有关消防系统及设施的设计，应符合相关标准的规定。

4. 耐久适用性

耐久适用性是对绿色建筑工程最基本的要求之一。耐久性是材料抵抗自身和自然环境双重因素长期破坏作用的能力。绿色建筑的耐久性是指在正常运行维护和不需要进行大修的条件下，绿色建筑的使用寿命满足一定的设计使用年限要求，并且不发生严重的风化、老化、衰减、失真、腐蚀和锈蚀。适用性是指结构在正常使用条件下能满足预定使用功能要求的能力。

（1）建筑材料的可循环使用设计。现代建筑是能源及材料消耗的重要组成部分，随着地球环境的日益恶化和资源减少，保持建筑材料的可持续发展，提高建筑资源的综合利用率已成为社会普遍关注的课题。加强建筑材料的循环利用成为当务之急。特别是对传统的、量大面广的建筑材料，应强调进行生态环境化的替代和改造，如加强二次资源综合利用、提高材料的循环利用率等，必要时可以禁止采用瓷砖对大型建筑物进行外表面装修。

（2）充分利用尚可使用的旧建筑。充分利用尚可使用的旧建筑，有利于物尽其用、节约资源。尚可使用的旧建筑是指建筑质量能保证使用安全的旧建筑，或通过少量改造加固后能保证使用安全的旧建筑。对于旧建筑的利用，可以根据规划要求保留或改变其原有使用性质，并纳入规划建设项目。充分利用尚可使用的旧建筑，不仅是节约建筑用地的重要措施之一，还是防止大拆乱建的条件。

（3）绿色建筑的适应性设计。绿色建筑在设计之初、使用过程中要适应人们陆续提出的使用需求。具体而言，保证绿色建筑的适应性：一方面，保证建筑的使用功能并不与建筑形式形成不可拆分的联系，不会因为丧失建筑原功能而使建筑被废弃；另一方面，不断运用新技术、新能源改造建筑，使之不断地满足人们生活的新需求。

5. 节约环保性

节约环保是绿色建筑设计必不可少的要素之一。建筑节约环保性的设计主要体现在建筑用地、建筑节能、建筑用水、建筑材料四个方面。

（1）建筑用地节约设计。土地是关系国计民生的重要战略资源，耕地是广大农民赖以生存的基础。城市住宅建设不可避免地会占用大量土地，使得土地问题成为城市发展的制约因素。如何在城市建设设计中贯彻节约用地理念，采取什么样的措施来实现节约用地，是摆在每个城市建设设计者面前的关键性问题。要想坚持城市建设的可持续发展，就必须加强对城市建设项目用地的科学管理，在项目的前期工作中采取各种有效措施对城市建设用地进行合理控制，这样不仅有利于城市建设的全面发展，加快城市化建设步伐，而且具有实现全社会全面、协调、可持续发展的深远意义。

（2）建筑节能设计。就减少建筑本身能量的散失而言，绿色建筑要采用高效、经济的保温材料和先进的构造技术，以有效提高建筑围护结构的整体保温、密闭性能。为了保证良好的室内卫生条件，绿色建筑既要有较好的通风，又要设计配备能量回收系统。建筑节能体系的设计主要包括外窗、遮阳系统、外围护墙及节能新风系统，具体如下：

第一，外窗节能设计。绿色建筑可以将窗户设计为得热构件，利用太阳能改善室内热舒适，从而达到节能的效果。具有外窗节能设计的绿色建筑在冬季可以通过采光将太阳发出的大量光能引入室内，不仅能使室内具有充足的光线，还能提高室内的温度，为用户提供舒适、健康的室内环境，提高用户的生活质量。

第二，遮阳系统设计。由于玻璃表面换热性强，热透射率高，对室内热条件有极大的影响，遮阳特别是外遮阳所起到的节能作用显得越来越突出。建筑遮阳与建筑所在地理位置的气候和日照状况密不可分，日照变化和日温差变化的存在，使建筑室内在午间需要遮阳，而早晚需要接受阳光照射。传统的建筑遮阳构造一般都安装在侧窗、屋顶天窗、中庭玻璃顶，类型有平板式遮阳板、布幔、格栅、绿化植被等。随着建筑的发展以及幕墙产品的更新换代，外遮阳系统也在功能和外观上不断创新，从形式上可以分为水平式遮阳、垂直式遮阳、综合式遮阳和挡板式遮阳四类。

第三，外围护墙设计。建筑外围护墙是绿色建筑的重要组成部分之一，不仅对建筑有支撑和围护的作用，还发挥着隔绝外界冷热空气、保证室内气温稳定的作用。因此，建筑外围护墙体对于建筑的节能发挥着重要的作用。绿色建筑越来越多地深入社会生活的各个方面，从建筑设计本身考虑，建筑形态，建筑方位，空间的设计，建筑外表面材料的种类、材料构造、材料色彩等，是目前绿色建筑设计研究的主要内容。其中，建筑外围护结构保温和隔热设计是节能设计的重点，也是节能设计中最有效的、最适合我国普遍采用的方法。

第四，节能新风系统。在绿色建筑中，外窗具有良好的呼吸与隔热作用，外围护结构具有良好的密封性和保温性，因此人为设计室内新风和污浊空气的走向成为衡量建筑舒适性必须考虑的问题。新风系统是根据在密闭的室内一侧用专用设备向室内送新风，再从另一侧由专用设备向室外排出，在室内会形成"新风流动场"的原理，从而满足室内新风换气的需要。新风系统由风机、进风口、排风口及各种管道和接头组成。安装在吊顶内的风机通过管道与一系列的排风口相连。风机启动后，室内形成负压，室内受污染的空气经排风口及风机排往室外，同时室外新鲜空气经安装在窗框上方（窗框与墙体之间）的进风口进入室内，从而使室内人员可呼吸到高品质的新鲜空气。

（3）建筑用水节约设计。雨水利用是城市水资源利用中重要的节水措施，具有保护城市生态环境和增进社会经济效益等多方面的意义。绿色建筑应充分利用生活用水，如净水器产生的废水可以经由管路到洗手间，要么用来拖地，要么用来冲厕所。

（4）建筑材料节约设计。每年生产的多种建筑材料不仅要消耗大量能源和资源，还要排放大量二氧化硫和二氧化碳等有害气体和各类粉尘。目前，在多数城市建设中，存在建筑垃圾处理、资源循环利用、资源短缺、人拆人建、建筑使用寿命低等问题。对此，应合理采用地方性建筑材料、应用新型可循环建筑材料、实现废弃材料的资源化利用等。

6. 自然和谐性

绿色建筑由于节能减排、可持续发展、与自然和谐共生的卓越特性，得到了各国政府的大力推广，为世界贡献了一座座经典的建筑作品，其中很多都已成为著名的旅游景点，向世人展示了绿色建筑的魅力。随着社会的发展，人与自然从统一走向对立，由此造成了生态危机。因此，要想实现人与自然的和谐发展，必须正视自然的价值，理解自然，改变人们的发展观，逐步完善有利于人与自然和谐发展的生态制度，构建美好的生态文化。此外，人类为了永续地可持续发展，就必须使其各种活动，包括建筑活动及其产物与自然和谐共生。

7. 低耗高效性

建筑能耗，国内外习惯上理解为使用能耗，即建筑物使用过程中用于供暖、通风、空调、照明、家用电器、输送、动力、烹饪、给排水等的能耗。合理利用能源、提高能源利用率、节约建筑能源是我国的基本国策。对于绿色建筑的低耗高效性设计，可以采取以下技术措施：

（1）确定绿色建筑的合理建筑朝向。在确定建筑朝向时，应当考虑的因素包括：有利于日照、天然采光、自然通风；避免环境噪声、视线干扰；与周围环境相协调，有利于取得较好的景观朝向。

（2）设计有利于节能的建筑平面和体型。建筑设计的节能意义包括在设计建筑方案时遵循建筑节能思想，使建筑方案中蕴含节能的意识和概念。其中建筑体形和平面形状特征设计的节能效应是重要的控制对象，是绿色建筑节能的有效途径。

（3）重视建筑用能系统和设备优化选择。为使绿色建筑达到低耗高效的要求，必须对所有用能系统和设备进行节能设计和选择，这是绿色建筑实现节能的关键和基础。例如，对于集中采暖或使用空调系统的住宅，冷、热水（风）要靠水泵和风机才能输送到用户。如果水泵和风机选型不当，不仅不能满足供暖的功能要求，还会消耗大量的能源用于采暖。

（4）重视建筑日照调节和建筑照明节能。随着人类对能源可持续使用理念的日趋重视，如何使用尽可能少的能源获得最佳的使用效果已成为各个能源使用领域越来越关注的问题。照明是人类使用能源最多的领域之一，如何在这一领域实现使用最少的能源而获得最佳的照明效果无疑是具有重要理论意义和应用价值的课题。

现行的照明设计主要考虑被照面上照度、眩光、均匀度、阴影、稳定性和闪烁等照明技术问题。而健康照明设计不仅要考虑这些问题，还要处理好紫外辐射、光谱组成、光色、色温等对人的生理和心理的作用。为了实现健康照明，绿色建筑设计师除了要研究健康照明设计方法和尽可能做到技术与艺术的统一以外，还要研究健康照明的概念、原理，并且充分利用现代科学技术的新成果，不断研究高品质新光源，开发采光和照明新材料、新系统，充分利用天然光，实现资源利用的低耗高效。

（5）物业公司采取严格的管理运营措施。在绿色建筑日常的运行过程中，要想实现建筑资源利用低耗高效的目标，必须采取严格的管理措施，这是绿色建筑资源利用低耗高效的制度保障。物业管理公司是专门从事地上永久性建筑物、附属设备、各项设施及相关场地和周围环境的专业化管理的，为业主和非业主使用人提供良好的生活或工作环境的，具有独立法人资格的经济实体。物业管理公司在实现绿色建筑资源利用低耗高效性方面，应根据所管理范围的实际情况，提交节能、节水、节地、节材与绿化管理制度，并说明实施效果。在一般情况下，资源利用低耗高效的管理制度主要包括：业主和物业共同制定节能管理模式；分户、分类地进行计量与收费；建立物业内部的节能管理机制；采用节能指标达到设计要求的措施等。

8. 绿色文明性

绿色文明包括绿色生产、绿色生活、绿色工作、绿色消费等，其本质是一种社会需求。这种需求是全面的，不是单一的，一方面，绿色文明在自然生态系统中获得物质和能量；另一方面，绿色文明要满足人类持久的自身生理、生活和精神消费的生态需求与文化需求。因此，绿色建筑的文明性设计应通过保护生态环境和利用绿色能源实现。

（1）保护生态环境。生态环境保护是指人类为解决现实的或潜在的生态环境问题，协调人类与生态环境的关系，保障经济社会的持续发展而采取的各种行动的总称。保护生态环境是人类有意识地保护自然生态资源并使其得到合理利用，防止自然生态环境受到污染和破坏。同时，对受到污染和破坏的生态环境做好综合治理，以创造出适合人类生活、工作的生态环境。

（2）利用绿色能源。绿色能源也称为清洁能源，是环境保护和良好生态系统的象征和代名词，具有广义和狭义两方面的含义。广义的绿色能源是指在能源的生产及其消费过程中，对生态环境低污染或无污染的所有能源，既包括可再生能源，如太阳能、风能、水能、生物质能、海洋能等，又包括应用科技变废为宝的能源，如秸秆、垃圾等新型能源，还包括绿色植物提供的燃料，如天然气、清洁煤和核能等。狭义的绿色能源是指可再生能源，如水能、生物能、太阳能、风能、地热能、海洋能等，这些能源消耗之后可以恢复补充，很少产生污染。

以地源热泵为例介绍绿色建筑中应用的绿色能源。地源热泵是利用地球表面浅层水源（如地下水、河流和湖泊）和土壤源中吸收的太阳能和地热能，并采用热泵原理，由水源热泵机组、地能采集系统、室内系统和控制系统组成的，既可供热又可制冷的高效节能空调系统。在绿色建筑中应用的绿色能源地源热泵，大多可以成功利用地下水、江河湖水、水库水、海水、城市中水、工业尾水、坑道水等各类水资源以及土壤源作为地源热泵的冷、热源。

9. 整体创新性

绿色建筑整体创新性是指将建筑科技创新、建筑概念创新、建筑材料创新与周边环境结合在一起进行设计。绿色建筑综合整体创新设计的重点在于：在可持续发展的前提下，利用科学技术使建筑在满足人类日益发展的使用需求的同时，与环境和谐共处。具体而言，绿色建筑综合整体创新设计包括基于环境的创新设计、基于文化的创新设计和基于科技的创新设计。

（1）基于环境的创新设计。理想的建筑应该与自然相协调，成为自然环境中的一个有机组成部分。对于某个环境而言，无论以建筑为主体，还是以景观为主体，只有两者完美协调才能形成令人愉快、舒适的外部空间。为了达到这一目的，建筑设计师与景观设计师进行了大量、创造性地构思与实践，从不同的角度、不同的侧面和不同的层次对建筑与环境之间的关系进行了研究与探讨。

第一，建筑与环境之间良好关系的形成不仅需要有明确、合理的目的，而且有赖于科学的方法论与建筑实践的完美组合。建筑实践是一个受各种因素影响与制约的烦琐过程。在设计的初期阶段，能否处理好建筑与环境之间的关系将直接影响建筑环境的实现。实际上，建筑与其周围环境有着千丝万缕的联系，这种联系也许是协调的，也许是对立的。它可能反映在建筑的结构、材料、色彩上，也可能通过建筑的形态特征表现出其所处环境的历史、文脉和源流。

第二，建筑自身的形态及构成直接影响着其周围的环境。如果建筑的外表或形态不能够恰当地表现其所在地域的文化特征或者与周围环境发生严重的冲突，那么就很难与自然保持良好的协调关系。需要注意的是，建筑与环境相协调并不意味着建筑必须被动地屈从于自然、与周围环境保持妥协的关系。有时，建筑的形态会与所在的环境处于某种对立的状态，但是这种对立并非从根本上对其周围环境加以否定，而是通过与局部环境之间形成的对立，在更高的层次上达到与环境整体更加完美的和谐。

总之，建筑环境的创新设计就是要求建筑设计师通过类比的手法，把主体建筑设计与环境景观设计有机地结合在一起，将环境景观元素渗透到建筑形体和建筑空间中，以动态的建筑空间和形式、模糊边界的手法，形成功能交织、有机相连的整体，从而实现空间的持续变化和形态交集，使建筑物和城市景观融为一体。

（2）基于文化的创新设计。自然不仅是人类生存的物质空间环境，更是人类精神依托之所在。对于自然地貌的理解，由于地域文化的不同而显示出极大的不同，从而造就了众多风格各异的建筑形态和空间，让人们在品味中联想到当地的文化传统与艺术特色。因此，要想设计展示具有独特文化底蕴的观演建筑，离不开地域文化原创性这一精神原点。它可以引发人们在不同文化背景下的共鸣，引导人们参与其中，获得独特的文化体验。中国传统文化对我国建筑设计具有潜移默化的影响，传统文化在建筑设计中的运用需要进一步创新发展。要对中国传统建筑风格进行分析研究，促进中国传统文化在建筑设计中的创新和发展，不断设计出具有中国特色的建筑。

（3）基于科技的设计创新。当今时代，人类社会不仅步入了一个科技创新不断涌现的重要时期，也步入了一个经济结构加快调整的重要时期。持续不断的新科技革命及其带来的科学技术的重大发现、发明和广泛应用，推动世界范围内生产力、生产方式、生活方式和经济社会发展观发生了前所未有的深刻变革，也引起全球生产要素流动和产业转移加快，经济格局、利益格局和安全格局发生了前所未有的重大变化。建筑业只有采取各种有效措施，不断加强建筑设计的科技创新，才能增强自身的竞争力。因此，加强绿色建筑的科技创新设计，推进国家可持续发展科技创新体系的建设，是促进可持续发展战略实施的当务之急。

（四）绿色设计的技术支持

1. 绿色设计的节地技术

（1）土壤污染修复。土壤污染修复可按照以下流程进行操作：

第一，地块土壤污染状况调查监测。地块回顾性评估监测环节的主要工作是采用监测手段识别土壤、地下水、地表水、环境空气、残余废弃物中的关注污染物及水文地质特征，并全面分析、确定地块的污染物种类、污染程度和污染范围。

第二，地块治理修复监测。地块治理修复监测环节的主要工作是针对各项治理修复技术措施的实施效果所开展的相关监测，包括治理修复过程中涉及环境保护的工程质量监测和二次污染物排放的监测。

第三，地块修复效果评估监测。地块修复效果评估监测环节的主要工作是考核和评价治理修复后的地块是否达到已确定的修复目标及工程设计所提出的相关要求。

第四，地块回顾性评估监测。经过地块修复效果评估后，地块回顾性评估监测环节的主要工作是在特定的时间范围内，为评价治理修复后地块对土壤、地下水、地表水及环境空气的环境影响所进行的环境监测，同时也包括针对地块长期原位治理修复工程措施的效果开展验证性的环境监测。

（2）交通设施设计。交通设施设计义称"交通组织"，是指为解决交通问题所采取的各种软措施的总和，具体包括以下方面：

第一，城市道路系统、公交站点及轨道站点等的布局位置及服务覆盖范围。

第二，道路系统、公交站点及轨道站点等到场地入口之间的衔接方式，包括步行道路、人行天桥、地下通道等。

第三，场地出入口的位置、样式、方向等。

第四，场地出入口与建筑入口之间的交通形式布设及安排等。

2. 绿色设计的节水技术

（1）给水系统。建筑给水系统是将城镇给水管网或自备水源给水管网的水引入室内，选用适用、经济、合理的最佳供水方式，经配水管送至室内各种卫生器具、水龙头嘴、生产装置和消防设备，并满足用水点对水量、水压和水质要求的冷水供应系统。

室内给水方式是指建筑内部给水系统的供水方式。一般根据建筑物的性质、高度、配水点的布置情况以及室内所需压力、室外管网水压和配水量等因素，通过综合评判法确定建筑内部给水系统的布置形式。给水方式的基本形式包括以下类型：

第一，依靠外网压力的给水方式，可分为直接给水方式和设水箱的给水方式两种。

第二，依靠水泵升压的给水方式，可分为设水泵的给水方式、设水泵水箱的给水方式、气压给水方式和分区给水方式四种。其中，根据各分区之间的关系，分区给水方式又可分为水泵串联分区给水方式、水泵并联给水方式和减压分区给水方式。

（2）热水供应系统。热水供应系统按热水供应范围，可分为局部热水供应系统、集中热水供应系统和区域热水供应系统。热水供应系统的组成因建筑类型和规模、热源情况、用水要求、加热和贮存设备的情况、建筑对美观和安静的要求等不同情况而异。典型的集中热水供应系统主要由热媒系统（第一循环系统）、热水供水系统（第二循环系统）、附件三部分组成。其中，热媒系统由热源、水加热器和热媒管网组成；热水供水系统由热水配水管网和回水管网组成；附件包括蒸汽、热水的控制附件及管道的连接附件，如温度自动调节器、疏水器、减压阀、安全阀、自动排气阀、膨胀罐、管道伸缩器、闸阀、水嘴等。

（3）超压出流控制。超压出流是指给水配件阀前压力大于流出水头，单位时间内的出水量超过确定流量的现象。超压出流现象出现于各类型建筑的给水系统中，尤其是高层及超高层的民用建筑。在进行给水系统设计时，应采取措施控制超压出流现象，合理进行压力分区，并适当地采取减压措施，避免造成浪费。常用的减压装置有减压阀、减压孔板、节流塞三种。

3. 绿色设计的节能技术

在建造绿色建筑时，使用节能与节材技术可以有效提高能量利用率。以门窗和屋面为例，介绍绿色建筑的节能技术。

（1）绿色建筑门窗节能技术。

第一，控制窗墙面积比。通常窗户的传热热阻比墙体的传热热阻要小得多，因此建筑的冷热耗量随窗墙面积比的增加而增加。作为建筑节能的一项措施，要求在满足采光通风的条件下确定适宜的窗墙比。全国不同地区气候条件各不相同，窗墙比数值应按各地方建筑规范予以计算。

第二，提高窗户的隔热性能。窗户的隔热就是要尽量阻止太阳辐射直接进入室内，减少对人体与室内的热辐射。提高外窗特别是东、西外窗的遮阳能力，是提高窗户隔热性能的重要措施。在窗户外侧固定设施以达到遮阳效果的举措有增设外遮阳板、遮阳棚，适当增加南向阳台的挑出长度等；在窗户内侧设置以达到遮阳效果的举措有增设窗帘、百叶、热反射帘、自动卷帘等。

第三，提高门窗的气密性。在绿色建筑设计中，应尽可能减少门窗洞口，加强门窗的密闭性。例如，可以在出入频繁的大门处设置门洞，并使门洞避开主导风向。此外，窗户的密封性能达不到节能标准要求时，应当采取适当的密封措施，如在缝隙处设置橡皮、毡片等制成的密封条或密封胶，提高窗户的气密性。

第四，选用适宜的窗型。门窗是实现和控制自然通风最重要的建筑构件。首先，门窗装置的方式对室内自然通风具有很大的影响。门窗的开启有挡风或导风作用，装置得当可以提高室内空气通风效果。从通风的角度考虑，门窗的相对位置以贯通为好，尽量减少气流的迂回和阻力。其次，中悬窗、上悬窗、立转窗、百叶窗都可起到调节气流方向的作用。

（2）绿色建筑屋面节能技术。

第一，倒置式保温屋面。倒置式屋面是将传统屋面构造中的保温层与防水层颠倒，把保温层放在防水层的上面，可以对防水层起到屏蔽和保护作用，使之不受阳光和气候变化的影响，避免来自外界的机械损伤。这是一种值得推广的保温屋面。

第二，蓄水屋面。蓄水屋面是指在屋面防水层上蓄一定高度的水，起到隔热作用的屋面。其原理是在太阳辐射和室外气温的综合作用下，水能吸收大量的热，并由液体蒸发为气体，从而将热量散发到空气中，减少了屋盖吸收的热能，起到隔热和降低屋面温度的作用。

4. 绿色设计的节材技术

以用料、结构和装修为例，介绍绿色建筑的节能技术，具体如下：

（1）绿色建筑用料节材技术。

第一，采用高强建筑钢筋。一般来说，在相同的承载力下，强度越高的钢筋在钢筋混凝土中的配筋率越低。相比于HRB335钢筋，以HRB400为代表的钢筋具有强度高、韧性好和焊接性能优良等特点，应用于建筑结构中具有明显的技术经济性能优势。使用 HRB400 钢筋代替 HRB335 钢筋，可以节省 10%～14% 的钢材，使用 HRB400 钢筋代换小直径的 HPB235 钢筋，则可以节省 40% 以上的钢材；使用 HRB400 钢筋还可以改善钢筋混凝土结构的抗震性能。总之，HRB400 等高强钢筋在绿色建筑中的应用，可以明显节约钢材资源。

第二，采用强度更高的水泥及混凝土。我国城镇建筑主要是采用钢筋混凝土建造的，导致我国每年混凝土用量巨大。混凝土主要是用来承受荷载的，其强度越高，横截面积承受的重量越大。反过来说，承受相同的重量，强度越高的混凝土，它的横截面积就可以做得越小，即混凝土柱、混凝土梁等建筑构件可以做得越细。因此，在绿色建筑中采用强度高的混凝土可以节省混凝土材料。

第三，采用商品混凝土和商品砂浆。商品混凝土是指由水泥、砂石、水，以及根据需要掺入的外加剂和掺合料等，按一定比例在集中搅拌站经计量、拌制后，采用专用运输车，在规定时间内，以商品形式出售，并运送到使用地点的混凝土拌合物。相比于商品混凝土的生产方式，现场搅拌混凝土要多损耗水泥 10%～15%，多消耗砂石 5%～7%。商品混凝土的性能稳定性也优于现场搅拌，这对于保证混凝土工程的质量十分重要。

商品砂浆也称预拌砂浆，是指由专业生产厂生产的砂浆拌合物，包括湿拌砂浆和干混砂浆两大类。相比于现场搅拌砂浆，商品砂浆的应用可以明显减少砂浆用量。对于多层砌筑结构，若使用现场搅拌砂浆，每平方米建筑面积使用砌筑的砂浆量为 0.20 m³，而使用商品砂浆则仅需要 0.13 m³，可节约 35% 的砂浆量；对于高层建筑，若使用现场搅拌砂浆，每平方米建筑面积使用抹灰的砂浆量为 0.09 m³，而使用商品砂浆则仅需要 0.038 m³，可节约 58% 的砂浆量。因此，在绿色建筑中采用商品混凝土和商品砂浆可以节省混凝土材料。

第四，采用散装水泥。散装水泥是相对于传统的袋装水泥而言的，它是指水泥从工厂生产出来之后不用任何小包装直接通过专用设备或容器从工厂运输到中转站或用户手中。因此，在绿色建筑中采用散装水泥可以节省混凝土材料。

第五，采用专业化加工配送的商品钢筋。专业化加工配送的商品钢筋是指在工厂中把盘条或直条钢线材用专业机械设备制成钢筋网、钢筋笼等钢筋成品，直接销售到建筑工地，从而实现建筑钢筋加工的工厂化、标准化以及建筑钢筋加工配送的商品化和专业化。由于能同时为多个工地配送商品钢筋，钢筋可以进行综合套裁，废料率约为 2%，而工地现场加工的钢筋废料率约为 10%。半机械化的钢筋加工方式，加工地点主要在施工工地，不仅劳动强度大，加工质量和进度难以保证。而且材料浪费严重，加工成本高，安全隐患多，占地多，噪声大。因此，提高建筑用钢筋的工厂化加工程度，实现钢筋的商品化专业配送，是绿色建筑的发展趋势。

（2）绿色建筑结构节材技术。

第一，房屋的基本构件。每一栋独立的房屋都是由各种不同的构件有规律按序组成的，这些构件从其承受外力和所起作用上看，可以分为结构构件和非结构构件两种类别。结构构件是起支撑作用的受力构件，如板、梁、墙、柱。这些构件的有序结合，可以组成不同的结构受力体系，如框架、剪力墙等，用来承担各种不同的垂直、水平荷载以及产生各种作用。非结构构件是对房屋主体不起支撑作用的自承重构件，如轻隔墙、幕墙、吊顶、内装饰构件等。这些构件可以自成体系和自承重，但一般条件下均视其为外荷载作用在主体结构上。

第二，建筑结构节材技术。建筑结构主要包括砌体结构、钢筋混凝土结构、钢结构。砌体结构中，砖块不能直接用于形成墙体或其他构件，必须将砖和砂浆砌筑成整体的砖砌体，才能形成墙体或其他结构。在绿色建筑中采用砌体结构的优点是就地取材，价格比较低廉，施工比较简便；缺点是结构强度比较低，自重大，比较笨重，建造的建筑空间和高度受到一定限制。

在绿色建筑中采用钢筋混凝土结构的优点是材料中的主要成分可以就地取材，混合材料中合理级配，结构整体强度和延展性都比较高，其创造的建筑空间和高度都比较大，也比较灵活，造价适中，施工比较简便；缺点是结构自重相对于砌体结构虽然有所改进，但还是相对偏大，结构自身的回收率也比较低。

钢结构的材料主要为各种性能和形状的钢材。在绿色建筑中采用钢结构的优点是结构轻质高强，能够创造很大的建筑空间和高度，整体结构也有很高的强度和延伸性，符合现有技术条件下大规模工业化生产的需要，施工快捷方便，结构自身的回收率也很高；缺点是在当前条件下造价相对比较高，工业化施工水平有比较高的要求。

（3）绿色建筑装修节材技术。

对建筑一次性装修到位，不仅有助于节约、减少污染和重复装修带来的扰民纠纷，还有助于保持房屋寿命。一次性整体装修可选择菜单模式（也称模块化设计模式），即由房地产开发商、装修公司、购房者商议，根据不同户型推出几种装修菜单供住户选择。住户只需要从模块中选出中意的客厅、餐厅、卧室、厨房等模块，设计师即刻就能进行自由组合，然后综合色彩、材质、软装饰等环节，统一整体风格，降低设计成本。

5. 室内环境的控制技术

绿色建筑的室内环境包括室内声环境、室内光环境、室内热湿环境和室内空气质量，其控制技术自然是对以上四种室内环境的控制技术。以下以绿色住宅为例，对绿色建筑的室内环境控制技术进行介绍：

（1）室内声环境的控制。随着城市化进程进一步加快，噪声已成为现代化生活中不可避免的副产品。建筑声环境质量保障的主要措施是对振动和噪声的控制，以创造一个良好的室内外声环境。

第一，环境噪声的控制。确定噪声控制方案的基本步骤是：①对噪声现状进行调查，以确定噪声的声压级，了解噪声产生的原因及周围的环境情况；②结合噪声现状与相关的噪声允许标准，确定所需降低的噪声声压级数值；③结合具体的需要和可能，采取综合的降噪措施。

第二，建筑群及建筑单体噪声的控制。在建筑规划设计中，可以采用缓和交通噪声的设计和技术方法，从声源入手，标本兼治，主要治本。在居住区的外围不可避免地会有交通噪声，可以通过控制车流量来减少交通噪声。对于居住区的建设，在确定其用地前应从声环境的角度论证其可行性，并把噪声控制作为居住区建设项目可行性研究的一个方面，列为必要的基建程序。在绿色建筑建成后，环境噪声是否达到标准，应作为验收的一个项目。

临街布置对噪声不敏感的建筑作为"屏障"，可以降低噪声对居住区的影响。对噪声不敏感的建筑物是指本身无防噪要求的建筑物（如商业建筑），以及虽有防噪要求但外围护结构有较好的防噪能力的建筑物（如有空调设备的宾馆）。

如果缓和噪声的措施未能达到规范所规定的噪声标准，那么用住宅围护阻隔的方法减弱噪声是行之有效的方法。在设计绿色住宅之前，应综合考虑建筑物防噪间距、朝向选择及平面布置等方面。在防噪的平面设计中优先保证卧室安宁，即沿街单元式住宅力求将主要卧室布置在背向街道一侧，而住宅靠街的那一面则布置住宅中的辅助用房，如楼梯间、储藏室、厨房、浴室等。若上述条件难以满足，可以利用临街的公共走廊或阳台，采取隔声减噪处理。

建筑内部的噪声主要是通过墙体和楼板传播的，可以通过提高建筑物内部构件（墙体和楼板）的隔声能力来减弱噪声。

（2）室内光环境的控制。充足的天然采光不仅有利于降低人工照明能耗、降低生活成本，还有利于居住者的生理和心理健康。绿色住宅在进行采光设计时需要注意以下方面：

第一，采光的数量。在设计室内光环境时，能否取得适宜数量的太阳光需要进行估算，计算出采光系数。采光系数指的是在全阴天情况下，太阳光在室内给定平面上某点产生的照度与同一时间、同一地点和同样的太阳光状态下在室外无遮挡水平面上产生的照度之比。此外，太阳光在室内给定平面上某点产生的照度会直接影响室内采光。照度由三部分光产生，即天空漫射光、通过周围建筑或遮挡物的太阳反射光和光线通过窗户经室内各个表面反射落在给定平面上的光。这三部分的光都可以用简单的图表进行计算。

根据规定，工业建筑参考平面取距地面 1 m，民用建筑取距地面 0.75 m，公用场所取地面。采光标准的上限值不宜高于上一采光等级的级差，采光系数值不宜高于 7%。

第二，采光的质量。采光的质量是健康光环境重要的基本条件，包括采光均匀度和窗眩光的控制。采光均匀度是假定工作面上的最小采光系数和平均采光系数之比。顶部采光均匀度不小于 0.7，对侧面采光不作规定。因为侧面采光取的采光系数为最小值，如果通过最小值来估算采光均匀度，一般情况下均能超过侧面采光均匀度不小于 0.3 的要求。

采光引起的眩光主要来自太阳的直射眩光和从抛光表面的反射眩光。窗眩光是影响健康光环境的主要眩光源。对于健康的室内光环境，为避免人的视野中出现由强烈的亮度对比产生的眩光，可以遵守一些常用原则，即被视的目标（物体）和相邻表面的亮度比应不小于 1∶3，这一目标与远处表面的亮度比不小于 1∶10。在设计采光时，应采取下列减小窗的不舒适眩光的措施：作业区应减少或避免直射日光；工作人员的视觉背景不宜作为窗口；采用室内外遮挡设施；窗结构的内表面或窗周围的内墙面宜采用浅色饰面。

第三，采光的材料。玻璃幕墙、棱镜玻璃、特殊镀膜玻璃等现代采光材料的使用，对改善采光质量有一定作用。但是，因光反射引起的光污染也非常严重，尤其在商业中心和居住区，处在路边的玻璃幕墙上的映象经太阳反射会在道路上或行人中形成强烈的眩光刺激。要想克服这种眩光，可以通过简单的几何作图实现。

第四，采光的形式。采光形式主要有侧面采光、顶部采光和两者均有的混合采光。随着城市建筑密度的不断增加，高层建筑越来越多，相互挡光比较严重，直接影响了采光量，很多办公建筑和公共图书馆靠白天开灯来弥补采光不足，造成供电紧张。在设计绿色住宅时，可以选用天井，或采光井，或反光镜装置等内墙采光方式，以补充外墙采光的不足，还要避免太阳的直射光和耀眼的光斑。

（3）室内热湿环境的控制。室内热湿环境指的是由室内空气温度、相对湿度、空气流速及围护结构辐射温度等因素综合作用形成的室内环境，是建筑环境中的主要内容。绿色住宅的热湿环境保障技术主要包括主动式保障技术和被动式保障技术。

第一，主动式保障技术。主动式环境保障就是依靠机械和电气等设施，创造一种扬自然环境之长、避自然环境之短的室内环境。主动式保障技术主要包括冷却塔供冷系统、蓄冷低温送风系统、去湿空调系统。

冷却塔供冷系统是指在室外空气温度较低时，利用流经冷却塔的循环水直接或间接地向空调系统供冷，而无须开启冷冻机来提供建筑物所需要的冷量，从而节约冷水机组的能耗，达到节能目的的一种技术。

作为蓄冷系统的一类，蓄冷低温送风系统在空调设计中有所应用，蓄冷低温送风系统虽然对用户起不到节能的作用，但能平衡市区用电负荷，提高发电效率，对环境负荷的降低也是很有利的。

去湿空调系统的原理很简单，室外新风先经过去湿转轮，由其中的固体去湿剂进行去湿处理，然后经过第二个转轮（热回收转轮），与室内排风进行全热或显热交换，回收排风能量。经过去湿降温的新风再与回风混合，经表冷器处理（此时表冷器处理基本上已是干冷过）后送入室内。

第二，被动式保障技术。被动式环境保障就是利用建筑自身和天然能源来保障室内环境品质。被动式保障技术主要包括控制太阳辐射和利用自然通风。

控制太阳辐射所采取的具体措施包括：选用节能玻璃窗；采用能将可见光引进建筑物内区，同时又能遮挡对周边区直射日射的遮檐；采用通风窗技术，将空调回风引入双层窗夹层空间，带走由日射引起的中间层百叶温度升高的对流热量；利用建筑物中庭，将昼光引入建筑物内区；利用光导纤维将光能引入内区，而将热能摒弃在室外；设建筑外遮阳板，可以将外遮阳板与太阳能电池（也称光伏电池）相结合，降低空调负荷，为室内照明提供补充能源。

在建筑密集的大城市中，利用自然通风，很好地分析其不利条件，应该因时、因地制宜，要权衡得失，趋利避害。实施自然通风的要点包括：了解建筑物所在地的气候特点、主导风向和环境状况；根据建筑物功能以及通风的目的，确定所需要的通风量；设计合理的气流通道，确定入口形式（如窗和门的尺寸以及开启、关闭方式）、内部流道形式（如中庭、走廊或室内开放空间）、排风口形式（如中庭顶窗开闭方式、气楼开口面积、排风烟囱形式和尺寸等）；采用自然通风结合机械通风的混合通风方式，设置自然通风通道的自动控制和调节装置等设施。

（4）室内空气质量的控制。室内空气质量是室外空气质量、建筑围护结构的设计、通风系统的设计、系统的操作和维护措施、污染物源及其散发强度等一系列因素作用下的结果。减少室内污染物可以采取如下措施：

第一，通风换气。预防室内环境污染，首先应尽可能改善通风条件，降低空气污染的程度。开窗通风能使室内污染物的浓度显著降低。

第二，选择合格的建筑材料和家具。要想从根本上消除室内污染，必须消除污染源。除了开发商在建造房屋时要选择合格的材料以外，住户在装修房子时也要选用环保材料，找正规的装修公司装修。

第三，室内盆栽。绿色植物对室内的空气具有很好的净化作用。家具和装修所产生的有害物质吸附和分解速度慢，作用时间长。为创造一个良好的室内环境，可以在室内摆放盆栽花木，如芦荟、吊兰、常春藤、无花果、月季、仙人掌等。

6.室外环境的控制技术

以室外热环境为研究对象，介绍绿色建筑的室外环境控制技术。绿色设计应该遵循"气候—舒适—技术—建筑"的过程。室外热环境规划设计的具体步骤为：①调研设计地段的各种气候地理数据，如温度、湿度、日照强度、风向风力、周边建筑布局、周边绿地水体分布等构成对地块环境影响的气候地理要素；②评价各种气候地理要素对区域环境的影响；③采用技术手段解决气候地理要素与区域环境要求的矛盾；④结合特定的地段，区分各种气候要素的重要程度，采取相应的技术手段进行建筑设计，寻求最佳设计方案。

室外热环境控制技术的实施措施包括地面铺装、设置绿化、设置遮阳构件，具体如下：

（1）地面铺装。按照透水性能，地面铺装可以分为透水铺装和不透水铺装。以不透水铺装中的水泥、沥青为例，水泥、沥青地面具有不透水性，没有潜热蒸发的降温效果。水泥、沥青地面吸收的太阳辐射一部分通过导热与地下进行热交换，另一部分以对流形式释放到空气中，其他部分与大气进行长波辐射交换。这样一来，绿色建筑室外热环境可以被很好地调节。

（2）设置绿化。绿地是塑造宜居室外环境的有效途径，对室外热环境的影响很大。绿化植被和水体具有降低气温、调节湿度、遮阳防晒、改善通风质量的作用，从而改善室外热环境。

（3）设置遮阳构件。以人工遮阳构件为例，遮阳伞是现代城市公共空间中最常见、方便的遮阳措施。在举行室外活动时，很多商家往往利用百叶遮阳来遮挡夏季强烈的阳光。百叶遮阳的优点在于通风效果较好，可以降低其表面温度，改善环境舒适度；通过合理设计百叶的角度，利用冬、夏太阳高度角的区别，可以更合理地利用太阳能。

二、绿色建造

（一）绿色建造技术及相关概念

绿色建造技术是指工程建设中，在保证质量、安全等基本要求的前提下，通过科学管理和技术进步，最大限度地节约资源与减少对环境负面影响的施工活动，实现"四节一环保"（节能、节地、节水、节材和环境保护）。绿色建造技术着眼于资源高效利用和环境保护。绿色建造技术的基本要求是：尽可能采用绿色建材和设备；

节约资源，降低消耗；清洁施工过程，控制环境污染；基于绿色理念，通过科技和管理进步的方法，对设计产品所确定的工程做法、设备和用材提出优化和完善的建议，促使施工过程安全文明，实现建筑产品的安全性、可靠性、适用性和经济性。

绿色建造技术基于国家和社会的整体利益，是我国可持续发展战略在工程施工中的具体运用，是强调施工过程与环境友好、促进建筑业可持续发展的一种新的施工模式。绿色建造要求在工程施工过程中，通过科学管理和技术进步，以工程承包方为主导，由相关方（政府、业主、总承包、设计和监理）共同推进环境保护和资源的高效利用，提升工程施工的总体水平。与绿色建造技术密切相关的概念包括以下方面：

第一，智能建造。智能建造是指在建造过程中充分利用智能技术和相关技术，通过应用智能化系统，提高建造过程的智能化水平，减少对人的依赖，达到安全建造的目的，提高建筑的性价比和可靠性。

第二，装配式建筑。装配式建筑是指把传统建造方式中的大量现场作业工作转移到工厂进行，在工厂加工制作好建筑用的构件和配件（如楼板、墙板、楼梯、阳台等），运输到建筑施工现场，通过可靠的连接方式在现场装配安装而成的建筑。

第三，工程总承包。工程总承包是指从事工程总承包的企业按照与建设单位签订的合同，对工程项目的设计、采购、施工等实行全过程的承包，并对工程的质量、安全、环保、工期和造价等全面负责的承包方式。

第四，全过程工程咨询。全过程工程咨询是指对工程建设项目前期研究、决策以及工程项目实施和运营的全生命期提供包含设计在内的涉及组织、管理、经济、技术和环保等各有关方面的工程咨询服务。

第五，绿色施工。在保证质量、安全等基本要求的前提下，以人为本，因地制宜，通过科学管理和技术进步，最大限度地节约资源，减少对环境负面影响的工程施工活动。

（二）绿色建造技术的基本原则

1. 减少场地干扰

工程建造过程会严重扰乱原场地环境。场地平整、土方开挖、施工降水、永久设施及临时设施建造、场地废物处理等均会对场地上现存的动植物资源、地形地貌、地下水位等造成影响，还会对场地内现存的文物、地方特色资源等带来破坏，影响当地文脉的继承和发扬。因此，建造中减少场地干扰、尊重基地环境，对于保护生态环境，维持地方文脉具有重要的意义。业主、设计单位和承包商应当识别场地内现有的自然、文化和构筑物特征，并通过合理的设计、施工和管理工作将这些特征保存下来。可持续的场地设计对于减少这种干扰具有重要的作用。就工程建造而言，承包商应结合业主、设计单位对承包商使用场地的要求，制订满足这些要求的、能尽量减少场地干扰的场地使用计划。计划中应明确以下方面：

（1）场地内需要被保护的区域、需要被保护的植物，应明确保护的具体措施。

（2）在满足施工、设计和经济要求的前提下，尽量减少清理和扰动的区域面积，减少临时设施及施工用管线。

（3）被用作仓储和临时设施建设的区域，合理安排承包商、分包商及各工种对施工场地的使用，减少材料和设备的搬动。

（4）各工种为了运送、安装和其他目的等对场地通道的具体要求。

（5）废物的处理和消除，如有废物回填或填埋，应分析其对场地生态、环境的影响。

（6）将场地与公众生活区域隔离。

2. 结合当地气候

承包商在选择施工方法、施工机械，安排施工顺序，布置施工场地时应结合当地的气候特征。这样不仅可以减少因为气候原因而带来施工措施费的增加及资源和能源用量的增加，从而有效降低施工成本；而且可以减少因为额外措施对施工现场及环境的干扰；也有利于施工现场环境质量品质的改善和工程质量的提高。

承包商做到施工结合当地气候，要了解现场所在地区的气象资料及特征，主要包括：降雨、降雪资料，如全年降雨量、降雪量、雨期起止日期、一日最大降雨量等；气温资料，如年平均气温、最高、最低气温及持续时间等；风的资料，如风速、风向和风的频率等。绿色建造技术结合气候主要体现在以下方面：

（1）承包商应尽可能合理地安排施工顺序，使容易受到不利气候影响的施工工序能够在不利气候来临时完成。如在雨季来临之前，完成土方工程、基础工程的施工，减少地下水位上升对施工的影响，减少其他需要增加的额外雨期施工，保证措施投入。

（2）安排好全场性排水、防洪，减少对现场及周边环境的影响。

（3）施工场地布置应结合气候，符合劳动保护、安全、防火的要求。产生有害气体和污染环境的加工场（如沥青熬制、石灰熟化）及易燃的设施（如木工棚、易燃物品仓库）应布置在下风向，且不危害当地居民；起重设施的布置应考虑风、雷电的影响。

（4）在冬季、雨期、风季、炎热夏季施工中，应针对工程特点，尤其是对混凝土工程、土方工程、深基础工程、水下工程和高空作业等，选择适合的季节性施工方法或有效措施。

3. 减少资源消耗

节约资源（能源）建设项目通常要使用大量的材料、能源和水资源。减少资源的消耗，节约能源，提高效益，保护水资源是可持续发展的基本观点。施工中资源（能源）的节约主要包括以下方面：

（1）水资源的节约利用。通过监测水资源的使用，安装小流量的设备和器具，在可能的场所重新利用雨水或施工废水等措施来减少施工期间的用水量，降低用水费用。

（2）节约电能。通过监测利用率，安装节能灯具和设备、利用声光传感器控制照明灯具，采用节电型施工机械，合理安排施工时间等降低用电量，节约电能。

（3）减少材料的损耗。通过更仔细的采购，合理的现场保管，减少材料的搬运次数，减少包装，完善操作工艺，增加摊销材料的周转次数等降低材料在使用中的消耗，提高材料的使用效率。

（4）可回收资源的利用。可回收资源的利用是节约资源的主要手段，也是当前应加强的方向。主要体现在两个方面：一方面，使用可再生的或含有可再生成分的产品和材料，这有助于将可回收部分从废弃物中分离出来，同时减少了原始材料的使用，即减少了自然资源的消耗；另一方面，加大资源和材料的回收利用、循环利用，如在施工现场建立废物回收系统，再回收或重复利用在拆除时得到的材料，可减少施工中材料的消耗量或通过销售来增加企业的收入，从而降低企业运输或填埋垃圾的费用。

4. 减少环境污染

绿色建造要求减少环境污染。工程建造中产生的大量灰尘、噪声、有毒有害气体、废物等会对环境品质造成严重的影响，也将有损于现场工作人员、使用者以及公众的健康。因此，减少环境污染，提高环境品质也是绿色建造的基本原则。在施工过程中，扰动建筑材料和系统所产生的灰尘，从材料、产品、施工设备或施工过程中散发出来的挥发性有机化合物或微粒均会引起室内外空气品质问题。这些挥发性有机化合物或微粒会对健康构成潜在的威胁和损害，因此需要特殊的安全防护。在建造过程中，这些空气污染物也可能渗入邻近的建筑物，并在施工结束后继续留在建筑物内。提高施工场地空气品质的绿色建造技术措施包括以下方面：

（1）制订有关室内外空气品质的施工管理计划。

（2）使用低挥发性的材料或产品。

（3）安装局部临时排风或局部净化和过滤设备。

（4）进行必要的绿化，经常洒水清扫，防止建筑垃圾堆积在建筑物内，贮存好可能造成污染的材料。

（5）采用更安全、健康的建筑机械或生产方式，如用商品混凝土代替现场混凝土搅拌，可大幅度消除粉尘污染。

（6）合理安排施工顺序，尽量减少一些建筑材料，如地毯、顶棚饰面等对污染物的吸收。

（7）对于施工时仍在使用的建筑物，应将作业中会产生有害物质的工作安排在非工作时间进行，并与通风措施相结合，在进行此类工作以及工作完成以后，及时用室外新鲜空气对现场进行通风。

（8）对于施工时仍在使用的建筑物，将施工区域保持负压或升高使用区域的气压，将有助于防止施工中产生的空气污染物污染扩散区域。

此外，对噪声进行控制也是防止环境污染，提高环境品质的一个方面。绿色建造强调对施工噪声的控制，以防止施工扰民。合理安排施工时间，实行封闭式施工，采用现代化的隔离防护设备，采用低噪声、低振动的建筑机械如无声振捣设备等，是控制施工噪声的有效手段。

5. 保护人力资源

工程建造要投入大量的劳动力资源，人的群集性活动也会给社会和生态带来极大的压力。工程建造的过程同时存在着安全风险。在建造过程中节约和保护人力资源是绿色建造中的重要方面。节约与保护人力资源的方法如下：

（1）承包企业应建立人力资源节约和保护管理制度。

（2）绿色建造策划文件中应涵盖人力资源节约与保护的内容。

（3）施工现场人员应实行实名制管理。

（4）现场食堂应办理卫生许可证，炊事员应持有效健康证明。

（5）关键岗位人员应持证上岗。

（6）应针对空气污染程度，采取相应措施。

6. 实施科学管理

实施绿色建造，必须实行科学管理，提高企业管理水平，使企业从被动地适应转变为主动地响应，使企业实施绿色建造制度化、规范化。这将充分发挥绿色建造对促进可持续发展的作用，增加绿色建造的经济性效果，增加承包商采用绿色建造的积极性。企业通过 ISO 认证是提高企业管理水平，实行科学管理的有效途径。

（三）绿色建造技术的主要特点

绿色建造技术支撑绿色建造，推广应用绿色建造技术可确保工程项目的建造达到绿色建造评价的有关指标。绿色建造技术摒弃了传统建造技术的思路以及诸多弊端，其发展符合新经济的范式，具有以下特点：

第一，施工技术智能化与工业化相结合，形成了新型工业化发展的趋势。

第二，以循环经济理论为指导，通过全生命周期的考量，确定绿色建造技术的经济技术指标。

第三，末端治理与施工工艺过程相结合，绿色建造技术贯穿施工全过程。

第四，均衡精细化与整合效应，绿色建造技术提升了施工过程系统性绩效。

第五，低碳要求与健康指标相平衡，施工过程中实现人与自然的高度统一。

第六，仿生自然高科技逐步渗透，技术进步更加符合自然法则。

第七，内外部效应相统一，绿色建造追求技术进步与经济合理的规则。

第八，绿色建造融合了多学科的技术，其应用具有集成性与实践性特征。

(四) 绿色建造技术的主要内容

绿色建造的实现一方面依赖于科学管理，通过实行一体化的建造管理方式达到资源配置效率最优，另一方面依赖于技术的持续进步，提升建造的整体水平。绿色建造技术的主要内容包括以下方面：

第一，绿色建造技术推行工业化生产，形成标准化、规模化、信息化、系列化的预制构件和部品，完成预制构件和部品的精细制造，减少材料损耗、建筑垃圾、废水污水、粉尘污染等。工业化建造方式的实施路径包括标准化设计、工厂化生产、装配化施工、一体化装修和信息化管理。绿色建造推行标准化设计，采用统一的模数协调和模块化组合方法，在满足个性化需求的基础上实现少规格、多组合。

第二，绿色建造技术推行装配化施工，以构件、部品装配施工替代传统现浇或手工作业，通过全过程的高度组织管理和全系统的技术优化集成控制，提升施工阶段的质量、效率和效益。绿色建造推行一体化装修，采用干式工法将工厂生产的定制化装修部品部件、设备和管线等在现场进行组合安装，与装配时主体结构、外围护结构、设备和管线等系统紧密结合进行一体化设计和同步施工。

第三，绿色建造技术推行绿色施工。绿色施工采用低耗机械设备、标准构件部件、优化工艺工法、高效物流运输等措施实现节材；采用耕植土保护利用、地下资源保护等措施实现节地；采用空气污染及扬尘控制、污水控制、固废控制、土壤和生态保护等措施实现环境保护；采用职业病预防、防护器具、智能化机械化应用等措施实现人员保护。在绿色施工过程中，应充分发挥绿色监理的重要保障作用，关键在于将节约资源、保护环境、减少污染等要求纳入监理"控制、管理、协调"的范畴，对施工组织、施工工艺、建筑材料等进行动态管理和控制。

第四，绿色建造技术推行信息化管理，通过设计、生产、运输、施工、装配、运维等过程的信息数据传递和共享，在工程建造过程中实现协同设计、协同生产、协同装配。

第五，绿色建造技术完善工程建设组织模式，加快推行工程总承包，推广全过程工程咨询，探索建筑师负责制。

(五) 绿色建造技术的推进策略

绿色建造技术的推广必须着眼于政策法规保障、管理制度创新、四新技术开发、传统技术改造，以此促使政府、业主和承包商多方主体协同推动，才能取得实效，具体包括以下方面：

1. 增强绿色建造技术意识

（1）进行广泛深入的教育、宣传，加强培训。对绿色建造意识的加强，离不开生态环保意识的加强。在基础教育中，应进一步增强公众的绿色环保意识；在继续教育中使工程建设各方都能正确全面地理解绿色建造，充分认识绿色建造的重要性；强化建筑工人教育，提高建筑企业的职工素质，对承包商进行有利于可持续发展的行为教育。

（2）建立示范性绿色建造项目及施工企业。按照绿色建造原则建立示范性绿色建造项目和绿色建造推广应用示范单位，注重绿色建造经济性效果的比较。绿色建造示范项目不应仅仅是没有尘土飞扬，没有噪声扰民，在工地四周栽花种草、定时洒水，清洁运输等内容，更应包括场地分析与评价、可持续的场地施工方法、结合气候施工、能源的节约、3R 材料(可重复、可循环、可再生)的使用，减少填埋废弃物、实施科学管理等综合内容。

（3）建立和完善绿色建造的民众参与机制。民众参与机制可以挖掘民众对绿色建造的积极性，促进绿色建造的发展，从而形成自下而上的绿色推动机制。在施工准备阶段，充分了解民众的要求，进行科学的施工组织设计，最大限度地减少对周围环境的影响。

2. 加强绿色建造政策引导

建设主管部门应制定有关促进绿色建造的法律法规，尽快建立健全政策法规体系，依法要求施工企业和有关部门遵守绿色建造的有关规定。可采用财政税收等经济手段建立有效的激励制度，增强企业自主实施绿色建造的主动性、积极性。对建设项目施工过程进行绿色建造评估，对达到标准的施工企业降低税收比例，以补偿采取绿色建造措施增加的费用支出；对达不到标准的施工企业提高税收比例，以增加其社会责任成本。另外，应建立有利于推进绿色建造的制度，鼓励业主将绿色建造准则纳入施工图和技术要求中，将环境等责任加入建设合同中，并在建造期间监督承包商加以遵守。可将一些文明施工管理办法完善为绿色建造管理办法，使其范围更广，内容更丰富，为绿色建造创造良好的运行环境。

3.构建绿色建造制度体系

科学系统的法规、制度体系是推动绿色建造技术应用的关键。制定有前瞻性的市场规则和法规体系，形成自上而下的强大推动力，才能激发自下而上的积极呼应。绿色建造的法规可以是环境保护法规的分支及施工现场管理的规定，其制定是一个系统工程，需要多行业、多学科的参与协商。

加强对环境保护和资源节约等方面的规定，技术标准及规范。加强对绿色建造的要求，并不断随着新技术、新工艺的发展进行更新。应建立利于推进绿色建造的制度，如针对政府投资的建设项目，可在招标文件中明确承包商应在投标书中说明的有关可持续发展的要求，并在工程承包合同中予以覆盖；可提出承包商应通过环保认证的要求；对于其他社会投资项目则可通过税收、奖励等制度促进绿色建造的应用，鼓励业主将绿色建造准则纳入施工图和技术要求中，将环境等责任加入建造合同，并在建造期间监督承包商加以遵守。

此外，还可建立绿色建造责任制、施工单位的社会承诺保证机制、社会各界共同参与监督的制约机制。可将承包商运用绿色建造技术的程度，作为工程评标和评优的依据；可将"文明施工"管理办法完善为"绿色建造"或"绿色文明施工"管理办法，使其范围更广，内容更丰富。同时进一步完善施工中的保险与索赔制度，为绿色建造创造良好的运行环境。

第二节　绿色建材与绿色运营技术

一、绿色建材

(一)绿色建材的基本内涵

"绿色建筑是充分利用环境自然资源，不影响环境基本生态平衡的前提下建造的建筑物，目前正在发展的绿色建筑有太阳能建筑、生态建筑、健康建筑、资源保护屋、植物建筑等。采用清洁生产技术，少用天然资源和能源，大量使用废弃物生产的利于环境保护和人体健康的绿色建材正在积极开发。"[①] 绿色建材是指在全生命周期内可减少对天然资源消耗和减轻对生态环境影响，本质更安全、使用更便利，

---

① 高延继.绿色建筑与绿色建材的发展[J].新型建筑材料，2000(4)：31.

具有"节能、减排、安全、便利和可循环"特征的建材产品。节能是指在生产环节降低能源、资源消耗，在使用环节提升建筑物节能水平；减排是指在生产环节减少污染物和二氧化碳的排放，在使用环节不仅自身减少，还帮助建筑物减少有毒有害物质缓慢释放，更好地保障生命健康；安全是指在生产环节减少安全隐患，提高产品本质安全度和耐久性，在使用环节帮助提升建筑物防灾减灾水平和延长使用寿命；便利是指生产环节环境舒适、施工环节使用便利，职业病发病率降低；可循环是指生产环节无害化消纳产业废弃物，废弃物处置环节无毒无害易回收、便于资源化再利用。

绿色建材的内涵明确了绿色建材是全生命周期范围内的具有减轻资源消耗和环境影响的属性和内涵，同时也明确了全生命周期内具有"节能、减排、安全、便利和可循环"特征的建材产品才是绿色建材产品。将广义、泛指的绿色建材概念和明确的、具有可操作性的绿色建材产品概念结合起来，具有一定的科学性和适用性。

使用绿色建材，鼓励使用可循环材料，如钢材、铝材、木材、玻璃等；采用具有改善居室生态环境和保健功能的建筑材料，如抗菌、除臭、调温、调湿、屏蔽有害射线的多功能玻璃、陶瓷、涂料等；采用高轻度和耐久性建筑材料，如新型耐火材料；采用能大幅度降低建筑物使用过程中的耗能、耗水的建筑材料和设备，如高性能门窗、节水器具等；采用本地化、环保可再生材料，如秸秆、竹纤维木屑等生物质建材；采用建筑垃圾生产的再生混凝土、再生预制构件等利废型建筑材料。使用绿色建材，要求在建材生产的过程中，采用低能耗建造工艺和不污染环境的生产技术。绿色建材废弃时应可循环或回收再利用，不产生污染环境的废弃物。

(二)绿色建材的类别划分

1.按绿色建材的特点划分

根据绿色建筑材料的特点，可以分为节省能源和资源型、环保利废型、特殊环境型、安全舒适型和保健功能型。

(1)节省能源和资源型建材。节省能源和资源型建材是指在生产过程中，能够明显降低对传统能源和资源消耗的产品。节省能源和资源，使人类已经探明的有限的能源和资源得以延长其使用年限，这对生态环境做出了贡献，也符合可持续发展战略的要求。同时降低能源和资源消耗，也降低了危害生态环境的污染物产生量，从而减少了治理的工作量。生产中常用的节省能源和资源的方法主要包括采用免烧或者低温合成，以及提高热效率、降低热损失和充分利用原料等新工艺、新技术和新型设备，也可以采用新开发的原材料和新型清洁能源来生产产品。

(2)环保利废型建材。环保利废型建材是指在建材行业中利用新工艺、新技术，对其他工业生产的废弃物，或者经过无害化处理的人类生活垃圾加以利用进而生产出的建材产品。例如，使用工业废渣或者生活垃圾生产水泥，使用电厂粉煤灰等工业废弃物生产墙体材料等。

（3）特殊环境型建材。特殊环境型建材是指能够适应恶劣环境需要，具有特殊功能的建材产品，如能够适用于海洋、江河、地下、沙漠、沼泽等特殊环境的建材产品。特殊环境型建材具有超高的强度、抗腐蚀、耐久性能好等特点。

（4）安全舒适型建材。安全舒适型建材是指具有轻质、高强、防火、防水、保温、隔热、隔声、调温、调光、无毒、无害等性能的建材产品。这类产品纠正了传统建材仅重视建筑结构和装饰性能，忽视安全舒适等方面功能的倾向，因而安全舒适型建材适用于室内的装饰装修。

（5）保健功能型建材。保健功能型建材是指具有保护和促进人类健康功能的建材产品，如具有消毒、防臭、灭菌、防霉、抗静电、防辐射、吸附二氧化碳等功能。保健功能型建材是室内装饰装修材料中的新秀，也是值得开发、生产和推广使用的新型建材产品。

2. 按绿色建材的材质划分

按绿色建材的材质划分，绿色建材可以分为砌体材料、保温材料、预拌混凝土、建筑节能玻璃、陶瓷砖、卫生陶瓷、预拌砂浆七大类建材产品。

（1）砌体材料。由烧结或非烧结生产工艺制成的实（空）心或多孔直角六面体块状建筑材料和产品，包括除复合砌块外的所有砌体材料。如烧结多孔砖、烧结空心砖、混凝土砌块、蒸压灰砂砖等。

（2）保温材料。用于提高建筑围护结构保温性能的建筑材料和产品，包括有机保温、无机保温建筑材料。有机保温材料，如膨胀聚苯板（EPS）、挤塑聚苯板（XPS）、喷涂聚氨酯（SPU）以及聚苯颗粒等；无机保温材料，如中空玻化微珠、膨胀珍珠岩、闭孔珍珠岩、玻璃棉岩棉等。

（3）预拌混凝土。由水泥、骨料、水以及根据需要掺入的外加剂、矿物掺合料等组分按一定比例，在搅拌站（楼）生产的、通过运输设备送至使用地点的、交货时为拌合物的混凝土建筑材料，包括常规品和特质品。

（4）建筑节能玻璃。由普通平板玻璃经过深加工后，用于建筑透明围护结构的玻璃制品，包括吸热玻璃、热反射玻璃、低辐射玻璃、中空玻璃、真空玻璃等。

（5）陶瓷砖。由黏土和其他无机非金属材料经成形、高温烧制等生产工艺制成的实心或空心板状建筑用陶瓷制品，包括建筑陶瓷砖、陶瓷板、陶板、瓷板等。

（6）卫生陶瓷。由黏土或其他无机物质经混炼、成形、高温烧制而成的，用作卫生设施的陶瓷制品，包括便器、水箱、洗面器等。

（7）预拌砂浆。由水泥、砂、水、粉煤灰及其他矿物掺合料和根据需要添加的保水增稠材料、外加剂组分按一定比例，在集中搅拌站（厂）计量、拌制后，用搅拌运输车运至使用地点，放入专用容器储存，并在规定时间内使用完毕的砂浆拌和物，包括普通砂浆、特种砂浆、石膏砂浆等。

（三）绿色建材的评价指标

绿色建筑材料的评价指标体系分为控制项、评分项和加分项。参评产品及其企业必须全部满足控制项的要求。绿色建材等级由评价总得分确定。控制项主要包括大气污染物、污水、噪声排放，工作场所环境、安全生产和管理体系等方面的要求。评分项是从节能、减排、安全、便利和可循环五个方面对建材产品全生命周期进行评价。加分项则是重点考虑了建材生产工艺和设备的先进性、环境影响水平、技术创新和性能等。

评分项指标中，节能是指单位产品在能耗、原材料运输能耗、管理体系等方面的要求；减排是指生产厂区污染物排放、产品认证或环境产品声明、碳足迹等方面的要求；安全是指影响安全生产标准化和产品性能的指标；便利是指施工性能、应用区域适用性和经济性等方面的要求；可循环是指生产、使用过程中废弃物回收和再利用的性能指标。控制项的评定结果为满足或不满足；评分项和加分项的评定结果为得分或不得分。

建筑材料产品按节能、减排、安全、便利和可循环五个方面各自评分相加，即得到评分项得分，然后再各自计算相应的加分项，由专家打分。加分项分为两个评定标准：一方面，建筑材料生产过程中采用了先进的生产工艺或生产设备，且环境影响明显低于行业平均水平；另一方面，建筑材料具有突出的创新性且性能明显优于行业平均水平。

（四）常用绿色建材

1. 水泥和混凝土

（1）生态水泥。生态水泥是以生态环境与水泥相结合而命名的。这种水泥以城市垃圾烧成的灰烬和下水道污泥为主要原料，经过处理配料，并通过严格的生产管理而制成的工业产品。与普通水泥相比，生态水泥的最大特点是凝结时间短，强度发展快，属于早强快硬水泥。

（2）绿色混凝土。使用与高性能水泥同步发展的高活性掺合料（矿渣粉掺合料，优质粉煤灰掺合料等），大量替代（最多可达到 60%~80%）水泥，可以制成绿色混凝土。绿色混凝土节约能源、土地和石灰石资源，是混凝土绿色化的发展方向。

（3）绿化混凝土。绿化混凝土是指能够适应绿色植物生长的混凝土及其制品。绿化混凝土用于城市的道路两侧或中央隔离带，以及水边护坡、楼顶、停车场等部位，可以增加城市的绿色空间，绿化护坡，美化环境，保持水土，调节人们的生活情趣，同时能够吸收噪声和粉尘，符合可持续发展的原则，与自然相协调，是具有环保意义的混凝土材料。

（4）再生混凝土。再生混凝土是以经过破碎的建筑废弃混凝土作为集料而制备的混凝土。再生混凝土是利用建筑物或者构筑物解体后的废弃混凝土，经过破碎后全部或者部分代替混凝土中的砂石配制而成的混凝土。

2. 墙体材料

传统的墙体材料主要是黏土砖，它已不能满足现代建筑的需求，不符合可持续发展的要求，也不能满足绿色建材的发展要求。绿色墙体材料主要包括烧结砖、混凝土砌块、蒸压砖、硅钙板、石膏板、GRC 板、纤维复合板、复合墙板、秸秆板等。目前，大多数新型墙体材料具有质轻、保温、节能的优点，便于工厂化生产和机械化施工，生产与使用过程中节约能耗，可以扩大建筑的使用面积，减少建筑的基础费用等优点。

（1）烧结砖。烧结砖主要包括烧结普通砖、烧结多孔砖和烧结空心砖等。烧结普通砖又称标准砖，是由煤矸石、页岩、粉煤灰或黏土为主要原料，经塑压成型制坯，干燥后经焙烧而成的实心砖，国内统一外形尺寸为 240 mm × 115 mm × 53 mm。烧结多孔砖，分为 P 型和 M 型，为大面有空的直角六面体，其孔洞率不大于 35%，孔的尺寸小而数量多，主要用于承重部位的砖，砌筑时孔洞垂直于受压面。烧结空心砖是孔洞率不小于 40%，孔的尺寸大而数量少的烧结砖，砌筑时孔洞水平，主要用于框架填充墙和自承重隔墙。

（2）蒸压加气混凝土砌块。蒸压加气混凝土是一种轻质、小气泡均匀分布的新型节能、环保墙体材料，由水泥、河砂、石灰、矿渣、石膏铝粉和水等原材料经球磨、搅拌、配料、切割、高温蒸压养护而成。蒸压加气混凝土砌块具有容重轻、耐火隔声、保温隔热、可加工性、抗震性好的特点。蒸压加气混凝土砌块与加气混凝土空心砌块都含有大量微小、非连通的气孔，空隙率达 70%～80%。

（3）硅酸钙板。硅酸钙板是一种性能稳定的新型建筑材料。硅酸钙板是以硅质材料（石英粉、硅藻土等）、钙质材料（水泥、石灰等）和增强纤维（纸浆纤维、玻璃纤维、石棉等）为原料，经过制浆、成坯、蒸养、表面砂光等工序制成的轻质板材。

（4）GRC 板。玻璃纤维增强水泥（GRC）是一种新型复合材料。GRC 制品通常采用抗碱玻璃纤维和低碱水泥制备。制备方法有注浆法成型、挤出法成型和流浆法成型等工艺。GRC 制品具有高强、抗裂、耐火韧性好、保温、隔声等一系列优点。

特别适宜用于新型建筑的内、外墙体及建筑装饰的板材。GRC可以替代实心黏土砖，从而节约资源和能源，保护环境。

（5）石膏制品。石膏制品是以天然石膏矿石为主要原料，经过破碎、研磨、炒制，由生石膏制成熟石膏，并用于各类石膏制品的生产，生产中根据不同制品的性能要求和工艺要求，加入水、纤维、胶黏剂、防水剂、缓凝剂等，使半水石膏（熟石膏）硬化并还原为二水石膏，可制成石膏板、石膏粉刷材料等建筑制品。建筑中广泛应用石膏制品，不但可以减少毁土和烧砖量，保护珍贵的土地资源，还可以节约生产能耗和建筑的使用能耗。另外，由于石膏制品具有"呼吸"功能，当室内空气干燥时，石膏中的水分会释放出来；当室内湿度较大时，石膏又会吸入一部分水分，因此可以调节室内环境。加上纯天然材料无毒、无味、无放射性等性能，符合绿色建材的主要特征。

石膏制品主要包括纸面石膏板、石膏空心条板和石膏砌块。纸面石膏板是以石膏芯材及与其牢固结合在一起的护面纸组成，分普通型、耐水型、耐火型三种。以耐火型、耐水型等为代表的特种纸面石膏板有效提高了纸面石膏板在耐火、耐水等建筑工程中的应用等级。石膏空心条板以建筑石膏和纤维为原料，采用半干法压制而成，是一种新型轻质、高强、防火的建筑板材。该板材具有墙面平整，吊挂力大，安装简便，不需龙骨且施工劳动强度低、速度快的特点。石膏砌块是以建筑石膏为原料，经料浆拌和浇筑成型、自然干燥或烘干这些工序而制成的轻质块状隔墙材料。

3. 保温隔热材料

保温隔热材料的保温功能性指标的好坏是由材料的导热系数的大小决定的，导热系数越小，保温功能越好。一般情况下，导热系数小于 0.23 W/（m·K）的材料称为绝热材料，导热系数小于 0.14 W/（m·K）的材料称为保温材料。保温材料品种繁多，按材质可分为无机保温材料、有机保温材料和复合保温材料。目前应用比较广泛的品种主要有岩棉、矿渣棉、玻璃棉、超细玻璃棉、硅酸铝纤维、微孔硅酸钙和微孔硬质硅酸钙、聚苯乙烯泡沫塑料（EPS）、挤塑聚苯乙烯泡沫塑料（XPS）、酚醛泡沫塑料及其制品和深加工的各类产品，还包括绝热纸、绝热铝箔等。以下主要介绍在建筑工程中广泛使用的保温砂浆和聚苯乙烯泡沫塑料保温板。

（1）保温砂浆。保温砂浆是以各种轻质材料为骨料，以水泥为胶凝料，掺和一些改性添加剂，经生产企业搅拌混合而制成的一种预拌干粉砂浆。主要用于建筑外墙保温，具有施工方便、耐久性好等优点。

市面上的保温砂浆主要为两种：一种是无机保温砂浆（玻化微珠防火保温砂浆、复合硅酸铝保温砂浆、珍珠岩保温砂浆），其以无机玻化微珠（也可用闭孔膨胀珍珠岩代替）作为轻骨料，加由胶凝材料、抗裂添加剂及其他填充料等组成的干粉砂浆。

具有节能利废、保温隔热、防火防冻、耐老化的优异性能以及低廉的价格等特点，还具有广泛的市场需求。另一种是有机保温砂浆（胶粉聚苯颗粒保温砂浆），由聚苯颗粒加由胶凝材料、抗裂添加剂及其他填充料等组成的干粉砂浆。如 EPS 保温砂浆是以聚苯乙烯泡沫（EPS）颗粒作为主要轻骨料，以水泥或者石膏等作为胶凝材料，加入其他外加剂配制而成。保温砂浆及其相应体系的抗裂砂浆，适应于多层及高层建筑的钢筋混凝土、加气混凝土、砌砖、烧结砖和非烧结砖等墙体的外保温抹灰工程以及内保温抹灰工程，对于各类旧建筑物的保温改造工程也很适用。

（2）聚苯乙烯泡沫塑料（EPS）保温板。聚苯乙烯泡沫塑料（EPS）保温板是由聚苯乙烯加入阻燃剂，用加热膨胀发泡工艺制成的具有微细闭孔结构的泡沫塑料板材。EPS 保温板具有重量轻、隔热性能好、隔声性能优、耐低温性能强的特点，还具有一定弹性、低吸水性和易加工等优点，广泛应用于建筑外墙外保温和屋面的隔热保温系统。

4. 建筑玻璃

建筑玻璃是体现建筑绿色度的重要内容。应用于绿色建筑中的玻璃除了具有普通玻璃的功能外，还需要满足保温、隔热、隔声、安全等新的功能和要求。绿色建筑玻璃的主要类型包括吸热玻璃、中空玻璃、热反射玻璃、低辐射玻璃和真空玻璃，具体如下：

（1）吸热玻璃。吸热玻璃又名有色玻璃，指加入彩色艺术玻璃着色剂后呈现不同颜色的玻璃。有色玻璃能够吸收太阳可见光，减弱太阳光的强度，玻璃在吸收太阳光线的同时自身温度提高，容易热胀裂开。有色玻璃在很多地方都有应用，如在室内装修、汽车的玻璃上，一般都会安装暗色调的玻璃，太阳眼镜也都是有色的玻璃镜片，以及各种装饰性的灯罩，为了绚丽的颜色，都会装上有颜色的玻璃灯罩。

（2）中空玻璃。中空玻璃是用两片（或三片）玻璃，使用高强度高气密性复合黏结剂，将玻璃片与内含干燥剂的铝合金框架相黏结，制成的高效能隔声、隔热的玻璃。中空玻璃多种性能优越于普通双层，其主要材料是玻璃、暖边间隔条、弯角栓、丁基橡胶、聚硫胶、干燥剂。中空玻璃具有良好的隔热、隔声、美观适用等性能。中空玻璃主要用于需要采暖、空调、防止噪声或结露，以及需要无直射阳光和特殊光的建筑物上，广泛应用于住宅、饭店、宾馆、办公楼、学校、医院、商店等需要室内空调的场合，也可用于火车、汽车、轮船、冷冻柜的门窗等处。

（3）热反射玻璃。热反射玻璃又称阳光控制镀膜玻璃，是一种对太阳光具有反射作用的镀膜玻璃，通常是采用物理或化学方法在优质浮法玻璃的表面镀一层或多层金属或金属氧化物薄膜而成的，其膜色使玻璃呈现丰富的色彩。热反射玻璃对光线具有反射和遮蔽的作用，热反射玻璃对可见光的透过率在 20%～65%，它对阳光中热作用强的红外线和近红外线的反射率可高达50%，而普通玻璃只有15%。镀金属膜的热反射玻璃，具有单向透像的特性，它的迎光面具有镜子的特性，而在背面则如窗玻璃那样透明，即在白天能在室内看到室外景物，而在室外却看不到室内的景象，对建筑物内部起到遮蔽及帷幕的作用，而在晚上的情形则相反。热反射玻璃具有强烈的镜面效应，因此也称为镜面玻璃。用这种玻璃做玻璃幕墙，可将周围的景观及天空的云彩映射在幕墙之上，构成一幅绚丽的图画，使建筑物与自然环境和谐共生。

（4）低辐射玻璃。低辐射玻璃又称Low-E玻璃，是在玻璃表面镀上多层金属或其他化合物组成的膜系产品。其镀膜层具有对可见光高透过，以及对中远红外线高反射的特性，使其与普通玻璃及传统的建筑用镀膜玻璃相比，具有优异的隔热效果和良好的透光性。Low-E中空玻璃对波长为$0.3 \sim 2.5 \mu m$的太阳能辐射具有60%以上的透过率，白天来自室外辐射的能量可大部分透过，但夜晚和阴雨天气，来自室内物体的热辐射约有50%以上被其反射回室内，仅有少于15%的热辐射被其吸收后通过再辐射和对流交换散失，故可有效地阻止室内的热量泄向室外。Low-E玻璃的这一特性，使其具有控制热能单向流向室外的作用。

（5）真空玻璃。真空玻璃是一种新型玻璃深加工产品，是基于保温瓶原理研发而成。真空玻璃的结构与中空玻璃相似，其不同之处在于真空玻璃空腔内的气体非常稀薄，几乎接近真空。真空玻璃是将两片平板玻璃四周密闭起来，将其间隙抽成真空并密封排气孔，两片玻璃之间的间隙为0.1～0.2mm，真空玻璃的两片一般至少有一片是低辐射玻璃，这样就将通过真空玻璃的传导、对流和辐射方式散失的热降到最低，具有良好的节能、隔热、降噪的效果。

5. 陶瓷砖

陶瓷砖按材质分为瓷质砖（吸水率≤0.5%）、炻瓷砖（0.5%＜吸水率≤3%）、细炻砖（3%＜吸水率≤6%）、炻质砖（6%＜吸水率≤10%）、陶质砖（吸水率＞10%）。按其应用特性分类，陶瓷砖可分为釉面内墙砖、墙地砖、陶瓷锦砖。

（1）釉面内墙砖。陶瓷砖可分为有釉陶质砖和无釉陶质砖两种。其中以有釉陶质砖即釉面内墙砖应用最为普遍，属于薄形陶质制品（吸水率＞10%，但不大于21%）。釉面内墙砖采用瓷土或耐火黏土低温烧成，胚体呈白色或浅褐色，表面施透明釉、乳浊釉或各种色彩釉及装饰釉。釉面内墙砖按形状可分为通用砖（正方形、矩形）和配件砖；按图案和施釉特点，可分为白色釉面砖、彩色釉面砖、图案砖、色釉砖等。

釉面内墙砖强度高，表面光亮、防潮、易清洗、耐腐蚀、变形小、抗急冷急热。并且表面细腻、色彩和图案丰富，风格典雅，极富装饰性。釉面内墙砖是多孔陶质胚体，在长期与空气接触的过程中，特别是在潮湿的环境中使用，胚体会吸收水分，产生吸湿膨胀现象，但其表面釉层的吸湿膨胀性很小，与胚体结合得又很牢固，所以，胚体吸湿膨胀时，会使釉面处于张拉应力状态，超过其抗拉强度时，釉面就会发生开裂。尤其是用于室外，经长期冻融，会出现表面分层脱落、掉皮现象。所以釉面内墙砖只能用于室内，不能用于室外。

釉面内墙砖的技术要求为尺寸偏差、平整度、表面质量、物理性能和抗化学腐蚀性。其中，物理性能的要求为：吸水率平均值大于10%；破坏强度和断裂模数、抗热震性、抗釉裂性应合格或检验后报告结果。

釉面内墙砖主要用于民用住宅、宾馆、医院、学校、试验室等要求耐污、耐腐蚀、耐清洗的场所或部位，如浴室、厕所、盥洗室等，既有明亮清洁之感，又可以保护基体，延长使用年限。

（2）陶瓷墙地砖。陶瓷墙地砖是陶瓷外墙面砖和室内外陶瓷铺地砖的统称。这类砖在材质上可满足墙地两用，故统称为陶瓷墙地砖。陶瓷墙地砖采用陶土质黏土为原料，经压制成型再高温焙烧而成，胚体带色。根据表面施釉与否，分为彩色釉面陶瓷墙地砖、无釉陶瓷墙地砖和无釉陶瓷地砖，前两类属于炻质砖，后一类属于细炻类陶瓷砖。炻质砖的平面形状分为正方形和长方形两种，其中长宽比大于3的通常称为条砖。陶瓷墙地砖具有强度高、致密坚实、耐磨、吸水率小（小于10%）、抗冻、耐污染、易清洗、耐腐蚀、耐急冷急热、经久耐用等特点。

炻质砖的技术指标为：尺寸偏差、边直度、直角度和表面平整度、表面质量、物理力学性能与化学性能。其中物理性能与化学性能的要求为：吸水率的平均值不大于10%；破坏强度和断裂模数、耐热震性、抗釉裂性、抗冻性、地砖的摩擦系数、耐化学腐蚀应合格或检验后报告结果。炻质砖广泛应用于各类建筑物的外墙和柱的饰面和地面装饰，一般用于装饰等级要求较高的工程。用于不同部位的陶瓷墙地砖应考虑其特殊的要求，如用于铺地时应考虑彩色釉面墙地砖的耐磨等级；用于寒冷地区的应选用吸水率尽可能小、抗冻性能好的陶瓷墙地砖。

无釉细炻砖的技术指标为：尺寸偏差、表面质量、物理力学性能中的吸水率平均值为3% < E ≤ 6%，单个值不大于6.5%；其他物理和化学性能技术要求同炻质砖。无釉细石砖适用于商场、宾馆、饭店、游乐场、会议厅、展览馆的室内外。各种防滑无釉细炻砖也广泛用于民用住宅的室外平台、浴厕等地面装饰。

6. 卫生陶瓷

（1）卫生陶瓷的分类及特点。卫生陶瓷按吸水率分为瓷质卫生陶瓷（E ≤ 0.5%）和炻质卫生陶瓷（0.5% < E ≤ 15%）。卫生陶瓷产品具有质地洁白、色泽柔和、釉面光亮、细腻、造型美观、性能良好等特点。常用的瓷质卫生陶瓷产品主要有包括

洗面器和大小便器。洗面器分为壁挂式、立柱式、台式、柜式，民用住宅装饰多采用台式。大小便器分为坐便器、蹲便器、小便器、净身器、洗涤器、水箱等。

（2）卫生陶瓷的技术要求。陶瓷卫生产品的技术要求分为通用技术要求、功能要求和配套性技术要求。

第一，陶瓷卫生产品的主要技术指标是吸水率，直接影响洁具的清洗性和耐污性。

第二，耐急冷急热要求必须达到标准要求。

第三，便器的名义用水量限定了各种产品的用水上限，其中坐便器的普通型和节水型分别不大于6.4L和5.0L；蹲便器的普通型分别不大于8.0L(单冲式)和6.4L(双冲式)、节水型不大于6.0L；小便器节水型和普通型分别不大于4.0L和3.0L。

第四，卫生洁具要有光滑的表面，不易沾污且易清洁，便器与水箱配件应成套供应。

第五，便器安装要注意排污口安装距。下排式便器为排污口中心至完成墙的距离，后排式便器为排污口中心至完成地面的距离。

7.预拌砂浆

预拌砂浆是指由专业化厂家生产的，用于建设工程中的各种砂浆拌合物，是我国近年发展起来的一种新型建筑材料。它有别于传统现场拌和的水泥砂浆、石灰混合砂浆、石灰砂浆等，因为传统的现场拌和施工砂浆不能满足我国现在文明施工和环境保护的要求，质量稳定性也相对较差。

（1）预拌砂浆的类别。预拌砂浆按性能可分为普通预拌砂浆和特种砂浆。普通砂浆主要包括砌筑砂浆、抹灰砂浆、地面砂浆。砌筑砂浆、抹灰砂浆主要用于承重墙、非承重墙中各种混凝土砖、粉煤灰砖和黏土砖的砌筑和抹灰，地面砂浆用于普通及特殊场合的地面找平。特种砂浆包括保温砂浆、装饰砂浆、自流平砂浆、防水砂浆等。其用途也多种多样，广泛用于建筑外墙保温、室内装饰修补等。

根据砂浆的生产方式，将预拌砂浆分为湿拌砂浆和干混砂浆两大类。将加水拌合而成的湿拌拌合物称为湿拌砂浆，将干态材料混合而成的固态混合物称为干混砂浆。湿拌砂浆包括湿拌砌筑砂浆、湿拌抹灰砂浆、湿拌地面砂浆和湿拌防水砂浆4种。因特种用途的砂浆黏度较大，无法采用湿拌的形式生产，因而湿拌砂浆中仅包括普通砂浆。干混砂浆又分为普通干混砂浆和特种干混砂浆。普通干混砂浆主要用于砌筑、抹灰、地面及普通防水工程，而特种干混砂浆是指具有特种性能要求的砂浆。比如瓷砖黏结砂浆、耐磨地坪砂浆、界面处理砂浆、特种防水砂浆、自流平砂浆、灌浆砂浆、外保温黏结砂浆和抹面砂浆、聚苯颗粒保温砂浆和无机集料保温砂浆。

（2）预拌砂浆的原材料。预拌砂浆所涉及的原材料较多，除了通常所用的胶凝材料、集料、矿物掺合料外，还需根据砂浆性能掺加保水增稠材料、添加剂、外加剂等材料，因此砂浆的材料组成少则五六种，多则可达十几种。

为了使砂浆获得良好的保水性，通常需要掺入保水增稠材料。保水增稠材料分为有机和无机两大类，主要起保水、增稠作用，它能调整砂浆的稠度、保水性、黏聚性和触变性。常用的有机保水增稠材料有甲基纤维素、羟丙基甲基纤维素、羟乙基甲基纤维素等，以无机材料为主的保水增稠材料有砂浆稠化粉等。

此外，特种干混砂浆中通常还掺加一些填料，如重质碳酸钙、轻质碳酸钙、石英粉、滑石粉等，其作用主要是增加容量，降低生产成本，这些惰性材料通常没有活性，不产生强度。

（3）预拌砂浆的技术要求。

第一，强度等级。强度等级可分为 M5、M7.5、M10、M15、M20、M25、M30。水泥砂浆面层强度等级不应小于 M15，确定了 M15、M20、M25 这 3 个等级。普通防水砂浆具有一般的防水、防潮功能，强度较低的砂浆难以满足抗渗性能的要求，因此规定 M10、M15、M20 这 3 个强度等级，抗渗等级取为 P6、P8、P10。

第二，黏结强度。抹灰砂浆涂抹在建筑物的表面，除了可获得平整的表面外，还起到保护墙体的作用。抹灰砂浆容易出现的质量问题是开裂、空鼓、脱落，其原因除了与砂浆的保水性低有关外，主要原因还与砂浆的黏结强度低有很大关系。抹灰层与基层之间及各抹灰层之间必须黏结牢固，抹灰层应无脱层、空鼓，面层应无爆灰和裂缝。

湿拌砂浆、普通干混砂浆的拉伸黏结强度都大于 0.20MPa，低于 0.20MPa 的砂浆黏性较差、可施工性不好，因此规定抹灰砂浆、普通防水砂浆的拉伸黏结强度大于 0.20MPa，但对于 M5 抹灰砂浆，由于砂浆抗压强度较低，并且大部分用于室内，故规定其拉伸黏结强度不小于 0.15MPa。

第三，凝结时间。湿拌砂浆是由专业生产厂加水搅拌好后运到施工现场的，且运送的方量较多。由于砂浆施工仍为手工操作，施工速度较慢，砂浆不能很快使用完，需要在施工现场储存一段时间。为给施工提供方便，特别是使下午送到现场的砂浆能储存到第 2 天继续使用，故规定湿拌砂浆的设计凝结时间最长可达 24h，具体的凝结时间可由供需双方根据砂浆品种及施工需要而定。普通干混砂浆是在现场加水拌和的，随用随拌，不需要储存太长时间，因而规定其凝结时间为 3~8h。

二、绿色运营

(一) 绿色运营及关键环节

绿色运营即把节约资源、保护和改善生态与环境、有益于消费者和公众身心健康的理念，贯穿于建筑运营阶段，通过科学管理控制建筑的服务质量、运行成本，实现绿色生态目标。

运营管理是绿色建筑全寿命周期中的重要阶段。建筑全寿命周期是指建筑从建材生产、建筑规划、设计、施工、运营管理，直至拆除回用的整个历程。运用建筑全寿命周期理论进行评估，对建筑整个过程合起来分析与统计，消耗的资源与能源应最少，对环境影响应最低，且拆除后废料应尽量回用。建材的获取、生产、施工和废弃过程中都会对生态环境，如大气、水资源、土地资源等造成污染。以工程项目为对象，利用数据库技术，对工程项目全寿命周期各环节的环境负荷分布进行研究，可计算出该项目全寿命周期中耗能和造成的大气污染等参数，为工程项目节能、生态设计等提供基础性数据。

建筑的全寿命周期可分为两个阶段，即建造阶段和使用阶段。相对 2～3 年的设计建造过程而言，建筑在建成后会有一个相对漫长的使用期。一般建筑的运营管理主要是指工程竣工后建筑使用期的物业管理服务。物业服务的常规内容包括给排水、燃气、电力、电信、保安、绿化、保洁、停车、消防与电梯管理以及共用设施设备的日常维护等。绿色建筑运营管理是在传统物业服务的基础上进行提升，要求坚持"以人为本"和可持续发展的理念，从关注建筑全寿命周期的角度出发，通过应用适宜技术、高新技术，实现节地、节能、节水、节材与保护环境的目标。

一般建筑的运营管理往往是与规划设计阶段脱节的，工程竣工后，才开始考虑运营管理工作。而绿色建筑运营管理的策略与目标应在规划设计阶段就有所考虑并确定下来，在运营阶段实施并不断地进行维护与改进。绿色建筑运营管理采用建筑全寿命周期的理论及分析方法，制定绿色建筑运营管理策略与目标，最大限度地节约资源 (节能、节地、节水、节材)、保护环境和减少污染，为人们提供健康、适用和高效的生活与工作环境，并应用适宜技术、高新技术，实施高效运营管理。绿色运营的关键技术包括以下方面：

第一，开展建筑系统的综合效能调适，是绿色建筑交付的先决条件之一，具体包括对通风空调、楼宇控制、照明、供配电等建筑设备系统进行调试验证、性能测试验证、季节性工况验证和综合效果验收，使系统满足不同负荷工况和用户使用的需求。

第二，合理确定绿色运营目标和管理制度，根据绿色策划和设计的总体目标，制定建筑运行能耗、水耗、室内环境质量等方面的绿色运营目标，并以此为导向，建立完善的运营管理制度、工作指南，以及应急预案和设施设备的维护保养管理制度。

第三，科学开展设施设备的维护保养工作，依据维护保养清单和工作计划，进行日常维护管理，建立设施设备全生命期档案，保证设施设备的高效稳定运行，具体包括定期巡检、维护机电设备和围护结构，补种绿化植物等。

第四，引入数字化管理平台等先进智能技术，对建筑室内环境、设备运行进行实时监控，形成实时感知、自动故障检测、自诊断和自适应能力，最大限度地节约资源、能源的同时，满足个性化的需求。

第五，定期进行绿色运营后评估，重在评价各项绿色技术和措施的综合实施效果，如能耗、水耗、室内外环境质量、建筑使用者反馈等评价指标，评价结果应向建筑用户公开，接受用户监督，评价结果不达标应积极整改。

以深圳腾讯滨海大厦为例，阐述绿色运营及其关键技术。深圳腾讯滨海大厦全部进行了智能、数字化打造，对水电、安防、监控、停车等进行数字化管理。该项目应用了一套深度适配智慧建筑场景的物联网类操作系统，通过智能化硬件设备和软件作为载体搭建了人脸识别门禁系统、智能照明系统、会议室后台管理系统、安防系统、能源管理系统、停车场管理系统。并建立综合管控系统，使得大厦内各个系统之间相互协同运作，让大厦运行的能耗更低、更安全、更舒适。

（二）绿色运营的主要内容

1. 绿色运营与信息技术

绿色建筑运营管理应用的高新技术主要是信息技术。信息技术简单地说，是能够用来扩展人的信息功能的技术，主要是指利用计算机和通信手段实现信息的收集、识别、提取、变换、存储、传递、处理、检索、检测、分析和利用等技术。计算机技术、通信技术、传感技术和控制技术是信息技术的四大基本技术，其中计算机技术和通信技术是信息技术的两大支柱。从这种意义上讲，数字化技术、软件技术、数据库技术、地理信息系统、遥感技术、智能技术等均属于信息技术。

如在规划设计中应用地理信息系统（GIS）技术、虚拟现实（VR）技术等工具，通过建立三维地表模型，对场地的自然属性及生态环境等进行量化分析，用于辅助规划设计。在建筑设计与施工中采用计算机辅助设计（CAD）、计算机辅助施工（CAC）技术和基于网络的协同设计与建造等技术。通过应用信息技术，进行精密规划、设计，精心建造和优化集成，实现与提高绿色建筑的各项指标。

又如，在规划中应用虚拟现实技术。使用计算机建立某个区域，甚至于一个城市的一种逼真的虚拟环境。使用者可以用鼠标、游戏杆或其他跟踪器，任意进入其中的街道、公园、建筑，感受周边的环境。但虚拟现实不是一种表现的媒体，而是一种设计工具。比如，盖一个住宅小区之前，虚拟现实可以把建筑师的构思变成看得见的虚拟物体和环境，来提高规划的质量与效率。另外，还可进行日照的定量分析，利用软件技术计算出一年中某一天任一套住宅的日照情况。虚拟现实技术用于展示城市规划，根据城市的当前状况和未来规划，可以将城市现在和将来的情况展示在普通市民面前，让公众参与评价、提升城市建设水平。

再如，应用网络化协同设计与建造技术。一个工程项目的建设涉及业主、设计、施工、监理、材料供应商、物业服务以及政府有关部门，如供水、供电、供燃气、绿化、消防等部门。建设周期一般要半年到3年甚至更长。随着信息技术发展，特别是互联网通信技术和电子商务的发展，将振兴建筑业、塑造顶尖建筑公司寄希望于工程项目协同建设系统，给每一个工程项目建设提供一个网站，该网站专用于该工程项目建设，其生命周期同于该项目的建设周期。该网站应具有业主、设计、施工、监理、智能化、物业服务等分系统，通过电子商务连接到建筑部件、产品、材料供应商，同时具有该项目全体参与者协同工作的管理功能模块，包括安全运行机制、信息交换协议与众多分系统接口等。该项目建设过程中所有的信息包括合同法律文本、CAD图纸、订货合同、施工进度、监理文件等均在该网站上，还提供施工现场实时图像。该网站完全与工程项目建设在信息上同步，因此，也可称为动态网站。

用于工程项目建设的动态网站有两种提供方式：一种是大型建筑企业自己建设具有上述功能的网站，供自身使用，其缺点是功能上受限，一般局限于自身使用分系统与固定的建筑产品及材料供应商；另一种是由第三方建立网站，以出租动态网站方式提供，这种方式提供工程项目协同建设系统功能强，且建筑产品与材料供应商多。

还有建设数字化工地。数字化工地是运用三维建模技术，结合施工现场的信息采集、传输、处理技术，对施工进度、施工技术、工程质量、安全生产、文明施工等方面进行实时监控管理，在此基础上对各个管理对象的信息进行数字化处理和存档，以此促进工作效率和管理水平的提高。同时，通过互联网或专线网络进行远程监控管理，以实现建设主管部门、业主方、设计方、监理方对工程施工的实时监控，做到第一时间发现，第一时间处置，第一时间解决。

2. 绿色运营与环境友好

从全寿命周期来说，运营管理是保障绿色建筑性能，实现节能、节水、节材与保护环境的重要环节。运营管理阶段应该处理好业主、建筑和自然三者之间的关系，既要为业主创造一个安全、舒适的空间环境，同时又要减少建筑行为对自然环境的负面影响，做好节能、节水、节材及绿化等工作，实现绿色建筑各项设计指标。

绿色建筑运营管理的整体方案应在项目的规划设计阶段确定，在工程项目竣工后正式使用之前，建立绿色建筑运营管理保障体系。应做到各种系统功能明确、已建成系统运行正常，且文档资料齐全，保证物业服务企业能顺利接手。对从事运营管理的物业服务公司的资质及能力要求也非常明确，只有达到这种水平才能做到即使更换物业服务公司，也不会影响运营管理的工作。运营管理主要是通过物业服务工作来体现的，必须克服绿色建筑的建设方、设计方、施工方和物业服务方在工作上的脱节现象。建设方在建设阶段应较多地考虑今后运营管理的总体要求，甚至于一些细节。物业服务方应在工程前期介入，保证项目工程竣工后运营管理资料的完整。

绿色建筑运营管理要求物业服务企业通过环境管理体系认证，这是提高环境管理水平的需要。加强环境管理，建立环境管理体系，有助于规范环境管理，可以达到节约能源、降低资源消耗、减少环保支出、降低成本的目的，还达到保护环境、节约资源、改善环境质量的目的。

制定并实施资源管理激励机制，管理业绩与节约资源、提高经济效益挂钩，是环境友好行为的有效激励手段。绿色建筑的运营管理要求物业在保证建筑的使用性能要求，以及投诉率低于规定值的前提下，实现物业的经济效益与绿色建筑相关指标挂钩，如建筑用能系统的耗能状况、用水量和办公用品消耗等情况。

3.绿色运营与节约管理

建筑在使用过程中，需要耗费能源用于建筑的采暖、空调、电梯、照明等，需要耗水用于饮用、洗涤、绿化等，需要耗费各种材料用于建筑的维修等，管理好这些资源消耗，是绿色建筑运营管理的重点之一。绿色建筑运营管理的要求包括：①节能与节水管理，制定节能与节水的管理机制，实现分户、分类计量与收费，节能与节水的指标达到设计要求；②耗材管理，建立建筑、设备与系统的维护制度，减少因维修带来的材料消耗，建立物业耗材管理制度，选用绿色材料。

（1）管理措施。节能与每个人的行为都是相关联的，节能应从每个人做起。物业服务企业应与业主共同制定节能管理模式，建立物业内部的节能管理机制。正确使用节能智能化技术，加强对设备的运营管理，进行节能管理指标及考核，使节能指标达到设计要求。目前，节能已较为广泛地采用智能化技术，且效果明显。主要的节能技术如下。

第一，采用楼宇能源自动管理系统，特别是公共建筑。主要的技术为：通过对建筑物的运行参数和监测参数的设定，建立相应的建筑物节能模型，用它指导建筑楼宇智能化系统优化运行，有效地实现建筑节能管理。其中，能源信息系统是信息平台，集成建筑设计、设备运行、系统优化、节能物业服务和节能教育等信息；节能仿真分析系统利用 ESA 给出设计节能和运行节能评估报告，对建筑节能的精确模型描述，提供定量评估结果和优化控制方案；能源管理系统可由计算机系统集中管理楼宇设备的运行能耗。

第二，采暖空调通风系统（HVAC）节能技术。从需要出发设置 HVAC，利用控制系统进行操作；确定峰值负载的产生原因和开发相应的管理策略；限制在能耗高峰时间对电的需求；根据设计图、运行日程安排和室外气温、季节等情况建立温度和湿度的设置点；设置的传感器具有根据室内人数变化调整通风率的能力。提供合适的可编程的调节器，具有根据记录的需求图自动调节温度的能力；防止过热或过冷，节约能源 10%～20%；根据居住空间，提供空气温度重新设置控制系统。

第三，建筑通风、空调、照明等设备自动监控系统技术。公共建筑的空调、通风和照明系统是建筑运行中的主要能耗设备。为此，绿色建筑内的空调通风系统冷热源、风机、水泵等设备应进行有效监测，对关键数据进行实时采集并记录；对上述设备系统按照设计要求进行可靠的自动化控制。对照明系统，除在保证照明质量的前提下尽量减小照明功率密度设计外，可采用感应式或延时的自动控制方式实现建筑的照明节能运行。

在物业服务中，设备运营管理是管理过程中的重要一环，是支撑物业服务活动的基础。物业服务环境是一个相对封闭的环境，小区和大厦建造标准越高，与外部环境隔离的程度越大，对系统设备运行的依赖性越强。设备运行成本，特别在公共建筑物业服务中占有相当大的比重。

根据水的用途，按照"高质高用、低质低用"的用水原则，制定节水方案和节水管理措施，树立节水从每个人做起的意识。物业服务企业应与业主共同制定节水管理模式，建立物业内部的节水管理机制。对不同用途的用水分别进行计量，如绿化用水建立完善的节水型灌溉系统。正确使用节水计量的智能技术，加强对设备的运营管理指标的考核，使节水指标达到设计要求。建立建筑、设备、系统的日常维护保养制度；通过良好的维护保养，延长使用寿命，减少因维修带来的材料消耗。建立物业耗材管理制度，选用绿色材料（耐久、高效、节能、节水、可降解、可再生、可回用和本地材料）。

（2）分户计量。在我国的严寒、寒冷地区，冬季建筑的采暖能耗是建筑最大的一项能源费用支出，由于长期以来采用的是按建筑面积收取采暖费的办法，节约建筑采暖能耗一直缺乏市场的动力。分户计量是指每户的电、水、燃气以及采暖等的用量能分别独立计量，使消费者有节约的动力。

目前，住宅建设中早已普遍推行的"三表到户"(以户为单位安装水表、电表和燃气表)，实行分户计量，居民的节约用电、水、燃气意识大大加强。但公共建筑，如写字楼、商场类建筑，按面积收取电、天然气、采热制冷等的费用的现象还较普遍。按面积收费，往往容易导致用户不注意节约，是浪费能源、资源的主要缺口之一。绿色建筑要求耗电、冷热量等必须实行分户分类计量收费。因此，绿色建筑要求在硬件方面，应该能够做到耗电和冷热量的分项、分级记录与计量，方便了解分析公共建筑各项耗费的多少、及时发现问题所在和提出资源节约的途径。

4. 绿色运营与环境管理

环境管理按其涉及的范围可以有不同的层次，如地区范围内的环境管理、小区范围内的环境管理等。应围绕绿色建筑对环境的要求，展开环境管理。管理的内容包括制定该绿色建筑环境目标、实施并实现环境目标所要求的相关内容、对环境目标的实施情况与实现程度进行评审等。绿色建筑环境管理主要包括绿化管理、环境卫生管理、节能管理、节水管理、节材管理等。

(1)绿化管理。绿化管理贯穿于绿化规划设计、施工及养护等整个过程。科学规划设计是提高绿化管理水平的前提。园林绿化设计除考虑美观、实用、经济等原则，还需了解植物的生长习性、种植地气候、土壤、水源水质状况等。根据实际情况进行植物配置，减少管理成本，提高苗木成活率。在具体施工过程中，要以乡土树种为主，乔木、灌木、花、草合理搭配。对绿化用水进行计量，建立并完善节水型灌溉系统。制定绿化管理制度并认真执行，使居住与工作环境的所有树木、花坛、绿地、草坪及相关各种设施保持完好，让人们生活在一个优美、舒适的环境中。

采用无公害病虫害防治技术，规范杀虫剂、除草剂、化肥、农药等化学药品的使用，有效避免对土壤和地下水环境的损害。病虫害的发生和蔓延，将直接导致树木生长质量下降，破坏生态环境和生物多样性，应加强预测预报，严格控制病虫害的传播和蔓延。增强病虫害防治工作的科学性，坚持生物防治和化学防治相结合，科学使用化学农药，大力推行生物制剂、仿生制剂等无公害防治技术，提高生物防治和无公害防治比例，保证人畜安全，保护有益生物，防止环境污染，促进生态可持续发展。

对行道树、花灌木、绿篱定期修剪，草坪及时修剪。及时做好树木病虫害预测、防治工作，做到树木无爆发性病虫害，保持草坪、地被的完整，保证树木有较高的成活率，发现危树、枯死树木及时处理。

(2)垃圾管理。城市垃圾的减量化、资源化和无害化是发展循环经济的重要内容。在建筑运行过程中会产生大量垃圾，包括建筑装修、维护过程中出现的土、渣土、散落的砂浆和混凝土、剔凿产生的砖石和混凝土碎块，还包括金属、竹木材、装饰装修产生的废料、各种包装材料、废旧纸张等。为此，在建筑运行过程中需要根据建筑垃圾的来源、可否回用、处理难易度等进行分类，将其中可再利用或可再生的材料进行有效回收处理，重新用于生产。合理规划绿色建筑的垃圾收集、运输与处理整体系统。物业服务公司应建立垃圾管理制度，并认真执行。垃圾管理制度包括垃圾管理运行操作手册、管理设施、管理经费、人员配备及机构分工、监督机制、定期的岗位业务培训和突发事件的应急反应处理系统等。对建筑垃圾实行容器化收集，避免或减少建筑垃圾遗撒。

在源头将生活垃圾分类投放，并分类地清运和回收，通过分类处理，其中相当部分可重新变成资源。生活垃圾分类收集有利于资源回收利用，同时便于处理有毒、有害的物质，减少垃圾的处理量，减少运输和处理过程中的成本。生活垃圾分类与处理是当今世界垃圾管理的潮流。生活垃圾一般可分为可回收垃圾、厨余垃圾、有害垃圾和其他垃圾。目前常用的垃圾处理方法主要有综合利用、卫生填埋、焚烧和生物处理。垃圾填埋不仅费用高，而且占用大量土地，且破坏环境。焚烧处理占用土地少，但成本太高，并且增加了二次污染。生活垃圾的分类收集与处理是一种比较理想的方法。生活垃圾分类后不是送到填埋场，而是送到工厂，这样就可以变废为宝。既省地，又避免了填埋或焚烧所产生的二次污染。

在新建小区中配置有机垃圾生化处理设备，采用生化技术（利用微生物菌，通过高速发酵、干燥、脱臭处理等工序，消化分解有机垃圾的一种生物技术）快速地处理小区的有机垃圾部分，达到垃圾处理的减量化、资源化和无害化。其优点是：①体积小，占地面积少，无须建造传统垃圾房；②全自动控制，全封闭处理，基本无异味、噪声小；③减少垃圾运输量，减少填埋土地占用，降低环境污染。在细菌发酵的过程中产生的生物沼气在出口处收集并储存起来，可以直接作为燃料或发电。

（三）绿色运营的发展趋势

1.绿色运营的数字化

数字化技术是采用现代高科技，表达、采集、传输、处理与存储信息的重要技术，具有处理与存储信息量大、传输速度快、精确度高、易于信息交换的特点。可以利用计算机处理技术，把文字、声音、语言、动作或图像等信息转变为用"0"和"1"编码的数字信号，用于传输与处理的过程。

绿色建筑运营管理已经超出了清洁、绿化和安全巡逻的概念，已不再是传统意义上的只靠人工管理。现代化、专业化的物业服务需要引进现代化的科技设施与设备，以提高管理水平和服务质量。建立新型的运营管理方式，实现传统物业服务模式向数字化物业服务模式的功能提升。全面应用数字化技术，以数字化、网络化、智能化系统作为绿色建筑物业服务技术支撑平台，包括数字化应用技术构成、数字化物业业务管理、数字化设施管理、数字化综合安防管理、其他数字化应用服务。

运用数字技术可以建立一个具有个性的智能化家庭平台。家庭内的所有电器或设备不仅联网，而且与互联网融为一体，构成一个智能化的家庭生活环境。智能化居住的实质内容是：将住宅中设备、家电和家庭安防装置等通过家庭总线技术连接到家庭智能终端上，对这类装置或设备实现集中式的控制和管理，也可以异地监视与控制。家庭正在或已经成为城市信息网络中的一个基本节点，使人们可以享受到通信、安全防范、多媒体和娱乐等方面的各种便利。数字化和绿色革命正在改变着建筑物，特别是家居的设计、建造和运作方式。数字化可实现高效、高质量的生活，真正促进绿色建筑的发展。

2. 绿色运营的智能化

（1）住宅智能化系统。绿色住宅建筑的智能化系统是指通过智能化系统的参与，实现高效的管理与优质的服务，为住户提供安全、舒适、便利的居住环境，同时最大限度地保护环境、节约资源（节能、节水、节地、节材）和减少污染。居住小区智能化系统由安全防范子系统、管理与监控子系统、信息网络子系统和智能型产品组成。安全防范系统包括居住报警装置、访客对讲装置、周边防越报警装置、闭路电视监控装置、电子巡更装置。管理与监控系统包括自动抄表装置、车辆出入与停车管理装置、紧急广播与背景音乐、物业服务计算机系统、设备监控装置。通信网络系统包括电话网、有线电视网、宽带接入网、控制网、家庭网。智能型产品包括节能技术与产品、节水技术与产品、通风智能技术、新能源利用的智能技术、垃圾收集与处理的智能技术、提高舒适度的智能技术。

居住小区智能化系统是通过电话线、有线电视网、现场总线、综合布线系统、宽带光纤接入网等组成的信息传输通道，安装智能产品，组成各种应用系统，为住户、物业服务公司提供各类服务平台。小区内部信息传输通道可以采用多种拓扑结构（如树型结构、星型结构或多种混合型结构）。

绿色住宅建筑智能化系统的硬件主要包括信息网络、计算机系统、智能型产品、公共设备、门禁、IC卡、计量仪表和电子器材等。系统硬件应具备实用性和可靠性，应优先选择适用、成熟、标准化程度高的产品。由于智能化系统施工中隐蔽工程较多，有些预埋产品不易更换，且小区内有不同年龄、不同文化程度的居民居住，因此，要求操作尽量简便，具有高的适用性。

智能化系统中的硬件应考虑先进性，特别是对建设档次较高的系统，其中涉及计算机、网络、通信等部分的属于高新技术，发展速度很快，因此，必须考虑先进性，避免短期内因选用的技术陈旧，造成整个系统性能不高，不能满足发展而被过早淘汰。从住户使用来看，要求能按菜单方式提供功能，要求硬件系统具有可扩充性。

从智能化系统总体来看，由于住户使用系统的数量及程度的不确定性，要求系统可升级，具有开发性，提供标准接口，可根据用户实际要求对系统进行拓展或升级。所选产品具有兼容性也很重要，系统设备应优先选择按国际标准或国内标准生产的产品，便于今后更新和日常维护。

系统软件是智能化系统中的核心，其功能好坏直接关系整个系统的运行。居住小区智能化系统软件主要是指应用软件、实时监控软件、网络与单机版操作系统等，其中最为关注的是居住小区物业服务软件。软件应具有高可靠性和安全性。软件人机界面图形化，采用多媒体技术，使系统具有处理声音及图像的功能。软件应符合标准，便于升级和更多的支持硬件产品。软件应具有可扩充性。

第三节　既有建筑的绿色改造与拆除

一、既有建筑的绿色改造

(一) 既有建筑绿色改造概述

绿色改造是以节约能源资源、改善人居环境、提升使用功能等为目标，对既有建筑进行维护、更新、加固等活动。既有建筑绿色改造技术包括被动技术和主动技术两类。被动改造技术指在原有建筑物理基础上进行优化改造的技术，包括天然采光、自然通风、围护结构保温隔热、屋顶绿化等。主动改造技术包括热回收技术、非传统水源利用、分项计量等。

建筑节能改造是绿色改造的重要内容，包括使用更现代化、更高能效的设备替换建筑现有的暖通空调系统、锅炉或热水器 (和 / 或将这些系统电气化)；使用高性能的材料替换建筑现有的窗户、屋顶、墙壁和隔热层；使用高能效的 LED 灯替换建筑现有照明设备；使用更高能效的设备替换建筑现有的电器和电子设备；密封建筑围护结构，以减少能源浪费；安装建筑能源管理设备 (运动感应灯、智能恒温器等)；安装实地可再生能源发电系统，如屋顶太阳能发电系统或地热井等项目。

建筑电气化是节能改造的重点，主要包括供暖和热水系统的电气化。对于居住建筑和公建建筑的集中式生活热水系统，由于存在热损失大的问题，采用分散式电热水器能够有效实现节能。北方城镇可充分利用城市内部或周边的热电联产和工业余热来进行集中供暖，供暖电气化技术主要用于补充供热缺口，可以在城镇集中供热中占据一定比例，但不应过分追求完全电气化。北方农村推广空气源热泵等采暖电气化技术是替代散煤、减少大气污染物排放的有效途径。为提高室内舒适度、降低农户的采暖成本、保障电力安全，农村采暖电气化应该与建筑围护结构保温、建筑需求响应技术共同实施。

（二）既有建筑绿色改造的内容

根据我国既有建筑绿色改造工作的实际情况，以及既有建筑的改造特点，在坚持建筑全生命期总体合理原则的基础上，应该实施创新性、操作性和适用性强的改造手段。

1. 规划与建筑改造

（1）规划与建筑改造的相关要求。

第一，既有建筑所在场地应安全，不应有洪涝、滑坡、泥石流等自然灾害的威胁，不应有危险化学品、易燃易爆危险源的威胁，且不应有超标电磁辐射、污染土壤等危害。进行改造的既有建筑场地与各类危险源的距离应满足相应危险源的安全防护距离等控制要求。对场地中的不利地段或潜在危险源应采取必要的防护、控制或治理等措施。对场地中存在的有毒有害物质应采取有效的防护与治理措施，进行无害化处理，确保达到相应的安全标准。

第二，既有建筑场地内不应有排放超标的污染源。污染源主要指易产生噪声污染的建筑场所或设备设施，如运动场地、空调外机、发电机房、锅炉房等；易产生污染物超标的垃圾堆和垃圾转运站等。既有建筑场地应尽量避免或消除场地内不达标的污染源。

第三，建筑改造应满足国家现行有关日照标准的相关要求，且不应降低周边建筑的日照标准。我国对居住建筑以及对日照要求较高的公共建筑（中小学、医院、疗养院等）都制定了相应的国家标准或行业标准。既有建筑改造在满足相应的日照标准要求的同时，还应兼顾周边建筑的日照需求，减少对相邻建筑产生的遮挡。改造前周边建筑满足日照标准的，应保证建筑改造后周边建筑仍符合相关日照标准的要求。改造前，周边建筑未满足日照标准的，改造后不可降低其原有的日照水平。

（2）场地设计改造的具体实施。

第一，保证场地在改造后交通流线顺畅合理，无障碍设施完善，使用安全方便。场地内的交通组织及功能布局是场地设计的重要内容，场地功能分区合理、流线顺畅是保证土地高效利用的必要条件。流线设计不仅要能够满足场地内各类活动的交通需求，而且能与场地外部交通建立高效、便捷的交通联系，为场地内人流、车流提供良好的交通及疏散条件。鼓励按照人车分行的原则规划场地内交通流线，避免人车交叉。场地内人行通道及无障碍设施是满足场地功能需求的重要组成部分，是城市建设为使用者提供的必要条件，是保障各类人群方便、安全出行的基本设施。场地新增或原有的无障碍设施，应符合现行国家标准规定，并保证场地内外人行无障碍设施的连通。

　　第二，保护建筑的周边生态环境与合理利用场地内的既有构筑物、构件和设施。既有建筑的周边生态环境主要是指场地内原有的园林植被、水系湿地、道路和古树名木等。在改造时，应注重生态优先、保护利用的原则，减少对场地及周边生态环境的改变和破坏。如确实需要改造场地内水体、植被等时，应在工程结束后及时采取生态复原或补偿措施，利用生态系统的自我恢复能力，辅以人工措施，使遭到破坏的生态系统逐步恢复或使生态系统向良性循环方向发展。若场地内有可利用的构筑物、构件和其他设施，应根据其所具备的功能特点，经过适当修缮或维修后，进行改造再利用。

　　第三，解决既有建筑场地内的停车问题，以方便使用。自行车停车场所可根据不同的建筑类型、建筑规模、使用特点、使用人数、用地位置、交通状况等综合考虑设置，在设置时应符合我国现行相关标准以及当地有关规定。关于停车数量和位置的要求，由于每个城市和地区的情况不同，设计时应根据该城市或地区已有的地方性法规或统一规划执行。机动车停车设施可采用多种方式，为节约用地，应充分利用地下空间，建设地下停车场以满足日益增长的机动车停车需求。在场地条件许可且不影响场地内既有建筑的情况下，可增建立体停车库，采用机械式立体车库、智能立体车库等，高效利用场地用地，以缓解土地资源紧缺的问题，体现绿色建筑集约用地的理念。地面停车应按照国家和地方有关标准的规定设置，合理组织交通流线，根据使用者性质及车辆种类合理分区，不挤占人行道路及公共活动区域。同时科学管理并导引进出车辆，方便人们快速、便捷地到达目的地，有效提升场地使用效率。

　　第四，在既有建筑改造时对场地的绿化用地进行合理设置，改善环境。绿化具有防尘、降噪等作用，是城市环境建设的重要内容之一。合理的绿化措施不仅能够改善城市的自然环境、调节城市微气候，而且在美化城市景观、提高生活质量等方面起到重要作用。

　　居住区绿地包括公共绿地、宅旁绿地、公共服务设施所属绿地和道路绿地（道路红线内的绿地），其中包括满足当地植树绿化覆土要求、方便居民出入的地下或半地下建筑的屋顶绿地，不应包括地上建筑屋顶及晒台的人工绿地。居住区内绿地的设置和要求，以及绿地面积计算应符合现行国家标准的相关规定。

公共建筑场地的绿化状况一般用场地绿地面积与屋顶绿化面积之和占场地面积的比率来衡量。公共建筑场地绿化不仅能够改善城市生态质量，而且为使用者提供适宜的公共空间。近年来，许多城市鼓励公共建筑在符合建筑安全和规范的要求下进行屋顶绿化和墙面垂直绿化，不仅可以增加绿化面积、改善生态环境，又可以改善围护结构的保温隔热效果，还可以有效地截留雨水。

复层绿化是根据植物的高度、冠幅、日光需求等差异进行多层次种植，合理的植物种植搭配不仅能够增加单位面积上绿色植物的总量，而且能够提高土地综合利用率，形成层次丰富的绿化系统。因此，应合理配置草坪、灌木、乔木，使其发挥最大的经济效益、生态效益和景观效益。植物的绿化栽植土壤有效土层厚度及排水要求应根据不同植物生长需求，符合项目所在地的控制要求。

（3）建筑设计改造的具体实施。

第一，保证建筑改造后的使用功能能够满足现代生活多元化的需求。建筑功能主要是指建筑的使用要求，如居住、饮食、娱乐、办公等各种活动对建筑的基本要求，功能是决定建筑形式的基本因素。建筑房间的尺度以及各房间的布局等，都应该满足建筑的功能要求。合理的功能分区将建筑空间各部分按不同的使用要求进行分类，并根据它们之间的关系加以划分，使之分区明确，互不干扰且联系方便。流线组织顺畅与否，直接影响平面设计的合理性。一个建筑中存在多种流线时（如商业建筑中根据使用性质分为顾客流线、内部职工流线、货物流线等），要注意各种流线通畅，尽量避免相互交叉干扰。

无障碍设计要求城市与建筑作为一个有机的整体，应方便残疾人通行和使用，满足坐轮椅、拄拐杖、听力言语和视力障碍等人士的通行，建筑物出入口、地面、电梯、扶手、卫生间、房间、柜台等处应设置残疾人可使用的相应设施，以方便残疾人使用，建筑内无障碍设施应与建筑室外场地无障碍交通有良好的衔接性。

第二，保证建筑改扩建后建筑风格协调统一，且避免采用大量无实质功能的装饰性构件，以达到经济、美观的效果。建筑风格是指建筑空间与体型及其外观等方面所反映的特征，建筑风格受社会、经济、建筑材料和建筑技术等因素的制约，并因建筑师的设计思想、观点和艺术素养的不同而有所不同。改扩建后形成的新建筑，除要考虑改扩建部分的结构形式、使用功能等要求之外，还要考虑扩建工程中新增部分与原有建筑、改造建筑与场地内其他建筑的整体风格的协调统一性。

装饰性构件是指以美化建筑物为目的的外饰物。在设计时鼓励使用装饰和功能一体化的构件，如具有遮阳、导光、导风、载物或辅助绿化等作用的飘板、格栅和构架等，限制不具有功能需求的纯装饰性构件的使用比例，并对其造价占改扩建工程总造价的比例进行控制。

第三，保证公共建筑拥有可以实现灵活分隔与转换的可变空间，以适应功能变化和未来发展的需要。为提高空间使用效率，减少因空间变化而带来的装修费用与材料消耗，公共建筑应尽可能采用大空间格局，使其可以根据功能的变化而通过灵活隔断改变内部的布局形式，尤其是作为商场、餐厅、娱乐等用途的空间更应如此。其特点主要体现在：顺应社会不断发展变化的要求，适应功能转换及人员变动而带来空间环境的变化；符合经济性的原则，可变空间可以根据使用者需求随时改变空间布局，避免空间布局改变带来的材料浪费和垃圾产生；灵活可变性满足现代人的多元化需求，如多功能厅、标准单元、通用空间等都是可变空间的一种。

（4）围护结构改造的具体实施。

第一，围护结构的热工性能是影响建筑能耗的重要因素之一，应予以严格控制。通过对既有建筑围护结构的改造，提升其热工性能，降低建筑能耗水平。对部分建造年代较为久远的建筑，因其建造时所依据的标准与现行标准存在一定的差距，评价时应综合考虑各地区既有建筑绿色改造的实际情况和难度，将改造后既有建筑围护结构热工性能的提升效果作为评价内容之一。对近年建造的建筑，因多数建筑设计已经执行了现行国家或行业及地方的节能标准，因此评价时将围护结构热工性能达到现行国家及行业建筑节能设计标准相关规定的程度作为评价内容之一。

第二，通过控制建筑主要功能房间的外墙、隔墙、楼板和门窗的隔声性能，改善室内声环境质量。现行国家标准中对居住、学校、医院、旅馆、办公、商业等类型建筑的墙体、门窗、楼板的空气声隔声性能，以及楼板的撞击声隔声性能分为低限标准和高限标准两档。

2. 结构与材料改造

（1）结构与材料改造的相关要求。

第一，既有建筑绿色改造时，应对非结构构件进行专项检测或评估。既有建筑改造中可能对非结构构件造成扰动和影响，因此应重视非结构构件（尤其是已长期服役的非结构构件）的安全性。

非结构构件包括建筑非结构构件和建筑附属机电设备的支架等。建筑非结构构件指建筑中除承重骨架体系以外的固定构件和部件，主要包括非承重墙体、附着于楼面和屋面结构的构件、装饰构件和部件、固定于楼面的大型储物柜等。本标准所指非结构构件的范围，包括建筑非结构构件和支承于建筑结构的附属设备及其与主体结构的连接。建筑附属设备指建筑中为建筑使用功能服务的附属机械、电气构件、部件和系统，主要包括电梯、照明和应急电源、通信设备、管道系统、采暖和空气调节系统、烟火监测和消防系统、公用天线等。

应委托第三方机构结合既有建筑总体改造要求，参照相关标准对既有建筑非结构构件进行检测评估，必要时应进行抗震鉴定，包括评估非结构构件的服役性能，以及在改造过程中发生危险或地震、大风等灾害时引发次生灾害的可能性，形成检测报告或抗震鉴定报告。根据检测或鉴定结果，判断是否需要对非结构构件进行必要的加固或改造，并在设计文件中体现。如需进行加固或改造，对预埋件、锚固件采取加强措施等，应委托第三方进行必要的模拟计算分析，以确保加固或改造效果。

第二，既有建筑绿色改造不得采用国家和地方禁止和限制使用的建筑材料及制品。一些建筑材料或制品尤其是一些传统建材的制造或使用过程，实际上制约着建筑业可持续发展甚至完全不符合可持续发展需求。为此，国家和各地方根据实际情况制定了一系列禁止和限制使用的建筑材料及制品目录。禁止使用是指该产品或技术已经完全不适应现代建筑业发展需求，应予以淘汰。限制使用是指该产品或技术尽管不全面禁止使用，但是不适宜在某些环境、某些部位或某些类型建筑中使用。不应在既有建筑绿色改造中采用禁止使用的建材及制品，也不应采用那些不适宜在申报项目中使用的限制类建材及制品。

第三，既有建筑绿色改造后，原结构构件的利用率不应小于70%。建筑结构确保安全性、适用性和耐久性，是既有建筑绿色改造的前提。由于建造年代不同、适用标准版本的变化，以及使用功能的变化等因素，既有建筑难免需要对结构进行加固、改造，甚至部分拆除。为节约材料，避免不必要的拆除或更换，并减少对原结构构件的损伤和破坏，既有建筑绿色改造应在安全、适用、经济的前提下尽量利用原结构构件，如梁、板、柱、墙。

如果采用增大截面法进行加固，其原结构构件计算为有效利用。构件数量的计算方法：梁以一跨为一个构件计算（以轴线为计算依据）；柱以一层为一个构件计算（以楼层为计算依据）；板、墙以其周边梁、柱围合的区域为一个构件（以梁、柱间隔为计算依据）。

（2）结构设计改造的具体实施。

第一，根据鉴定结果优化改造方案，提升结构整体性能。要求改造前应根据鉴定结果对原结构进行分析，比选和优化改造方案，减少新增构件数量和对原结构的影响。对改造后结构的整体性能进行模拟分析，提升结构整体性能。对于抗震加固，提升结构整体性能的措施主要包括结构布置和连接构造。

第二，改造工程中，混凝土结构、钢结构、砌体结构和木结构非抗震加固时，应按现行有关设计和加固规范的要求进行承载能力极限状态，以及正常使用极限状态的计算、验算，并达到现行国家标准的要求。根据既有建筑设计建造年代及原设计依据规范的不同，将其后续使用年限划分为30年、40年、50年（A、B、C类建筑），并提出相应的鉴定方法。对结构抗震加固的基本要求是：20 世纪 80 年代及以前建造的建筑，改造后的后续使用年限不得低于 30 年；20 世纪 90 年代建造的建筑，改造后的后续使用年限不得低于 40 年；2001 年以后建造的建筑，改造后的后续使用年限不得低于 50 年。

衡量抗震加固是否达到规定的设防目标，应以综合抗震能力是否达标对加固效果进行检查、验算和评定。既有建筑抗震加固的设计原则、加固方案、设计方法应符合现行行业标准及现行相关标准的规定。

第三，鼓励采用简便可靠且环保的改造加固技术，尽量少用或不用周转使用多次后可能成为建筑垃圾的模板。不使用模板的结构加固技术有外粘型钢加固法、粘贴钢板加固法、粘贴纤维复合材加固法等。当采用增大截面法加固时，应控制加固材料用量。建筑结构加固后构件体积较原构件体积的增量越小，往往意味着加固材料的节约，并能减轻结构自重，保持使用空间。

（3）材料选用的具体实施。

第一，新增结构构件合理采用高强建筑结构材料。合理采用高强度结构材料，可减小改造过程中新增构件的截面尺寸，以及减少材料用量，也可减轻结构自重。既有建筑改造涉及的高强建筑结构材料主要包括高强混凝土、高强钢筋以及高强钢材。

高强混凝土一般指强度等级不低于 C60 的混凝土，其最大的特点是抗压强度高，可减小构件的截面。在一定的轴压比和合适的配箍率情况下，高强混凝土框架柱截面尺寸减小，自重减轻，同时避免短柱，对结构抗震也有利，而且提高经济效益。混凝土结构中的受力普通钢筋，包括梁、柱、墙、板、基础等构件中的纵向受力钢筋及箍筋。根据"四节一环保"的要求，提倡应用高强、高性能钢筋。对于高强钢材，鼓励 Q345 及以上钢的使用。高强建筑结构材料采用比例的计算方法为：高强度材料用量比例 = 新增结构构件中高强度材料用量（kg）/ 新增结构构件中所有同类材料用量（kg）。

第二，新增结构构件合理采用高耐久性建筑结构材料。高耐久性建筑结构材料的使用，能延长建筑的使用寿命。高耐久性建筑结构材料包括混凝土结构中的高耐久性混凝土、钢结构中的耐候结构钢或表面涂覆耐候型防腐涂料的结构钢。

混凝土的耐久性是指混凝土结构在自然环境、使用环境及材料内部因素作用下保持其工作能力的性能。使用环境中的侵蚀性气体、液体和固体通过扩散、渗透进入混凝土内部，发生物理变化和化学变化，往往会导致硬化混凝土性能的劣化。高耐久性混凝土则通过采用优化的原料体系，以及特殊的配合比设计等技术手段，拥有出色的抵御侵蚀介质破坏的能力，可使混凝土结构安全可靠地工作 50～100 年甚至更长，是一种新型的高技术混凝土。

耐候结构钢是指在钢中加入少量的合金元素，如 Cu、P、Cr、Ni 等，使其在金属基体表面形成保护层，以提高钢材的耐候性能。耐候型防腐涂料具有良好的长期阻隔环境中有害介质侵入或抵抗紫外线破坏的能力，具有防腐功能，能够很好地长期抵御有害介质对钢材的腐蚀。

第三，建筑装饰装修合理采用简约的形式，以及环保性和耐久性好的材料。形式简约的内外装饰装修方案是指形式服务于功能，避免复杂设计和构造的装饰装修方式。通过设计师的巧妙构思，往往采用形式简约的建筑室内装饰设计风格，也能达到美观甚至是艺术的效果，而且避免了大量使用装饰装修材料。例如，外立面简单规则，室内空间开敞、内外通透、墙面、地面、顶棚造型简洁，尽可能不用装饰或取消多余的装饰；建筑部品及室内部件尽可能使用标准件，门窗尺寸根据模数制系统设计；仅对原装饰层进行简单翻新等。又如，直接采用旧建筑材料作为装饰装修材料，起到怀旧、复古的装饰效果，变废为宝。清水混凝土不需要涂料、饰面等化工产品装饰，减少材料用量，其结构一次成型，不需剔凿修补和抹灰，减少大量建筑垃圾，有利于保护环境，可视为一种形式简约的内外装饰装修；使用清水混凝土还可以减轻建筑自重，对于减少承重结构材料用量也有一定作用。

3. 电气改造

(1) 电气改造的相关要求。

第一，照明数量和照明质量评价指标主要包括照度、照度均匀度、显色指数、眩光四项。公共建筑主要功能房间和居住建筑公共空间的照度、照度均匀度、显色指数、眩光等指标应符合现行国家标准的有关规定。

第二，除对电磁干扰有严格要求，且其他光源无法满足的特殊场所外，建筑室内外照明不应选用荧光高压汞灯和普通白炽灯。

第三，照明光源应在灯具内设置电容补偿，补偿后的功率因数满足国家现行有关标准的要求。

第四，照明光源、镇流器、配电变压器的能效等级不应低于国家现行有关能效标准规定的 3 级。

(2) 电气改造的具体实施。

第一，供配电系统按系统分类或管理单元设置电能计量表。供配电系统按系统分类或管理单元设置电能计量表，能够记录各系统的用电能耗。设置电能表，是管理节能的重要措施。

第二，变压器工作在经济运行区。经济运行区是指综合功率损耗率等于或低于变压器额定负载时的综合功率损耗率的负载区间。在确保安全可靠运行及满足供电量需求的基础上，通过对变压器进行合理配置，对变压器负载实施合理调整，最大限度地降低变压器的自身损耗。

第三，配电系统按国家现行有关标准设置电气火灾报警系统，且插座回路设置漏电短路保护。增加电气火灾监控系统主要是为了减少电气火灾发生。照明系统要求按照现行标准，一般插座回路全部设置剩余电流动作保护装置，动作电流为30mA，动作时间为0.1s。

4. 暖通空调的改造

(1) 暖通空调改造的相关要求。

第一，暖通空调系统改造前应进行节能诊断，节能诊断是既有建筑改造的重要依据，主要是通过现场调查、检测以及对能源消费账单和设备历史运行记录的统计分析等，找到建筑物能源浪费的环节，并为建筑物的节能改造提供依据的过程。既有居住建筑暖通空调系统节能诊断的主要内容包括供暖、空调能耗现状的调查、集中供暖系统的现状诊断(仅对集中供暖居住建筑)。既有公共建筑暖通空调系统节能诊断的主要内容包括室内平均温湿度、冷水机组和热泵机组的实际性能系数、锅炉运行效率、水系统回水温度一致性、水系统供回水温差、水泵效率、水系统补水率、冷却塔冷却性能、冷源系统能效系数、风机单位风量耗功率、系统新风量、风系统平衡度、能量回收装置的性能、空气过滤器的积尘情况、管道保温性能，节能诊断项目应根据具体情况选择相应的节能诊断参数。

无论是居住建筑还是公共建筑，暖通空调系统节能诊断报告应包含系统概况、检测结果、节能诊断与节能分析、改造方案建议等内容，为暖通空调系统节能改造提供必要的支撑。如果建筑整体进行了节能诊断，只要涵盖本条所要求的暖通空调系统节能诊断内容，即可达标。对于改造前没有暖通空调系统的建筑，不需要进行节能诊断报告。

第二，暖通空调系统进行改造时，应对热负荷和逐时冷负荷进行详细计算，并应核对节能诊断报告。既有建筑进行改造时可能会涉及建筑围护结构、房间分隔要求和使用功能等方面，采用热、冷负荷指标计算时，往往会导致总负荷计算结果偏大，增加初投资和能源消耗。因此，在对暖通空调系统进行改造或仅进行暖通空调系统改造时，需要按照国家或地方的有关节能设计标准对建筑热负荷和逐时冷负荷进行重新计算，根据负荷特点确定设备选型，避免由于冷、热负荷偏大，导致装机容量大、管道尺寸大、水泵和风机配置大、末端设备选型大现象的发生。

(2) 暖通空调改造的具体实施。

第　，提高供暖空调系统的冷、热源机组的能效。暖通空调系统冷、热源机组的能耗在建筑总能耗中占有较大的比重，机组能效水平的提升是改造的重点之一。

国家标准对锅炉的热效率、电机驱动压缩机的蒸气压缩循环冷水（热泵）机组的性能系数（COP）、名义制冷量大于 7100W 且采用电机驱动压缩机的单元式空气调节机、风管送风式和屋顶式空气调节机组的能效比（EER）、多联式空调（热泵）机组的综合性能系数 IPLV(C)、直燃型溴化锂吸收式冷（温）水机组的性能参数提出了基本要求。改造后上述机组满足基本要求即可。

第二，合理设置用能计量装置。为了降低运行能耗，既有建筑在改造时，暖通空调系统应进行必要的用能计量。国家法律和政策提出对暖通空调系统能耗分项计量，并对分项计量能耗数据设计、安装、采集进行了详细规定。此外，一些地方对分项计量作了更为具体深入的规定。

第三，合理设置暖通空调能耗管理系统。暖通空调能耗管理系统是利用计算机技术和现场中央空调能耗计量设备组成一个综合的系统管理网络，由中央空调计量仪表、计时温控器、能耗采集设备、数据传送设备、通信线路、管理电脑、管理软件等组成。通过对各计量点、区域实现能源在线动态监测、自动控制、能源汇总分析、能耗指标综合考评、故障自动报警、历史数据查询、能耗报表自动生成，为能源合理调配提供根据，为能源自动化管理提供手段，为系统的节能降耗考评提供科学的依据。

在既有建筑暖通空调系统改造过程中，针对各个部分和重点设备，在改造过程当中合理加装或改造各类传感器和仪表，并通过软件平台将系统能耗参数进行集中采集，实现实时显示、统计存储、分析对比、权限管理、上传公示、报警预测等功能。

5. 给水排水的改造

（1）给水排水改造的相关要求。

第一，既有建筑绿色改造时，应对水资源利用现状进行评估，并应编制水系统改造专项方案。通过对既有建筑改造后的方案、效果、风险等进行预评估，避免改造的盲目性。在编制水系统改造专项方案时，除了对节水节能效果、技术经济合理性进行评估外，还应评估水系统改造对周边环境、用户、建筑本体等造成的影响。

水系统改造专项方案的内容主要包括：当地政府规定的节水要求、地区水资源状况、气象资料、地质条件及市政设施情况等项目的概况。项目包含多种建筑类型，如住宅、办公建筑、旅馆、商店、会展建筑等，可统筹考虑项目内水资源的综合利用；确定节水用水定额、编制用水量计算表及水量平衡表；给排水系统设计方案介绍；采用的节水器具、设备和系统的相关说明；非传统水源利用方案。对雨水、再生水及海水等水资源利用的技术经济可行性进行分析和研究，进行水量平衡计算，确定雨水、再生水及海水等水资源的利用方法、规模、处理工艺流程等，并应采取用水安全保障措施，且不得对人体健康与周围环境产生不良影响；景观水体补水严禁采用市政供水和自备地下水井供水，可以采用地表水和非传统水源，取用建筑场地外的地表水时，应事先取得当地政府主管部门的许可；采用雨水和建筑中水作为水源时，水景规模应根据设计可收集利用的雨水或中水量来确定；水系统改造对周边环境的影响、对用户影响评估、建筑本体影响评估等评估报告。

第二，在非传统水源利用过程中，应采取确保使用安全的措施。非传统水源利用的安全保障措施，包括水量及水质两方面。非传统水源管道及相关设备应有明显标识，并严禁与生活饮用水管道连接；非传统水源供水系统应设置用水源、溢流装置及相关切换设施等，以保障用水需求；景观水体采用雨水、再生水作为补水水源时，其设计应包含有水质安全保障等措施；水池（箱）、阀门、水表及给水栓、取水口均应有明显的非传统水源标志；采用非传统水源的公共场所的给水栓及绿化取水口应设带锁装置；非传统水源用于绿化灌溉时应避免喷灌，防止微生物传播。

（2）给水排水改造的具体实施。

第一，给水系统无超压出流现象。用水器具流出水头是指保证给水配件流出额定流量在阀前所需的水压。给水配件阀前压力大于流出水头，给水配件在单位时间内的出水量超过额定流量的现象，称超压出流现象。给水配件超压出流，不但会破坏给水系统中水量的正常分配，对用水工况产生不良的影响，而且因超压出流量未产生使用效益，为无效用水量，即浪费的水量。因此，给水系统设计时应采取措施控制超压出流现象，应合理进行压力分区，并适当地采取减压措施，避免超压出流造成的浪费。当选用了恒定出流的用水器具时，该部分管线的工作压力满足相关设计规范的要求即可。建筑因功能需要，选用特殊水压要求的用水器具时，如大流量淋浴喷头，可根据产品要求采用适当的工作压力，但应选用用水效率高的产品，并在说明中作相应描述。

第二，按供水用途、管理单元或付费单元设置用水计量装置。对不同使用用途、管理单元或付费单元分别设水表统计用水量，并据此实施计量收费，以实现用者付费，达到鼓励行为节水的目的。同时还可统计各种用途的用水量，并分析渗漏水量，达到持续改进的目的。各管理单元通常是分别付费，或即使是不分别付费，也可以根据用水计量情况，对不同管理单元进行节水绩效考核，促进行为节水。对公共建筑中有可能实施用者付费的场所，应设置用者付费的设施，实现行为节水。

第三，热水系统采取合理的节水及节能措施。热水系统用水点冷、热水供水压力一旦出现不平衡，会带来用水点出水温度的波动，既影响使用的舒适性，也可引起用水的浪费。因此，用水点冷、热水供水压力差不宜大于0.02MPa。集中热水供应系统应有保证用水点冷、热水供水压力平衡的措施，确保用水点冷、热水供水压力差不应大于 0.02MPa，具体措施主要包括：冷水、热水供应系统分区一致；冷、热水系统分区一致有困难时，宜采用配水支管设可调式减压阀减压等措施，保证系统冷、热水压力的平衡；在用水点处宜设带调节压差功能的混合器、混合阀。

二、既有建筑的绿色拆除

（一）既有建筑绿色拆除概述

绿色拆除是指在建筑拆除过程中控制废水、废弃物、粉尘的产生和排放。新时期绿色拆除强调以建筑固废资源化为导向，通过损伤可控的有序拆解和对旧材料、旧构件的分类分级处理，促进构件再利用和材料再循环，提高建筑资源的再利用效率。建筑拆除过程中存在噪声污染、垃圾处理、危险事项等问题，为实现绿色拆除，一方面，相关部门对拆除施工提高重视，严格把关审批；另一方面，施工单位进行自我反省、自我察觉，重视污染问题。

噪声污染被视为一种无形的污染。长期受到噪声污染，可能会导致听力损伤并诱发多种疾病，对人们的生活造成干扰，对设备仪器以及建筑结构造成危害。随着城市化的进程加快，建筑施工的噪声污染问题也日益突出，尤其是在人口稠密的城市建设项目施工中产生的噪声污染，影响人们的正常作息生活的同时，也给城市的环境和谐埋下隐患。

随着经济社会的快速发展和城镇化进程的不断加速，新建筑的出现以及老建筑的拆除都产生了建筑垃圾。建筑垃圾是指建设、施工单位或个人对各类建筑物、构筑物和管网等进行建设、铺设或拆除，修缮过程中所产生的渣土、弃土、弃料、余泥及其他废弃物。建筑垃圾耗用垃圾清运费等建设经费。同时，清运和堆放过程中的移撒和粉尘、灰沙等问题又造成了环境污染。而建筑垃圾的主要成分氧化铝、氧化钙以及氧化硅，对于水泥行业来说可以作为混合材料来应用，是水泥企业发展循环经济的重要手段。

就建筑拆除而言，不论采用机械拆除还是爆破拆除都会产生大量的粉尘，这也是目前建筑拆除中主要的污染之一。拆除粉尘主要来源于被拆除建筑物表面长期吸附的灰尘；爆破、机械或人工施工中所形成的粉尘；建筑物倒塌、解体、相互撞击所产生的粉尘；建筑物倒塌将地面上的泥土扬起所形成的粉尘；运输车辆在施工场地内行驶扬起的地面尘土；建筑拆除垃圾或土方在堆放过程中风化所形成的扬尘；拆除的建筑垃圾在装卸过程中所产生的粉尘等。

建筑拆除粉尘因施工工艺特点和本身的物化特性，难以控制。主要原因在于粉尘突发性强、浓度高；扩散速度快、分布范围广；滞留时间长。拆除过程中高浓度的粉尘对从业人员，周边居民的生产生活以及环境都产生了危害。因此，对粉尘的治理是绿色拆除的重点内容。

(二) 既有建筑绿色拆除的策略

1. 建筑施工噪声的控制

控制噪声，一方面，从社会角度出发，加强对施工工程的管理与监测，使得民众与施工单位商议解决问题；另一方面，从科学角度出发，切实分析产生噪声的原因并对其进行控制。

(1) 对施工单位严格把关与审批。相关部门应对施工工程进行严格审批。在建筑施工工程登记、注册、申报等一系列手续上应严格把关，切实将建筑施工噪声管理纳入制度化管理。在拆除工程的过程中，施工单位应当自觉地进行登记、注册、申报工作，还应及时到环保部门登记、注册，使环保部门能够了解工程的地理位置、周边人口居住情况、工程规模以及仪器设备的安置地点等，提前了解施工噪声对居民产生的影响。

(2) 加强建筑施工噪声的现场监测。对建筑施工噪声的现场检查是控制噪声污染的有效途径之一。建筑施工噪声具有集中、位置多变的特点，相关部门应成立定期的噪声污染检查小组，针对周边管辖的建筑施工单位进行白天或夜间不定期的突击检查。另外，对于夜间施工的单位，应该加强巡视观察。对现场检查中发现的问题，采取"早预防早治疗"的态度督促施工单位进行噪声防治。

(3) 施工单位自发降低和减少噪声。除了监管部门的积极控制外，施工单位自身也必须做好准备工作，积极降低噪声以及减少噪声时间：一方面，最大限度控制人为发出的噪声，进入拆除施工现场，尽量不要大喊大叫或者制造出机械物的敲打撞击声，同时限制高音喇叭的使用；另一方面，在人口稠密区进行强噪声作业时，需要严格控制施工时间，如果必须昼夜施工，应当采取降噪措施，并与当地居民委员会沟通协商，得到居民的准许。此外，选择低噪声的技术方法和设备。采用混凝土拆除间挤压破碎法，铣挖机铣削或金刚石绳铣削，圆盘锯切割等拆除方法，可有效降低施工噪声。采用低噪声拆除机械设备代替高噪声设备。例如可选用低噪声全封闭螺杆式空压机代替活塞式空压机，用液压镐代替风镐等，可有效降低施工噪声。在机械拆除动力系统和机具上安装消声器减少噪声，可根据所需要的消声量、消声器的声学性能和噪声源频率特征以及空气动力特征等因素选用相应的消声器。

2. 建筑垃圾的回收利用

(1) 粉煤灰回收利用。粉煤在炉膛中未全烧尽而产生的大量不燃物因为高温作用而熔融，而且因为其表面张力作用，形成很多的细小球形颗粒，具有较强的活性，经过分离、收集就形成了粉煤灰。粉煤灰是煤燃烧后的副产物，如果不回收利用，那么后期处理的成本相当大。粉煤灰比生产水泥要更经济，成本更低。粉煤灰水化热低，这使得粉煤灰在大体积混凝土结构中作为活性掺合料，替代水泥；利用粉煤灰配制混凝土比不使用粉煤灰配制的混凝土后期强度更大，耐久性更好。

（2）废弃玻璃回收利用。废弃玻璃主要来源于工业废弃玻璃和日用废弃玻璃。玻璃几乎不吸水，有较高的硬度和耐磨性，优异的耐久性和化学稳定性，特别是有色玻璃能带来潜在的艺术效果，给废弃玻璃回收利用增加很多优势。虽然废旧玻璃的成本较高，但是对不同废弃玻璃颜色进行分类、清洗、磨碎以及颗粒分级的费用相对较低。例如彩色地砖，墙面砖等高附加值的生产企业，都愿意购买废弃玻璃来造出成色更好的产品。

（3）废弃橡胶回收利用。可以将废弃橡胶应用于路面建设，例如，采用废弃橡胶掺和的水泥混凝土，随着橡胶颗粒添加量的增加，具有良好的弹力、抗压、耐久性以及吸声等优点。橡胶粒子也有抑制裂缝扩展作用，同时也能使混凝土的应变，韧，性等方面增强。废弃橡胶应用到混凝土复合材料中最普遍的方式就是将其切碎用于橡胶地面。把废弃橡胶应用于铁路枕木，其重量轻、不易腐蚀而且可以减小火车行驶的噪声和震动。

（4）塑料废弃物回收利用。塑料来源广泛，化学组成各不相同，使得其回收程序比其他材料复杂得多。现有的技术将聚合物进行降解，或者用化学方法把废弃塑料还原为单体几乎是不可能的。很多塑料回收作为原料进行二次成型，可是相比原来的质量有所下降，成分也不均匀，因而生产者会选择降级回收塑料使用。目前废弃塑料已经运用到建筑材料中，例如，制作墙体材料、建筑装潢材料以及保温防水材料、塑料混凝土等其他建筑材料。

（5）废弃混凝土回收利用。废弃混凝土来源十分广泛，包括建筑物、桥梁、混凝土路面维修或者拆除，还包括因为地震、台风、洪水等原因产生大量的废弃混凝土。混凝土强度越高，组织越密实，整体性也越好，类似于天然石。然而天然石材的成本高，技术要求难度大，相比起来，废弃混凝土更加经济实惠，且具有环保意义。再生混凝土在受压时依然能够保持整体性好，韧性好的特点。

3.建筑施工的粉尘控制

通过制定绿色的管理模式，对拆除的各个阶段进行有效控制，采取降尘措施，控制粉尘浓度在环境允许范围内，做到拆除废弃物合理分类管理，依据建筑垃圾微粉资源化模式，杜绝二次粉尘污染，最终实现绿色拆除。

（1）粉尘控制的管理流程。拆除现场最重要的是制定科学合理的管理流程，让"零排放"意识渗透到拆除工程管理理念中，贯彻到动工至竣工的全过程。拆除工作从拆除计划开始，经过施工组织、责任领导到拆除控制结束，在控制的过程中根据具体情况或者拆除变更又会产生新的拆除计划，又开始新一轮的拆除管理循环。在循环不息中推进拆除工作的进行，创新在管理循环之中处于轴心地位，成为推动管理循环的原动力。

计划是指每一部分拆除前都做好相应的拆除计划与拆除目标。另外必须制订支配和协调所负责部分的资源管理计划。

组织是指根据上述的计划及拆除工作的要求，对工作人员进行授权和分工，规定各个成员的职责和上下左右的关系，使整个拆除能够高效运转。

领导是指项目负责人或者工程师指导整个过程的进行，增强人员的沟通与协作，统一他们的行径，激励工作人员自觉地为实现拆除目标共同努力。

控制是指管理人员协调处理实际拆除过程中遇到的突发情况或者受到的各种干扰因素，取得现场拆除计划实施的实际情况，最终保证拆除目标顺利实现。

创新是管理者结合实际工程所提出的符合拆除进行并有效提高拆除效率的方案和适合拆除工程的技术，它存在于管理流程的各个阶段，是对管理者挑战遇到新情况、新问题的能力体现。

（2）准备阶段粉尘控制的措施。在施工拆除之前做好以下准备工作：

第一，建设单位、施工单位和有关部门对周边可能造成扬尘污染的施工现场进行排查，并制定相应的技术措施。

第二，熟悉预拆除建筑物的竣工图纸，弄清建筑物的结构设计、建筑施工、水电及设备管线情况，对预拆除建筑物进行分析，制订好预拆除建筑各部分的拆除计划。

第三，对各部分的拆除进行目标规划，分析每部分拟产生的粉尘浓度、粉尘量，以及各阶段应达到的安全与环境状态，确定各阶段的施工组织安排。目标规划是目标管理有效控制的前提，是对实现总体控制的有效途径。

在组织管理确定的基础上再采取有效的施工前降尘措施，主要包括：施工场地做好围挡措施，利用绿化带和树木吸收粉尘；将预拆除时堆积在楼面、地面的残渣碎块、积尘清理干净，爆破前预湿拆除物，尽量减少扬起积尘。

（3）对施工阶段计划实施的控制。拆除施工阶段要严格按照已制订的施工计划实施，负责人或工程师要严格监督要求其符合计划标准。拆除过程中的施工管理方法如下：

第一，预先通知拆除人员拆除的建筑垃圾分类堆放的位置。对可直接利用，加工后利用，不可利用的材料分类堆放，及时回收或出售再循坏材料，对未能利用的按照要求处理。运用运筹学原理等计算出场内堆放垃圾的最佳位置及运输的最佳路线，同时确定将建筑垃圾运送场外的合理经济周期。

第二，管理实行责任制。每一部分的拆除对应的负责人要做好相应的工作，实行公正分明的奖惩制度，渗透绿色拆除概念，做到对环境负责。

第三，在施工过程中，对变更的拆除要求要做好及时的拆除方案及计划的调整，保证施工现场信息传递的及时性。

在拆除过程中粉尘控制可采取的措施包括：定期清理脚手架、安全防护措施器具等，防止施工扬尘污染、已沉淀粉尘形成二次污染；对于露天场地，堆放的土方和拆除垃圾应采取覆盖、固化或绿化等措施，派专人定期、定时对施工现场场地进行洒水湿润，控制地面扬尘；驶入建筑工地的车辆，必须冲洗干净，严禁车辆带泥上路，承运各种建筑材料、建筑垃圾、渣土的车辆必须有遮盖和防护措施，防止建筑材料、建筑垃圾和尘土飞扬、撒落、流溢；拆除施工应尽量避开大风天气，以免扩大粉尘污染范围，产生扬尘较多的拆除工作在风速四级以上的天气应停止作业；采用新型环保技术进行拆除。

（4）施工结束后的粉尘控制效果评估。拆除结束后，要对整个拆除工程粉尘的控制成果进行汇总，评判是否达到预期成果，总结工作中不足的地方，以便积累经验教训做出改进措施。嘉奖工作杰出的员工，以提高其积极性，做好环境效益评估，增强企业整体社会责任意识。拆除工程完工后要做好善后工作，及时拆除临时设施，清理现场及周围环境和平整场地，消除各种尘源。

实现绿色拆除不仅仅是指拆除过程，更是从建筑的生命周期来讲，建筑的设计、规划、所选用的建筑材料、施工等每个环节，才能做到真正意义上的绿色。通过拆除过程中的科学管理，可以降低粉尘的浓度，减小环境负荷，最大化利用废弃资源，获得良好的社会效益、环境效益和经济效益。

第三章　城乡建筑绿色理念及施工探索

城乡建筑绿色理念旨在通过最大限度地减少对自然资源的消耗、减少环境污染、提高建筑能源效益以及改善人居环境，实现城乡可持续发展。本章从绿色发展与绿色建筑施工理念、绿色施工的推进思路与技术发展、建筑工程与绿色施工的融合探索三个方面具体介绍。

第一节　绿色发展与绿色建筑施工理念

一、绿色发展与绿色建筑的基本理念

(一) 绿色发展理念解析

1. 坚持绿色发展的实践要求和实现路径

走绿色发展之路，必须坚持节约资源和保护环境的基本国策，坚持走生产发展、生活富裕、生态良好的文明发展道路，加快建设资源节约型、环境友好型社会，把生态文明建设融入经济社会发展全过程，形成人与自然和谐发展新格局，开创社会主义生态文明新时代。

走绿色发展之路，必须正确处理好经济发展同生态环境保护的关系，具体包括三点：①经济发展与环境保护关系的本质是人与自然的关系，在任何时候都要敬畏自然、善待自然、合理利用自然，这是我们能够根植于自然，并能够获得生存与发展的前提；②近现代工业化的发展模式是造成经济发展与环境保护关系对立与冲突的主要原因，在工业化进程中，人类凭借科技、资本和市场手段一步步逼近乃至超越环境能够承载的极限，造成了经济发展与环境保护关系的对立与冲突，当今世界的环境问题正是经济发展与环境保护相分离所造成的；③绿色发展是实现经济发展与环境保护相协调的重要途径，绿色发展打破了环境保护末端治理的单一模式，实施前端保护、过程严控、结果严惩的治理模式，通过科技创新、制度创新推动发展，成为解决经济发展与环境保护相协调的最佳路径。

走绿色发展之路，必须在生态文明建设融入经济社会发展过程中把握好融入性和系统性特征，具体包括三点：①目标的融入性和系统性，我国的生态文明建设目标与经济社会发展目标齐头并进，力争实现高度发达的物质文明同良好的生态环境并存，在让14亿多人进入现代化的同时实现人与自然的和谐共生；②推进路径的融入性和系统性，生态文明建设协调推进新型工业化、信息化、城镇化、农业现代化和绿色化，把绿色发展理念融入经济社会发展各方面，推进形成绿色生产和生活方式；③生态文明制度体系的融入性和系统性，我国已建立了包括源头严防、过程严管、损害严惩、责任追究的覆盖全过程的生态文明制度体系，将保障资源节约、控制污染、修复生态的各项激励和约束制度，渗透到各相关部门和各个环节，努力调动政府、企业、社会参与生态文明建设的积极性，通过制度保障全民共同保护生态环境、建设美丽中国。

走绿色发展之路，必须从供给侧结构性改革入手，加快建设资源节约型、环境友好型社会。供给侧改革与"两型社会"建设的目标使命和价值诉求等具有双重叠加性，要加强"两型社会"建设的主体改革、要素改革和市场化改革，将科技创新的潜力和动能释放出来，大力提高全要素生产率，推进和促进增长动力调整，实现经济社会可持续发展。

走绿色发展之路，必须坚持节约优先，最大限度集约高效利用资源。一方面，牢固树立"三线"思维，以资源消耗上线作为经济社会发展的紧箍咒，以环境质量底线作为资源开发利用的硬约束，以生态保护红线作为资源开发利用不可逾越的雷池，控制资源开发利用总量，推动资源开发利用向绿色化转型；另一方面，深化改革创新，树立节约集约循环利用的资源观，推动资源利用方式的根本转变，形成促进资源高效利用体制机制，实行资源开发利用总量和强度双控，建立绿色财税体系，建立绿色发展评价考核体系，加强全过程节约管理，大幅提高资源利用综合效益。

走绿色发展之路，必须推动形成绿色发展方式和生活方式。坚持绿色发展，是政府和企业的责任，更需要全社会"同呼吸、共奋斗"，需要每一个人从自身做起，从小事做起。绿色生活方式在于思想观念的转变。绿色生活方式的内涵：一是节约优先，即"减少"；二是绿色消费，即"替代"，就是在满足生活品质需要的前提下，拒绝各种形式的奢侈浪费和不合理消费。

2. 坚持绿色发展的重大意义和科学内涵

绿色是永续发展的必要条件和人民对美好生活追求的重要体现。党的十八届五中全会把绿色上升为经济社会发展的基本理念，强调坚持绿色富国、绿色惠民，协同推进人民富裕、国家富强、中国美丽。坚持绿色发展，是实现中华民族永续发展的必然选择，是全面建成小康社会的应有之义。

建设生态文明是实现中华民族伟大复兴中国梦的重要内容。中国梦包含绿色梦，绿色发展支撑国家富强，具体包括三点：①建设生态文明增强中国特色社会主义的制度优势，我们党明确提出并大力推进建设社会主义生态文明，促进了中国特色社会主义制度的完善，体现了打造人类命运共同体的中国行动，表明了超越狭隘私利的宽阔胸怀和长远视野；②推进绿色发展解决民族复兴关键阶段的突出矛盾，新发展理念强调绿色发展，是解决人口持续增长与人均资源减少的客观矛盾、生活水平提高与资源环境约束的发展困境、中高速发展与中高端水平双重目标兼容互洽的正确途径；③建设美丽中国满足人民幸福的发展要求，环境美是人民幸福生活的新内涵，建设美丽中国鲜明体现了以人民为中心的发展思想，维护生态公平是保障人民基本权利的重要体现。

绿色是持续发展的必要条件和发展的根本目的。一方面，绿色发展理念，以人与自然和谐为价值取向，以绿色低碳循环为主要原则，以生态文明建设为基本抓手，是可持续发展的基本要求，也是可持续发展的前提、条件和根本保障；另一方面，走绿色低碳循环发展之路，是突破资源环境瓶颈制约的必然要求，是调整经济结构、转变发展方式、实现可持续发展的必然选择。

坚持绿色发展为实现人类可持续发展提供了中国方案。生态文明是人类追求良好生活保障和保护美好生态环境而取得的物质成果、文化成果和制度成果的总和。我们党在推进生态文明建设实践中，充分汲取中华文明自古以来积淀的丰富生态智慧，吸取发达国家工业化进程中处理生态环境关系的经验教训，逐步形成中国语境下的生态文明理论体系，提供了坚持绿色发展的中国方案，为人类实现可持续发展贡献了中国智慧和力量。

建设生态文明塑造了新型人与自然关系。建设生态文明，既坚持了马克思主义人与自然关系理论的基本立场，又是对马克思主义生态文明观的运用和发展；建设生态文明，推动建立和谐的人与自然关系，实现人与自然的和谐相处、和谐发展和共生共存。人与自然的关系本质上是人与人的关系。建设生态文明，实质上是在塑造新的社会主义文明。

绿色发展是一个由三个层次构成的完整体系，具体包括：上层是绿色发展的总体观念，从一般的意义上强调发展需要实现经济社会进步与资源环境消耗的脱钩，实现"金山银山"与"绿水青山"的双赢；中层是低碳发展和循环发展，从资源流入和环境输出的两大方面即物质流与能源流的维度，有针对性地落实绿色发展，是绿色发展的承上启下内容，是实现绿色发展的重要途径和行动支柱；下层是中国发展的行动领域，如城市化、工业化、消费方式等，通过低碳发展和循环发展把绿色发展的一般原理接地气地用到中国发展的主要领域，实现整体上的绿色转型。

（二）绿色建筑理念解析

绿色建筑是可持续发展建筑，"绿色建筑的内涵和目标原则是针对生态人居系统建设与运行的，首先是选择适宜的生态系统空间，进行人居系统受限的空间管制、功能组织、容量调控和资源配置，建立人与自然之间和谐、安全、健康的共生关系，以最小消耗地球资源、最优高效使用资源、最大限度地满足人类宜居、舒适生存需求为目的"。[①] 绿色建筑是指在全寿命期内，最大限度地节约资源（节能、节地、节水、节材）、保护环境、减少污染，为人们提供健康、适用和高效的使用空间，与自然和谐共生的建筑。

我国的绿色建筑理念已经从单纯的节能走向"四节、一环保、一运营（节能、节材、节水、节地、环境保护和运营管理）""全寿命周期"的综合理念上来。目前，学术界、政府与市场对绿色建筑已经基本达成一致，其定义与理论已经明确，绿色建筑开始进入了高速发展期。绿色建筑的内涵主要包括以下三个方面：

第一，绿色建筑的目标是建筑、自然以及使用建筑的人的三方的和谐。绿色建筑与人、自然的和谐体现在其功能是提供健康、适用和高效的使用空间，并与自然和谐共生。健康代表以人为本，满足人们的使用需求；适用代表在满足功能的前提下尽可能节约资源，不奢侈浪费，不过于追求豪华；高效代表资源能源的合理利用，同时减少二氧化碳排放和环境污染。绿色建筑以人、建筑和自然环境的协调发展为目标，在利用天然条件和人工手段创造良好、健康的居住环境的同时，尽可能地控制和减少对自然环境的使用和破坏，充分体现向大自然的索取和回报之间的平衡。

第二，绿色建筑注重节约资源和保护环境。绿色建筑强调在全生命周期，特别是运行阶段减少资源消耗（主要指能源和水的消耗），并保护环境、减少温室气体排放和环境污染。

第三，绿色建筑涉及建筑"全寿命周期"，包括物料生成、施工、运行和拆除四个阶段，但重点是运行阶段。绿色建筑强调的是"全寿命周期"实现建筑与人、自然的和谐，减少资源消耗和保护环境，实现绿色建筑的关键环节在于绿色建筑的设计和运营维护。

绿色建筑概念的提出只是绿色建筑发展的起点，它代表了一个复杂的系统工程，在实践中需要借助完整的评价体系来推广。绿色建筑的"全寿命周期"指的是从项目立项到建筑物的最长使用寿命期间，而建筑能耗的高低主要由设计和施工因素决定。因此，绿色设计和绿色施工应运而生，运用绿色理念和方法来规划、设计、开

[①] 陈旭纯. 绿色建筑 [J]. 建材发展导向（下），2011，9（2）：50.

发、使用和管理建筑。它们的目标是为人们提供一个健康、舒适的办公和生活场所，而并非以牺牲人类舒适度为代价来强调节约资源。在这里，节约资源意味着高效地利用资源，特别是提高能源利用效率。这样的做法既能满足人们对舒适环境的需求，又能实现资源的有效利用。绿色建筑的发展离不开技术的提高，绿色建筑本身也代表了一系列新技术和新材料的应用。传统的建筑技术已无法满足绿色建筑的发展要求，这就需要我们更多地开发新型绿色技术，通过各个专业的紧密联系，用全新的设计理念对绿色建筑"全寿命周期"进行设计。由于绿色建筑需要我们在各方面约束自己的行为，如节水、节能等，这些不仅是技术问题，更是个人意识问题。随着社会的高速发展，生活质量的提高，人们更多地关注居住空间的舒适度和健康问题，要求我们要以满足人们需求为前提，全方面推动绿色建筑的发展。

绿色建筑是一个全面的总的概念，涉及建筑材料的生产、建筑的设计施工以及使用，包含了人的观念、生产的观念、消费的观念、生活方式的观念、价值的观念等内容。绿色建筑的推广，除了能帮助人类应对环境与经济的挑战，减少温室气体的排放，还能缩小建筑物"全寿命周期"的碳足迹。绿色建筑将是建筑行业未来的发展方向，具有不可估量的潜力与前景。

二、绿色施工理念的界定

"绿色"一词强调的是对原生态的保护，其根本目的是实现人类生存环境的有效保护和促进经济社会的可持续发展。绿色施工要求在施工过程中，保护生态环境，关注节约与资源充分利用，全面贯彻以人为本的理念，保证建筑业的可持续发展。绿色施工是指在保证质量、安全等基本要求的前提下，通过科学管理和技术进步，最大限度地节约资源，减少对环境的负面影响，实现节能、节材、节水、节地和环境保护（"四节一环保"）的建筑工程施工活动。

"绿色施工是可持续发展战略的具体体现。"[1] 绿色施工作为建筑"全寿命周期"中的一个重要阶段，是实现建筑领域资源节约和节能减排的关键环节。实施绿色施工，应依据因地制宜的原则，贯彻执行国家、行业和地方相关的技术经济政策。绿色施工应是可持续发展理念在工程施工中全面应用的体现，其不仅是指在工程施工中实施封闭施工，没有尘土飞扬，没有噪声扰民，在工地四周栽花、种草，实施定时洒水等这些内容，而是涉及可持续发展的各个方面，如生态与环境保护、资源与能源利用、社会与经济的发展等内容。

绿色施工是基于可持续发展思想的一种新型施工方法和技术，然而在实际的工

---

① 刘洪峰，廖小烽.谈绿色施工[J].基建优化，2005，26(6)：28.

程施工操作中，与传统的施工技术并没有太大的区别。目前的绿色施工仅仅注重降低施工噪声、减少对周围环境的扰民，采取防尘措施，以及对材料的经济性和无害性进行检测等措施，只是在基本层面上采取节能和减排的方式。这些措施只能被称为绿色施工的一些做法，与真正的绿色施工技术相差甚远。而绿色施工技术应该是技术的创新与综合应用的有效结合，旨在使绿色建筑的建造、后期运营甚至拆除全过程能够充分而高效地利用自然资源，并减少污染物的排放。

绿色施工技术是一项技术含量高、系统性强的"绿色工程"。它对传统绿色施工工艺进行改进，通过创新与集成，致力于推动可持续发展的重要举措。绿色施工技术应该在设计、施工、运营和拆解等各个环节中充分考虑环保因素，采用可再生能源、高效节能设备和环保材料，实现资源的最大化利用和能源的最小化消耗。同时，绿色施工技术还需要强调循环经济理念，通过有效的废弃物管理和再生利用，减少对环境的负面影响。

绿色施工中的"绿色"包含着节约、回收利用和循环利用的含义，是更深层次的人与自然的和谐、经济发展与环境保护的和谐。因此，实质上绿色施工已经不仅着眼于"环境保护"，而且包括"和谐发展"的深层次意义。对于"环境保护"方面，要求从工程项目的施工组织设计、施工技术、装备一直到竣工，整个系统过程都必须注重与环境的关系，都必须注重对环境的保护。"和谐发展"则包含生态和谐与人际和谐两个方面，要求注重项目的可持续性发展，注重人与自然间的生态和谐，注重人与人之间的人际和谐，如项目内部人际和谐和项目外部人际和谐。

总体来说，绿色技术包括节约原料、节约能源、控制污染、以人为本，在遵循自然资源重复利用的前提下，满足生态系统周而复始的闭路循环发展需要。由此可见，绿色施工与传统施工的主要区别在于绿色施工目标要素中，要把环境和节约资源、保护资源作为主控目标之一。由此，造成了绿色施工成本的增加，企业可能面临一定的亏损压力。企业大多数在乎的是经济效益，而认识不到环境保护给企业和社会带来的巨大效益，因此绿色施工有一定的经济属性。它主要表现为施工成本及收益两方面的内容。施工成本主要分为在建造过程中必须支出的建造成本和在施工过程中为了降低对环境造成较大损害而产生的额外环境成本。收益指的是建筑物在完成之后的建造收入、社会收入等多方面的收入。具有较好的环境经济效益是绿色施工得以发展的前提，这也是被社会、政府所鼓励的根本原因所在。建设单位、设计单位和施工方往往缺乏实施绿色施工的动力，因此，绿色施工各参与方的责任应该得到有效落实，相关法律基础和激励机制应进一步建立健全。

（一）绿色施工的相关界定

1.绿色施工与传统施工

（1）绿色施工与传统施工的相同点。

第一，具有相同的对象——工程项目。

第二，有相同的资源配置——人、材料、设备等。

第三，实现的方法相同——工程管理与工程技术方法。

（2）绿色施工与传统施工的不同点。

第一，出发点不同。绿色施工着眼于节约资源、保护资源，建立人与自然、人与社会的和谐；而传统施工只要不违反国家的法律法规和有关规定，能实现质量、安全、工期、成本目标就可以，尤其是为了降低成本，可能产生大量的建筑垃圾，以牺牲资源为代价，噪声、扬尘、堆放渣土还可能对项目周边环境和居住人群造成危害或影响。

第二，实现目标控制的角度不同。为了达到绿色施工的标准，施工单位首先要改变观念，综合考虑施工中可能出现的能耗较高的因素，通过采用新技术、新材料，持续改进管理水平和技术方法。而传统施工着眼点主要是在满足质量、工期、安全的前提下，如何降低成本，至于是否节能降耗、如何减少废弃物和有利于营造舒适的环境则不是考虑的重点。

第三，落脚点不同，达到的效果不同。在进行绿色施工过程时，由于环境因素和节能降耗的考虑，可能导致建造成本的增加。然而，随着对节能环保意识的提高，人们更加注重采用新技术、新工艺和新材料，持续改进管理水平和技术装备能力。这种转变不仅有利于全面实现项目的控制目标，还在建造过程中实现了资源的节约，营造了和谐的周边环境，同时向社会提供了高品质的建筑产品。与传统施工相比，传统施工有时也会考虑节约，但更多地倾向于降低成本，对施工过程中产生的建筑垃圾、扬尘、噪声等问题可能只是次要的控制对象。

第四，受益者不同。绿色施工受益的是国家和社会、项目业主，最终也会受益于施工单位。传统施工首先受益的是施工单位和项目业主，其次才是社会和使用建筑产品的人。从长远来看，绿色施工兼顾了经济效益和环境效益，是从可持续发展需要出发的，着眼于长期发展的目标。相对来说，传统施工方法所需要消耗的资源比绿色施工多出很多，并存在大量资源浪费现象。绿色施工提倡合理地节约，促进资源的回收利用、循环利用，减少资源的消耗。

因此，绿色施工强调的"四节一环保"并非以施工单位的经济效益最大化为基础，而是强调在保护环境和节约资源前提下的"四节"，强调节能减排下的"四节"。

从根本上来说，绿色施工有利于施工单位经济效益和社会效益的提升，最终造福社会，从长远来说，有利于推动建筑企业可持续发展。

2. 绿色施工与绿色建筑

（1）绿色施工与绿色建筑的相同点。

第一，目标一致——追求"绿色"，致力于减少资源消耗和环境保护；绿色建筑和绿色施工都强调节约能源和保护环境，是建筑节能的重要组成部分，强调利用科学管理、技术进步来达到节能和环保的目的。

第二，绿色施工的深入推进，对于绿色建筑的生成具有积极促进作用。

（2）绿色施工与绿色建筑的不同点。

第一，时间跨度不同。绿色建筑涵盖了建筑物的整个生命周期，重点在运行阶段，而绿色施工主要针对建筑的生成阶段。

第二，实现途径不同。绿色建筑主要依赖绿色建筑设计及建筑运行维护的绿色化水平来实现，而绿色施工的实现主要通过对施工过程进行绿色施工策划并加以严格实施。

第三，对象不同。绿色建筑强调的是绿色要求，针对的是建筑产品；而绿色施工强调的是施工过程的绿色特征，针对的是生产过程。这是二者最本质的区别。

绿色施工是绿色建筑的必然要求，而绿色建筑是绿色施工的重要目的。绿色建筑是在实现"四节一环保"的基础上提高室内环境质量的实体建筑产物。而绿色施工是一种在施工过程中，尽可能地减少资源消耗、能源浪费并实现对环境保护的活动过程。二者相互密切关联，但又不是严格的包含关系，绿色建筑不见得通过绿色施工才能实现，而绿色施工的建筑产品也不一定是绿色建筑。

3. 绿色施工与智慧工地

智慧工地项目的最大特征是智慧。智慧工地是建筑业信息化与工业化融合的有效载体，强调综合运用建筑信息模型（BIM）、物联网、云计算、大数据、移动计算和智能设备等软硬件信息技术，与施工生产过程相融合，提供过程趋势预测及专家预案，实现工地施工的数字化、精细化、智慧化生产和管理；绿色施工强调的是对原生态的保护，要求在施工过程中，保护生态环境，关注节约与资源充分利用，全面贯彻以人为本的理念，保证建筑业的可持续发展。绿色施工通过科学管理和技术进步，实现节能、节材、节水、节地和环境保护（"四节一环保"）。

构建智慧工地的过程中，用到了绿色施工的理念和技术，同时智慧工地在实现工地数字化、智慧化的过程中，许多方面也做到了"四节一环保"，像工地的环境监测和保护与绿色施工的理念非常契合，两者相互促进。从某种意义上说，绿色施工的概念覆盖层次面更广，内涵更丰富。

（二）绿色施工的本质分析

推进绿色施工是施工行业实现可持续发展、保护环境、勇于承担社会责任的一种积极应对措施，是施工企业面对严峻的经营形势和严酷的环境压力时自我加压、挑战历史和引导未来工程建设模式的施工活动。建筑工程施工对环境的负面影响大多具有集中、持续和突发性特征，其决定了施工行业推行绿色施工的迫切性和必要性，切实推进绿色施工，使施工过程真正做到"四节一环保"，对于促使环境改善，提升建筑业环境效益和社会效益具有重要意义。

绿色施工不是一句口号，亦并非一项具体技术，而是对整个施工行业提出的一个革命性的变革。把握绿色施工的本质，应从以下四个方面理解：

第一，绿色施工把保护和高效利用资源放在重要位置。施工过程是一个大量资源集中投入的过程，绿色施工应本着循环经济的"3R"原则（减量化、再利用、再循环），在施工过程中就地取材，精细施工，以尽可能减少资源投入，同时加强资源回收利用，减少废弃物排放。

第二，绿色施工应将对环境的保护及对污染物排放的控制作为前提条件，将改善作业条件放在重要位置。施工是一种对现场周边甚至更大范围的环境有着相当大负面影响的生产活动。施工活动除了对大气和水体有一定的污染外，如基坑施工对地下水影响较大，同时，还会产生大量的固体废弃物排放以及扬尘、噪声、强光等刺激感官的污染。因此，施工活动必须体现绿色特点，将保护环境和控制污染排放作为前提条件，以此体现绿色施工的特点。

第三，绿色施工必须坚持以人为本，注重对劳动强度的减轻和作业条件的改善。施工企业应将以人为本作为基本理念，尊重和保护生命，保障工人身体健康，高度重视改善工人劳动强度高、居住和作业条件差、劳动时间偏长的情况。

第四，绿色施工必须时刻注重对技术进步的追求，把建筑工业化、信息化的推进作为重要支撑。绿色施工的意义在于创造一种对自然环境和社会环境影响相对较小，使资源高效利用的全新施工模式，绿色施工的实现需要技术进步和科技管理的支撑，特别是要把推进建筑工业化和施工信息化作为重要方向，它们对于资源的节约、环境的保护及工人作业条件的改善具有重要作用。

（三）绿色施工的地位与作用

建筑工程全生命周期内包括原材料的获取、建筑材料生产与建筑构配件加工、现场施工安装、建筑物运行维护以及建筑物最终拆除处置等建筑生命的全部过程。建筑全生命周期的各个阶段都是在资源和能源的支撑下完成的，并向环境系统排放物质。

施工阶段是建筑全生命周期的阶段之一，属于建筑产品的物化过程。从建筑全生命周期的角度分析，绿色施工在整个建筑生命周期环境中的地位和作用表现如下：

1. 有助于减少施工阶段的环境污染

在进行绿色施工过程时，由于环境因素和节能降耗的考虑，可能会导致建造成本的增加。然而，随着对节能环保意识的提高，人们更加注重采用新技术、新工艺和新材料，持续改进管理水平和技术装备能力。这种转变不仅有利于全面实现项目的控制目标，还在建造过程中实现了资源的节约，营造了和谐的周边环境，同时向社会提供了高品质的建筑产品。与传统施工相比，传统施工有时也会考虑节约，但更多地倾向于降低成本，对施工过程中产生的建筑垃圾、扬尘、噪声等问题可能只是次要的控制对象。

2. 有助于改善建筑全生命周期的绿色性能

在建筑全生命周期中，规划设计阶段对建筑物整个生命周期的使用功能、环境影响和费用的影响最为深远。然而，规划设计的目标是在施工阶段落实的，施工阶段是建筑物的生成阶段，其工程质量影响着建筑运行时期的功能、成本和环境影响。绿色施工的基础质量保证，有助于延长建筑物的使用寿命，从实质上提升资源利用率。绿色施工是在保障工程安全质量的基础上强调保护环境、节约资源，其对环境的保护将带来长远的环境效益，有利于推进社会的可持续发展。施工现场建筑材料、施工机具和楼宇设备的绿色性能评价和选用绿色性能相对较好的建筑材料、施工机具和楼宇设备是绿色施工的需要，更是对绿色建筑的实现具有重要作用。可见，推进绿色施工不仅能够减少施工阶段的环境负面影响，还可以为绿色建筑的形成提供重要支撑，为社会的可持续发展提供保障。

3. 推进绿色施工是建造可持续性建筑的重要支撑

建筑在全生命周期中是否"绿色"、是否具有可持续性，是由其规划设计、工程施工和物业运行等过程是否具有绿色性能、是否具有可持续性所决定的。对于绿色建筑物的建成，首先，需要工程策划思路正确、符合可持续发展要求；其次，规划设计还必须达到绿色设计标准；最后，施工过程也要严格进行策划、实施使其达到绿色施工水平，物业运行是一个漫长的时段，必须依据可持续发展的思想进行绿色物业管理。在建筑全生命周期中，要完美体现可持续发展思想，各环节、各阶段都需凝聚目标，全力推进和落实绿色发展理念，通过绿色设计、绿色施工和绿色运行维护建成可持续发展的建筑。

4. 推进绿色施工有助于企业转变发展观念

在绿色施工中，建筑企业扮演着关键角色，然而往往因为过于注重经济效益和社会效益，忽视了环境所带来的巨大效益。在建筑企业的组织管理和现场管理中，工程进度和经济收益常常受到重视，而对施工现场的污染和材料浪费等问题没有足够关注。事实上，绿色施工的最终目标是实现经济、社会和环境效益的有机统一。开展绿色施工并不仅仅是需要高投入，从长远来看，它实际上增加了建筑施工企业的综合效益。因此，建筑施工企业应加强对绿色施工技术的应用，提高施工质量，并积极研发新的绿色施工技术，以提升企业的创新能力。

综上所述，绿色施工的推进，不仅能有效地减少施工活动对环境的负面影响，而且对提升建筑全生命周期的绿色性能也具有重要的支撑和促进作用。

（四）绿色施工的基本原则

1. 以人为本

人类生产活动的最终目标是创造更加美好的生存条件和发展环境，因此，这些活动必须以顺应自然、保护自然为目标，以物质财富的增长为动力，实现人类的可持续发展。绿色施工就是把关注资源节约和保护人类的生存环境作为基本要求，把人的因素放在核心位置，关注施工活动对生产、生活的负面影响，不仅包括对施工现场内的相关人员，也包括对周边人群和全社会的负面影响，把尊重人、保护人作为主旨，以充分体现以人为本的根本原则，实现施工活动与人和自然的和谐发展。

2. 环保优先

自然生态环境质量直接关系到人类的健康，影响着人类的生存与发展，保护生态环境就是保护人类的生存和发展。工程施工活动对周边环境有较大的负面影响，绿色施工应秉承环保优先的原则，把施工过程中的烟尘、粉尘、固体废弃物等污染物以及振动、噪声、强光等直接刺激感官的污染物控制在允许范围内，这也是绿色施工中"绿色"内涵的直接体现。

3. 资源高效利用

资源的可持续性是人类发展可持续性的主要保障，建筑施工是典型的资源消耗型产业，在未来相当长的时期内建筑业还将保持较大规模的需求，这必将消耗数量巨大的资源。绿色施工就是要把改变传统粗放的生产方式作为基本目标，把高效利用资源作为重点，坚持在施工活动中节约资源、高效利用资源、开发利用可再生资源，推动工程建设水平持续提高。

4. 精细化施工

精细化施工的实施可以减少施工中的错误和返工，进而减少资源的浪费。因此，在推行绿色施工时，应坚持精细化施工的原则，将精细化贯穿于整个施工过程中。可以通过精细的策划、管理和规范标准、优化施工流程、提升施工技术水平以及强化施工动态监控等方法来实现。这些措施将使施工方式从传统的高消耗、粗放和劳动密集型转变为资源集约型，注重智力、技术和管理的密集型，并逐步实践精细化施工的原则。

在实施绿色施工时，遵循精细化施工原则需要进行整体方案的优化。在规划和设计阶段，应充分考虑绿色施工的整体要求，为其提供基础条件。同时，在施工策划、材料采购、现场施工和工程验收等各个阶段，应加强对施工过程的控制，强化对整个施工过程的管理和监督。

通过实施精细化施工的原则，推行绿色施工可以有效地提高施工质量，减少资源浪费，为可持续发展作出贡献。因此，在进行任何工程项目时，都应高度重视精细化施工的原则，以实现更高效、更可持续的施工方式。

第二节　绿色施工的推进思路与技术发展

一、绿色施工的推进思路

(一) 健全体系

绿色施工的推进，既涉及政府、建设方、施工方等诸多主体，又涉及组织、监管、激励、法律制度等诸多方面，是一个庞大的系统工程。特别是要建立健全激励机制、责任体系、监管体系、法律制度体系和管理基础体系等，使得绿色施工的推进形成良好的氛围和动力机制，责任明确、监管到位、法律制度和管理保障充分，这样的绿色施工推进就能落到实处，并取得显著实效。

在我国建设工程领域，企业主动进行环境管理体系认证的非常少，其主动性与有效性尚且不足，距离绿色施工的要求相差甚远。考虑到绿色施工推进的国家标准体系尚未健全，与绿色施工配套的标准也需要建立，创建绿色建筑和推进绿色设计、绿色施工等方面的系统性指标规范可以更好地为绿色施工的全面系统化构建与实施提供保障。

(二) 强化意识

法律、行政和经济手段并不能解决所有问题，未能克服环境进一步衰退的主要原因之一是全世界大部分人尚未形成与现代工业科技社会相适应的新环境伦理观。当前，人们对推进绿色施工的迫切性和重要性认识还远远不够，从而严重影响着绿色施工的推进。只有在工程建设各方面对自身生活环境与环境保护意识达成共识时，绿色价值标准和行为模式才能广泛形成。要综合运用法律、文化、社会和经济等手段，探索解决绿色施工推进过程中的各种问题和困难，吸引民众参与绿色施工相关的各种活动，持续深入宣传和广泛开展教育培训，建立绿色施工示范项目，用工程实例向行业和公众社会展示绿色施工效果，增强人们的绿色意识，让施工企业自觉推进绿色施工，让公众自觉监督绿色施工。

（三）研究先行

绿色施工是一种新的施工模式，是对传统施工管理和技术提出的全面升级要求。从宏观层面上的法律政策制定、监管体系的健全、责任体系的完善，到微观层面上的传统施工技术的绿色改造、绿色施工专项技术的创新研究，项目层面管理构架及制度机制的形成等都需要进行创造性思考。只有在科学把握相关概念、原理，并得到充分验证的前提下，才能实现绿色施工科学前进。

（四）激励政策

当前对于施工企业来说，绿色施工推进存在着动力不足的问题，为加速绿色施工的推进，必须加强政策引导，并制定出台一定的激励政策，调动企业推进绿色施工的积极性；政府应该探索制定有效的激励政策和措施，系统推出绿色施工的管理制度、实施细则和激励政策等措施，制定市场、投资、监管和评价等相关方的行为准则，以激励和规范工程建设参与方的行为，促使绿色施工全面推进和实施。

（五）创新和改进

对当前施工方式中一些不符合节约能源、节约材料、保护环境等要求的，必须予以改进。

第一，改进施工工艺技术，降低施工扬尘对大气环境的影响，降低基础施工阶段噪声对周边环境的干扰。新材料如免振捣混凝土的应用，可降低工人的劳动强度，避免噪声的产生。

第二，改进施工机械，如低能耗、低噪声机械的开发使用，不仅可以提高施工效率，而且能直接为绿色施工作出贡献。

二、绿色施工技术的发展

"传统的施工技术大多具有高污染、高耗能的特点，与当下人们追求的绿色环保理念背道而驰。建筑施工单位应该积极使用绿色施工技术，降低施工过程对生态环境的影响，推动社会可持续发展。"①

（一）绿色建造的发展方向

1. 装配式建造技术

装配式建造技术是在专用工厂预制好构件，然后在施工现场进行构件组装的建造模式，是我国建筑工业化技术的重要组成部分，也是建筑工程建造技术发展的主题之一。装配式建造技术有利于提高生产率，减少施工人员，节约能源和资源，保证建筑工程质量更符合"四节一环保"要求，与国家可持续发展的原则一致。装配式建造技术包括施工图设计与深化、精细化制造、质量保持、现场安装及连接点的处理等技术。

2. 信息化建造技术

信息化建造技术是利用计算机、网络和数据库等信息手段，对工程项目施工图设计和施工过程的信息进行有序存储、处理、传输和反馈的建造方式。建筑工程信息交换与共享是工程项目实施的重要内容。信息化建造有利于施工图设计和施工过程的有效衔接，有利于各方、各阶段的协调与配合，从而有利于提高施工效率，减轻劳动强度。信息化建造技术应注重施工图设计信息、施工工程信息的实时反馈、共享、分析和应用，开发面向绿色建造全过程的模拟技术、绿色建造全过程实时监测技术、绿色建造可视化控制技术以及工程质量、安全、工期与成本的协调管理技术，建立实时性强、可靠性高的信息化建造技术系统。

3. 多功能的高性能混凝土技术

混凝土是建筑工程使用最多的材料，混凝土性能的研发改进对绿色建造的推动具有重要作用。多功能混凝土包括轻型高强度混凝土、透光混凝土、加气混凝土、植生混凝土、防水混凝土和耐火混凝土等。

高性能混凝土要求具备强度高、强度增长受控、可泵性好、和易性好、热稳定性好、耐久性好、不离析等性能，多功能高性能混凝土是混凝土发展的方向，符合绿色建造的要求，所以应从混凝土性能和配比、搅拌和养护等方面加以控制研发并推广应用。

4. 楼宇设备及智能化控制技术

楼宇设备智能化控制是采用先进的计算机技术和网络通信技术结合而成的自动控制方法，其目的在于使楼宇建造和运行中的各种设备系统高效运行，合理管理资源，并自动节约资源。因此，楼宇设备及智能化控制技术是绿色建造技术发展的重

① 叶劲毅. 绿色施工技术探析 [J]. 河南建材，2021（8）：45.

要领域，在绿色施工中应该选用节能降耗性能好的楼宇设备，开发能源和资源节约效率高的智能控制技术并广泛应用于各类建筑工程项目中。

5. 新型模架体系开发及应用技术

模架体系是混凝土施工的重要工具，其便捷程度和重复利用程度对施工效率和材料资源节约等有重要影响。新型模架结构包括自锁式、轮扣式、承插式支架或脚手架、钢模板、塑料模板、铝合金模板、轻型钢框模板及大型自动提升工作平台、水平滑移模架体系、钢木组合龙骨体系、薄壁型钢龙骨体系、木质龙骨体系、型钢龙骨体系等。开发新型模架及配套的应用技术，探索建立建筑模架产、供、销一体化，以及专业化服务体系、供应体系和评价体系，可为建筑模架工程的节材、高效、安全提供保障，也可为建筑工程的绿色建造提供技术支持。

6. 高强度钢与新型结构成套技术

绿色建造的推进应鼓励高强度钢的广泛应用，宜高度关注与推广预应力结构和其他新型结构体系的应用。一般情况下，该类型结构具有节约材料、减小结构截面尺寸、降低结构自重等优点，有助于绿色建造的推进和实施，但可能同时存在生产工艺较为复杂、技术要求高等不足。因此，突破新型结构体系开发的重大难点，建立新型结构成套技术是绿色建造发展的一大主题。

7. 建筑材料与施工机械绿色性能评价及选用技术

选用绿色性能好的建筑材料与施工机械是推进绿色建造的基础。因此，绿色材料和施工机械绿色性能评价及选用技术是绿色建造实施的基础条件，其重点和难点在于采用统一、简单、可行的指标体系对施工现场各式各样的建筑材料和施工机械进行绿色性能评价，从而方便施工现场选取绿色性能相对优良的建筑材料和施工机械。建筑材料绿色评价可注重于废渣、废水、废气、粉尘和噪声的排放，以及废渣、水资源、能源、材料资源的利用和施工效率等指标，施工机械绿色性能评价可重点关注工作效率、油耗、电耗、尾气排放和噪声等关键性指标。

8. 现场废弃物减量化与回收再利用技术

我国建筑废弃物数量已经占到城市垃圾总量的1/3左右，建筑废弃物的无序堆放，不但侵占了宝贵的土地资源、耗费了大量资金，而且清运和堆放过程中的遗撒和粉尘、灰尘飞扬等问题又造成了严重的环境污染。因此，现场废弃物的减量化和回收再利用技术是绿色建造技术发展的核心主题。现场废弃物的处置应遵循减量化、再利用、资源化的原则，要开发并应用建筑垃圾减量化技术，从源头上减少建筑垃圾的产生。无法避免垃圾产生时，应立足于现场分类、回收和再利用技术进行研究，最大限度地对建筑垃圾进行回收和循环利用。对于不能再利用的废弃物应本着资源化处理的思路，分类排放，充分利用或进行集中无害化处理。

(二) 绿色建造技术的发展具象

"绿色建造方式有利于建筑领域的可持续发展。"[①] 绿色建造技术的研发有五个要求：①通过自主创新和引进消化再创新，瞄准机械化、工业化和信息化建造的发展方向，进行绿色建造技术创新研究以提高绿色施工水平；②绿色示范工程的实施与推广，形成一批对环境有重大改善作用、应用快捷、成本可控的地基基础、结构主体、装饰装修以及机电安装工程的绿色建造技术，全面指导绿色建造；③加快技术的集成，研究形成基于各类工程项目的成套技术成果，提高工作效率；④发展符合绿色建造的资源高效利用与环境保护技术，对传统的施工图设计技术和施工技术进行绿色审视；⑤鼓励绿色建造技术的发展以推动绿色建造技术的创新，应至少涵盖但不限于节材与材料资源利用技术、节水与水资源利用技术、节能与能源利用技术、节地与施工用地保护技术以及环境保护技术等五个方面。

此外，还应该包括人力资源保护和高效使用技术，以及符合绿色建造理念的"四新"技术。

1. 节水与水资源利用技术

我国是平均水资源最贫乏的国家之一，所以施工节水和水资源的充分利用是急需解决的技术难题。水资源节约技术是绿色建造技术中不可忽视的一个方面，应着重于水资源高效利用、高性能混凝土和混凝土无水养护，以及基坑降水利用等技术研究。

2. 节材与材料资源利用技术

房屋建筑工程的建筑材料及设备造价占到 2/3 左右，因此，材料资源节约技术是绿色建造技术研究的重要方面。材料节约技术研究的重点是材料资源的高效利用问题，最大限度地应用现浇混凝土技术、商品混凝土技术、钢筋加工配送技术和支撑模架技术以及减少建筑垃圾与回收利用技术等，都应成为保护资源、厉行节约管理和技术研究的重要方向。

3. 节能与能源利用技术

节能与能源利用技术是绿色建造技术中需要坚持贯彻的一个方面，应着重于建造过程中的降低能耗技术、能源高效利用技术和可再生能源开发利用技术的研究。推进建筑节能应从热源、管网和建筑被动节能进行系统考虑，优先选择和利用可再生资源，提高现场临时建筑的隔热保温性能，提高能源利用率，选择绿色性能优异的施工机械并提高机械设备的满载率，避免空荷载运行，最大限度地节约能源和

[①] 肖绪文，李翠萍，于震平，等. 绿色建造评价框架体系 [J]. 绿色建造与智能建筑，2022(11): 11.

资源。

4. 人力资源保护和高效使用技术

坚持"以人为本"的原则，以改善作业条件、降低劳动强度、高效利用人力资源为重要目标，对施工现场作业、工作和生活条件进行改造，同时进行管理技术研究以减少劳动力的浪费，积极推行"四新"技术，改善施工现场繁重的体力劳动现状，提升现场机械化、装配化水平，强化劳动保护措施，且把人力资源保护和高效使用技术的发展要求落到实处。

5. 节地与土地资源保护技术

节地和土地资源保护技术应注重施工现场临时用地的保护技术和施工现场平面图的合理布局与科学利用，还要注重施工现场临时用地高效利用的技术，以期最大限度地有效利用土地资源。

6. 符合绿色建造理念的"四新"技术

对于符合绿色建造理念的新技术、新工艺、新材料、新设备，还应该广泛研究、推广和应用，包括水泥粉煤灰压碎石桩复合地基技术、智能化气压沉箱技术、建筑成品钢筋制品加工与配送技术、清水混凝土模板技术、模块式钢结构框架组装和吊装技术、供热计量技术等；特别要重点推广建筑工业化技术、BIM 信息化施工技术、人力资源保护和高效使用技术，以及施工环境监测与控制技术等诸多符合实际需要的"四新"技术。

(三) 绿色施工技术研究及发展

1. 绿色施工技术研究

绿色施工技术研究应着重从两方面进行：①传统施工工艺技术 (建筑材料和施工机具) 的绿色性能辨识技术研究；②绿色施工专项技术的创新研究。

(1) 传统施工技术的绿色化审视与改造。传统施工的既定目标主要是工期、质量、安全和企业自身的成本控制等方面，而环境保护的目标由于种种原因常常被忽视。因此，传统的施工技术方法往往缺乏对环境影响的关注。而绿色施工的实施，必然伴随着对传统施工技术、建筑材料和施工机具绿色性能的系列辨识和改造要求。因此，在工程实践的基础上，对传统施工技术、建筑材料和施工机具进行绿色性能审视，进一步依据绿色施工理念对不符合绿色要求的技术环节或相关性能进行绿色改造，放弃造成污染排放的工艺技术方法，改良影响人身安全和身心健康的建筑材料、施工设备的性能，保护资源和提升资源利用率，是绿色施工必须关注的重点领域。

当前，全国已有许多地区针对传统的施工方法提出了不少卓有成效的技术改造方案，比如，基坑封闭降水技术就是针对我国水资源短缺的现状对基坑施工有效的技术改造，基坑封闭降水的施工方法是在基底和基坑侧壁采取截水措施，这样对基坑以外的地下水位就不产生影响；尽管该方法采取的封闭措施增加了施工成本，但对于保护地下水资源，避免因基坑降水造成地面沉降的附加损失具有举足轻重的作用。

当前，绿色施工对建筑工程传统施工技术的绿色化审视与改造的范畴主要涵盖地基基础、混凝土结构工程、砌体工程、防水工程、屋面工程、装饰装修工程、给排水与采暖工程、通风与空调工程、电梯工程及与此相关的许多分部分项工程。建筑材料的绿色化审视与改造可集中于对钢材、水泥、装饰材料及其他主要建筑材料的绿色审视。施工机具的绿色化审视与改造则主要包括垂直运输设备、推土机和脚手架等主要施工机具的绿色性能审视与改造。

（2）绿色施工专项创新技术。绿色施工专项创新技术是针对建筑工程施工过程中影响绿色施工的关键工艺和技术环节，采取创新性思维方式，在广泛调查研究的基础上，采取原始创新、集成创新和引进、消化吸收、再创新的方法，以期取得突破性的创新技术成果。绿色施工专项创新技术研究应从保护环境、保护资源和高效利用资源做起，改善作业条件，最大限度地实现机械化、工业化和信息化施工，具体应立足于管网工程环保型施工、基坑施工封闭降水、自流平地面、临时设施标准化、现场废弃物综合利用、建筑外围保温施工和无损检测等方面实施。

目前，国内已经涌现出不少类似的创新成果，例如，建筑信息模型技术（BIM技术），可用于施工行业的改造、消耗和吸收；国内建筑企业结合国内实际，以项目安全、质量、成本、进度和环境保护等目标控制为基础，积极进行开发研究，逐步形成了自己的建筑信息模型技术的集成平台，能够实现施工过程中资源采购和管理，实现资源消耗、污染排放的监控，施工技术方法的模拟和优化，能够对施工的资源进行动态信息跟踪，实现定量的动态管理等功能，达到高效低耗的目的。又如，TCC建筑保温模板体系是将传统的模板技术与保温层施工统筹考虑，在需要保温一侧用保温板代替模板，另一侧采用传统模板配合使用，形成保温板与模板一体化体系。将该模板拆除后结构层与保温层形成整体，从而大大简化了施工工艺，确保了施工质量，降低了施工成本，是一个绿色施工专项创新技术的典型应用。

2. 绿色施工的新技术

绿色施工技术是指在工程建设过程中，能够使施工过程实现"四节一环保"目标的具体施工技术。

（1）建筑垃圾减量化与资源化利用技术。

建筑垃圾是指在新建、扩建、改建和拆除加固各类建筑物、构筑物、管网以及装饰装修等过程中产生的施工废弃物。

建筑垃圾减量化，是指在施工过程中采用绿色施工新技术、精细化施工和标准化施工等措施，减少建筑垃圾排放；建筑垃圾资源化利用是指建筑垃圾就近处置、回收直接利用或加工处理后再利用。对于建筑垃圾减量化与建筑垃圾资源化利用的主要措施包括：实施建筑垃圾分类收集、分类堆放；碎石类、粉类建筑垃圾进行级配后用作基坑肥槽、路基的回填材料；采用移动式快速加工机械，将废旧砖瓦、废旧混凝土就地分拣、粉碎、分级，变为可再生骨料。

可回收的建筑垃圾主要有散落的砂浆和混凝土、剔凿产生的砖石和混凝土碎块、打桩截下的钢筋混凝土桩头、砌块碎块、废旧木材、钢筋余料、塑料等。

现场垃圾减量与资源化的主要技术包括六项：①对钢筋采用优化下料技术，提高钢筋利用率；对钢筋余料采用再利用技术，如将钢筋余料用于加工马凳筋、预埋件与安全围栏等。②对模板的使用应进行优化拼接，减少裁剪量；对木模板应通过合理的设计和加工制作，提高重复使用率；对短木方采用指接接长技术，提高木方利用率。③对混凝土浇筑施工中的混凝土余料做好回收利用，用于制作小过梁、混凝土砖等。④对二次结构的加气混凝土砌块隔墙施工中，做好加气块的排块设计，在加工车间进行机械切割，减少工地加气混凝土砌块的废料。⑤废塑料、废木材、钢筋头与废混凝土的机械分拣技术；利用废旧砖瓦、废旧混凝土为原料的再生骨料就地加工与分级技术。⑤现场直接利用再生骨料和微细粉料作为骨料和填充料，生产混凝土砌块、混凝土砖、透水砖等制品的技术。⑥利用再生细骨料制备砂浆及其使用的综合技术。

建筑垃圾减量化与资源化利用技术，适用于建筑物和基础设施拆迁、新建和改扩建工程。

（2）封闭降水及水收集综合利用技术。

第一，基坑施工封闭降水技术。基坑封闭降水是指在坑底和基坑侧壁采用截水措施，使基坑周边形成止水帷幕，阻截基坑侧壁及基坑底面的地下水流入基坑，在基坑降水过程中对基坑以外的地下水位不产生影响的降水方法；基坑施工时应按需降水或隔离水源。在我国沿海地区宜采用地下连续墙或护坡桩+搅拌桩止水帷幕的地下水封闭措施；内陆地区宜采用护坡桩+旋喷桩止水帷幕的地下水封闭措施；河流阶地地区宜采用双排或三排搅拌桩对基坑进行封闭，同时兼做支护的地下水封闭措施。基坑施工封闭降水技术适用于有地下水存在的所有非岩石地层的基坑工程。

第二，施工现场水收集综合利用技术。施工过程中应高度重视施工现场非传统水源的水收集与综合利用，该项技术包括基坑施工降水回收利用技术、雨水回收利用技术、现场生产和生活废水回收利用技术。

基坑施工降水回收利用技术，一般包含两种技术：①利用自渗效果将上层滞水层渗至下层潜水层中，可使部分水资源重新回灌至地下的回收利用技术；②将降水所抽水体集中存放，待施工时再利用。

雨水回收利用技术，是指在施工现场中将雨水收集后，经过雨水渗蓄、沉淀等处理，集中存放再利用。回收水可直接用于冲刷厕所、施工现场洗车及现场洒水控制扬尘。

现场生产和生活废水利用技术，是指将施工生产和生活废水经过过滤、沉淀或净化等处理达标后再利用。

经过处理后水质达到要求的水体可用于绿化、结构养护以及混凝土试块养护等。

基坑封闭降水技术，适用于地下水面埋藏较浅的地区；雨水及废水利用技术适用于各类施工工程。

(3) 施工现场太阳能、空气能利用技术。

第一，施工现场太阳能光伏发电照明技术。施工现场太阳能光伏发电照明技术是利用太阳能电池组件，将太阳光能直接转化为电能储存并用于施工现场照明系统的技术。发电系统主要由光伏组件、控制器、蓄电池 (组) 和逆变器 (当照明负载为直流电时，不使用) 及照明负载等组成。施工现场太阳能光伏发电照明技术，适用于施工现场临时照明，如路灯、加工棚照明、办公区廊灯、食堂照明、卫生间照明等。

第二，空气能热水技术。空气能热水技术是运用热泵工作原理，吸收空气中的低能热量，经过中间介质的热交换，并压缩成高温气体，通过管道循环系统对水进行加热的技术。空气能热水器是采用制冷原理从空气中吸收热量来加热水的"热量搬运"装置，把一种沸点为 -10℃ 以上的制冷剂通到交换机中，制冷剂通过蒸发由液态变成气态从空气中吸收热量，再经过压缩机加压做工，制冷剂的温度就能骤升至 80℃ ~ 120℃。它具有高效节能的特点，较常规电热水器的热效率高达380% ~ 600%，制造相同的热水量，比电辅助太阳能热水器利用能效高，耗电却只有电热水器的 1/4。空气能热水技术，适用于施工现场办公、生活区临时热水供应。

第三，太阳能热水应用技术。太阳能热水技术是利用太阳光将水温加热的装置。太阳能热水器分为真空管式太阳能热水器和平板式太阳能热水器，真空管式太阳能热水器占据国内 95% 的市场份额，光热发电太阳能比光伏发电的太阳能转化效率较高。它由集热部件 (真空管式为真空集热管，平板式为平板集热器)、保温水箱、支架、连接管道、控制部件等组成。太阳能热水应用技术，适用于太阳能丰富的地区，还适用于施工现场办公、生活区临时热水供应。

(4) 施工扬尘控制技术。

施工扬尘控制技术包括施工现场道路、塔吊、脚手架等部位自动喷淋降尘和雾炮降尘技术、施工现场车辆自动冲洗技术。

自动喷淋降尘系统，由蓄水系统、自动控制系统、语音报警系统、变频水泵、主管、三通阀、支管、微雾喷头连接而成，主要安装在临时施工道路、脚手架上。塔吊自动喷淋降尘系统是指在塔吊安装完成后通过塔吊旋转臂安装的喷水设施，用于塔臂覆盖范围内的降尘、混凝土养护等。喷淋系统由加压泵、塔吊、喷淋主管、万向旋转接头、喷淋头、卡扣、扬尘监测设备、视频监控设备等组成。

雾炮降尘系统，主要有电机、高压风机、水平旋转装置、仰角控制装置、导流筒、雾化喷嘴、高压泵、储水箱等装置，其特点为风力强劲、射程高（远）、穿透性好，可以实现精量喷雾，雾粒细小，能快速将尘埃抑制降沉，工作效率高、速度快，覆盖面积大。

施工现场车辆自动冲洗系统，由供水系统、循环用水处理系统、冲洗系统、承重系统、自动控制系统组成，采用红外、位置传感器启动自动清洗及运行指示的智能化控制技术。水池采用四级沉淀、分离，保证水质，确保水循环使用；清洗系统由冲洗槽、两侧挡板、高压喷嘴装置、控制装置和沉淀循环水池组成；喷嘴沿多个方向布置，无死角。

施工扬尘控制技术适应用于所有工业与民用建筑的施工场地。

(5) 绿色施工在线监测评价技术。

绿色施工在线监测及量化评价技术是根据绿色施工评价标准，通过在施工现场安装智能仪表并借助 GPRS 通信和计算机软件技术，随时随地以数字化的方式对施工现场能耗、水耗、施工噪声、施工扬尘、大型施工设备安全运行状况等各项绿色施工指标数据进行实时监测、记录、统计、分析、评价和预警的监测系统和评价体系。

绿色施工涉及管理、技术、材料、工艺、装备等多个方面。根据绿色施工现场的特点以及施工流程，在确保施工各项目都能得到监测的前提下，绿色施工监测内容应尽可能全面，用最小的成本获得最大限度的绿色施工数据。

监测及量化评价系统以传感器为监测基础，以无线数据传输技术为通信手段，包括现场监测子系统、数据中心和数据分析处理子系统。现场监测子系统由分布在各个监测点的智能传感器和 HCC 可编程通信处理器组成监测节点，利用无线通信方式进行数据的转发和传输，达到实时监测施工用电、用水、施工产生的噪声和粉尘、风速风向等数据。数据中心负责接收数据并对其初步处理、存储，数据分析处理子系统则将初步处理的数据进行量化评价和预警，并依据授权发布处理数据。

绿色施工在线监测评价技术，适用于规模较大及科技、质量示范类项目的施工现场。

（6）施工噪声控制技术。

施工噪声控制技术是通过选用低噪声设备、先进施工工艺或采用隔声屏、隔声罩等措施有效降低施工现场及施工过程噪声的控制技术。

隔声屏，是通过遮挡和吸声减少噪声的排放的设施。隔声屏主要由基础、立柱和隔音屏板三部分组成。基础可以单独设计也可在道路设计时一并设计在道路附属设施上；立柱可以通过预埋螺栓、植筋与焊接等方法，将立柱上的底法兰与基础连接牢靠；隔音屏板可以通过专用高强度弹簧与螺栓及角钢等方法将其固定于立柱槽口内，形成声屏障。隔声屏可模块化生产，装配式施工，选择多种色彩和造型进行组合、搭配并与周围环境协调。

隔声罩，把噪声较大的机械设备（搅拌机、混凝土输送泵、电锯等）封闭起来，有效地阻隔噪声的外传。隔声罩外壳由一层不透气的具有一定质量和刚性的金属材料制成，一般用2~3mm厚的钢板，铺上一层阻尼层，阻尼层常用沥青阻尼胶浸透的纤维织物或纤维材料，外壳也可以用木板或塑料板制作，轻型隔声结构可用铝板制作。要求高的隔声罩可做成双层壳，内层较外层薄一些；两层的间距一般是6~10mm，填以多孔吸声材料；罩的内侧附加吸声材料，以吸收声音并减弱空腔内的噪声，减少罩内混响声和防止固体声的传递；尽可能减少在罩壁上开孔，对于必须开孔的，开口面积应尽量小；在罩壁构件相接处的缝隙，要采取密封措施，以减少漏声；由于罩内声源机器设备的散热，可能导致罩内温度升高，对此应采取适当的通风散热措施。同时考虑声源机器设备操作、维修方便的要求。

有效降低施工现场及施工过程噪声，应设置封闭的木工用房，有效降低电锯加工时噪声对施工现场的影响。同时，施工现场应优先选用低噪声机械设备，优先选用能够减少或避免噪声的先进施工工艺。

施工噪声控制技术，适用于工业与民用建筑工程施工。

（7）工具式定型化临时设施技术。

工具式定型化临时设施包括标准化箱式房，定型化临边洞口防护、加工棚，构件化PVC绿色围墙，预制装配式马道，装配式临时道路等。

第一，标准化箱式房。施工现场用房包括办公室用房、会议室、接待室、资料室、活动室、阅读室、卫生间。标准化箱式附属用房，包括食堂、门卫房、设备房、试验用房。按照标准尺寸和符合要求的材质制作和使用。

第二，定型化临边洞口防护、加工棚。定型化、可周转的基坑、楼层临边防护、水平洞口防护，可选用网片式、格栅式或组装式。当水平洞口短边尺寸大于1500mm时，洞口四周应搭设不低于1200mm防护，下口设置踢脚线并张挂水平安全网，防护方式可选用网片式、格栅式或组装式，防护距离洞口不小于200mm。楼梯扶手栏杆采用工具式短钢管接头，立杆采用膨胀螺栓与结构固定，内插钢管栏杆，使用结束后可拆卸周转重复使用。

可周转定型化加工棚基础尺寸采用C30混凝土浇筑，预埋400mm×400mm×12mm钢板，钢板下部焊接直径20mm钢筋，并塞焊8个M18螺栓固定立柱。立柱采用200mm×200mm型钢，立杆上部焊接500mm×200mm×10mm的钢板，以M12的螺栓连接桁架主梁，下部焊接400mm×400mm×10mm钢板。斜撑为100mm×50mm方钢，斜撑的两端焊接150mm×200mm×10mm的钢板，以M12的螺栓连接桁架主梁和立柱。

第三，构件化PVC绿色围墙。基础采用现浇混凝土，支架采用轻型薄壁钢型材，墙体采用工厂化生产的PVC扣板，现场采用装配式施工方法。

第四，预制装配式马道。立杆采用159mm×5mm钢管，立杆连接采用法兰连接，立杆预埋件采用同型号带法兰钢管，锚固入筏板混凝土深度为500mm，外露长度为500mm。立杆除埋入筏板的埋件部分，上层区域杆件在马道整体拆除时均可回收。马道楼梯梯段侧向主龙骨采用16a号热轧槽钢，梯段长度根据地下室楼层高度确定，每个主体结构层内设双跑楼梯，并保证楼板所在平面的休息平台高于楼板200mm。踏步、休息平台、安全通道顶棚覆盖采用3mm花纹钢板，踏步宽250mm，高200mm，楼梯扶手立杆采用30mm×30mm×3mm方钢管（与梯段主龙骨螺栓连接），扶手采用50mm×50mm×3mm方钢管，扶手高度1200mm，梯段与休息平台固定采用螺栓连接，梯段与休息平台随主体结构完成逐步拆除。

第五，装配式临时道路。装配式临时道路可采用预制混凝土道路板、装配式钢板、新型材料等。它具有施工操作简单，占用场地少，便于拆装、移位，可重复利用，能降低施工成本，减少能源消耗和废弃物排放等优点。应根据临时道路的承载力和使用面积等因素确定尺寸。

工具式定型化临时设施技术，适用于工业与民用建筑、市政工程等。

(8) 透水混凝土与植生混凝土应用技术。

第一，透水混凝土。透水混凝土是由一系列相连通的孔隙和混凝土实体部分骨架构成的具有透气性和透水性的多孔混凝土，透水混凝土主要由胶结材和粗骨料构成，有时会加入少量的细骨料。从内部结构来看，主要靠包裹在粗骨料表面的胶结材浆体将骨料颗粒胶结在一起，形成骨料颗粒之间为点接触的多孔结构。

透水混凝土基本不用细骨料或只用少量细骨料，其粗骨料用量比较大，制备$1m^3$透水混凝土(成型后的体积)，粗骨料用量为$0.93 \sim 0.97m^3$；胶结材用量为$300 \sim 400kg/m^3$，水胶比一般为$0.25 \sim 0.35$。透水混凝土搅拌时应先加入部分拌和水(约占拌和水总量的50%)，搅拌约30s后加入减水剂等，再随着搅拌加入剩余水量，至拌和物工作性满足要求为止，最后的部分水量可根据拌和物的工作情况进行控制。透水混凝土路面的铺装施工整平使用液压振动整平辊和抹光机等，对不同的拌和物和工程铺装要求，应该选择适当的振动整平方式并且施加合适的振动能，过振会降低孔隙率，施加振动能不足可能导致颗粒黏结不牢固而影响耐久性。

透水混凝土拌和物的坍落度为 10～50mm，透水混凝土的孔隙率一般为 10%～25%，透水系数为 1～5mm/s，抗压强度为 10～30MPa；应用于路面不同的层面时，孔隙率要求不同，从面层到结构层再到透水基层，孔隙率依次增大；冻融的环境下其抗冻性不低于 D100。

透水混凝土技术适用于严寒以外的地区，包括城市广场、住宅小区、公园休闲广场和园路、景观道路以及停车场等；在"海绵城市"建设工程中，可与人工湿地、下凹式绿地、雨水收集等组成"渗、滞、蓄、净、用、排"的雨水生态管理系统。

第二，植生混凝土。植生混凝土是以水泥为胶结材、大粒径的石子为骨料制备的能使植物根系生长于其孔隙的大孔混凝土，它与透水混凝土有相同的制备原理，但由于骨料的粒径更大，胶结材用量较少，所以形成孔隙率和孔径更大，便于灌入植物种子和肥料以及植物根系的生长。

普通植生混凝土用的骨料粒径一般为 20.0～31.5mm，水泥用量为 200～300kg/m³，为了降低混凝土孔隙的碱度，应掺用粉煤灰、硅灰等低碱性矿物掺合料；骨料、胶结材比为 4.5～5.5，水胶比为 0.24～0.32，旧砖瓦和再生混凝土骨料均可作为植生混凝土骨料，称为再生骨料植生混凝土。轻质植生混凝土利用陶粒作为骨料，可以用于植生屋面。在夏季，植生混凝土屋面较非植生混凝土的室内温度约低 2℃。植生混凝土的制备工艺与透水混凝土基本相同，但需注意的是浆体黏度要合适，保证将骨料均匀包裹，不发生流浆离析或因干硬不能充分黏结的问题。植生地坪的植生混凝土可以在现场直接铺设浇筑施工，也可以预制成多孔砌块后到现场用铺砌方法施工。

植生混凝土的孔隙率为 25%～35%，绝大部分为贯通孔隙；抗压强度要达到 10MPa 以上；屋面植生混凝土的抗压强度在 3.5MPa 以上，孔隙率为 25%～40%。

普通植生混凝土和再生骨料植生混凝土多用于河堤、河坝护坡、水渠护坡、道路护坡和停车场等；轻质植生混凝土多用于植生屋面、景观花卉等。

（9）垃圾管道垂直运输技术。

垃圾管道垂直运输技术是指在建筑物内部或外墙外部设置封闭的大直径管道，将楼层内的建筑垃圾沿着管道靠重力自由下落，通过减速门对垃圾进行减速，最后落入专用垃圾箱内进行处理。

垃圾运输管道主要由楼层垃圾入口、主管道、减速门、垃圾出口、专用垃圾箱、管道与结构连接件等主要构件组成，可以将该管道直接固定到施工建筑的梁、柱、墙体等主要构件上，安装灵活，可多次周转使用。

主管道采用圆筒式标准管道层，管道直径控制在500～1000mm范围内，每个标准管道层分上下两层，每层1.8m，管道高度可在1.8～3.6m之间进行调节，标准层上下两层之间用螺栓进行连接；楼层入口可根据管道与楼层的距离设置转动的挡板；管道入口内设置一个可以自由转动的挡板，防止粉尘在各层入口处飞出。

管道与墙体连接件设置半圆轨道，能在180°平面内自由调节，使管道上升后，连接件仍能与梁柱等构件相连；减速门采用弹簧板，上覆橡胶垫，根据自锁原理设置弹簧板的初始角度为45°，每隔三层设置一处，以降低垃圾下落速度；管道出口处设置一个带弹簧的挡板；垃圾管道出口处设置专用集装箱式垃圾箱进行垃圾回收，并设置防尘隔离棚。垃圾运输管道楼层垃圾入口、垃圾出口及专用垃圾箱设置自动喷洒降尘系统。建筑碎料（凿除、抹灰等产生的旧混凝土、砂浆等矿物材料及施工垃圾）单件粒径尺寸不宜超过100mm，质量不宜超过2kg；木材、纸质、金属和其他塑料包装废料严禁通过垃圾垂直运输通道运输。扬尘通过在管道入口内设置一个可以自由转动的挡板来控制，垃圾运输管道楼层垃圾入口、垃圾出口及专用垃圾箱设置自动喷洒降尘系统。

垃圾管道垂直运输技术，适用于多层、高层、超高层民用建筑的建筑垃圾竖向运输，高层、超高层使用时每隔50～60m设置一套独立的垃圾运输管道，并设置专用垃圾箱。

第三节　建筑工程与绿色施工的融合探索

一、建筑工程及其管理优化

工程指的是依托于科学技术以及实践经验展开的一系列利用自然的生产开发活动，建筑工程属于工程的一种，指的是借助于数学知识、化学知识、物理知识、力学知识、材料学知识进行建筑设计、建筑修建的学科。一般情况下，建筑工程涉及房屋或者其他类型的建筑物，也被叫做房屋建筑工程，所有与房屋建筑有关的规划、设计、施工都属于建筑工程的内容。

土木工程是一门非常古老的学科，它涉及很多综合知识，为人类的持续发展提供了支持。土木工程包含很多学科，其中比较有代表性的是建筑工程。建筑工程可以为社会发展提供"住"方面的支持，为人类各项活动的开展提供舒适、美观、功能齐全的场所，满足人类提出的物质发展需求、精神发展需求。在今后相当长的一段时间内，住房和基础设施建设都将成为国家经济发展中的增长点。这不仅表明了建筑业在国民经济中的重要地位，也表明了建筑工程（房屋工程）在土木工程中的主要地位。因此，建筑工程在任何一个国家的国民经济发展中都处于举足轻重的地位。

（一）建筑工程的目标属性

建筑工程是土木工程学科的重要分支，建筑工程和土木工程应属同一个意义上的概念。建筑工程的目标具有以下属性。

第一，综合性。建筑工程项目在建设实施过程中的步骤包括：首先需要进行勘察，其次进行建筑设计，最后进行建筑施工，这些过程是必不可少的。在这些过程当中需要使用工程地质勘探方面的知识、工程测量方面的知识、建筑力学知识、建筑结构学知识、建筑材料知识、工程设计知识、与建筑设备和经济有关的知识以及施工技术组织方面的知识，多方面知识的运用体现出了建筑工程的综合性。

第二，实践性。建筑工程涉及众多学科的知识，所以，在开展实践的过程中，它的建设必然会受到众多因素的影响，因此建筑工程的开展非常依赖实践。

第三，经济技术以及艺术之间的统一性。建筑工程最主要的目的是给人类提供支持与服务，它要满足人类提出的艺术需求，还要关注社会经济发展以及当前的技术水平，所以最终的建筑工程是经济、技术和艺术的集合体。

第四，社会性。在人类社会不断发展的过程中，建筑工程这门学科慢慢出现，在不同的社会时期下，建筑物的构造也有不同的特点，从建筑物当中可以观察到一个时代人们的文化发展特征、艺术发展特征、经济发展特征，所以说建筑工程具有一定的社会性。

（二）建筑工程的类别划分

建筑工程的类别有多种，可以按照建筑物的使用性质划分，也可以按照建筑物结构采用的材料划分，同时还可以按照建筑物主体结构的形式和受力系统（也称结构体系）划分。

1. 按使用性质进行划分

（1）住宅建筑。举例来说，宿舍别墅或者公寓，其空间不大，因此内部的布局设计至关重要，要求建筑设计好朝向，做好建筑采光工作、隔音工作、隔热工作。一般情况下，使用的结构构架是墙体和楼板，住宅建筑的高度在1层到20层之间。

（2）公共建筑。例如，体育馆、火车站、展览馆、大剧院等场所经常会出现大量的人群聚集，空间比较大，非常注重人流的引流问题、走向问题，并且强调建筑的使用功能，强调建筑的设施摆放，所以，它的主体结构通常是框架结构、网架结构，建筑层次比较少，通常是一层、两层。

（3）商业建筑。例如，写字楼、商店、商场、银行等，这类建筑也有很多的人群聚集，所以，它的建筑要求类似于公共建筑，但是它的建筑层数更高一些，对结构体系和形式也提出了更高的标准。

（4）文教卫生建筑。例如，医院、图书馆、实验教学楼等，这类建筑当中经常会摆放一些特殊设备，比如说医疗设施、实验设备，等等。这类建筑的主体结构大部分都是框架结构，建筑层数在4层到10层左右。

（5）农业建筑。例如，养猪场、养鸡场、畜牧场等，一般情况下，这些建筑使用的都是轻型钢结构。

（6）工业建筑。例如，机械厂房、食品厂房、纺织厂房，通常情况下，他们要承受较大的撞击、震动、荷载，内部空间比较大，对空气温度、空气湿度、防尘效果、防菌效果都有特殊的要求，与此同时，还要考虑产品生产路线的布置、产品的运输设备布置。如果工业建筑是单层的，那么使用的主体结构是铰接排架结构；如果工业建筑是多层的，那么主体结构一般是钢接框架结构。

2. 按结构材料进行划分

（1）砌体结构。砌体结构指的是使用砖块、石头以及混凝土制作而成的墙体结构。

（2）钢筋混凝土结构。钢筋混凝土结构使用的材料是钢筋混凝土，也有的使用预应力混凝土，通常情况下，它应用在框架结构、空间折板结构、剪力墙结构、筒体结构当中。

（3）钢结构。钢结构使用的材料是冷弯薄壁型钢、热轧型钢、钢管，这些材料需要借助螺栓和铆钉连接在一起。通常情况下它应用在框架结构、筒体结构、剪力墙结构、拱结构当中。

（4）木结构。木结构通常情况下使用的材料是方木、圆木、条木，这样的结构通常应用在木梁、木柱、木屋架、木屋面板当中。

（5）薄壳充气结构，一般情况下，屋盖结构当中会用到薄壳充气结构。

（三）建筑工程的控制任务

1. 材料控制任务

建筑项目，从开始施工一直到施工结束都需要材料的支持，所有在这期间出现的材料都属于建筑工程施工材料的管理范围，材料准备工作应该在施工之前就开始，材料准备应该和工程进度相互匹配，而且材料要达到工程质量要求。企业应该明确材料的供应方式，并且签订合同，在施工开始之后要做好材料进入施工现场的工作安排，并且做好材料的检验验收工作，及时根据工程施工进度调整材料的供应。

2. 技术控制任务

建筑工程质量会受到技术运用的影响，而且技术直接决定了建筑发生事故的概率高低，因此，建筑企业非常注重技术管理、技术培训，会标明要着重控制的技术要点，通常情况下企业会对全体施工人员进行技术方面的培训，让他们有更高的技术安全意识，在建筑企业的引导下，技术工人掌握的知识可以更好地运用在实际工作当中，也可以积累更多的经验。在技术水平阶段提升的情况下，保证工程的施工质量。

3. 安全控制任务

建筑工程施工的安全性是项目可以顺利开展的基本前提，建筑企业需要特别关注安全控制要点，建立并且优化当前的安全管理体系，设置详细的、精准的安全管理标准。如果施工过程当中出现了违规行为，还应该按照相关规定作出处置，比如说没有佩戴安全帽、没有按照规定移动机器、开启机器或者关闭机器。除此之外，还要注意安全检查，加强安全监管，以此降低安全事故发生的概率。

4. 现场控制任务

现场实际操作的过程中很有可能出现操作漏洞，一旦出现漏洞，后续的安全质量就会受到影响，所以，管理人员必须经常在施工现场观察监管，并且确定出漏洞的解决方法。举例来说，建筑工程的漏洞作业队伍需要清楚地确定下一个涵洞的挖掘时间，如果过早地对涵洞进行挖掘，那么基础作业没有办法开展，因为涵洞如果长时间地处于暴露状态或者受到雨水的侵蚀，它的基础承载能力就会受到很大影响；如果过晚地挖掘，整体施工进度就会受到影响，所以，建筑工程现场的管理人员要整体观察，把握好涵洞工作的准确开始时间。

（四）建筑工程的管理优化

1. 施工技术

建筑工程项目要顺利实施、顺利完成，必须注重建筑工程技术管理工作的优化与完善，进行技术管理除了对工作人员展开培训，建筑企业还需要搭建技术指挥运行系统，为系统运行提供需要的设备，规范各项工作开展的流程以及各项工作要达到的标准要求。

除此之外，还要配备技术管理制度，将具体的职责明确到个人。工程开始之前需要为施工做好基本的准备工作，施工开始时需要严格遵循技术标准开展工作。与此同时，监督小组也要监督施工过程，检查施工环节，以最快的速度找到存在的漏洞并且解除漏洞。施工人员真正开始施工的时候，先要了解图纸，遵循图纸当中的要求开展工程，如果发现图纸当中存在问题，那么应该开展图纸审核工作。

2. 现场安全管理

现场安全管理的优化，主要是从现场布局以及现场管控的角度入手：现场可能会出现容易燃烧、容易爆炸的物品，此类物品需要根据整体的布局平面图当中的要求单独储存，并且标明易燃易爆的标识。与此同时，现场还要配备消防用材、防火器材，在紧急通道的位置也要鲜明地设置安全指示牌。建筑现场的生活区、办公区应与施工区设置安全距离，并且生活区、办公区和施工区应隔离，用于活动或者办公的厂房不可以达到三层以上，员工住处应该统一划归到固定区域，不能和厨房、配电室或者作业区等工作区域混合。除了现场管理方面的科学布局之外，也要注意增强施工人员的安全意识，为施工的顺利开展提供保障。

3. 材料管理工作

材料管理工作的优化和完善要涉及的内容包括：材料的存放管理方面，应该将不同材质的材料放在不同的库房当中，同时避免材料受到空气、潮气、雨水的腐蚀，建筑工程当中涉及很多材料，即使是相同的材料也有可能存在不同的规格，所以材料需要明确标识并且分类存放在不同的库房当中。除此之外，也要严格控制钢材用量，如果发现钢筋使用数量超过标准，那么应该遵照相关的规定作出处罚。建筑企业应该科学使用各类钢筋，充分发挥出钢筋的性能。

二、绿色施工融入建筑工程管理的要求及应用

绿色施工指的是在不破坏工程质量、工程安全的基础之上借助于现代的施工技术，以及科学的管理方式来降低施工过程的资源使用数量，减少施工对环境产生的不良影响。换言之，要在施工过程当中做到节能、节水、节材、节地，与此同时，要注意环境保护。

(一) 绿色施工融入建筑工程管理的要求

绿色施工管理理念与之前企业使用的管理模式不同，企业想要真正践行绿色施工管理理念，必须对之前的管理模式进行完善和优化，要让绿色施工管理理念可以体现在各项管理环节当中。首先，作为施工企业要全面了解工程建设过程当中的不足之处，分析工程建设受到哪些不良因素的影响，然后控制这些不良因素；其次，施工企业需要按照绿色施工管理要求使用现代化的管理技术、管理手段对工程施工展开管理，全面提升企业管理水平。

绿色施工理念融入建筑工程管理中时，要考虑市场发展需要，并结合市场需要确定未来的管理方向。建筑企业要进行绿色施工管理，必然要转型升级，这个过程当中企业要处理更多的管理内容，要创新管理工作使用的方法和模式，所以，需要从整体的角度对各个环节进行全方位掌控。

除此之外，绿色施工管理理念还要考虑共赢，施工企业除了追求经济效益之外，还要注重生态效益的提升，只有同时考虑生态发展，工程项目才能做到健康发展。施工企业想要展开绿色施工管理，需要重点关注管理的环保性，需要把环保当作施工原则，以此来解决施工过程当中可能产生的各种环境污染问题。企业需要遵循环境保护的相关标准，优化工作流程、工作模式，尽可能避免施工对周围环境造成的不良影响。而且施工企业还要使用节能环保的施工技术，尽可能降低施工过程当中产生的污染物，真正实现管理过程的绿色化。

（二）绿色施工融入建筑工程管理的应用

1. 遵循绿色环保设计理念

绿色环保设计阶段是后续绿色管理开展的基础，设计人员需要在设计中遵循绿色环保设计理念，制作出可以实际执行并且相对经济的施工方案。在项目设计过程中，与项目有关的各个部门需要严格审查设计方案的内容，评审设计方案内容是否绿色，是否可以在实际施工中运用。如果发现设计内容和绿色施工管理要求的标准存在不吻合之处，应该修改设计方案，避免设计方案对后期工程的绿色建设产生不利影响。除了考虑绿色施工管理要求之外，设计者也要注重成本的控制，应该在各个环节注意节约成本，在成本允许的情况下，最好选择绿色环保材料、绿色环保设备。同时，注意材料使用效率的提升，尽可能地节约资源，减少资源浪费。

2. 加大绿色施工管理力度

管理工程项目的过程中，必须让所有的环节都遵循绿色施工理念，管理者需要加大绿色施工管理的力度，配备管理人员对各个环节进行监管，保证资源的合理使用，避免资源浪费，避免环境污染。如果发现存在环境污染，那么应该对所有的环节进行全面分析，找到环境污染的原因，及时处理有问题的环节，尽可能地降低对生态环境造成的破坏。

3. 健全绿色施工管理体系

施工企业应该分析建筑工程项目的特点，然后制定适合的绿色施工管理体系，施工管理体系是开展绿色施工管理工作的基本保障，施工企业可以依托于之前的管理体系为基础，在此基础上融入绿色施工管理理念，让之前的管理体系变得更加完善。绿色施工管理体系主要在施工控制以及施工管理两个方面发挥作用，其需要落实具体的管理内容、管理工作，与此同时，建立施工监督小组，监督绿色施工管理工作的开展情况，保证绿色施工管理要求得到全面的贯彻落实。

施工企业可以建立奖罚机制，通过评定施工人员的工作情况来决定施工人员的奖惩情况，奖罚机制可以调动工作人员的主动性、积极性，让工作人员更好地遵循并且践行绿色施工管理提出的要求，也可以有效地避免污染事故、安全事故的出现，从而有效地节约资源。

4. 及时发现施工地相关污染源

施工过程当中可能会因为一些不可控因素的出现而导致一些环境污染事故。如果施工现场出现了这样的事故，施工企业应该马上查明污染源并且按照污染类型设置绿色的施工预案，及时采取有效措施，以最快的速度控制污染，解决污染问题，避免污染产生更大范围的影响。尤其需要注意泥浆废渣、噪声污染、生产废水、运输、混凝土搅拌、浇筑，这些环节都比较容易出现污染问题。

第四章　装配式建筑助力城乡建设绿色发展

随着社会和经济的快速发展，装配式结构建筑工程也随之兴起。装配式建筑的出现，可以从不同的方面满足人们的需求。装配式建筑设计是一种传统建筑与先进制造技术的交叉融合，它改变了传统建筑的生产模式和特性，使其具有节水、节能、节材等优点。基于此，本章主要内容包括装配式建筑的概念及其发展背景、城乡建设装配式建筑结构与管理、装配式建筑的可持续发展分析、我国装配式建筑一体化发展模式。

第一节　装配式建筑的概念及其发展背景

一、装配式建筑的概念综述

"随着社会和经济的快速发展，装配式结构建筑工程也随之兴起。"[①] 装配式建筑重新定义了建筑的建造方式，装配式建筑的概念一般可以从狭义和广义两个不同的角度来理解或定义。

第一，从广义上理解和定义。装配式建筑是指用工业化建造方式建造的建筑。工业化建造方式主要是指在房屋建造全过程中以标准化设计、工业化生产、装配化施工、一体化装修和信息化管理为主要特征的建造方式。

第二，从狭义上理解和定义。装配式建筑是指将预制部品、部件通过可靠的连接方式在工地装配而成的建筑。在通常情况下，从建筑技术角度来理解装配式建筑，即从狭义上理解或定义。

工业化建造方式应具有鲜明的工业化特征，各生产要素包括生产资料、劳动力、生产技术、组织管理、信息资源等，在生产方式上都能充分体现专业化、集约化和社会化。从装配式建筑发展的目的（建造方式的重大变革）的宏观角度来理解装配式建筑，即从广义上理解或定义。

---

① 赵亮.装配式建筑工程设计与应用 [J].砖瓦，2023(3)：67.

（一）装配式建筑的内涵及外延

1. 装配式建筑的内涵

装配式建筑，是指集成房屋，是将建筑的部分或全部构件在工厂预制完成，然后运输到施工现场，将构件通过可靠的连接方式加以组装而建成的建筑产品。它具备卓越的保温、隔声、防火、防虫、节能、抗震、防潮功能，在欧美及日本被称作产业化住宅或工业化住宅。其内涵主要包括以下三个方面：

（1）装配式建筑的主要特征是将建筑生产的工业化进程与信息化紧密结合，体现了信息化与建筑工业化的深度融合。信息化技术和方法在建筑工业化产业链中的部品生产、建筑设计、施工等环节都发挥了不可或缺的作用。

（2）装配式建筑集中体现了工业产品社会化大生产的理念。其具有系统性和集成性，促进了整个产业链中各相关行业的整体技术进步，有助于整合科研、设计、开发、生产、施工等各方面的资源，协同推进，促进建筑施工生产方式的社会化。

（3）装配式建筑是实现建筑全生命周期资源、能源节约和环境友好的重要途径之一。其通过标准化设计优化设计方案，减少由此带来的资源、能源浪费；通过工厂化生产减少现场手工、湿法作业带来的建筑垃圾等废弃物；通过装配化施工减少对周边环境的影响，提高施工质量和效率；通过信息化技术实施定量和动态管理，达到高效、低耗和环保的目的。

2. 装配式建筑的外延

装配式建筑发展是建造方式重大变革这一重要发展目标的拓展和延伸，现阶段装配式建筑的外延，主要包括建筑工业化和建筑产业现代化两个重要概念。

（1）建筑工业化。建筑工业化是装配式建筑发展的路径。其运用现代工业化的组织和生产手段，对建筑生产全过程的各个阶段的生产要素进行技术集成和系统整合，达到建筑设计标准化、构件生产工厂化、住宅部品系列化、现场施工装配化、土建装修一体化、生产经营社会化，形成有序的工业化流水式作业，从而提高质量、提高效率、提高寿命、降低成本、降低能耗。因此，发展装配式建筑是实现建筑工业化的核心和路径。装配化是建筑工业化的主要特征和组成部分，工程建造的装配化程度体现了建筑工业化的程度和水平。

我国建筑工业化的提出始于20世纪50年代，国务院在1956年5月发布了《关于加强和发展建筑工业化的决定》，决定中提出了"为了从根本上改善我国的建筑工业，必须积极地有步骤地实行工厂化、机械化施工，逐步完成对建筑工业的技术改造，逐步完成向建筑工业化过渡"的发展要求。

1978年，国家建委先后在河北香河召开了全国建筑工业化座谈会、在河南新乡召开了全国建筑工业化规划会议，明确提出了建筑工业化的概念，即用大工业生产方式来建造工业与民用建筑，并提出"建筑工业化以建筑设计标准化、构件生产工厂化、施工机械化以及墙体改革为重点"的发展要求。

1995年，住房和城乡建设部（原建设部）出台了《建筑工业化发展纲要》，给出了更为全面的建筑工业化定义，即建筑工业化是指建筑业从传统手工操作为主的小生产方式逐步向社会化大生产方式过渡，即以技术为先导，采用先进、适用的技术和装备，在建筑标准化的基础上，发展建筑构配件、制品和设备的生产，培育技术体系和市场，使建筑业生产、经营活动逐步走向专业化、社会化道路。

（2）建筑产业现代化。建筑产业现代化以建筑业转型升级为目标，以装配式建造技术为先导，以现代化管理为支撑，以信息化为手段，以建筑工业化为核心，通过与工业化、信息化的深度融合，对建筑的全产业链进行更新、改造和升级，实现传统生产方式向现代工业化生产方式的转变，从而全面提升建筑工程的质量、效率和效益。

建筑产业现代化是装配式建筑发展的目标。现阶段以装配式建筑发展作为切入点和驱动力，其根本目的在于推动并实现建筑产业现代化。

建筑产业现代化针对整个建筑产业链的产业化，解决建筑业全产业链、全生命周期的发展问题，重点解决房屋建造过程的连续性问题，使资源优化、整体效益最大化。建筑工业化是生产方式的工业化，是建筑生产方式的变革，主要解决房屋建造过程中的生产方式问题，包括技术、管理、劳动力、生产资料等，目标更具体、明确。标准化、装配化是工业化的基础和前提，工业化是产业化的核心，只有工业化达到一定程度才能实现产业现代化。因此，产业化高于工业化，建筑工业化的发展目标就是实现建筑产业现代化。

（二）装配式建筑的主要特征

装配式建筑是建筑工业化的产物，是采用以标准化设计、工厂化生产、装配化施工、一体化装修和信息化管理等为主要特征的建筑工业化生产方式建造的建筑物。与传统建筑相比，装配式建筑的特征如下：

第一，环保。通过机械化生产，在施工现场进行安装，减少湿作业，减少了现场施工造成的大量建筑垃圾。

第二，节能。预制墙具有保温层，可以起到冬暖夏凉的功能，从而降低能量消耗。

第三，缩短工期。改变了传统现场浇筑的方式，将预制构件安装与现场浇筑施工相结合，减少了大量工序，减少了施工现场的工作强度，缩短了整体工期。

第四，减少人工。采用现场装配式施工技术，机械化程度高，可以大量减少现场作业人员，节省大量的人工成本，同时还能提高施工效率。

第五，安全保障。改善施工工人作业环境，避免施工中造成的人员伤亡。

(三) 装配式建筑的优势解析

1. 提高建筑质量

(1) 混凝土结构。装配式并不是单纯的工艺改变——将现浇变为预制，而是建筑体系与运作方式的变革，对建筑质量的提升有推动作用。

第一，装配式混凝土建筑要求设计必须精细化、协同化。如果设计不精细，等到构件制作好了才发现问题，就会造成很大的损失。装配式要求设计更深入、细化、协同，会提高设计质量和建筑品质。

第二，装配式可以提高建筑精度。现浇混凝土结构的施工误差往往以厘米计，而预制构件的误差以毫米计，误差大了就无法装配。预制构件在工厂模台上和精致的模具中生产，实现和控制品质比现场容易。预制构件的高精度会"逼迫"现场现浇混凝土精度的提高。

第三，装配式可以提高混凝土浇筑、振捣和养护环节的质量。现场浇筑混凝土，模具组装不易做到严丝合缝，容易漏浆；墙、柱等立式构件不易做到很好的振捣；现场也很难做到符合要求的养护。而工厂制作构件时，模具组装可以严丝合缝，混凝土不会漏浆；墙、柱等立式构件大都"躺着"浇筑，振捣方便；板式构件在振捣台上振捣，效果更好；一般采用蒸汽养护方式养护，养护质量大大提高。

第四，装配式是实现建筑自动化和智能化的前提。自动化和智能化减少了对人、对责任心等不确定因素的依赖，可以最大化避免人为错误，提高产品质量。

第五，工厂作业环境比工地现场更适合全面细致地进行质量检查和控制。

(2) 钢结构、木结构装配式和集成化内装修的优势是显而易见的，工厂制作的部品、部件由于剪裁、加工和拼装设备的精度高，有些设备还实现了自动化、数控化，产品质量大幅度提高。

(3) 从生产组织体系上看，装配式将建筑业传统的层层竖向转包变为扁平化分包。层层转包最终将建筑质量的责任系于流动性非常强的农民工身上；而扁平化分包，建筑质量的责任由专业化制造工厂分担。工厂有厂房、有设备，质量责任容易追溯。

2. 提高效率

对钢结构、木结构和全装配式 (也就是用螺栓或焊接连接的) 混凝土结构而言，装配式能够提高效率是毋庸置疑的。对于装配整体式混凝土建筑，装配式也会提高效率。

装配式使一些高处和高空作业转移到车间进行，即使不搞自动化，生产效率也会提高。工厂作业环境比现场优越，工厂化生产不受气象条件制约，刮风、下雨均不影响构件制作。

工厂调配、平衡劳动力资源也更为方便。

但是，如果一项工程既有装配式，又有较多现浇混凝土，虽然现浇混凝土数量可能减少了，由于现浇部位多，且零碎化，仍然无法提高效率，还可能降低效率。

如果预制构件伸出钢筋的界面多、钢筋多且复杂，也很难提高整体效率。

3. 节约材料

对钢结构、木结构和全装配式混凝土结构而言，装配式能够节约材料。

实行内装修和集成化也会大幅度节约材料。

对于装配整体式混凝土结构，结构连接会增加套筒、灌浆料和加密箍筋等材料；规范规定的结构计算提高系数或构造加强也会增加配筋。可以减少的材料包括内墙抹灰、现场模具和脚手架消耗，以及商品混凝土运输车挂在罐壁上的浆料等。

如果装配整体式混凝土结构后浇混凝土连接较多，节约材料就比较难。

4. 节省劳动力并改善劳动条件

（1）节省劳动力。工厂化生产与现场作业比较，可以较多地利用设备和工具，包括自动化设备，可以节省劳动力。节省多少主要取决于预制率大小、生产工艺自动化程度和连接节点复杂程度。

（2）改变从业者的结构构成。装配式可以大量减少工地劳动力，使建筑业农民工向产业工人转化，提高其素质。由于设计精细化和拆分设计、产品设计、模具设计的需要，精细化生产与施工管理的需要，白领人员比例会有所增加。因此，建筑业从业人员的构成将发生变化，知识化程度也将得以提高。

（3）改善工作环境。装配式把很多现场作业转移到工厂进行，把高处或高空作业转移到平地进行，把风吹、日晒、雨淋的室外作业转移到车间进行，大大改善了工作环境。工厂的工人可以在工厂宿舍或工厂附近住宅区居住，不用再住工地的临时工棚。装配式使很大比例的建筑工人不再流动，从而定居下来，解决了夫妻分居、孩子留守等社会问题。

（4）降低劳动强度。装配式可以较多地使用设备和工具，工人的劳动强度大幅降低。

5. 节能减排和环保

装配式建筑可以节约材料，并大幅度减少建筑垃圾，因为在工厂制作环节，可以将边角余料充分利用，自然有助于节能减排和环保。

6. 缩短工期

一般来说，装配式钢结构和木结构建筑的设计周期不会增加，但装配整体式混凝土建筑的设计周期会增加较多。

计划安排得好，装配式建筑部品、部件制作一般不会影响整个工期，因为在现场准备和基础施工期间，构件制作可以进行，当工地可以安装时，工厂已经生产出所需要的构件了。

就主体结构施工工期而言，全装配式混凝土结构会大幅缩短工期，但对于装配整体式混凝土结构的主体施工，缩短工期比较难，特别是剪力墙结构，还可能增加工期。

装配式建筑，特别是装配整体式混凝土建筑，缩短工期的空间主要在主体结构施工之后的环节，特别是内装环节，因为装配式建筑湿法作业少，外围护系统与主体结构施工可以同步，内装施工可以紧随结构施工进行，相隔 2 ~ 3 层楼即可。如此，当主体结构施工结束时，其他环节的施工也接近结束。

7. 利于冬期施工

装配式混凝土建筑的构件制作在冬季不会受到大的影响。工地冬期施工，可对构件连接处做局部围护保温，也可以搭设折叠式临时暖棚，冬季施工成本比现浇建筑低很多。

8. 提高安全性

装配式建筑工地作业人员减少，高处、高空和脚手架上的作业也大幅度减少，如此减少了危险点。工厂作业环境和安全管理的便利性好于工地。自动化和智能化会进一步提高生产过程的安全性。工厂工人比工地工人相对稳定，安全培训的有效性增强。

（四）装配式建筑的类型划分

1. 装配式建筑的基本类型划分

（1）按主体结构材料分类。现代装配式建筑按主体结构材料分类，有装配式混凝土建筑、装配式钢结构建筑、装配式木结构建筑和装配式组合结构建筑。

（2）按建筑高度分类。装配式建筑按高度分类，有低层装配式建筑、多层装配式建筑、高层装配式建筑和超高层装配式建筑。

（3）按结构体系分类。装配式建筑按结构体系分类，有框架结构、框架—剪力墙结构、筒体结构、剪力墙结构、无梁板结构、空间薄壁结构、悬索结构、预制钢筋混凝土柱单层厂房结构等。

（4）按预制率分类。装配式混凝土建筑按预制率分类，有小于 5% 为局部使用预制构件，5%～20% 为低预制率，20%～50% 为普通预制率，50%～70% 为高预制率，70% 以上为超高预制率。

2. 依据构件的受力特征进行分类

装配式建筑按照受力特征的不同可以分为墙承重体系、框架承重体系和框架墙承重体系，根据建筑尺度的不同选择不同的承重体系。这些承重体系除了剪力墙纸、楼面纸以及梁外等具体构件，还会因体系的不同而使用特制构件(壁柱、楼梯板等)。

对于构件来说，其连接方式主要使用混凝土浇筑，就是在连接之后进行绑扎钢筋，然后现场进行浇筑，而对于其保护层的厚度以及相应的防火性能，则因构件位置的不同而具有不同的具体要求。模数集成是一种独特的装配式建筑类型，建筑由模数化的单元体块堆叠而成。

对于堆叠的每一个单元，它们的结构体系都非常合理，单体强度和整体连接强度都满足要求。这些单元会在工厂中进行工业化生产，赋予每个单体相同的功能，进而使生产效率得到提升。有些项目中，每个单体都具有独特的功能，保证了生产加工精度。现场施工过程中，将单元堆叠之后就可以利用预设好的连接方式，把各个单元内预埋的许多管路进行连接。不过，该建造方式还是比较理想化，其缺陷在于生产单元会造成材料耗费量的增加、后续无法进行维护改造等，这也使模数集成的应用范围极其有限，有时根本无法达到设想的效果。

3. 依据材料的物理特征进行分类

依据基本材料物理特征，将建筑材料可分为重质、轻质两种。混凝土是典型的重质材料，它大多时候是和其他材料一起被制成复合材料使用。传统建筑的混凝土结构墙体不能很好地进行保温，所以需要在该墙体的外侧设置一层保温层或者装饰层，此时的施工程序比较繁杂，而且施工的时间很长。对于装配式建筑而言，一般会把墙体和维护材料预先在工厂结合，然后在施工现场通过构件将各承重单元组装起来，即可让建筑维护和保温材料有机结合。对于重质装配式建筑，由于连接结构施工的复杂性和沉重的材料对构件运输效率的影响，近年来它的发展较为缓慢。

轻质装配式建筑材料的种类包括木结构、膜结构、玻璃钢结构、胶合竹结构等，相比重质材料而言可选性更多。因为这些轻质材料质量轻、不需要较多加工的特点，使得它们更容易被人们当作装配式建筑材料。在这些轻质材料中，钢结构一般会用于大型建筑结构材料，其他的轻质材料一般用于小型建筑。比如膜结构，包括张拉膜、框架膜和充气膜三种类型，大多用来作为大尺度空间的围合材料。轻质材料的结构质量不会因为它自身重量低而减弱，相反在很多情境下它的表现都要胜于重质材料。

（五）装配式建筑的相关术语

1. 预制混凝土构件

预制混凝土构件又称为 PC 构件，是在工厂或工地预先加工制作的建筑物或构筑物的混凝土部件。采用预制混凝土构件进行装配化施工，具有节约劳动力、克服季节影响、便于常年施工等优点。推广预制混凝土构件，是实现建筑工业化的重要途径之一。

2. 部件

部件是在工厂或现场预先生产制作完成，构成建筑结构系统的结构构件及其他构件的统称。

3. 部品

部品是由工厂生产，构成外围护系统、设备与管线系统、内装系统的建筑单一产品或复合产品组装而成的功能单元的统称。

建筑部品（或装修部品）一词来源于日本。在 20 世纪 90 年代初期，我国建筑科研、设计机构学习借鉴日本的经验，结合我国实际，从建筑集成技术化的角度，提出了发展"建筑部品"这一概念。

建筑部品由建筑材料、单个产品（制品）和零配件等，通过设计并按照标准在现场或工厂组装而成，且能满足建筑中该部位规定的功能要求。建筑部品包括集成卫浴、整体屋面、复合墙体、组合门窗等。建筑部品主要由主体产品、配套产品、配套技术和专用设备四部分构成。

（1）主体产品是指在建筑某特定部位能够发挥主要功能的产品。主体产品应具有规定的功能和较高的技术集成度，具备生产制造模数化、尺寸规格系列化、施工安装标准化的特征。

（2）配套产品是指主体产品应用所需的配套材料、配套件。配套产品要符合主体产品的标准和模数要求，应具备接口标准化、材料设备专用化、配件产品通用化的特征。

（3）配套技术是指主体产品和配套产品的接口技术规范和质量标准，以及产品的设计、施工、维护、服务规程和技术要求等，应满足国家标准的要求。

（4）专用设备是指主体产品和配套产品在整体装配过程中所采用的专用工具和设备。

建筑部品除具备以上四部分外，在建筑功能上必须能够更加直接表达建筑物某些部位的一种或多种功能要求；内部构件与外部相连的部件具有良好的边界条件和界面接口技术；具备标准化设计、工业化生产、专业化施工和社会化供应的条件和能力。

建筑部品是建筑产品的特殊形式，建筑部品是特指针对建筑某一特定的功能部位，而建筑产品是泛指是针对建筑所需的各类材料、构件、产品和设备的统称。

4. 预制率

预制率一般是指建筑室外地坪以上的主体结构和围护结构中，预制构件部分的混凝土用量与对应部分混凝土总用量的体积比（通常适用于钢筋混凝土装配式建筑）。其中，预制构件一般包括墙体（剪力墙、外挂墙板）、柱、梁、楼板、楼梯、空调板、阳台板等。

预制率是指工业化建筑室外地坪以上主体结构和围护结构中预制部分的混凝土用量与对应构件混凝土总用量的体积比。预制率的计算公式为：钢筋混凝土装配式建筑单体预制率 =（预制部分混凝土体积）/（全部混凝土体积）×100%。

5. 装配率

装配率一般是指工业化建筑中预制构件、建筑部品的数量（或面积）占同类构件或部品总数量（或面积）的比率。装配率可以通过概念进行计算，根据预制构件和建筑部品的类别，采用面积比或数量比进行计算，还可以采用长度比等方式计算。

下面将单体建筑的构件、部品装配率和建筑单体装配率的计算方法进行简介：

（1）单体建筑的构件、部品装配率。

第一，预制楼板 = 建筑单体预制楼板总面积 / 建筑单体全部楼板总面积 ×100%。

第二，预制空调板 = 建筑单体预制空调板构件总数量 / 建筑单体全部空调板总数量 ×100%。

第三，集成式卫生间 = 建筑单体集成式卫生间的总数量 / 建筑单体全部卫生间的总数量 ×100%。

（2）建筑单体装配率。建筑单体装配率 = 建筑单体预制率 + 部品装配率 + 其他。

第一，建筑单体预制率主要是指预制剪力墙、预制外挂墙板、预制叠合楼板（叠合板）、预制楼梯等主体结构和围护结构的预制率。

第二，部品装配率是按照单一部品或内容的数量比或面积比等计算方法进行计算的，比如预制内隔墙、全装修、整体厨房等非结构体系部品或内容的装配率。

第三，其他是指奖励，包括结构与保温一体化、墙体与窗框一体化、集成式墙体、集成式楼板、组合成形钢筋制品、定型模板。

上述每项技术应用比例超过 70% 的可直接加分。

二、装配式建筑发展的背景及意义

(一)装配式建筑的发展背景

装配式建筑是建造方式的革新,更是建筑业落实党中央、国务院提出的推动供给侧结构性改革的一个重要举措。国际上,装配式建筑发展较为成熟,发展装配式建筑的背景,主要基于三个条件:①工业化的基础比较好;②劳动力短缺;③需要建造大量房屋。这三个条件是大力发展装配式建筑的非常有利的客观因素。目前,装配式建筑技术已趋于成熟,我国也呈现类似上述装配式建筑发展的三大背景的特征,具备了发展与推广装配式建筑的客观条件。

从建筑产品与建造方式本身来看,目前的建筑产品,基本上以现浇为主,形式单一,可供选择的方式不多,会影响产品的建造速度、质量和使用功能。从建造过程来看,传统建造方式设计、生产、施工脱节,生产过程连续性差;以单一技术推广应用为主,建筑技术集成化程度低;以现场手工、湿法作业为主,生产机械化程度低;工人技能和素质低。传统建造方式存在技术集成能力低、管理方式粗放、工程以包代管、管施分离,工程建设管理粗放;以劳务市场的农民工为主,有劳动力素质低、生产手段落后等诸多问题。

此外,传统建造方式还存在环境污染、安全、质量、管理等多方面的问题与缺陷。而装配式建筑一定程度上能够对传统建造方式的缺陷加以克服、弥补,成为建筑业转型升级的重要途径之一。

近年来,我国虽然在积极探索发展装配式建筑,但是从总体上讲,装配式建筑的比例和规模还不尽如人意,这也正是在当前的形势下,我国大力推广装配式建筑的一个基本考虑。

(二)装配式建筑的发展意义

1.我国建筑业转型升级的需要

当前我国建筑业发展环境已经发生了深刻变化,建筑业一直是劳动密集型产业,长期积累的深层次矛盾日益突出,粗放增长模式已难以为继。长期以来,我国固定资产投资规模很大,而且劳动力充足,人工成本低,企业忙于规模扩张,没有动力进行工业化研究和生产;随着经济和社会的不断发展,人们对建造水平和服务品质的要求不断提高,而劳动用工成本不断上升,传统的生产模式已难以为继,必须向新型生产方式转型。因此,建筑预制装配化是转变建筑业发展方式的重要途径。

装配式建筑是提升建筑业工业化水平的重要机遇和载体,是推进建筑业节能减排的重要切入点，是建筑质量提升的根本保证。装配式建筑无论对需求方、供给方，还是整个社会都有其独特的优势，但由于我国建筑业相关配套措施尚不完善，一定程度上阻碍了装配式建筑的发展。但是从长远来看，科技是第一生产力，国家的政策必定会适应发展的需要而不断改进。因此，装配式建筑必然会成为未来建筑的主要发展方向。

2. 实现可持续发展战略的需求

在可持续发展战略的指导下，努力建设资源节约型、环境友好型社会是国家现代化建设的奋斗目标，国家对资源利用、能源消耗、环境保护等方面提出了更加严格的要求，因而建筑行业将承担更重要的任务，由大量消耗资源转变为低碳环保，实现可持续发展。

我国是世界上每年新建建筑最多的国家，然而相关建设活动，尤其是采用传统方式开展的建设活动对环境造成严重影响，比如施工过程中的扬尘、废水、废料、巨额能源消耗等。具体来看，施工过程中的扬尘、废料垃圾随着城市建设节奏的加快而增加，在施工建造各环节对环境造成了破坏，此外还造成大量的建筑建造与运行过程中的能耗与资源材料的浪费。在建筑工程全生命周期内尽可能地节能降耗、减少废弃物排放、降低环境污染、实现环境保护并与自然和谐共生，应成为建筑业未来的发展方向之一。因此，加速建筑业转型是促进建筑业可持续发展的重点。

多年来，各地针对建筑企业的环境治理政策均是针对施工环节的，而装配式建筑是目前解决建筑施工中扬尘、垃圾污染、资源浪费等的最有效方式之一，其具有可持续性的特点，不仅防火、防虫、防潮、保温，而且环保节能。随着国家产业结构调整和建筑行业对绿色节能建筑理念的倡导，装配式建筑受到越来越多的关注。作为建筑业生产方式的变革，装配式建筑符合可持续发展理念，是建筑业转变发展方式的有效途径，也是当前我国社会经济发展的客观要求。

3. 我国新型城镇化建设的需要

随着内外部环境和条件的深刻变化，城镇化必须进入以提升质量为主的转型发展新阶段。随着城镇化建设速度不断加快，传统建造方式从质量、安全、经济等方面已经难以满足现代建设发展的需求。预制整体式建筑结构体系符合国家对城镇化建设的要求和需要，因此，发展预制整体式建筑结构体系可以有效促进建筑业从"高能耗建筑"向"绿色建筑"的转变、加速建筑业现代化发展的步伐，有助于快速推进我国的城镇化建设进程。

第二节　城乡建设装配式建筑结构与管理

一、装配式建筑设计与结构体系

（一）装配式建筑的设计原则

1. 遵循建筑模数协调标准

住宅产业化就是要实现以工业化生产的方式来建造住宅，这个过程中会涉及多种上下游行业。任何一个关键环节缺乏统一的标准都会导致上下游产业的对接困难，因此，实现住宅产业化的关键问题是统一标准，标准化是住宅产业化发展的基础，其中建立一套适用于装配式住宅特点的模数原则成为关键所在。它可以使住宅部品更具有通用性和互换性，而且能在预制构件的构成要素之间形成合理的空间关系。

住宅产业化就是要遵循模数协调的原则，实现尺寸的优化配合，保证住宅在建造的过程中，在功能、质量、技术和经济等方面获得的方案是最优的，促进房屋从粗放型向集约型转化。模数作为统一构件尺寸的最小基本单位，在很多领域被广泛采用。在我国建筑设计施工中，必须遵循《建筑模数协调统一标准》。标准中规定如下：

（1）基本模数的数值为100mm，符号为M，即1M=100mm，建筑物整体或建筑构件的模数化尺寸应是基本模数的倍数。

（2）扩大模数分为水平扩大模数和竖向扩大模数。水平扩大模数基数为3M、6M、12M、15M、30M、60M，竖向扩大模数基数为3M，6M。

（3）分模数是指整数除以基本模数的数值，其中，基数为M/10、M/5、M/2等。

对于装配式住宅而言，住宅平面、立面、空间以及各部件的尺寸标准统一尤为重要，在基于模数协调原则的基础上，进行尺寸优化，是实现装配式住宅标准化设计的前提。

住宅平面的尺寸主要有开间和进深两个因素控制，这两个因素决定住宅平面尺寸的同时还影响着主体结构的跨度，进而决定着结构构件的尺寸。根据调查资料整理，常见的客厅开间尺寸为4200mm、3900mm、3600mm，常见的卧室开间尺寸为3600mm、3300mm、3000mm，书房、儿童房等次要房间的开间一般以2700mm较为常见，住宅房间的进深一般为3.0m、6.0m。当然，对于保障房来说，开间进深的尺寸会减少一些。在住宅的立面尺寸方面，目前常见的住宅层高为2700mm、3300mm。以扩大模数为基准设计房间的开间进深，在设计过程中可以对尺寸相近的房间进行协调，以达到减少标准开间类型的目的，有利于装配式住宅构、部件的尺寸统一和系列化生产。

2. 规则、均匀的结构布置

与现浇结构住宅相比，装配式住宅需要更加规则、均匀的结构布置，以使结构具有良好的整体性。平面布置的长宽比不宜过大，尽量为矩形等规则平面，如有局部凹凸，尺寸也不宜过大。结构竖向也应遵循规则、均匀的布置原则，承重构件应上下对齐，结构侧向刚度应下大上小。预制结构构件（墙、梁、板、柱）的拆分应该考虑其受力、连接、施工等因素，用尽量少的尺寸规格预制结构构件，组装成尽量多样的结构形式。在装配式住宅的结构选型与重构方面应遵循以下原则：

（1）增加支撑体结构形式的多样性、可变性。目前，我国的装配式住宅结构形式主要以剪力墙结构为主，相比于框架结构，在空间灵活性和可变性上存在明显不足，但是由于框架结构高度的限制以及对空间美观的考虑，这种结构形式在装配式住宅中很少被选用。对于剪力墙结构形式，可以在满足设计要求的情况下，采用适当减少内部剪力墙数量或者在剪力墙上留洞的方式，增加剪力墙结构形式的灵活性，使用内部隔墙增加住宅空间的多样性与可变性。

（2）合理选择预制与现浇部位，增强结构整体性，降低施工难度。由于我国施工水平的限制，预制构件的现场拼装过程具有一定复杂性，对于那些功能集成度高、外形多样的构件，如外墙板、楼梯、叠合板等，尽量在工厂整体预制，减少现场拼装的数量，降低现场施工的难度。虽然装配式结构的抗震性能可以达到现浇结构的同等水平。但是预制构件之间或预制构件与现浇构件之间的现浇节点处容易被破坏。因此可以采用"强柱弱梁"的形式，将剪力墙或柱现浇，梁预制装配。对于现浇节点的位置以及做法要满足相关规范的要求。

（3）外墙板承重类型以及施工方式的选择。由于地域差异，南北方在装配式外墙板承重方式的选择上有所不同。南方气候湿热，基本不考虑外墙的保温性能，因此南方地区的住宅外墙板多采用不承重的外挂墙板，该类外墙板很薄，减轻了结构的自重。北方地区气候干冷，外墙的制作必须考虑保温功能，因此预制外墙板一般较厚，如果采用不承重外挂的方式会增加结构的负担。所以北方地区一般采用承重的夹心保温外墙板，也就是俗称的"三明治外墙板"。

对于外墙板的安装方法，国内目前比较常用的有"后装法"和"先装法"。后装法是从日本引进的技术，即主体结构全部完成或部分楼层完成后，才开始下层外墙板的安装。后装法安装的外墙板为不承重的外挂墙板，对于这种安装方式的精度要求非常高，一般采用螺栓、埋件等机械连接，施工时如果处理不好这些连接位置，会导致防水、隔音等方面的问题。但是由于后装法的外墙可以与上部主体结构同时施工，因此施工速度较快。

先装法是先将外墙板吊装定位后，再现浇各构件之间的节点使其成为结构整体，先装法安装的外墙板可以是承重外墙也可以是非承重外墙,这种安装方式的好处是在现浇施工的过程中可以进行误差调整,大大降低了现场施工难度,并且由于构件之间现浇形成的无缝对接,可以提高房屋的防水、隔声性能。就目前来说,先装法施工比较适合我国装配式住宅的现状。

(4)拆分构件的外形尺寸宜标准统一。在结构拆分的过程中,除了要遵循模数制的原则外,还应充分考虑构件的生产、运输以及安装等因素。对于装配式住宅来说,预制构件的种类越少,数量越少,建造的成本越低。最理想化的是预制构件整体覆盖范围越大越好,比如一层的楼板整体预制。但是由于生产构件的模具、运输条件、吊装荷载等因素的限制,需要对预制构件的尺寸进行合理优化。例如,叠合板的拆分尺寸宜控制在2900~7900mm范围内。对于防水要求较高的区域,拆分时应将此区域的叠合板划分为一个整体。拆分构件的形状宜规则,便于构件的生产。

3. 住栋的平面布局需合理

平面装配式住宅户型的标准化设计应遵循模块化的原则,对标准户型拆分成卧室、客厅、书房、餐厅、卫生间、阳台等基本模块,通过对这些基本模块功能空间进行分析,在模数协调原则的基础上,可以进一步将这些基本模块组合成扩大模块,模块外部以装配式剪力墙构筑承重结构,模块内部采用轻质隔墙划分成不同功能区域。最终通过这些扩大模块的组合拼接成多种样式的户型模块。

户型模块应考虑模块内功能布局的多样性以及模块之间的互换性和通用性。我国装配式住宅的住栋平面组合方式以点式、廊式、单元式为主。由于地域差异,南北方装配式住宅住栋平面所采用的布局方式也不相同。北方的保障性住房住栋平面主要以点式和内廊式为主,商品房的住栋平面主要以点式和单元式布局为主;南方地区的保障房住栋平面布局以单元式和廊式为主,商品房则采用点式、廊式、单元式多种住栋平面布局方式。

根据区域特点以及住宅的性质合理选取住栋平面布局形式,借助标准户型模块具有通用接口的性质,选取BIM模型库中合适的户型模块、核心筒模块、走廊模块等组合成多种平面模块,通过BIM技术手段,可视化分析住栋平面布局的合理性,综合分析采光通风等各项指标,择优选取最佳的住栋平面组合方式。

4. 住宅部品标准化

标准化住宅部品是由建筑材料和单个产品所组成的构部件的集合,并且具有相对独立的功能。建立产品从研发、组装和投入市场中的一系列过程,标志着已形成了成熟的住宅体系。相对国外较高的住宅部品通用率和成熟的住宅体系,我国现阶段还处于起步时期,通用部品只占20%左右,在标准化、产业化和构件模数化依然还有较大的差距,为缩减这种差距,我国还需要调整住宅体系在构件通用性、标准化和部品集成方面的格局。

（1）需要对住宅部品的模数进行统一，这是实现标准化的前提和基础，积极贯彻执行《住宅模数协调标准》，实现设计、生产、施工等环节的互相协调统一，同时要考虑部品的通用性、配套性以及互换性。

（2）在政府层面要建立一套完善的部品认证体系，对部品的标准性、通用性、安全性、耐久性、节能环保等指标进行评估认定，积极引导通用部品的生产和推广，提高住宅品质。

（3）加强产业协作，建立上下游企业合作机制，形成产、学、研、用等一体化的产业链，加速科研成果转化为实际生产力。利用 BIM 技术等先进信息化手段，加快住宅通用部品库的建立，促进住宅部品标准体系的完善。

（二）装配式组合结构的概要

装配式组合结构并不是指"混合结构＋装配式"，而是一个广义的概念。混合结构是由钢框架（框筒）、型钢混凝土框架（框筒）、钢管混凝土框架（框筒）与钢筋混凝土核心筒所组成的共同承受水平和竖向作用的建筑结构。简言之，混合结构就是钢结构与钢筋混凝土核心筒混合的结构。装配式组合结构建筑是指建筑的结构系统（包括外围护系统）由不同材料预制构件装配而成的建筑。

1. 装配式组合结构的特点

装配式组合结构建筑有以下特点：

（1）由不同材料制作的预制构件装配而成。

（2）预制构件是结构系统（包括外围护系统）构件。

按照这个定义，在钢管柱内现浇混凝土显然是两种材料组合，但不能算作装配式组合结构，因为它不是由不同材料预制构件的组合。

对于型钢混凝土而言，如果包裹型钢是现浇混凝土，也不能算作装配式组合结构，因为它不是由不同材料预制构件的组合。如果包裹型钢的混凝土与型钢一起预制，就属于装配式组合结构。混合结构中的钢筋混凝土核心筒如果采用现浇工艺，那么这个混合结构的建筑就不能算作装配式组合结构；如果钢筋混凝土核心筒是预制的，那么就属于装配式组合结构。

2. 装配式组合结构的优势

选用装配式组合结构旨在获得单一材料装配式结构无法实现的某些功能或效果。通常，装配式组合结构具备的优点主要如下：

（1）更好地实现建筑功能。装配式混凝土建筑采用钢结构屋盖，可以获得大跨度无柱空间。钢结构建筑采用预制混凝土夹心保温外挂墙板，可以方便地实现外围护系统建筑、围护及保湿等功能的一体化。

（2）更好地实现艺术表达。木结构与钢结构或混凝土结构组合的装配式建筑，可以集合两者（或三者）优势，获得更好的建筑艺术效果。

（3）使结构优化。在重量轻、抗弯性能好的位置宜使用钢结构或木结构构件；在希望抗压性能好或减少层间位移的位置宜使用混凝土预制构件等。

（4）使施工更便利。装配式混凝土筒体结构的核心区柱子为钢柱，施工时作为塔式起重机的基座，随层升高，非常便利。例如，美国荆棘冠教堂建在树林里，无法使用起重设备，因此采用钢结构和木结构组合的装配式结构，设计的钢结构和木结构构件的重量应使两名工人就可以搬运。

3. 装配式组合结构的类型

（1）装配式混凝土结构 + 钢结构。"装配式混凝土结构 + 钢结构"建筑是混凝土预制构件与钢结构构件装配而成的建筑，是比较常见的装配式组合结构。

第一，混凝土结构为主，钢结构为辅。①多层或高层建筑采用预制混凝土柱、梁、楼盖，以及钢结构屋架和压型复合板屋盖；②高层筒体结构建筑采用预制钢筋混凝土外筒，以及钢结构内柱与梁；③单层工业厂房采用预制混凝土柱、吊车梁，以及钢结构屋架与复合板屋盖；④多层框架结构工业厂房采用预制混凝土柱、梁、楼盖，以及钢结构屋架与压型复合板屋盖。

第二，钢结构为主，混凝土结构为辅。①钢结构建筑采用预制混凝土楼盖，包括叠合板、预应力空心板、预应力叠合板、预制楼梯和预制阳台等；②钢结构建筑采用预制混凝土梁与剪力墙板等；③钢结构建筑采用预制混凝土外挂墙板。

（2）装配式钢结构 + 木结构。装配式钢结构 + 木结构建筑经常被设计师采用，主要类型包括以下方面：

第一，以钢结构为主，以木结构为辅。木结构兼作围护结构，突出了木结构的艺术特色。

第二，钢结构与木结构并行采用。

第三，以木结构为主，需要结构加强的部位采用钢结构。

（3）装配式混凝土结构 + 木结构。"装配式混凝土结构 + 木结构"建筑的主要类型包括以下方面：

第一，在装配式混凝土建筑中，采用整间板式木围护结构。

第二，在装配式混凝土建筑中，用木结构屋架或坡屋顶。

第三，装配式混凝土结构与木结构的"混搭"组合。

（4）其他装配式组合结构。其他装配式组合结构主要包括以下方面：

第一，钢筋混凝土结构或钢悬索结构。

第二，钢结构支撑体系与张拉膜组合结构（比较多见）。

第三，装配式纸板结构与木结构组合结构。

第四，装配式纸板结构与集装箱组合结构。

(三) 装配式建筑的结构体系

装配式建筑是预制式装配式建筑或者预制装配式住宅的简称，它表示部分或者全部的建筑构件的完成是在预制工厂生产，然后运输到施工现场，以机械吊装或其他可信任的手段连接，用零散的预制构件组装成整体，以此形成具有使用功能的房屋。在欧美和日本的一些国家也有其他的名称，即工业化住宅或者产业化住宅。装配式建筑体系根据不同的材料有不同的划分，以下主要分析木结构体系、钢结构体系、混凝土体系：

1. 木结构体系

木结构体系是一种工程结构，它以木材为主要受力体系。在中国古代，占据着统治地位的一直是木结构。随着历史的发展，现在我们所说的木结构与古代的有所不同。由于木材本身具有抗震、隔热保温、节能、隔声、舒适性等优点，加之经济性和材料的随处可取，在国外，特别是美国，木结构是一种常见并被广泛采用的建筑形式。但是由于我国人口众多，房地产业需求量大，森林资源和木材贮备稀缺，木结构并不适合我国的建筑发展需要。我国新近出现的木结构大多为低密度高档次的独立住宅，即木结构别墅区，主要是为了迎合一定层面的消费者对木材这种传统天然建材的偏爱。较之美国把木结构住宅作为普通住宅不同，中国现有的木结构低密度住宅是一种高端产品，尽管它们在具体构造特点上大体相同，木材也大多依赖进口。

2. 钢结构体系

木结构体系的优质替代品就是轻钢结构体系。轻钢结构体系的结构主体是采用薄木片的压型材料，其中轻型钢材是用0.5～1mm厚的薄钢板外表镀锌制成的，这个结构与木结构的"龙骨"类似。可以方便建造出不高于九层的建筑。它们的不同点在于二者的节点处理方式不同：木结构建筑的连接节点使用的是钉子，轻型钢结构的连接节点使用的是螺栓。

轻钢结构的优点：体系质量轻、强度高，可以使建筑结构自重减轻；扩大建筑的开间，也能灵活进行功能分隔；具有良好的延展性，完好的整体性，具有良好的建筑抗震抗风性能；工程质量易于保证；具有较快的施工速度，较短的周期，天气和季节对施工作业产生的干扰不大；方便改造与拆迁，是可以回收再利用的材料。不过其也存在着不足：钢构件具有较小的热阻，在耐火性方面差，在传热方面较快，不利于墙体的保温隔热，耐腐蚀性差，抗剪力的刚度不够。中国地大物博，具有丰富的品种及充足的钢材产量等优势，但是由于钢结构住宅规范的不完善，成熟完善的技术体系的欠缺，造成了我国钢结构工业化水平、劳动生产率和住宅综合质量低的结果，致使装配式钢结构住宅的进程较为缓慢。因此，装配式钢结构住宅产业化的发展还有很长一段路要走。

3. 混凝土体系

我国建筑工业化建筑结构体系的选择主要集中在两种结构中：一是钢结构，二是混凝土结构。两种结构都可以对构件进行工厂化预制生产，同时可以满足在现场进行机械化装配安装的要求，而且符合中高层建筑的需求，但是相比之下，混凝土结构有一定的优势，无论是在钢材量还是在经济性方面都具有更高的性价比。

装配式建筑结构体系分为两大类，即专用结构体系与通用结构体系。通用结构体系与现浇结构类似，又可分为三类：第一类是框架结构体系，第二类是剪力墙结构体系，第三类是框架—剪力墙结构体系。结合具体建筑功能、性能要求等通用结构体系可以发展为专用结构体系。接下来详细阐述我国比较典型的几种特殊混凝土工业化建筑结构体系：

（1）大板结构体系。20世纪70年代，中国主要采用装配式大板住宅体系的预制装配式混凝土结构，预制构件主要包括大型屋面板、预制圆孔板、楼梯、槽形板等。大板结构体系多用于低层、多层建筑。大板结构体系存在着很多不足：例如在构件的生产、安装施工与结构的受力模型、构件的连接方式等方面存在难以克服的缺陷；在建筑抗震性能、物理性能、建筑功能等方面也存在一定隐患；还存在隔音性能差、裂缝、渗漏、外观单一、不方便二次装修等问题。同时由于交通运输方式的不同、经营成本的不同、工厂用地的不同，都会对大板结构体系造成影响。因此，结构体系在20世纪末已经逐步被淘汰。

（2）预制装配式框架结构体系。预制装配式框架结构具有和预制装配式框架—现浇剪力墙结构相似的性质，它们的框架梁与柱是以预制构件的形式存在的，再按现浇结构要求对各个承重构件之间的节点与拼缝连接进行设计及施工。装配式混凝土框架结构由多个预制部分组成：预制梁、预制柱、预制楼梯、预制楼板、外挂墙板等。其具有清晰的结构传力路径，高效的装配效率，而且现浇作业比较少，完全符合预制装配化的结构要求，也是最合适的结构形式。

这种结构形式有一定的适用范围，在需要开敞空间的建筑中比较常见，比如仓库、厂房、停车场、商场、教学楼、办公楼、商务楼、医务楼等，最近几年也开始在民用建筑中使用，比如居民住宅等。根据梁柱节点的连接方式的不同，装配式混凝土框架结构可划分为等同现浇结构与不等同现浇结构。其中，等同现浇结构是节点刚性连接，不等同现浇结构是节点柔性连接。在结构性能和设计方法方面，等同现浇结构和现浇结构基本一样，区别在于前者的节点连接更加复杂，后者则快速简单。但是相比较之下，不等同现浇结构的耗能机制、整体性能和设计方法具有不确定性，需要适当考虑节点的性能。

（3）预制装配式剪力墙体系。在中国，装配式建筑的主要结构形式是预制装配式剪力墙结构体系。它可以分为以下类型：

第一，部分或全预制剪力墙结构。部分或全预制剪力墙结构主要是指内墙采用现浇、外墙采用预制的形式。预制构建之前的接连方式采用现场现浇的方式。在北京万科的工程中采用了这种结构，并且成为试点工程。由于内墙现浇致使结构性能与现浇结构差异不大，因此适用范围较广，适用高度也较大。部分或全预制剪力墙结构是目前采用较多的一种结构体系。全预制剪力墙结构的剪力墙全由预制构件拼装而成，预制墙体之间的连接方式采取湿式连接。其结构性能小于或等于现浇结构。该结构体系具有较高的预制化率，但同时也存在某些缺点，比如具有较大的施工难度、具有较复杂的拼缝连接构造。到目前为止，不论是在全预制剪力墙结构的研究方面还是工程实践方面都有所欠缺，有待学者深入研究。

第二，多层装配式剪力墙结构。考虑到我国城镇化与新农村建设的发展，顺应各方需求可以适当地降低房屋的结构性能，开发一种新型多层预制装配剪力墙结构体系。这种结构对于预制墙体之间的连接也可以适当降低标准，只进行部分钢筋的连接。具有速度快、施工简单的优点，可以在各地区不超过 6 层的房屋中大量适用。但同时，作为一种新型的结构形式，需要进一步深入研究与建造实践。

第三，叠合板式混凝土剪力墙结构。叠合板有两种，一种是叠合式墙板，另一种是叠合式楼板。装配整体式剪力墙结构由叠合板辅以必要的现浇混凝土剪力墙、边缘构件、板以及梁等构件组成。叠合式墙板可采用两种形式，一种是单面叠合，另一种是双面叠合剪力墙。双面叠合剪力墙是一种竖向墙体构件，它由中间后浇混凝土层与内外叶预制墙板组成。在受力性能及设计方法上，叠合板式剪力墙不同于现浇结构，其适用高度不高，一般要求控制在 18 层以下。要是在更高的建筑中使用该结构，还需要进一步研究与论证。抗震设防烈度要求不大于 7 度。

第四，预制装配式框架—剪力墙结构体系。对于框架的处理，装配式框架—剪力墙结构与装配式框架结构两者基本上是一样的，剪力墙部分可采用两种形式：一种是现浇，另一种是预制。如果布置形式是核心筒形式的剪力墙，则是装配式框架—核心筒结构。

（4）盒子结构体系。工业化程度较高的一种装配式建筑形式是盒子结构，是整体装配式建筑结构体系的一种，预制程度能够达到 90%。这种体系是在工厂中将房间的墙体和楼板连接起来，预制成箱型整体，甚至其内部的部分或者全部设备的装修工作：门窗、卫浴、厨房、电器、暖通、家具等都在箱体内完成，运至现场后直接组装成整体。这样就能够把现场工作量控制在最低限度。单位面积混凝土的消耗量很少，只有0.3立方米，与传统建筑相对比，不仅可以明显节省20%的钢材与22%的水泥，而且其自重也会减轻大半。对盒子构件预制工厂进行投资花费高昂，要控制成本在一定额度内才可以通过扩大预制工厂的规模实现。

二、城乡建设装配式建筑的管理

（一）装配式建筑管理的重要性分析

1. 为行业良性发展保驾护航

（1）政府管理。从政府管理角度来看，政府应制定适合装配式建筑发展的政策措施，并贯彻落实到位。

第一，推动主体结构装配与全装修同步实施。我国目前的商品房大部分还是毛坯房交付，如果只是建筑主体结构装配，不同时推动全装修，那么装配式建筑的节省工期、提升质量等优势就不能完全体现出来。

第二，推进管线分离与同层排水的应用。管线分离、同层排水等提高建筑寿命、提升建筑品质的措施，如果没有政府在制度层面的设计和实施，也无法真正得到有效推广。

第三，建立适应装配式建筑的质量安全监管模式。政府应牵头加大对装配式建筑建设过程的质量和安全的管理，如果还是采用原始现浇模式的管理办法，而不配套设计适合装配式建筑的管理模式，则装配式建筑将得不到有效管理，并会制约装配式建筑的健康发展。

第四，推动工程总承包模式。工程总承包模式的应用对装配式建筑发展十分有利，如果政府没有这方面的制度设计和管理措施，将极大制约装配式建筑的进一步发展。

（2）企业管理。从企业管理角度来看，装配式建筑的各紧密相关方都需要良好的管理。

第一，甲方是推动装配式建筑发展和管理的总牵头单位。是否采用工程总承包模式，是否能够有效整合协调设计、施工和部品部件生产企业等，都是直接关系到装配式项目能否较好完成的关键因素。因此甲方的管理方式和能力起到决定性作用。

第二，对于设计单位，是否充分考虑了组成装配式建筑的部品部件的生产、运输、施工等便利性因素，都决定着项目能否顺利实施。

第三，对于施工单位，是否科学设计了项目的实施方案（如塔式起重机的布置、吊装班组的安排、部品部件运输车辆的调度等），对项目是否省工、省力都有重要作用。同样，监理和生产等企业的管理，都会在各自的职责中发挥重要的作用。

2. 保证各项技术措施的实施

装配式建筑实施过程中生产、运输和施工等环节都需要有效地管理保障，只有有效的管理才能保证各项技术措施的有效实施。例如，装配式建筑的核心是连接，连接的好坏直接关系着结构的安全，虽然有了高质量的连接材料和可靠的连接技术，但如果缺失有效的管理，操作工人没有意识到或者根本不知道连接的重要性，依然会给装配式建筑带来灾难性后果。

（二）开发企业对装配式建筑的管理

1. 装配式建筑为开发企业带来的好处

（1）从产品层面看，装配式建筑可以显著提高房屋的质量与使用功能，使现有建筑产品升级，为消费者提供安全、可靠、耐久、适用的产品，有效解决现浇建筑的诸多质量通病，降低顾客投诉率，提升房地产企业品牌。

（2）从投资层面看，装配式建筑组织得好可以缩短建设周期，提前销售房屋，加快资金周转率，减少财务成本。

（3）从社会层面看，装配式建筑按国家标准是四个系统（结构系统、外围护系统、内装系统、设备与管线系统）的集成，实行全装修，提倡管线分离等，对提升产品质量具有重要意义，符合绿色施工和环保节能要求，是符合社会发展趋势的建设方式。

2. 对装配式建筑进行全过程质量管理

开发企业作为装配式建筑第一责任主体，必须对装配式建筑进行全过程质量管理。

（1）设计环节。开发企业应对以下设计环节进行管控：

第一，经过定量的方案比较，选择符合建筑使用功能、结构安全、装配式特点和成本控制要求的适宜的结构体系。

第二，进行结构概念设计和优化设计，确定适宜的结构预制范围及预制率。

第三，按照规范要求进行结构分析与计算，避免拆分设计改变起始计算条件而未做相应的调整，由此影响使用功能和结构安全。

第四，进行四个系统集成设计，选择集成化部品部件。

第五，进行统筹设计，应将建筑、结构、装修、设备与管线等各个专业以及制作、施工各个环节的信息进行汇总，对预制构件的预埋件和预留孔洞等设计进行全面细致的协同设计，避免遗漏和碰撞。

第六，设计应实现模数协调，给出制作、安装的允许误差。

第七，对关键环节设计（如构件连接、夹心保温板设计）和重要材料选用（如灌浆套筒、灌浆料、拉结件的选用）进行重点管控。

（2）构件制作环节。开发企业应对以下制作环节进行管控：

第一，按照装配式建筑标准的强制性要求，对灌浆套筒与夹心保温板的拉结件做抗拉实验。灌浆套筒作为最主要的结构连接构件，未经实验便批量制作生产，将导致带来重大的安全隐患。在浆锚搭接中金属波纹管以外的成孔方式也须做试验，验证后方可使用。

第二，对钢筋、混凝土原材料、套筒、预埋件的进场验收进行管控与抽查。

第三，对模具质量进行管控，确保构件尺寸和套筒与伸出钢筋的位置在允许误差之内。

第四，进行构件制作环节的隐蔽工程验收。

第五，对夹心保温板的拉结件进行重点监控，避免锚固不牢导致外叶板脱落事故。

第六，对混凝土浇筑与养护进行重点管控。

（3）施工安装环节。开发企业应对以下施工环节进行管控：

第一，构件和灌浆料等重要材料进场需验收。

第二，与构件连接伸出钢筋的位置与长度在允许偏差内。

第三，吊装环节保证构件标高、位置和垂直度准确，套筒或浆锚搭接孔与钢筋连接顺畅，严禁钢筋或套筒位置因不准采用煨弯钢筋而勉强插入的做法，严格监控割断连接钢筋或者凿开浆锚孔等破坏性安装行为。

第四，构件临时支撑安全可靠，斜支撑地锚应与叠合楼板桁架筋连接。

第五，及时进行灌浆作业，随层灌浆，禁止滞后灌浆。

第六，必须保证灌浆料按规定调制，并在规定时间内使用（一般为30分钟）。必须保证灌浆饱满无空隙。

第七，对于外挂墙板，确保柔性支座连接符合设计要求。

第八，在后浇混凝土环节，确保钢筋连接符合要求。

第九，外墙接缝防水严格按设计规定作业等。

3. 开发商对构件制作单位的选择要点

我国已取消预制构件企业的资质审查认定，从而降低了构件生产的门槛。开发企业选择构件制作单位时一般有三种形式：总承包方式、工程承包方式和开发企业指定方式。一般情况下不建议采用开发企业指定的方式，避免出现问题后相互推诿。采用前两种模式选择构件制作单位时应注意以下要点：

（1）有一定的构件制作经验。有经验的预制构件企业在初步设计阶段就应提早介入，提出模数标准化的相关建议。在预制构件施工图设计阶段，预制构件企业需要对建筑图样有足够的拆分能力与深化设计的能力，考虑构件的可生产性、可安装性和整体建筑的防水防火性能等相关因素。

（2）有足够的生产能力。能够同时满足多个项目施工安装的需求。

（3）有完善的质量控制体系。预制构件企业要有足够的质量控制力，在材料供应、检测试验、模具生产、钢筋制作绑扎、混凝土浇筑、预制件养护脱模、预制件储存和交通运输等方面都要有相应的规范和质量管控体系。

（4）有基本的生产设备及场地。要有实验检测设备及专业人员，基本生产设施要齐全，还要有足够的构件堆放场地。

（5）信息化能力。要有独立的生产管理系统，实现预制构件产品的全生命周期管理、生产过程监控系统、生产管理和记录系统、远程故障诊断服务等。

4. 装配式建筑工程总承包单位的选择

工程总承包模式是适合装配式建筑建设的组织模式。开发企业在选择装配式建筑工程总承包单位时要注意以下要点：

（1）是否拥有足够的实力和经验。开发企业应首选具有一定市场份额和良好市场口碑且有装配式设计、制作、施工经验丰富的总承包单位。

（2）是否能够投入足够的资源。有些实力较强的工程总承包单位，由于项目过多无法投入足够的人力物力。开发企业应做好前期调研，并与总承包单位做好沟通。总承包单位能否配置关键管理人员，构件制作企业是否有足够产能等都应加以考察和关注。

5. 开发商装配式建筑监理单位的选择

开发企业选择装配式建筑的监理单位时应注意以下要点：

（1）熟悉装配式建筑的相关规范。目前装配式建筑正处于发展的初期阶段，相关法规、规范并不健全，监理单位应充分了解关于装配式建筑的相关规范，并能运用到日常监督工作中。

（2）拥有装配式建筑监理经验。装配式建筑的设计思路、施工工艺和工法有很多，给监理公司在审查和监督施工单位的施工组织设计时带来很大困难，因此监理公司的相关经验很重要，要关注监理人员是否受过专业培训，是否有完善的装配式建筑监理流程和管理体系等。

（3）具备信息化能力。装配式建筑的监理单位应掌握BIM，并具备相关信息化管理能力，实现预制构件生产及安装的全过程监督、监控。

（三）设计单位对装配式建筑的管理

设计单位对装配式建筑设计的管理要点包括统筹管理、建筑师与结构设计师主导、三个提前、建立协同平台和设计质量管理重点。

1. 统筹管理

装配式建筑设计是一个有机的整体，不能对之进行"拆分"，而应当更紧密的统筹。除了建筑设计各专业外，必须对装修设计统筹，对拆分和构件设计统筹，即使有些环节委托专业机构参与设计，也必须在设计单位的组织领导下进行，纳入统筹范围。

2. 建筑师与结构设计师主导

装配式建筑的设计应当由建筑师和结构设计师主导，而不是常规设计之后交由拆分机构主导。建筑师要组织好各专业的设计协同和四个系统部品部件的集成化设计。

3. 三个提前

（1）关于装配式的考虑要提前到方案设计阶段。

（2）装修设计要提前到建筑施工图设计阶段，与建筑、结构和设备管线各专业同步进行，而不是在全部设计完成之后开始。

（3）同制作、施工环节人员的互动与协同应提前到施工图设计之初，而不是在施工图设计完成后进行设计交底时接触。

4. 建立协同平台

预制混凝土装配式建筑强调协同设计。协同设计就是一体化设计，是指建筑、结构、水电、设备与装修等专业互相配合；设计、制作和安装等环节互动；运用信息化技术手段进行一体化设计，以满足制作、施工和建筑物长期使用的要求。预制混凝土装配式建筑强调协同设计主要有以下原因：

（1）装配式建筑的特点要求部品部件相互之间精准衔接，否则无法装配。

（2）现浇混凝土建筑也需要各专业间的配合，但不像装配式建筑要求紧密和精密。装配式建筑各专业集成的部品部件必须由各专业设计人员协同设计。

（3）现浇混凝土建筑的许多问题可在现场施工时解决或补救，而装配式建筑一旦有遗漏或出现问题则很难补救，也可以说预制混凝土装配式建筑对设计时的选漏和错误宽容度很低。

预制混凝土装配式建筑设计是一个有机的过程。"装配式"的概念应伴随设计全过程，需要建筑师、结构设计师和其他专业设计师密切合作与互动，还需要设计人员同制作厂家与安装施工单位的技术人员密切合作及互动，从而实现设计的全过程协同。

5. 设计质量管理重点

预制混凝土装配式建筑的设计深度和精细程度要求更高，一旦出现问题，往往无法补救，造成很大损失并延误工期。因此必须保证设计质量，应注意以下重点：

（1）结构安全是设计质量管理的重中之重。由于预制混凝土装配式建筑的结构设计与机电安装、施工、管线铺设和装修等环节需要高度协同，专业交叉多且系统性强，在结构设计过程中还涉及结构安全等问题，因此应当重点加强管控，实行风险清单管理，如夹心保温连接件与关键连接节点的安全问题等必须列出清单。

（2）必须满足相关规范、规程、标准和图集的要求。满足规范要求保证结构设计质量的首要保证。设计人员必须充分理解和掌握规范、规程的相关要求，从而在设计上做到有的放矢和准确灵活应用。

（3）必须满足《建筑工程设计文件编制深度规定》的要求。《建筑工程设计文件编制深度规定》作为国家性建筑工程设计文件编制工作的管理指导文件，对装配式建筑设计文件从方案设计、初步设计、施工图设计、PC 专项设计的文件编制深度做了全面的补充，是确保各阶段设计文件质量和完整性的权威规定。

（4）编制统一技术管理措施。根据不同的项目类型特点，制定统一的技术措施，这样就不会因为人员变动而带来设计质量的波动，甚至在一定程度上可以降低设计人员水平的差异，使得设计质量保持稳定。

（5）建立标准化的设计管控流程。装配式建筑的设计有其自身的规律性，依据其规律性制定标准化设计管控流程，对项目设计质量提升具有重要意义。一些标准化、流程化的内容甚至可以使用软件来控制，形成后台的专家管理系统，从而更好地保证设计质量。

（6）建立设计质量管理体系。在传统设计项目上，相关设计院已形成的质量管理标准和体系（如校审制度、培训制度和设计责任分级制度），都可以在装配式建筑上沿用，并进一步扩展补充，建立新的协同配合机制和质量管理体系。

（7）采用 BIM 技术设计。装配式混凝土建筑宜采用建筑信息模型（BIM）技术，实现全专业、全过程的信息化管理。采用 BIM 技术对提高工程建设一体化管理水平具有重要作用，极大地避免了人工复核带来的局限性，在从技术上提升的同时保证了设计的质量和工作效率。

（四）监理工作对装配式建筑的管理

1. 监理管理工作的要求

装配式建筑的监理工作超出传统现浇混凝土工程工作范围，对监理人员的素质和技术能力提出了更高的要求，主要表现为以下方面：

（1）监理范围的扩大。监理工作从传统现浇作业的施工现场延伸到了预制构件工厂，必须实行驻厂监理，并且监理工作要提前介入构件模具设计过程。同时要考虑施工阶段的要求，如构件重量、预埋件、机电设备管线、现浇节点模板支设和预埋等。

（2）所依据的规范增加。除了现浇混凝土建筑的所有规范外，还增加了有关装配式建筑的标准和规范。

（3）安全监理增项。在安全监理方面，主要增加了工厂构件制作、搬运和存放过程的安全监理，构件从工厂到工地运输的安全监理，构件在工地卸车、翻转、吊装、连接和支撑的安全监理，等等。

（4）质量监理增项。装配式建筑监理在质量管理基础上增加了工厂原材料和外加工部件、模具制作、钢筋加工等监理，套筒灌浆抗拉试验，拉结件试验验证，浆锚灌浆内模成孔试验验证，钢筋、套筒、金属波纹管、拉结件、预埋件入模或锚固监理，预制构件的隐蔽工程验收，工厂混凝土质量监理，工地安装质量和钢筋连接环节（如套筒灌浆作业环节）质量监理，叠合构件和后浇混凝土的混凝土浇筑质量监理，等等。

此外，由于装配式建筑的结构安全有"脆弱点"，导致旁站监理环节增加，装配式建筑在施工过程中一旦出现问题，能采取的补救措施较少，从而对监理工作能力也提出了更高的要求。

2. 监理工作的主要内容

装配式建筑的监理工作内容除了现浇混凝土工程所有监理工作内容之外，还包括以下内容：

（1）搜集装配式建筑的国家标准、行业标准和项目所在地的地方标准。

（2）对项目出现的新工艺、新技术和新材料等编制监理细则与工作程序。

（3）应建设单位要求，在建设单位选择总承包、设计、制作和施工企业时提供技术性支持。

（4）参与组织设计和制作以及与施工方的协同设计。

（5）参与组织设计交底与图样审查，重点检查预制构件图各专业、各环节需要的预埋件、预埋物有无遗漏或"撞车"。

（6）对预制构件工厂进行驻厂监理，全面监理构件制作各环节的质量与生产安全。

（7）对装配式建筑安装进行全面监理，监理各作业环节的质量与生产安全。

（8）组织工程的各工序验收。

（五）制作企业对装配式建筑的管理

混凝土预制构件制作企业管理内容包括生产管理、技术管理、质量管理、成本管理、安全管理和设备管理等。以下主要讨论生产管理、成本管理、技术管理和质量管理：

1. 生产管理

生产管理的主要目的是按照合同约定的交货期交付合格的产品，主要包括以下内容：

（1）编制生产计划。根据合同约定和施工现场安装顺序与进度要求，编制详细的构件生产计划。根据构件生产计划编制模具制作计划、材料计划、配件计划、劳保用品和工具计划、劳动力计划、设备使用计划和场地分配计划等。

（2）实施各项生产计划。

（3）按实际生产进度检查、统计、分析。建立统计体系和复核体系。准确掌握实际生产进度，对生产进程进行预判，预先发现影响计划实现的问题和障碍。

（4）调整、调度和补救生产计划。可通过调整计划，调动资源（如加班、增加人员和增加模具等），或采取补救措施（如增加固定模台等），及时解决影响生产进度的问题。

2. 成本管理

目前我国预制混凝土装配式建筑成本高于现浇混凝土建筑成本，其主要原因有：一是社会因素，市场规模小，导致生产摊销费用高；二是结构体系不成熟或技术规范相对审慎所造成的成本高；三是没能形成专业化生产，构件工厂生产的产品品种多，无法形成单一品种大规模生产。降低制作企业生产成本主要有以下途径：

（1）降低建厂费用。

第一，根据市场的需求和发展趋势，明确产品定位，可以做多样化的产品生产，也可以选择生产一种产品。

第二，确定适宜的生产规模，可以根据市场规模逐步扩大。

第三，从实际生产需求、生产能力和经济效益等多方面综合考虑，确定生产工艺，选择固定台模生产方式或流水线生产方式。

第四，合理规划工厂布局，节约用地。

第五，制定合理的生产流程及转运路线，减少产品转运。

第六，选购合适的生产设备。

构件制作企业在早期可以通过租厂房、购买商品混凝土，以及采购钢筋成品等社会现有资源启动生产。

（2）优化设计。在设计阶段要充分考虑构件拆分和制作的合理性，尽可能减少规格型号，注重考虑模具的通用性和可修改替换性。

（3）降低模具成本。模具费占构件制作费用的5%～10%。根据构件复杂程度及构件数量，可选择不同材质和不同规格的材料来降低模具造价，例如使用水泥基替代模具，通过增加模具周转次数和合理改装模具，从而降低构件成本。

（4）合理的制作工期。与施工单位做好合理的生产计划，确定合理的工期，可保证项目的均衡生产，降低人工成本、设备设施费用、模具数量以及各项成本费用的分摊额，从而达到降低预制构件成本的目的。

（5）有效管理。通过有效的管理，建立健全并严格执行管理制度，制定成本管理目标，改善现场管理，减少浪费，加强资源回收利用；执行全面质量管理体系，降低不合格品率，减少废品；合理安排劳动力计划，降低人工成本。

3. 技术管理

混凝土预制构件制作企业技术管理的主要目的是按照设计图样和行业标准、相关国家标准的要求，生产出安全可靠、品质优良的构件，主要包括以下内容：

（1）根据产品特征确定生产工艺，按照生产工艺编制各环节操作规程。

（2）建立技术与质量管理体系。

（3）制定技术与质量管理流程，进行常态化管理。

（4）全面领会设计图样和行业标准、相关国家标准关于制作的各项要求，制定落实措施。

（5）制定各作业环节和各类构件制作技术方案。

4. 质量管理

（1）质量管理的主要内容。

第一，生产单位应具备保证产品质量要求的生产工艺设施与试验检测条件，建立完善的质量管理体系和制度，并应建立质量可追溯的信息化管理系统。因此，构件制作工厂在质量管理上应当建立质量管理体系、制度和信息管理化系统。

第二，质量管理体系应建立与质量管理有关的文件形成过程和控制工作程序，应包括文件的编制（获取）、审核、批准、发放、变更和保存等。与质量管理有关的文件包括法律法规和规范性文件、技术标准、企业制定的质量手册、程序文件和规章制度等质量体系文件。

第三，信息化管理系统应与生产单位的生产工艺流程相匹配，贯穿整个生产过程，并应与构件BIM信息模型有接口，有利于在生产全过程中控制构件生产质量，并形成生产全过程记录文件及影像。

（2）质量管理的特点。

混凝土预制构件制作企业质量管理主要围绕预制构件质量、交货工期、生产成本等开展工作，有如下特点：

第一，标准为纲。构件制作企业应制定质量管理目标、企业质量标准，执行国家及行业现行相关标准，制定各岗位工作标准、操作规程、原材料及配件质量检验制度、设备运行管理规定及保养措施，并以此为标准开展生产。

第二，培训在先。构件制作企业应先行组建质量管理组织架构，配备相关人员并按照岗位进行理论培训和实践培训。

第三，过程控制。按照标准与操作规程，严格检查预制混凝土生产各环节是否符合质量标准要求，对容易出现质量问题的环节要提前预防并采取有效的管理手段和措施。

第四，持续改进。对出现的质量问题要找出原因，提出整改意见，确保不再出现类似的质量问题。对使用新工艺、新材料、新设备等环节的人员要先行培训，并制定标准后再开展工作。

第三节　装配式建筑的可持续发展分析

一、可持续发展的内涵及指标

（一）可持续发展的内涵阐释

可持续发展是指保证社会、经济、资源、人口与环境协调发展，不仅要满足当代人发展的需要，而且要保证后代人需要的发展模式，同时还需要把良好的生态环境和资源的永续利用当作可持续发展的标志。对可持续发展的内涵理解，可以分为如下方面：

第一，经济可持续性。包括：①可持续经济增长。经济增长是在保护自然资源和社会环境的前提下实现的；②可持续经济发展。最低限度地确保人力资本、人造资本以及自然资本，即在总资本量不下降的前提下，实现最大化经济效益。

第二，环境可持续性。包括：①生物资源的可持续利用，可更新资源，比如林业、渔业、水资源等可持续产出；②能源可持续利用，尤其是利用可更新能源，现在人们需要转变为对不可再生能源的依赖，对能源的使用方式人类需要做出改变；③环境管理，尤其是对环境资源的保护。即一切以人类发展为前提，充分利用环境资源，维持一个稳定的自然资本是保护的中心思想，可持续性的必要条件之一就是保护。

第三，社会可持续性。即可持续社会发展，包括：①社会稳定。可持续社会具有一定抗性，同时能够自力更生，抵抗外部的干扰。②社会公平性。在确保当代人需要的前提下，又不伤害将来人类的需要，可持续性的基本条件不仅是要控制消费水平与人口规模的公平性，而且要提高社会收入分配的公平性。由于发展是可持续发展思想的根基，然而发展的可持续性是由环境与资源的可持续性决定的，所以可持续发展的关键是环境的可持续发展问题。在可持续发展内涵中，环境的可持续性是核心思想，不仅是可持续发展的基础，而且是必然结果。

（二）可持续发展的指标体系

可持续发展指标体系在国际上具有代表性的有如下几种：

第一，由联合国可持续发展委员会提出可持续发展指标体系。联合国可持续发展委员会在1996年，结合《21世纪议程》中的各章节内容，在综合"驱动力—状态—响应"概念模型（DSR）与"经济、社会、环境和机构四大系统"的概念模型的前提下，策划了一个基本的可持续发展核心指标框架，该体系由130个指标构成。指标按照四个角度（经济、社会、环境与制度）分类，每类再分为三个部分，分别是状态指标、驱动力指标与响应指标。DSR模型重点阐述了环境受到的压力与环境退化这两者之间的关系，与可持续环境目标紧密相关。不足之处在于状态指标和驱动力指标间的界限不清。

第二，社会发展类指标——人文发展指数。人文发展指数是联合国开发计划署在1990年发布的。这一指数是三大指标合成的复合指数，分别是以人均GDP的对数、识字率、与出生时的预期寿命计算的。以往的研究只注重收入或者社会发展的某一个方面，而人文发展指数整合了收入与社会发展两个方面，将国家经济社会发展水平与状况用较少的指标反映出来，因此把其作为国家间经济、社会发展水平的对比指标就比较科学。

第三，经济发展类指标——真实储蓄量。实现可持续发展的根本是协调经济、社会与环境三者之间的关系。以前，对经济的发展只注重国内生产总值这一单一指标，完全忽视其他方面的因素，比如污染损失、资源消耗、域外影响能力、人口素质提高等。可持续发展实现的条件是对各项因素综合考虑。真实储备量是净节支减去资源消耗和污染损失的总和。

二、装配式建筑可持续发展的影响因素

（一）经济因素

"目前，在政策改革、建筑行业转型升级发展的时代环境下，装配式建筑得到了蓬勃发展，并逐步趋向于规模化、产业化的发展方向。"[①] 装配式建筑的经济投入方式与传统建筑不同，资金在前期的一次性投入过高，就会产生一定的增量成本，因此也使得开发商们对其望而却步，殊不知其在运营阶段的费用比传统现浇建筑要低很多，往往在这一环节为开发商省去了开销。因此，有必要在全寿命周期理论的指导下，系统地分析装配式建筑的经济性。

1. 成本项目

全寿命周期的成本是项目过程中发生的所有费用之和，其中包括工程规划与开发、建造与使用、运营维修与报废。依据时间的顺序，装配式建筑的全寿命周期的成本可以分为如下四个阶段：

（1）前期阶段。其中含有对项目的可行性进行研究与咨询，项目的立项选址，对项目进行勘察设计，以及项目前期准备的费用等。

（2）建造阶段。其中包括预制构件生产费、安装费、土建费等，也就是从工程开工至竣工验收截止的全过程成本。

（3）运营维护阶段。其中含有对项目的投入使用前的准备费用，以及在项目正常使用阶段由于能源消耗所产生的费用，还有维护设备所产生的费用。

（4）拆除回收阶段。其中含有为保障项目的正常使用功能，更新旧有设备的设备费用，排放废弃物回收利用费用等。

2. 增量成本

从经济学的角度来看，增量成本是指因为产出量的变化使得总成本变化带来的成本。由于采用了与传统建筑不同的技术手段，造成了初始投资的变化，使得装配式建筑的增量成本产生。装配式建筑的增量成本不仅要考虑预制构件的生产费用，也要考虑因为采用了绿色建筑技术所增加的投资。对于全寿命周期，主要在前期阶段和建造阶段，考虑装配式建筑的增量成本。前期阶段主要包括两部分成本：一部分是拆分设计的成本，另一部分是深化设计的成本。建造阶段的成本主要包括预制构件的运输、生产、安装的成本，施工时项目在节能、节水、节地、节材方面的成本，还有额外投资在室内环境质量与运营管理方面所需要的成本。

---

① 张靖，陈培超，赵嘉邦．浅析装配式建筑成本控制措施 [J]. 陶瓷，2023(2)：164.

（1）前期阶段。传统建筑的设计阶段只需完成建筑设计、结构设计即可。而工业化项目的设计与传统施工项目不同，相比之下工业化项目的设计多一道工序，即拆分设计。拆分设计是在一定基础上进行的，这个基础是建筑设计与结构设计、装饰装修设计与水电管线设计的整体设计方案，采用结构化的方式对构件进行分解，并对结构化构件进行深化设计。

进行拆分设计时，各个预制构件都需要设计拆解图，拆解图上需要综合考虑多个专业的内容。比如，在一个构件图上需要清晰地标示出多个工种的布置，像门窗、构件的模板配筋、埋件、留洞、保温构造、水电管线、装饰面层和元件、吊具等相关信息。在施工过程中不需要多名专业技术人员的配合，只需按图检点即可。深化设计作为拆分设计的后续环节，也是区别于传统现浇方式的装配式建筑实施的核心部分。深化设计时需要全方位、多角度地考虑每个参与方各专业的需求，然后在实际操作的图纸上反映实际需求。

目前，深化设计的流程，首先，由设计院设计出预制构件的方案，并移交构件厂深化设计人员进一步设计；其次，参与项目的各方也将各自的不同需求传达给构件厂深化设计人员进行设计；最后，在结合每个构件自身特有的生产工艺的基础上，深化设计人员全方位、多角度地整合每个方面的需求，最终达到完成深化设计任务的目的。

（2）建造阶段。装配式建筑在建造阶段区别于传统建筑最重要的成本构成，是预制构件的生产成本、预制构件运输、预制构件的安装成本、节地项目成本、节能项目成本、节水项目成本、节材项目成本。装配式建筑与传统建筑的最大不同在于，装配式建筑的预制构件需要在工厂进行生产，相比传统现浇建筑的成本构成增加了预制构件部分的成本。

就现有的国内外研究装配式建筑成本构成的成果来看，在装配式建筑成本中，预制构件的生产成本占有较大比例，而预制构件的生产成本又受到相关税率、生产规模、预制率、设计施工是否一体化、定制式生产还是通用式生产等因素的综合影响，是装配式建筑全寿命周期增量成本的关键所在。

预制构件出厂价钱等于生产成本、计划利润、税金的三者之和，这里的税金不是指建安税金，而是指预制工厂按税法所需缴纳的税金。预制构件是以工业产品的形式进入市场，要缴 17% 的增值税。预制构件运输成本主要包括两部分费用，第一部分是场外运输费，由构件从预制工厂运输至施工现场产生；第二部分是在施工场地内产生的二次搬运费。

由于预制构件是在工厂生产的，所以由工厂运输到工地是必不可少的环节，也是相比传统建筑有所差异的地方。与此同时，根据不同的预制率，会产生不同的运输成本总量。运输预制构件车辆通常是低跑平板拖车。拖车上放置有特殊的支撑架，这些支撑架是专门为构件量身定做的，形状是槽钢人字形或倒 T 字形，通常的支撑方式是两点支撑，70°~75° 是其常规的支撑角度，将预制构件用竖立式放置于拖车上，100mm×100mm×100mm 的木方放置于构件与槽钢接触的部位、构件与构件之间，木方上还需铺放橡胶垫块，确保构件在运输途中不会因为震动而损坏。

预制构件的安装费用也是由几部分组成，包括安装人工费、构件垂直运输费以及专用工具摊销费等。装配式建筑需要施工现场的工人完成现场的组装拼接工作及垂直运输工作，于是就有了安装人工费和垂直运输费。预制构件吊装前应进行检查，首先对构件型号、构件轴线进行核对，其次按照吊装顺序对每块构件进行编号，同时对构件上的污垢、积灰、泥土等进行清理，最后在构件内侧弹出一米的水平标高线，方便在安装时控制预制墙板底部的标高。

传统施工方式是采用塔吊进行吊装的。进行吊装时，不同的构件两侧钢丝绳的吊点都需要更换，这就造成了时间的浪费，所以只适用于少量预制构件的吊装。安装装配式建筑的预制构件需要专用的吊运工具，即多功能吊运钢梁。其吊梁上设置多个吊耳板，吊耳板可以根据预制构件相对于主梁中心线的不同起吊点位置设置对称模数化吊点。构件的类型通常多种多样，但是若采用多功能调运钢梁，多种构件的吊装只需要使用一种吊具，而且通用性非常强，其具有减少吊具的种类和数量、节约吊装时间、提高劳动效率、降低成本等优点。

伴随着不断扩张的城市化规模，城市内的土地价格也水涨船高，所以，对装配式住宅进行建造时，可以改造废弃或者荒芜地段。比如，通过增加对地下空间的开发利用的方式达到节省土地的目的。此外，在室外采用透水地面的装配式建筑，不仅能够确保正常的人类活动，而且能够满足大地的透水功能。不仅使热岛效应降低，而且使地下水储蓄量增加，排水系统的负荷降低，提高周边生态环境的质量。但是这些节约土地的措施都势必会导致经济投入的增加。

（3）运营阶段。运营阶段的增量成本项目主要包括四大部分：一是垃圾管理，二是绿地管理，三是分户分类计量收费，四是智能化管理系统。

第一，垃圾管理。对垃圾的管理与处置应遵循三大原则：一是无害化，二是减量化，三是资源化，与此同时还需要对垃圾进行分类、收集和运输。首先，从源头分类投放垃圾，使垃圾处理量减少，同时选用坚固、耐用的不锈钢与石材等材料制作的垃圾容器。将垃圾处理机放置在小区内，可以使垃圾运输成本和过程处理成本大大减少。

第二，绿地管理。绿地管理制度应该规范化，与此同时不断完善绿地的后期管理，及时修剪、合理灌溉草坪与树木，并且保持定期杀虫，确保树木的成活率维持在一个较高的水平，同时使草坪的完整性得以保持。

第三，分户与分类计量收费。传统建筑的计量方式大多采用总量计量的方式，而装配式建筑除了要总量计量外，还要做到分户分类计量，主要应用在两方面：一是装配式建筑节能方面，二是对节水项目的管理方面。分户分类计量是指每家每户无论是水、电、燃气的数量，还是冷热量都应该单独计量，遵循"三表到户，按量收费"的原则。对物业内部管理机制来说，最核心的就是分户、分类计量收费。

第四，智能化管理系统。智能系统三个档次是根据不同的标准划分的，这是由于技术含量不同，建筑智能化系统的硬件配置不同，投资水平不同，功能要求不同共同导致的。设置的智能系统应遵循一些原则，比如需要具有网络通信与自动监控的功能，同时确保功能合理完善。

(二) 社会因素

第一，减少财政损失。我国是重度缺水国家，国家每年提供给每家每户的用水资源会带来一定的财政损失。因此，装配式建筑所采取的节水措施的优点包括：一是带来直接的经济效益，二是减少国家的财政损失。

第二，节省排污费与排污设施费。在节水和污水处理方面，装配式建筑有一定的优势，通过雨水的回收利用和污水的减排等措施，能够有效地降低排污费用，同时也能够缓解城市市政的压力。

第三，提高就业人数。装配式建筑的现场施工不同于传统现浇建筑，现场工人只需把预制好的构件按图进行组装和安装，而不是从前的钢筋绑扎和混凝土浇筑。也就是说装配式建筑需要更多的组装工人，一方面增加了技术工种，另一方面降低了操作难度，从不同程度上促进了就业。另外，面对我国的基本国情和日益增长的人口数量，解决人口就业问题是我国亟待解决的民生问题，通过创造更多的就业机会，增加人口的就业率，有助于国民经济的健康发展。

第四，提高社会生产率。工业化生产安装是在现场拼接的，施工是机械吊装的，这极大地使工人劳动强度降低，大幅提高了工人劳动生产率，与传统施工方式相比工期缩短近50%，节约人工20%～30%。装配式构件能够省去很多传统建筑需要的施工工序，例如抹砂浆、保温层、外装修和墙体开槽等工序。

第五，提高品牌知名度。我国装配式建筑发展以来，全国设立了许多示范工程，为房地产开发商、使用方树立了品牌形象，提高了品牌知名度。其中以万科集团和远大住工的知名度最高。对装配式建筑这一品牌所进行全寿命周期的积累投入有很多优点，一是可以提升品牌本身的附加值，二是可以增加市场占有率。

（三）环境因素

第一，提高空气质量。空气质量和人类健康息息相关，空气污染会对人类健康造成负面影响，尤其是对人体的呼吸系统会造成严重的伤害，会造成呼吸系统疾病的发生。世界卫生组织表明，人类 68% 的疾病与空气污染息息相关。空气中的污染物分别是 CO_2、SO_2、NO_2、细颗粒物（$PM_{2.5}$）、甲醛、总悬浮颗粒物（TSP）、可吸入颗粒物（PM_{10}）等。传统的现浇住宅不仅施工时产生大量的施工垃圾，造成空气污染，而且对于后期居住环境的空气质量的注重也有所欠缺，然而装配式建筑却没有这些缺点。

第二，营造舒适的室内声环境。装配式建筑能够通过技术手段进行隔声减噪处理，对建筑的主要构件可以进行性能的控制，从而能够营造良好的室内声环境。对于影响较大的噪声源，尽可能远离，并在噪声控制范围内进行技术处理，特别是卧室和起居室。

第三，创造良好的室内光环境。光污染对人有着严重的危害，无论是在视觉环境还是生存环境或者是健康环境方面。随着距离的增加，光污染迅速减弱。光污染会伴随着光源的消失而消失，在环境中不留下任何残余物。根据光污染的这些特点，装配式建筑在规划设计时应对周边建筑光环境进行详细调查和研究，从技术上避开光污染源，对于道路相关的照明系统和景观系统进行系统设计和优化，以避免公共照明对建筑的影响。

第四，形成流通的室内风环境。建筑室内环境的舒适度，同室内风环境有着直接联系，也是装配式建筑在设计过程中需要考虑的重要因素。通过绿色建筑，能够实现良好的室内风环境。

第四节　我国装配式建筑一体化发展模式

一、装配式建筑一体化发展的基础内容

（一）装配式建筑一体化的理论基础

1. 系统工程理论

系统工程是从整体目标出发，将所要研究的对象作为统一整体，合理规划、开发管理，保障系统有效运作的技术与思想的总称。现阶段，系统工程理论在军事、

经济管理与理工研发领域都得到了广泛应用。系统工程注重全局统筹，运用其理论和方法解决技术与管理问题，提高企业各方面的效益。我国"两弹一星"、高铁、运载火箭等重大工程项目取得成功，也得益于系统工程理论和方法的引入。装配式建筑作为建筑工业化的一种新型绿色建造方式，更需要系统工程理论的融入，将建筑物作为一个完整的产品来进行研究与实践，形成以达到整体效果最优为目标的理论与方法，才能使装配式建筑高质量、可持续发展。

2. 产业一体化理论

（1）产业融合理论。产业融合是指，在经济社会发展进程中，最少两个行业逐步汇合，形成具有原来多个行业全部特征的产业，同时仍保留各行业个性特征。装配式建筑涉及设计、房地产、构件生产、施工等多个行业，各行业之间信息协同，通过技术变革，弱化、限制、消除行业壁垒，促使多个独立行业或市场的融合，最终形成横跨几个行业的细分产业领域，将特征和难点聚集，统一解决，以提升建筑质量，促进装配式建筑产业化发展。

（2）产业集群理论。装配式建筑的建造过程贯穿多个阶段，由多个参与企业共同完成建造，因此，可以将装配式建筑产业各参与企业，基于专业化分工和协作市场，在交易和竞争关系中形成具有网络结构的空间聚集体，从区域整体的角度来思考产业、经济、生态的协调发展，提升建筑整体经济与社会效益。

3. 全寿命周期管理理论

自 20 世纪 70 年代起，全寿命周期管理理论在航天、国防、交通运输系统等领域的重大项目中逐步取得广泛应用。该理论是以整体效益为目标，采用先进的技术手段和科学的管理方法，统筹设计、生产、运输、建造、运维等建筑物整个生命周期的各个环节，以工程质量、生产安全、可靠运行为基本前提，使项目整体管理目标达到最优。装配式建筑全寿命周期管理主要思想是将传统建造方式中独立的各阶段进行集成，实现设计、生产、装配、运营等项目全过程一体化管理。在设计阶段充分考虑生产、施工、运维等阶段面临的问题和要求，通过项目各阶段充分结合，使项目创造最大经济效益和社会效益。

4. 集成管理理论

"集成"这词最原始发展是在计算机领域，因其在计算机领域应用取得不错的成绩，故被建筑领域的学者前辈将其引入建筑行业。集成电路的开发使得各分立元件功能加强，这也是集成的显著成效。从宏观上来讲，装配式建筑集成化发展是为了防止产业链碎片化割裂，对装配式建筑的技术、管理与市场进行集成，以实现技术、管理、市场的有效整合。从装配式建筑项目系统角度来讲，装配式建筑集成化将建筑、结构、机电、装修等系统实现一体化发展，是对多种工程项目系统进行的融合。从装配建筑产业链特征角度来讲，实现设计标准化、构件生产商品化、现场装配机械化、物业管理智能化，从而使工程项目目标功能倍增，保障品质佳、成本低、工期短、安全性高的多目标实现。

（二）一体化建造方式的概念及内涵

传统建造方式以现场手工作业为主，设计、生产以及施工阶段严重脱节，运营管理碎片化，追求各自效益最大化。而一体化建造方式，可以改善现场人员手工作业的强度，加强设计、生产、施工、运营一体化产业链，实现房屋建造方式的革新。

1. 一体化建造的概念

一体化建造是指以房屋建筑为最终产品，运用系统化思维，优化并集成建造技术要素，通过高效管理、协同配合，保障实现项目建造效率和整体效益最大化的建造过程。其中，技术系统和管理系统是一体化建造的重点关注对象，两者结合可凸显协同与融合的优点，在建造过程中可充分体现出协同性与连续性，使得过程集成化和管理组织化得到进一步提升。

一体化具有系统性、集约性的特征。从技术系统一体化层面来看，建筑的主体结构、外围护体系、机电设备，以及装饰装修等系统能够按照技术接口和协同原则进行设计生产、加工建造，实现技术的完美拼接和总体优化；管理系统一体化，与以往不同的是各建造阶段不是简单的叠加，而是管理与技术深度融合的创新性成果，能够有效掌握市场资源，合理管理分包企业，促使技术、管理、组织各要素有效协同，形成密切配合和高效运营的管理模式。

2. 一体化建造的内涵

一体化建造主要是针对建筑业中传统且粗放的建造方式提出的，其本质是一种方法论，涉及设计方法、生产模式、建造技术、信息协同等多个层面，涵盖全周期、全系统、全方位的建造过程。通过该方法论可解决各专业之间的设计漏洞，各建造环节的脱节，管理机制的分割以及建设活动中权责利不明等问题。因此，对于建筑可持续、高质量发展的现实要求就是广泛应用一体化建造。

从实际出发，一体化适用于与建造活动有关的若干概念：从广义角度理解，包括建造全周期的所有内容和要素；从狭义角度理解，是指围绕工程建造从设计到交付运营全过程的各专业合作和各环节配合，具体包括建筑设计、产品采购、加工制造、施工安装以及竣工等建造环节；造价、建筑、结构、机电等专业分工；咨询顾问、业主、承包商以及监管部门等生产关系。

二、我国装配式建筑一体化发展模式与路径分析

2013 年，德国提出"工业 4.0"理念，大力推行智能化制造。我国为了适应新型工业化潮流，推出与德国"工业 4.0"理念相适应的"中国制造 2025"战略。在双重背景下，制造业产品的研发、设计、生产业务流程基本实现一体化制造。建筑业作为国家支柱产业之一，传统现浇方式能源消耗大、环境污染严重等问题已被持续关注，我国建筑业必须向工业化方向发展。装配式建筑作为工业化新型绿色建造方式，有利于实现节材、环保，但缺乏各参建单位的精准配合。由此，装配式建筑一体化模式的建设与推进将成为我国绿色建筑发展的重要举措。

装配式建筑一体化发展模式体现的是化零为整的思想，是指为了提高市场竞争地位，结合我国建筑行业现状，通过整合资源发挥整体优势，对资本、技术、管理进行重新组合，深度融合科学技术与现代管理，使上下游企业组建产业联盟，形成集研发、设计、生产、施工和运营管理于一体的全过程、全专业、全方位装配式产业发展模式，共同推动装配式建筑发展。一体化发展模式主要致力于通过集成形成各要素的协同，实现产业发展以及社会经济总成本最小化目标。

(一) 装配式建筑一体化发展模式的基础

依据系统工程理论基础，借鉴制造业先进生产经验，装配式建筑一体化发展模式需要以建筑、结构、机电、装修的全专业一体化；设计、生产、施工的全过程一体化；技术、管理、市场的全方位一体化为基础，实现高度组织化、标准化的建造方式，从而保障建筑产品相关性能指标达到最优。

1. 全专业一体化

全专业一体化，对建筑、结构、机电、装修各专业进行系统化、集成化设计。从系统化设计角度出发，四个专业子系统既相互独立又相互约束。全专业一体化是系统性装配的要求，是解决设计层面多专业协同问题的主要途径。在建筑设计过程中，统一空间基准、标准化模数协调、标准化接口等各项规则，建立标准化模数及技术接口，有效实现平面和立面设计多样性。同时，以 BIM 为信息手段，保障建筑模型在统一平台进行协同建模，避免各专业间交叉设计错误，大大减少设计工作量，实现全专业一体化，最终形成完整的高质量设计产品。

2. 全过程一体化

全过程一体化，是指设计、生产、施工、运维等全过程做到纵向一体化建设管理。从工程建设角度出发，全过程一体化是工业化生产要求，主要针对装配式建造全过程中各阶段协调不统一的问题。从项目整体效益角度考虑，设计阶段需要统筹

预制构件的加工过程和装配环节，加强施工图拆分的标准化设计，使得部品部件在预制构件厂规模化生产，确保构件在施工现场实现精益装配。通过统筹协同管理、设计、生产、施工等全过程有效解决各环节脱节、沟通不畅等问题。避免由于设计方案出现问题，导致加工及装配方案重新制定，由此带来的不必要的人力、时间、物力的损失。

3. 全方位一体化

全方位一体化，是技术、管理、市场各要素交叉融合，协调发展。从产业化发展角度出发，解决管理和运行机制不适合技术发展和市场需求的问题，是产业化的发展要求。一直以来，我国建筑企业技术是技术，管理是管理，管理与技术是两条发展通道，技术研究缺乏与管理体系的融合，缺乏市场需求研究，可持续发展的能力不强。因此，完善技术体系，建立与之相适应的管理模式、与技术体系及管理模式相适应的市场机制，是发展装配式建筑的必然要求。推行各要素的全方位一体化，突破政府与行业市场步调不一的发展瓶颈。

(二) 我国装配式建筑一体化的发展模式

设计标准化、生产工厂化、施工装配化、主体机电装修一体化、全过程信息化，是装配式建筑的基本特征，以工程总承包管理模式为基础，引入一体化建造的技术手段和管理方法，能够有效解决建设各阶段脱节严重、产业链信息不完整、信息化管理程度低等问题，将建设全过程整合为完整的产业链，有利于全面发挥装配式建筑的建造优势，是实现一体化建造的必然选择。

在装配建筑市场快速扩张的情况下，以装配式建筑发展为突破口，是推动总承包业务规模化发展和提高总承包能力的重要载体。结合我国装配式建筑产业发展现状，以及一体化建造的发展理论，现阶段主要有以下三种企业发展模式：

1. 房地产企业主导的资源整合模式

房地产业作为前导型产业，对经济的综合发展有良好推进作用。房地产开发企业对市场信息的敏锐度高，具有品牌优势、客户关系、开发和销售等优势，可更好地进行资源整合优化，使得整个建筑产业链发展可以更快地适应市场需求，提高运作效率，有利于实现产业向专业化方向发展，因此，其优势在市场经济体制下能发挥得更好。同时，良好的供应链管理可以通过资源整合优化为房地产企业带来巨大的效益，是提升房地产企业综合竞争力的重要基础。

以房地产开发企业为龙头的资源整合模式，是以房地产开发为核心企业，进行跨专业和领域兼并重组的产业链，拥有开发和管理双重职能。通过与产业链其他伙伴之间加强沟通交流，有效获取并整合优化整个产业链企业的物流、资金流与信息流等资源,利用合理方法和技术使之集成,形成开发、设计、生产和施工一体化的产业组织体系,其目的是提升建筑质量、劳动效率,降低建造成本和提升房地产开发企业自身管理能力。该模式打破以往被动式产业组织模式,以开发方为核心驱动建立新型建设产业链,促使建筑业主动面对、发现、选择及应对市场,全面对接制造业产业化组织。

在此模式下,开发方以装配式建筑建造成本和预期收益为前提,对市场进行合理评估、判断,从而进行设计方案的选择和是否启动项目的预判,而目前建筑行业的相关人员均不具备该能力。与政府强制干预相比,资源整合过程完全符合市场与技术的客观规律,更具有良好市场适应性。

2. 以施工企业为龙头的带动模式

施工企业拥有专业的施工团队,施工优势明显,可在最大限度上满足项目的技术质量、安全等性能要求。以施工企业为龙头的带动模式,即施工企业受业主委托,按合同约定对设计、采购、生产、运输、装配、试运行等环节实行全过程或部分环节承包。从设计源头出发,明确装配式建筑工程总承包管理机构、流程、职责及指标分解,充分发挥施工总承包方的整体协调能力,实现对市场资源和各分包企业的系统化、集成化管理。该模式可最大限度满足建筑项目技术集成要求,施工企业可依据自身实际,主动选择、采纳新技术、新方法,提升建筑性能,降低建造费用。

3. 工程总包全产业链模式

工程总包全产业链发展模式是目前制造业最常见的产业与企业组织模式,具有过程衔接好、生产效率高以及成本易控制等特点,其运作流程是将开发、设计、生产以及施工集中在一个企业集团内部,形成全方位的集成模式。要求企业集团具有较强的设计、融资、施工、运营于一体的专业运作能力和市场洞察力,使其贯穿装配式建筑产业链中的所有环节,为项目的设计、生产、施工、研发、管理等提供全面服务。该模式在运作过程中,首先由开发部门总领产业链条并找寻市场确定产品,向设计提供产品相关参数;其次设计、构件厂和施工等部门做好产品的设计、制作、加工和安装,最后交由市场运营主管部门进行推广。

装配式建筑在建造过程中突出优势表现为集成性与系统性。集成性体现在全产业链工业化,包括建筑设计、生产运输、施工安装,以及验收运营等过程的合作协调;而系统性更多的是每个过程形成各自的部门特点,为完成既定目标做出的精准决策。该种模式以实现装配式建筑整体目标为基础,紧抓设计,着重关注工厂加工生产,使后续环节在实现信息化无缝拼接的同时,降低资源消耗以及劳动生产强度。在建筑设计阶段提高工作效率和水平,做到不同体系采用不同设计方法;在生产制作阶段提高生产效率,确保产品优质,降低人员和材料的过度损耗;在运输环节大力引入现代物流运作方式和管理模式，做到构件能按时定量输送到施工场地，使得效率最大化；在现场施工阶段注重新技术、新工艺的标准化施工作业，使工程质量达到预期目标。最后，应通过 BIM 技术应用，使各环节数据信息串联成数据链，做到建筑全方位信息共享。

(三) 装配式建筑一体化发展模式路径分析

一体化发展模式主要表现在标准化的设计、构件大规模生产、现场装配化施工，信息化管理等，依赖于建筑工业化标准体系以及模数协调体系，需要设计、生产、施工等各阶段系统化的解决方案。因此，装配式建筑一体化发展需全产业链上下游及相关企业各自发挥优势，密切配合实现联动。

从产业链整合角度来说，总包企业凭借良好的业内声誉及雄厚的资金支撑，与产业链上下游企业或协会组建结成长期动态联盟，全面推动产业融合发展，促进技术创新、市场发展、模式开发、产业聚集。在一体化发展模式中，上游环节凭借其融资、设计、研发等优势，以工业化技术体系为基础，全面推进装配式建筑健康发展；中游环节降低采购成本采购、批量生产预制构件、机械化施工组装，实现装配式建造规模化；下游环节减少运输费用，运用一体化装修技术，降低运营费用，从而提升装配式建筑产业整体经济效益。企业将开发、投资、设计、制造、装配、销售和服务等各阶段串联成有机整体，实现装配式建筑产业社会、经济效益最大化。

从信息化管理角度来说，信息化管理为装配式建筑建造全过程应用提供技术支撑。产业链整合过程中，面临着各环节大量、复杂且频繁的信息流问题，应以总包企业为中心，利用 BIM5D 信息化装配管理模式，有效处理设计、生产、运输、装配、运维一体化协同平台内的各项信息，利用 BIM 信息模型，结合 RFID、物联网等技术，将建筑产品的设计、生产和运输等信息共享，各参建方能够通过这些信息来对项目进行动态调整，使装配方案得到科学完善，经济效益得到合理优化。同时，通过增加产业链管理跨度、设计深化，进一步实现项目精细化作业。

装配式建筑一体化发展模式整合产业链上下游企业资源，通过一体化协同平台将建筑信息进行协同管理，真正做到"一模到底"，实现一体化建造。依据目前市场特点，该模式在推进过程中结合政府政策和优惠，采取逐步前进、先易后难的方式在政府的政策性工程中开展试点，边推进边积累经验，逐步拓展到商业化建筑，提升装配式建筑一体化模式的使用比例。与此同时，每个地区的房屋设计标准、结构形式、工程需求等都不一致，因此，应密切结合地方特色，依据自身强势条件开展一体化模式、扩大资源配比。通过平台的精细化管理，有效推动战略合作关系，使装配式建筑成本大幅降低，最大限度满足市场需求。

三、我国装配式建筑一体化发展模式的实施策略

(一) 政策推进

通过对建筑工业化水平较高国家和地区的经验借鉴，发现在推动建筑工业化发展过程中起决定性作用的主体是政府。根据我国国情找到适合装配式建筑一体化发展的道路需要政府大力引导和宏观调控，制定相关法律法规以及产业化制度，为推广模式市场化发展打好基础。

1. 制定相关优惠政策

通过制定财政补贴、土地供给等优惠政策，吸引装配式建筑相关企业注入，推进装配式建筑一体化发展模式的建设。

(1) 财政补贴政策。

财政补贴是国家政府采取预算的方式给项目各参与方提供资金支持，加速推进一体化发展模式的建设。财政部门可设立专项资金，对采用一体化模式进行建造且装配式建筑物通过评价的相关企业给予补贴，如建造项目容积率可优惠5%，可获得建筑节能专项资金补贴。对申请引入一体化模式的企业，采取一系列优惠政策，如面积豁免、减税、缓税等优惠，对企业发展起到实质性的激励作用。

(2) 土地供给政策。

第一，优先保障用地。在建设用地紧张的大环境下，采用一体化模式进行建造的项目优先保障用地，企业优先获得开发用地，在很大程度上降低了开发企业的拿地难度。

第二，土地买卖价格提供政策帮助，通过补贴工程项目的增量成本来鼓励工程企业进行一体化模式建设。

第三，将一体化模式建筑要求纳入土地出让条件，并对享受土地政策后达到规定要求的企业给予相应奖励，同时，惩罚未达到要求的企业。

2. 完善相关法规建设

装配式建筑产业一体化的发展是实现资源节约、降低产能的重要举措，也是我国建筑业改革的主要道路。各地政府应在学习国外政府成功经验的基础上，积极完善相关法律法规的建设和相对应的配套扶持战略，颁布基础性的实施纲要、标准规范等政策，强化我国各地区目前差异化发展的状况，规范产业链主体，为装配式建筑产业一体化提供健康的环境，使得建设过程有章可循。我国装配式建筑一体化发展法规完善应从以下三个方面入手：

(1) 建立相关法律法规，规范各产业主体行为和市场环境，为一体化发展提供

法律支持。

（2）引入国外先进的指导意见和管理经验，强化我国已有的产业化政策，并积极推行政策中的指导意见，实现有规模的装配式建筑一体化产业链发展。

（3）建立和推广标准化建设，结合我国现有政策，不断出台并更新标准规范，保证装配式建筑产业一体化持续向上发展。

3.培育大型建筑企业集团

基于政府为装配式建筑产业一体化提供的良好市场环境，产业链集成参与主体和协同企业才得以将一体化模式健康、稳步地推进。政府采取建立基金、优先放贷、贷款贴息等金融性政策鼓励相关企业积极参与其中，培育大型建筑集团企业，提高产业链集成能力，满足客户对建筑产品的高质量需求。

龙头企业是装配式建筑一体化发展模式的"领头羊"。中小型企业以龙头企业为核心，通过与龙头企业相互合作，完善产业链，提高企业自身竞争力。龙头企业可将系统化建设信息沿产业链传递给与其配套的相关企业，加强企业间合作交流。通过国家的政策引导，培育大型装配式建筑企业集团，以品牌建筑的龙头企业为一体化模式的发展重点，鼓励企业进一步创立品牌。政府的公共资源也可适度向这些品牌和龙头企业倾斜，在税收、土地、投资、市场准入、金融等政策上给予优惠。同时积极鼓励龙头企业参与一体化模式的建设，使之成为模式建设的有效载体和主导因素。

（二）技术创新

1.加强新技术的研发

装配式建筑构件体量大，种类多，一体化发展模式的生产技术难度高、研究内容较为复杂，打压了相关企业技术创新的积极性。欧洲发达国家装配式建筑生产先进，自动化程度较高，因此我们要加强外部新技术、新工艺的学习。结合我国装配式建筑发展现状，借鉴制造业成熟的生产经验，坚持科技创新，积极研发适合我国国情的生产和装配结构设计技术体系；优化链接节点、提高设计精度，真正做到自动化、机械化生产，为装配式建筑实现一体化发展提供有力支撑。

加强集成设计技术体系以及链接节点技术的研发，以企业为基础，全面发挥各地区研究机构技术理论优势，二者结合大力开发，有助于一体化发展模式建设的生产和装配结构设计技术和工艺体系；以集成设计技术研发作为科技重点攻关的方向，使科研人员和企业工程师协同配合，积极创新。组建技术研发机构或企业协调创新的技术联盟，吸引学者专家参与其中，为我国装配式建筑一体化模式的建设注入新的活力。

2. 建立智慧建造平台

企业资源计划（ERP）是指以系统化管理思想为理念，以信息技术为基础，搭建综合管理平台，为企业提供决策运营手段的系统。ERP系统为整个企业各方面管理提供统一协作平台，对整个供应链资源进行集成管理，能够满足企业信息共享、管理决策全面分析的需求，使企业更好的适应市场变化。

智慧建造平台是ERP系统与BIM模型融合，依据企业管理现状和装配式建筑发展，利用云计算、物联网等信息化技术手段，分工合作，发挥最大项目管理作用，实现建造全产业链中信息共享、各参与方协同工作的数字化平台。该平台将全过程和全专业的相关信息集成到统一的建筑信息模型系统中，各参与方可以在建设项目设计阶段提前参与决策，建设过程信息实时交互、构件属性信息自动更新，满足工业化建筑全产业链中数据可随时获取、分析及应用的需求，大幅提高装配式建筑建造效率。

（三）人才培养

从当前来看，我国装配式建筑产业一体化的运作面临很大的人才短缺问题。因此，构建、引进和培育产业化层面的优秀人才和产业队伍的意义深远。

1. 高校综合型人才培育

从高校层面来说，制定人才培养方案，重点加强装配式建筑人才的培养。相关工程专业积极鼓励对装配式建筑展开调研，依据企业需求，适当调整课程学分与结构，加入装配式建筑相关课程，逐步形成课程体系。另外，校企联合有助于学生将专业知识与实践相联合，企业在学生具备一定的理论知识时提供现场实习，可同时引进装配式相关领域专家对现场各环节进行讲解，进一步拓宽学生视野，提升学生对装配式建筑的认知，为装配式建筑产业一体化发展输送专业人才。

2. 加强职业技能的培训

管理人员、专业技术人员和技术工人是装配式建筑一体化发展模式的三大关键人员队伍。培养壮大"三大"队伍，加强职业技能考核培训，是保障一体化模式稳步发展的重要举措。

联合有关行业协会，整合社会资源，对装配式建筑全产业链从业人员进行培训和升级。重点围绕装配式建筑一体化发展模式的建设，组织从业人员进行定期培训，提升整体人员的素质和能力；联合相关培训机构，进行装配式建筑全过程建造的技能培训，充分调动装配式建筑工作人员的积极性；建立职业技能培训体系，加快培养技术人才，包括职业技术工人、实操技术人员等基层工作者。

3. 打造专业化产业队伍

为加速装配式建筑一体化发展模式建设，必须实施"高校—科研—企业"的战略协作，培养高端、专业的人才队伍。在高校中学习基础理论知识，进入装配式建筑科研单位进行环节的细致深入探讨，再转入企业进行实习操作，之后进行装配式相关专业工作，做到实践结合理论，将具体操作落到实处。与此同时，建筑企业应注重岗位人员的安全和专业技能培训，取得资格证书的从业人员方可按规定从事相关的技术与管理工作。原有建筑企业对从业员工进行装配式相关的职业教育及资格认定，坚持持证上岗，提高整体从业人员素质，真真正正地提高从企业领导到工人的线性专业水平，增加对产业政策、产业机制以及行业标准的理解，打造装配式建筑一体化专业的产业队伍。

第五章　装配式木结构设计与施工控制

传统的装配式木结构建筑具有很多重要的优势，例如，提高建筑整体工程质量，大大减少施工现场的空气污染和建筑噪声污染，减少建筑资源的大量消耗以及改善建筑的施工性和木制建筑施工效率等。许多当代建筑师会选择使用装配式的木结构建筑作为现代建筑木结构建筑的方法。这种类型的木结构建筑系统的广泛应用有效地减少了建筑资源的浪费，这对可持续发展具有现实意义。本章主要讨论装配式木结构建筑体系及设计、装配式木结构建筑的材料与构件、装配式木结构建筑施工质量控制。

第一节　装配式木结构建筑体系及设计

一、装配式木结构建筑体系

装配式木结构建筑，是指主要的木结构承重构件、木组件和部品在工厂预制生产，并通过现场安装而成的木结构建筑。木组件包括柱、梁、预制墙体、预制楼盖、预制屋盖、木桁架、空间组件等。部品是构成外围护系统、设备与管线系统、内装系统的建筑单一产品或复合产品组装而成的功能单元的统称。装配式木结构建筑在建筑全寿命周期中应符合可持续性原则，且应满足装配式建筑标准化设计、工厂化制作、装配化施工、一体化装修、信息化管理和智能化应用的要求。"现代装配式木结构具有低碳环保、建造周期短等优势，在提升建筑建造品质等方面发挥重要作用。"[1]

木结构是装配式建筑中最具特点的建筑形式，受季节和天气变化影响较小，建造工期短，施工安全，可修复性强，具有预生产、搭建快、质量好、精度高、健康环保、抗震性能优异、使用寿命长、减少能耗、保温性能好等优点，还具有传统文化的内涵，设计装饰灵活，节约材料，节省造价。

---

[1] 柴莎莎.装配式木结构在古建筑中的研究与应用 [J].建材与装饰，2021，17(26)：64.

（一）轻型木结构

1.轻型木结构的基本特征

轻型木结构又被称为"平台式骨架结构"，是指主要采用规格材及木基结构板材或石骨板制作的木构架墙体、木楼盖和木屋盖系统构成的单层或多层建筑结构。采用的材料包括规格材、木基结构板材、工字形木搁栅、结构复合材和金属连接件等。轻型木结构构件之间的连接主要采用钉连接，部分构件之间也采用金属齿板连接和专用金属连接件连接。施工过程中，轻型木结构把每层楼面作为一个平台，上一层结构的施工作业可在该平台上完成。具有施工简便、材料成本低、抗震性能良好的优点。

轻型木结构建筑可根据施工现场的运输条件，将木结构的墙体、楼面和屋面承重体系（如楼面梁、屋面桁架）等构件在工厂制作成基本单元，在现场进行安装的方式建造。轻型木结构建筑在工厂可将基本单元制作成预制板式组件或预制空间组件，也可将整栋建筑进行整体制作或分段预制，运输到现场后，与基础连接或分段安装建造。规模较大的轻型木结构建筑能够在工厂预制成较大的基本单元，运输到施工现场后，采用吊装拼接而成。在工厂制作的基本单元，也可将保温材料、通风设备、水电设备和基本装饰装修一并安装到预制单元内，装配化程度非常高。轻型木结构建筑可以根据具体的预制化程度要求，实现更高的预制率和装配率。

2.轻型木结构的设计方法

轻型木结构的承载力、刚度和整体性是通过主要结构构件（骨架构件）和次要结构构件（墙面板、楼面板和屋面板）共同作用得到的。设计方法主要有工程设计法和构造设计法。

（1）工程设计法。工程设计法是常规的结构工程设计方法。通过计算确定结构构件的尺寸和布置，以及构件与构件之间的连接设计。设计的基本流程是：首先，根据建筑物所在场地以及建筑功能确定荷载类别和性质；其次，进行结构布置；再次，进行荷载和地震作用计算，进行相应的结构内力和变形等分析，验算主要承重构件和连接的承载力和变形；最后，提出必要的改造措施等。

（2）构造设计法。构造设计法是基于经验的设计方法。对于满足一定条件的房屋，可以不做结构内力分析，特别是抗侧力分析，而只进行结构构件的竖向承载力分析验算，根据构造要求即可施工。构造设计法适用于设计使用年限50年以内的，安全等级为二、三级的轻型木结构和上部混合木结构的抗侧力设计。构造设计法能够提高施工效率，避免不必要的重复劳动。

轻型木结构的设计需要考虑屋盖、楼盖、墙体抗侧力和连接设计。楼盖、屋盖与剪力墙的连接是要保证荷载的有效传递,主要包括搁栅与墙体平行时的连接以及搁栅与墙体垂直时的连接。

(二)胶合木结构

1. 胶合木结构的基本特征

胶合木结构包括两种木结构形式:承重构件主要由层板胶合木制作和承重构件主要由正交胶合木制作。层板胶合木结构主要应用于单层、多层的木结构建筑,以及大跨度的空间木结构建筑。正交胶合木结构主要应用于墙体、楼面板和屋面板等承重构件采用正交胶合木的单层或多层木结构建筑。胶合木结构的特点包括以下方面:

(1)不受天然木材尺寸限制,能够制作成满足建筑与结构要求的各种形状和尺寸的构件,因此胶合木结构在建筑外观造型上基本不受限制。

(2)能有效避免和减弱因天然木材无法控制的缺陷的影响,提高木材强度设计值,并能合理级配、量材使用。

(3)构件自重轻,具有较高的强重比,能以较小截面满足强度要求。同时,可大幅度减小结构体系的自重,提高抗震性能,且有利于运输、装卸和现场安装。

(4)构件尺寸和形状稳定,无干裂、扭曲之虞,能减少裂缝和变形对使用功能的影响;具有良好的调温、调湿性能,且在相对稳定的环境中,耐腐性能高;经防火设计和防火处理的胶合木构件具有可靠的耐火性能。

(5)构件通过工业化生产,能提高生产效率,控制构件加工精度,更好地保证产品质量;能以小木材制作出大构件。

2. 胶合木结构的类型划分

目前,常见的胶合木结构按结构主要承重构件的类型,可分为胶合木梁柱式结构、胶合木拱形结构、胶合木门架结构、正交胶合木板式结构和胶合木空间结构等。

(1)胶合木梁柱式结构。胶合木梁柱式结构是承重构件梁和柱采用胶合木制作而成,并用金属连接件连接组成的共同受力的梁柱结构体系。由于梁柱式木结构抗侧刚度小,因此柱间通常需要加设支撑或剪力墙,以抵抗侧向荷载作用。

(2)正交胶合木板式结构。正交胶合木板式结构是由正交胶合木制作的板式承重墙体、板式楼盖或板式屋盖构成的承重结构体系,构件之间采用金属连接件和销钉连接。正交胶合木是采用厚度为 15~45mm 的木质层板相互叠层正交组坯后胶合而成的木制品,力学性能优越,且适合工业化生产。正交胶合木板式构件的装配化程度较高,适应装配式木结构建筑的发展需要。

(3)胶合木空间结构。胶合木空间结构是采用胶合木构件作为大跨空间结构的主要受力构件，其结构体系包括空间木桁架、空间钢木组合桁架和空间壳体结构。胶合木空间结构适用于大跨度、大空间的体育馆建筑、展览馆以及交通枢纽等公共建筑。

（4）胶合木拱形结构。胶合木拱形结构主要包括两铰拱结构和三铰拱结构。

（5）胶合木门架结构。胶合木门架结构主要包括弧形加腋门架和指接门架。

3.胶合木结构的设计方法

胶合木结构应通过工程计算进行设计，承重构件应通过结构受力分析后，设计构件截面尺寸。胶合木梁柱可按现行国家标准的相关规定进行设计。胶合木空间结构应通过空间结构内力分析方法进行设计。胶合木构件的连接节点通常采用钢板、螺栓或销钉进行连接，构件连接设计应符合现行国家标准。

（三）方木原木结构

1.方木原木结构的基本特征

方木原木结构是指承重构件主要采用方木或原木制作的单层或多层建筑结构。方木原木结构又被称为普通木结构。考虑到以木结构承重构件采用的主要木材材料来划分木结构建筑，因此，在装配式木结构建筑的国家标准中，将普通木结构改称为方木原木结构。

2.方木原木结构的类型划分

根据方木原木结构的结构类型，可分为传统梁柱式结构、木框架剪力墙结构和井干式结构。

（1）传统梁柱式结构。传统梁柱式结构建筑是指按照传统建造技术要求，采用榫卯连接方式对梁柱等构件进行连接的木结构。其建造方法需要按照传统的技术规则、世代相传和积累的建筑经验来实现。传统梁柱式木结构建筑主要包括抬梁式木结构和穿斗式木结构。

（2）木框架剪力墙结构。木框架剪力墙结构是在由地梁、横架梁与柱所构成的木构架上铺设木基结构板，以承受水平作用的方木原木结构。木框架剪力墙结构的构造与轻型木结构相似，但构件的截面尺寸较轻型木结构要大，构件通常采用方木或胶合原木制作。木框架剪力墙结构的梁柱连接节点和梁与梁连接节点处通常采用钢板、螺栓或销钉，以及专用连接件等钢连接件进行连接。

（3）井干式结构。井干式结构是采用截面经过适当加工后的方木、原木、胶合原木作为基本构件，将构件在水平方向上层层叠加，并在构件相交的端部采用层层交叉咬合连接，以此组成的井字形木墙体作为主要承重体系的木结构，也称原木结构。井干式结构设计时应采取措施减小因木材的变形导致结构沉降变形的影响。原木墙体中原木层与层之间通常采用木销钉连接，并在墙体的两端用通长的螺栓拉紧，对于较长的墙体还应采用扶壁柱加强墙体的稳定性。

3. 方木原木结构的设计方法

方木原木结构中，对于传统梁柱式木结构建筑通常按传统构造要求设计，可不进行设计计算。对于井干式木结构和木框架剪力墙结构应进行工程设计。方木原木结构中梁柱、剪力墙、楼盖和屋盖是主要的承重构件。

方木原木结构的墙体主要分为两类：一种是采用金属连接件将方木或原木制作成木构架，并在木构架外表面铺设墙面板的墙体，即木框架剪力墙体，木框架剪力墙结构的木构架柱主要承受竖向荷载，水平方向地震荷载和风荷载通常由剪力墙承担；另一种是用截面经过适当加工后的方木、原木作为基本构件，水平方向上层层咬合叠加组成的墙体，即井干式木结构墙体。这两类承重墙体的设计均应按现行国家标准的规定进行工程设计。

（四）混合结构

1. 混合结构的基本特征

木混合结构建筑主要是木结构构件与其他材料构件混合承重，并以木结构为主要结构形式的建筑。木混合结构建筑包括上下混合木结构建筑以及混凝土核心筒木结构建筑。

对下部建筑需要较大空间或对防火要求较高时，如商场、餐厅厨房、车库等，可采用上下混合形式的木结构建筑。上下混合的结构中，下部建筑通常采用钢筋混凝土结构，上部建筑采用木结构，上部木结构的形式可根据建筑的功能确定。

对于多、高层木结构建筑，由于结构所受的荷载增大，可采用其他材料的结构构件承受水平荷载的作用。例如，在混凝土核心筒木结构中，钢筋混凝土的筒体为主要抗侧力构件，周边建筑可采用木框架结构、木框架支撑结构或正交胶合木剪力墙结构建造。该类木混合结构木构件可进行工业化制作生产，缩短建筑工期，节约成本。

2. 混合结构的设计方法

低层木混合结构可按国家标准进行常规方法设计。多、高层木混合结构设计时，建筑平面布置宜规则、对称，并应具有良好的整体性，竖向刚度和承载力宜分布均匀，避免突变，并且宜考虑构件工业化生产制作和安装的要求。结构分析模型应根据结构的实际情况确定，分析模型能准确反映结构构件的实际受力状态，且应考虑木材蠕变对结构产生的不利影响。结构抗侧力构件设计时，剪力分配可按面积分配法和刚度分配法进行分配计算。对于柔性楼、屋盖，宜采用面积分配法；对于刚性楼、屋盖，可按抗侧力构件等效刚度进行分配计算。

对于木混合结构建筑，还需考虑木材耐久性的要求，对木结构构件与其他材料的结构接合处应采取可靠的防腐措施。

二、装配式木结构建筑设计

（一）木结构建筑设计

1. 建筑设计的应用范围

"装配式木结构作为三大装配式结构体系之一"[1]，适用于传统民居、特色文化建筑（如特色小镇等）、低层住宅建筑、综合建筑、旅游休闲建筑、文体建筑等。

目前，我国装配式木结构建筑主要用于三层及三层以下建筑。国外装配式木结构建筑也主要为低层建筑，但也有多层建筑与高层建筑。

装配式木结构建筑可以方便自如地实现各种建筑风格，包括自然风格、古典风格、现代风格、既现代又自然的风格和具有雕塑感的风格。

2. 建筑设计的基本要求

装配式木结构建筑设计基本要求包括：满足使用功能、空间、防水、防火、防潮、隔声、热工、采光、节能、通风模数协调并采用模块化、标准化设计。同时实现包括结构系统，外围护系统与管线系统和内装系统集成；满足工厂化生产、装配化施工、一体化装修和信息化管理的要求。

3. 建筑设计的主要内容

（1）平面设计。平面布置和尺寸需要满足以下条件：

第一，结构受力的要求。

第二，预制构件的要求。

第三，各系统集成化的要求。

（2）立面设计。立面设计需要满足以下条件：

第一，符合建筑类型和使用功能要求；建筑高度、层高和室内净高需要符合标准化模数。

第二，遵循"少规格、多组合"原则，并根据木结构建造方式的特点实现立面的个性化和多样化。

第三，尽量采用坡屋面，屋面坡度宜为 1：3～1：4。屋檐四周出挑宽度不宜小于 600mm。

---

[1] 朱亚鼎. 装配式木结构建筑应用概述 [J]. 建设科技，2018(20)：84.

第四，外墙面突出物(如窗台、阳台等)应做好防水。

第五，立面设计宜规则、均匀，不宜有较大的外挑和内收。

第六，烟囱、风道等高出屋面的构筑物应做好与屋面的连接，保证安全。

第七，木构件底部与室外地坪高差应大于或等于30mm；在易遭受虫害地区，木构件底部与室外地坪高差应大于或等于450mm。

(3)外围护结构设计。外围护结构设计需要满足以下条件：

第一，装配式木结构建筑外围护结构包括预制木墙板、原木墙、轻型木质组合墙体、正交胶合木墙体、木结构与玻璃结合等类型，应根据建筑使用功能和艺术风格选用。

第二，外墙围护结构应满足轻质、高强、防火和耐久性的要求，应具有一定强度和刚度，满足在地震和风荷载作用下的受力及变形要求，并应根据装配式木结构建筑的特点选用标准化、工业化的墙体材料，使其符合结构、防火、保温、防水、防潮以及装饰等各项功能要求。

第三，采用原木墙体作为外围护墙体时，构件间应加设防水材料。原木墙体最下层构件与砌体或混凝土接触位置应设置防水构造。

第四，组合墙体单元的接缝和门窗洞口等防水薄弱部位宜采用材料防水与构造防水相结合的做法。具体包括：①墙板水平接缝宜采用高低缝或企口缝构造；②墙板竖缝可采用平口或槽口构造；③当板缝空腔设置导水管排水时，板缝内侧应增设气密条密封构造。

第五，外围护结构采用预制墙板时，应满足的要求包括：①外挂墙板应采用合理的连接节点并与主体结构可靠连接；②支承外挂墙板的结构构件应具有足够的承载力和刚度；③外挂墙板与主体结构宜采用柔性连接，连接节点应具有足够的承载力和适应主体结构变形的能力，并应采取可靠的防腐、防锈和防火措施；④外挂墙板之间的接缝应符合防水、隔声的要求，并应符合变形协调的要求。

第六，外围护系统应有连续的气密层，并应加强气密层接缝处连接点和接触面局部密封的构造措施。外门窗气密性应符合国家标准的要求。

第七，烟囱、风道、排气管等高出屋面的构筑物与屋面结构应有可靠连接，并应采取防水排水、防火隔热和抗风的构造措施。

第八，外围护结构的构造层应和屋面通风层分隔。包括防漏层、防水层或隔气层、底层架空层、外墙空气层。

第九，围护结构组件的地面材料应满足耐久性要求，并易于清洁、维护。

(4)集成化设计。集成化设计需要满足以下条件：

第一，进行四个系统的集成化设计，提高集成度、制作与施工精度和安装效率。

第二，装配式木结构建筑部件及部品设计应遵循标准化、系列化原则，并且在满足建筑功能的前提下，提高结构建筑部件通用性。

第三，装配式木结构建筑部品与主体结构和建筑部品之间的连接应稳固牢靠、构造简单并且安装方便；连接处应做好防水、防火构造措施，并保证保温隔热材料的连续性、气密性等设计要求。

第四，墙体部品水平拆分位置设在楼层标高处；竖向拆分位置宜按建筑单元的开间和进深尺寸进行划分。

第五，楼板部品的拆分位置宜按建筑单元的开间和进深尺寸进行划分。楼板部品应满足结构安全、防火以及隔声等要求；卫生间和厨房下的楼板部品还应满足防水、防潮的要求。

第六，隔墙部品宜按建筑单元的开间和进深尺寸划分；墙体应与主体结构稳固连接，并且满足不同使用功能房间的隔声和防火要求。用作厨房及卫生间等潮湿房间的隔墙应满足防水和防潮要求；设备电器或管道等物品与隔墙的连接应牢固可靠。隔墙部品之间的接缝应采用构造防水和材料防水相结合的措施。

第七，预制木结构组件预留的设备与管线预埋件、孔洞、套管、沟槽应避开结构受力薄弱位置，并采取防火、防水及隔声措施。

(5) 装修设计。装修设计需要满足以下条件：

第一，室内装修应与建筑结构和机电设备一体化设计，采用管线与结构分离的系统集成技术，并建立建筑与室内装修系统的模数网格系统。

第二，室内装修的主要标准构配件宜采用工业化产品，部分非标准构配件可在现场安装时统一处理，并减少施工现场的湿法作业。

第三，室内装修内隔墙材料选型应符合这些规定：①宜选用易于安装、拆卸且隔音性能良好的轻质内隔墙材料，达到灵活分隔室内空间的效果；②内隔墙板的面层材料宜与隔墙板形成整体；③用于潮湿房间的内隔墙板面层材料应防水且易清洗；④采用满足防火要求的装饰材料，避免采用燃烧时会产生大量浓烟或有毒气体的装饰材料。

第四，轻型木结构和胶合木结构房屋建筑的室内墙面覆面材料宜采用纸面石膏板，若采用其他材料，其燃烧性能技术指标应符合现行国家标准的规定。

第五，厨房间墙面面层应为不燃材料；非油烟机管道需要做隔热处理，或采用石膏板制作管道通道，避免排烟管道与木材接触。

第六，装修设计应符合规定，具体包括：①装修设计需要满足工厂预制和现场装配要求，装饰材料应具有一定的强度、刚度和硬度，且适应运输和安装等需要；②应充分考虑按不同组件间的连接设计不同装饰材料之间的连接；③室内装修的标准构配件宜采用工业化产品；④应减少施工现场的湿法作业。

第七，在建筑装修材料和设备需要与预制构件连接时，应充分考虑按不同组件间的连接设计不同装饰材料之间的连接，应采用预留埋件的安装方式，当采用其他安装固定方式时，不可影响预制构件的完整性与结构安全。

(6) 防护设计。防护设计需要满足以下条件：

第一，装配式木结构建筑防水、防潮和防生物危害设计应符合现行国家标准的规定。设计文件中应规定采取防腐措施和防生物危害措施。

第二，需防腐处理的预制木结构组件应在机械加工工序完成后进行防腐处理，不宜在现场再次进行切割或钻孔。装配式木结构建筑应在干法作业环境下施工，预制木结构组件在制作、运输、施工和使用过程中应采取防水、防火措施。外墙板接缝、门窗洞口等防水薄弱部位除应采用防水材料外，还需要采用与防水构造措施相结合的方法进行保护。施工前应对建筑基础及周边进行除虫处理。

第三，除严寒和寒冷地区外，都需要控制蚁害。原木墙体靠近基础部位的外表面应使用含防白蚁药剂的油漆进行处理，处理高度大于等于300mm。露天结构、内排水桁架的支座节点处以及檩条、搁栅、柱等木构件直接与砌体和混凝土接触的部位应进行药剂处理。

(7) 设备与管线系统设计。设备与管线系统设计需要满足以下条件：

第一，设备管道宜集中布置，设备管线预留标准化接口。

第二，预制组件应考虑设备与管线系统荷载、普线管道预留位置和铺设用的预埋件。

第三，预制组件上应预留必要的检修位置。

第四，铺设产生高温管道的通道，需采用不燃材料制作，并应设置通风措施。

第五，铺设产生冷凝管道的通道，应采用耐水材料制作，并应设置通风措施。

第六，装配式木结构宜采用阻燃低烟无卤交联聚乙烯绝缘电力电缆、电线或无烟电力电缆、电线。

第七，预制组件内预留有电气设备时，应采取有效措施满足隔声及防火的要求。

第八，装配式木结构建筑的防雷设计应符合国家、行业设计标准的规定，预制构件中需预留等电位连接位置。

第九，装配式木结构建筑设计应考虑智能化要求，并在产品预制中综合考虑预留管线；消防控制线路应预留金属套管。

（二）木结构结构设计

1.结构设计的基本要求

（1）结构体系要求，具体包括：①装配式木结构建筑的结构体系应满足承载能力、刚度和延性的要求；②应采取加强结构整体性的技术措施；③结构应规则、平整，在两个主轴方向的动力特性的比值不大于10%；④应具有合理明确的传力路径；⑤结构薄弱部位应采取加强措施；⑥应具有良好的抗震能力和变形能力。

（2）抗震验算。装配式木结构建筑抗震设计时，对于装配式纯木结构，在多遇地震验算时阻尼比可取0.03，在罕遇地震验算时阻尼比可取0.05；装配式木混合结构可按位能等效原则计算结构阻尼比。

（3）结构布置。装配式木结构的整体布置应连续、均匀，避免抗侧力结构的侧向刚度和承载力沿竖向突变，需要符合现行国家标准的有关规定。

（4）考虑不利影响。装配式木结构在结构设计时应采取有效措施减小木材因干缩、蠕变而产生的不均匀变形、受力偏心、应力集中或其他不利影响，并应考虑不同材料的温度变化、基础差异沉降等非荷载效应的不利影响。

（5）整体性保证。装配式木结构建筑构件的连接应保证结构的整体性，连接节点的强度不应低于被连接构件的强度，节点和连接应受力明确、构造可靠，并应满足承载力、延性和耐久性等要求。当连接节点具有耗能目的时，可作特殊考虑。

（6）施工验算。第一，预制组件应进行翻转、运输、吊运和安装等短暂设计状况下的施工验算。验算时，应将预制组件自重标准值乘以动力放大系数作为等效静力荷载标准值。运输、吊装时，动力系数宜取1.5；翻转及安装过程中就位、临时固定时，动力系数可取1.2。

第二，预制木构件和预制木结构组件应进行吊环强度验算和吊点位置的设计。

2.结构设计的结构分析

（1）结构体系和结构形式的选用应根据项目特点，充分考虑组件单元拆分的便利性、组件制作的可重复性以及运输和吊装的可行性。

（2）结构计算模型应根据结构实际情况确定，所选取的模型和模型的连接节点的假定应能准确反映结构的实际受力状态。分析模型的计算结果须确认其合理和有效后方可用于工程设计。结构分析时，应根据连接节点性能和连接构造方式确定结构的整体计算模型。结构分析可选择空间杆系、空间杆墙板元及其他组合有限元等计算模型。

（3）体型复杂、结构布置复杂以及特别不规则结构和严重不规则结构的多层装配式木结构建筑，应采用至少两种不同的结构分析软件进行整体计算。

（4）当装配木结构建筑的结构形式采用梁柱支撑结构或梁柱—剪力墙结构时，不应采用单跨框架体系。

（5）装配式木结构内力计算可采用弹性分析。分析时可结合楼板平面内的整体刚度情况确定楼板平面内的刚性。当有措施保证楼板平面内的整体刚度时，可假定楼板平面内为无限刚性，否则应考虑楼板平面内变形的因素。

（6）装配木结构中抗侧力构件承受的剪力对柔性楼盖和屋盖宜按面积分配法进行分配；对刚性楼盖和屋盖宜按抗侧力构件等效刚度的比例进行分配。

（7）按弹性方法计算的风荷载或多遇地震标准值作用下的楼层，层间位移角应符合相关规定：①轻型木结构建筑不得大于1/250；②多、高层木结构建筑不大于1/350；③轻型木结构建筑和多、高层木结构建筑的弹出性层间位移角不得大于1/50。

（三）木结构连接设计

1. 连接设计的基本要求

（1）工厂预制的组件内部连接应符合强度和刚度要求，组件间的连接质量应符合加工制作工厂的质量检验要求。

（2）预制组件间的连接可按结构材料、结构体系和受力部位采用不同的连接形式。

（3）预制木结构组件与其他结构之间需采用锚栓或螺栓进行连接。螺栓或锚栓的直径和数量应通过计算确定，计算时应考虑风荷载和地震作用引起的侧向力，以及风荷载引起的上拔力。上部结构产生的水平力和上拔力应乘1.2。当有上拔力时，应采用金属连接件连接。

（4）建筑部品之间、建筑部品与主体结构之间，以及建筑部品与木结构组件之间的连接应稳固牢靠、构造简单且安装方便；连接处应采取防水、防潮和防火的构造措施，并应符合保温隔热材料的连续性及气密性要求。

2. 木组件之间的连接设计

（1）木组件与木组件的连接可采用榫卯连接、钉连接、螺栓连接、销钉连接、齿板连接、金属连接件连接。预制次梁与主梁、木梁与木柱之间应采用钢插板、钢夹板和螺栓进行连接。

钉连接和螺栓连接可采用双乾连接或单剪连接。当钉连接采用的圆钉有效长度小于钉直径的4倍时，不应考虑圆钉的抗剪承载力。

（2）处于腐蚀、潮湿或有冷凝水的环境下，木桁架不宜采用齿板连接。齿板不得用于传递压力。

（3）预制木结构组件之间应通过连接形成整体。预制单元之间不应相互错动。

（4）在一个楼盖、屋盖计算单元内，采用能提高结构整体抗侧力的金属拉条进行加固。当金属拉条用于楼盖和屋盖平面内拉结时，金属拉条应与受压构件共同受力。当平面内无贯通的受压构件时，需设置填块。填块的长度应通过计算确定。

3. 木组件与其他结构的连接设计

（1）木组件与其他结构的水平连接应符合组件间内力传递的要求，并应验算水平连接处的强度。

木组件与其他结构的竖向连接应符合组件间内力传递的要求，并符合被连接组件在长期作用下的变形协调要求。

（2）木组件与其他结构宜采用销轴类紧固件连接，连接时应在混凝土中设置预埋件。连接锚栓应进行防腐处理。

（3）木组件与混凝土结构的连接锚栓应进行防腐处理。连接锚栓应承担由侧向力引起的全部基底水平剪力。

（4）轻型木结构的螺栓直径不得小于12mm，间距不应大于2.0m，埋入深度不应小于螺栓直径的25倍；地梁板的两端100～300mm处，应各设一个螺栓。

（5）当木组件的上拔力大于重力荷载代表值的0.65倍时，预制剪力墙两侧边界构件进行层间连接或抗拔锚固件连接，连接应承受全部上拔力。

（6）当木屋盖和木楼盖作为混凝土或砌体墙体的侧向支承时，应采用锚固连接件直接连接墙体与木屋盖、楼盖。锚固连接件的承载力应符合墙体传递的水平荷载，且锚固连接沿墙体方向的抗剪承载力不应小于3.0kN/m。

（7）装配式木结构的墙体应支撑在混凝土基础或砌体基础顶面的混凝土梁上。混凝土基础或梁顶面砂浆应平整，倾斜度不应大于0.2%。

（8）木组件与钢结构宜采用销轴类紧固件连接。采用剪板连接时，剪板采用可锻铸铁制作，紧固件应采用螺栓或木螺钉。剪板构造要求和抗承载力计算应符合现行国家标准《胶合木结构技术规范》（GB/T 50708—2012）的规定。

（四）木结构组件设计

1. 集成设计

装配式木结构建筑的组件主要包括预制梁、柱、板式组件和空间组件等，组件设计时需确定集成方式。集成方式包括：①散件装配；②在工厂完成组件装配，运到现场直接安装；③散件或分部组件在施工现场装配为整体组件再进行安装。

集成方式需依据组件尺寸是否符合运输和吊装条件确定。组件的基本单元需要规格化，便于自动化制作。组件安装单元可根据现场情况和吊装等条件采用三种组合方式：①采用运输单元作为安装单元；②现场对运输单元进行组装后作为安装单元；③采用上述两种方式混合安装单元。

当预制构件之间的连接件采用暗藏方式时，连接件部位应预留安装洞口，安装完成后，采用在工厂预先按规格切割的板材进行封闭。

2. 梁柱构件设计

梁柱构件的设计验算应符合国家标准的规定。在长期荷载作用下，应进行承载力和变形等验算。在地震作用和火灾状况下，应进行承载力验算。预制构件中预埋件的验算应符合国家标准的相关规定。用于固定结构连接性的预埋件不宜与预埋吊件和临时支撑用的预埋件兼用。必须兼用时，应满足所有设计工况的要求。

3. 墙体、楼盖、屋盖设计

（1）装配式木结构的楼板和墙体、预制木墙体的墙骨柱、顶梁板、底梁板和墙面板应按现行国家标准的规定进行验算和设计。

（2）墙体、楼盖和屋盖按预制程度不同，可分为开放式组件和封闭式组件。

（3）预制木墙板在竖向及平面外荷载作用时，墙骨柱宜按两端铰接的受压构件设计，构件在平面外的计算长度应为墙骨柱长度；当墙骨柱两侧布置木基结构板或石膏板等覆面板时，平面内只需进行强度计算。墙骨柱在竖向荷载作用下，在平面外弯曲的方向应考虑 0.05 倍墙骨柱截面高度的偏心距。

（4）预制木墙板中外墙骨柱时应考虑风荷载效应的组合，需要按两端铰接的受压构件设计。当外墙围护材料较重时，应考虑围护材料引起的墙体平面外的地震作用。

（5）墙板、楼面板和屋面板应采用合理的连接形式，并应进行抗震设计。连接节点应具有足够的承载力和变形能力，并应采取可靠的防腐、防锈、防虫、防潮和防火措施。

（6）当非承重的预制木墙板采用木骨架组合墙体时，其设计和构造要求应符合国家标准《木骨架组合墙体技术标准》（GB/T 50361—2018）的规定。

（7）正交胶合木墙体的设计应符合国家标准《多高层木结构建筑技术标准》（GB/T 51226—2017）的要求。

（8）装配式木结构中楼盖宜采用正交胶合木楼盖、木搁栅与木基结构板材楼盖。装配式木结构中屋盖系统可采用正交胶合木屋盖、橡条式屋盖、斜撑梁式屋盖和桁架式屋盖。

（9）橡条式屋盖和斜梁式屋盖的组件单元尺寸应按屋盖板块大小及运输条件确定。

（10）桁架式屋盖的桁架应在工厂加工制作，桁架式屋盖的组件单元尺寸应按屋盖板块大小及运输条件确定，并应符合结构整体设计的要求。

（11）楼盖体系应按现行国家标准《木结构设计标准》（GB 50005—2017）的规定进行格栅振动验算。

4.其他组件设计

（1）装配式木结构建筑中的木楼梯和木阳台宜在工厂按一定模数预制。

（2）预制木楼梯与支撑构件之间宜采用简支连接。预制楼梯宜一端设置固定铰，另一端设置滑动铰。其转动及滑动能力应满足结构层间位移的要求，在支撑构件上的最小搁置长度不小于100mm。预制楼梯设置滑动铰的端部应采取防止滑落的构造措施。

（3）装配式木结构建筑中的预制木楼梯可采用规格材、胶合木和正交胶合木制成。楼梯的梯板梁应按压弯构件计算。

（4）装配式木结构建筑中的阳台可采用挑梁式预制阳台或挑板式预制阳台。

（5）楼梯、电梯井、机电管井、阳台、走道和空调板等组件宜整体分段制作、设计时应按构件的实际受力情况进行验算。

（五）木结构吊点设计

木结构吊点设计包括以下内容：

第一，吊装方式的确定。木结构组件和部品吊装方式包括软带捆绑式和预埋螺母式。设计时需要根据组件或部品的重量和形状确定吊装方式。

第二，吊点位置的计算。应根据组件和部品的形状与尺寸，选择受力合理和变形最小的吊点位置；异形构件需要根据重心计算。

第三，吊装复核计算。吊装用软带、吊索和吊点受力。

第四，临时加固措施。设计对刚度差的构件或吊点附近应力集中处，应根据吊装受力情况对其临时加固。

第二节　装配式木结构建筑的材料与构件

一、装配式木结构建筑的材料

装配式木结构建筑的主要材料包括木材、金属连接件和结构用胶。装配式木结构建筑所用的保温材料、防火材料、隔声材料、防水密封材料和装饰材料与其他结构建筑相同。

(一) 木材的类型及要求

装配式木结构建筑所用的木材，主要包括方木和原木、规格材、木基结构板材、工字形木搁栅、结构复合材和胶合木层板。选用时应符合国家标准、防火要求、木材阻燃剂要求和防腐要求。

1. 木材的主要类型

(1) 方木和原木。方木原木结构构件设计时，应根据构件的主要用途选用相应的材质等级。使用进口木材时，应选择天然缺陷和干燥缺陷少且耐腐性较好的树种；首次采用的树种，需要先试验后再使用。

方木和原木应从标准所列树种中选取。主要称重构件应采用针叶材；重要的木制连接构件应采用细密、直纹、无痛节和无其他缺陷的耐腐的硬质阔叶材。

(2) 规格材。规格材是指宽度、高度按规定尺寸加工的木材。

(3) 木基结构板。木基结构板包括结构胶合板和定向刨花板，多用于屋面板、楼面板和墙面板。

(4) 工字形木搁栅。工字形木搁栅用结构复合木材做翼缘，用定向刨花板或结构胶合板做并用耐用水胶黏结，多用于楼盖和屋盖。

(5) 结构复合材。结构复合材是以承受力的作用为主要用途的复合材料，多用于梁或柱。

(6) 胶合木层板。胶合木层板的原料是针叶松，主要包括以下内容：

第一，正交胶合木。正交胶合木至少由三层软木规格材胶合或螺栓连接，相邻层的顺纹方向互相正交垂直。

第二，旋切板胶合木。旋切板胶合木由云杉或松树旋切成单板，常用作板或梁。

第三，层叠木片胶合木。层叠木片胶合木是由防水胶黏合厚0.8mm、宽25mm、长300mm的木片单板而形成的木基复合构件。层叠木片胶合木中包括两种单板：一种是所有木片排列都与长轴方向一致的单板；另一种是部分木片排列与短轴方向一致的单板。前者适用于梁、椽、标和柱；后者适用于墙、地板和屋顶。

第四，平行木片胶合木。平行木片胶合木是由厚约3mm、宽约15mm的单板条制成，板条由酚醛树脂黏合，单板条可以达到2.6m长。平行木片胶合木常用作大跨度结构。

第五，胶合木。胶合木采用花旗松等针叶木材的规格材叠合在一起，形成是大尺寸工程木材。

2. 木材含水率要求

(1) 现场制作方木或原木构件的木材含水率应不大于25%。

（2）板材、规格材和工厂加工的方木含水率应不大于20%。

（3）方木原木受拉构件的连接板含水率应不大于18%。

（4）作为连接件时含水率应不大于15%。

（5）胶合木层板和正交胶合木层板的含水率应为8%～15%，且同构件各层板间的含水率差别应不大于5%。

（6）井干式木结构构件采用原木制作时含水率应不大于25%；采用方木制作时含水率应不大于20%；采用胶合木材制作时含水率应不大于18%。

（二）钢材与金属连接件

1. 钢材

装配式木结构建筑承重构件、组件和部品连接使用的钢材采用Q235钢、Q345钢、Q390钢和Q420钢，应符合国家标准《碳素结构钢》（GB/T 700—2006）和《低合金高强度结构钢》（GB/T 1591—2018）的有关规定。

2. 钉

钉的材料性能应符合现行国家标准《紧固件机械性能》（GB/T 3098.2—2015）和其他相关现行国家标准的规定和要求。

除此以外，金属连接件及螺钉等物件应进行防腐处理或采用不锈钢产品。与防腐木材直接接触的金属连接件及螺钉等物件应避免防腐剂引起的腐蚀。

对外露的金属连接件应采取涂刷防火涂料等防火措施，防火涂料的涂刷工艺应满足设计要求或相关规范。

3. 螺栓

装配式木结构建筑承重构件、组件和部品连接使用的螺栓应符合以下规定：

（1）普通螺栓应符合国家标准《六角头螺栓——A和B级》（GB/T 5782—2000）和《六角头螺栓——C级》（GB/T 5780—2006）的规定。

（2）高强度螺栓应符合国家标准《钢结构用高强度大六角头：螺栓》（GB/T 1228—2006）、《钢结构用高强度垫圈》（GB/T 1230—2006）、《钢结构用高强度大六角头螺栓、大六角螺母、垫圈技术条件》（GB/T 1231—2006）、《钢结构用扭剪型高强度螺栓连接副》（GB/T3632—2008）的有关规定。

（3）锚栓可采用国家标准《碳素结构钢》（GB/T 700—2006）中规定的Q235钢或《低合金高强度结构钢》（GB/T 1591—2008）中规定的Q345钢制成。

（三）承重结构用胶规定

承重结构可采用酶类胶和氨基塑料缩聚胶黏剂或单组分聚氨酯胶黏剂，应符合现行国家标准《胶合木结构技术规范》(GB/T 50708—2012) 的规定。

承重结构用胶必须满足结合部位的强度和耐久性要求，其胶合强度应不低于木材顺纹抗取和横纹抗拉的强度。结构用胶的耐水性和耐久性，应符合结构的用途和使用年限，并符合环境保护的要求。

二、装配式木结构建筑的构件

(一) 木结构预制构件的类型

装配式木结构建筑的构件 (组件和部品) 大都在工厂生产线上预制，包括构件预制、模块化预制、板块式预制和移动木结构。

木结构预制构件易于实现产品质量的统一管理，确保加工精度、施工质量及稳定性；统筹计划下料，提高材料的利用率，减少废料的产生；预制完成后，现场直接吊装组合能够减少现场施工时间、减少现场施工气候条件的影响，并降低劳动力成本。

1. 构件预制

构件预制是装配式木结构建筑的最基本方式。构件预制是指单个木结构构件，如梁、柱等构件和组成组件的基本单元构件的工厂代制作，主要适用于普通木结构和胶合木结构。构件预制的加工设备大都采用先进的数控机床。构件预制的优点是构件运输方便，并可根据客户具体要求实现个性化生产，缺点是现场施工组装工作量大。

2. 模块化预制

模块化预制可用于建造单层或多层木结构建筑。单层建筑的木结构系统一般由 2 ~ 3 个模块组成，两层建筑木结构系统由 4 ~ 5 个模块组成。模块化木结构会设置临时钢结构支撑体系，以满足运输、吊装的强度与刚度要求。吊装完成后撤除。模块化木结构最大化地实现了工厂预制，也实现了自由组合。

3. 板块式预制

一般而言，每面墙体、楼板和每侧屋盖构成单独的板块。板块式预制是将整栋建筑分解成几个板块，在工厂预制完成后运输到现场进行吊装组合。预制板块的大小根据建筑物体量、跨度、进深、结构形式和运输条件确定。板块式木结构技术既充分利用了工厂预制的优点，又便于运输 (包括长距离海运)。预制板块根据开口情况分为开放式和封闭式两种。

(1) 开放式板块是指墙面没有封闭的板块，保持一面或双面外露，便于后续各板块之间的现场组装、安装设备与管线系统和现场质量检查。开放式板块包括结构层、保温层、防潮层、防水层、外围护墙板和内墙板。一面外露的板块一般为外侧是完工表面，内侧墙板未安装。

（2）封闭式板块是指板块内外侧均为完工表面，且完成了设施布线和安装，仅各板块连接部分保持开放。这种建造技术主要适用于轻型木结构建筑，能够缩短施工工期。

4. 移动木结构

移动木结构是指整座房子完全在工厂预制装配的木结构建筑，房屋运输到建筑现场吊装，安放在预先建造好的基础上，连接水、电和煤气后，马上可以入住。移动木结构不仅完成了所有结构工程，还完成了所有内外装修，如管道、电气、机械系统和厨卫家具的安装。由于道路运输问题，目前移动木结构仅局限于单层小户型住宅和旅游景区小体量景观房屋。

（二）木结构构件的制作流程

此处以轻型木结构墙体预制为例，论述木结构构件的制作流程。

首先，对规格材进行切割；其次，进行小型框架构件组合，墙体整体框架组合，结构覆面板安装，在多功能工作桥进行上钉卯、切割，为门窗的位置开孔、打磨，翻转墙体敷设保温材料、蒸汽阻隔、石膏板等；最后，安装门、窗、外墙饰面。

（三）木结构构件的制作要求

第一，预制木结构组件应按设计文件制作。制作工厂需要具备相应的生产场地和生产工艺设备，拥有完善的质量管理体系和试验检测手段，并且需要建立组件制作档案。

第二，制作前应制定制作方案，包括制作工艺要求、制作计划、技术质量控制措施、成品保护、堆放及运输方案。

第三，制作过程中需控制制作及储存环境的温度、湿度。木材含水率应符合设计文件的规定。

第四，预制木结构组件和部品在制作、运输和储存过程中，应采取防水、防潮、防火、防虫和防止损坏的保护措施。

第五，每种构件的首件须进行全面检查，符合设计与规范要求后再进行批量生产。

第六，宜采用 BIM 信息化模型校正和组件预拼装。

第七，有饰面材料的组件，制作前应绘制排版图，制作完成后在工厂进行预拼装。

（四）木结构构件的运输要求

木结构组件和部品运输的具体要求如下：

第一，制定装车固定、堆放支垫和成品保护方案，并采取措施防止运输过程中组件移动、倾倒和变形。

第二，存储设施和包装运输应采取使其达到要求含水率的措施，并应有保护层包装，对边角部需设置保护衬垫。

第三，预制木结构组件水平运输时，应将组件整齐地堆放在车厢内。梁、柱等预制组件可分层隔开堆放，上、下分隔层垫块应竖向对齐，悬臂长度不宜大于组件长度的1/4。板材和规格材应纵向平行堆垛、顶部压重存放。

第四，预制木桁架整体水平运输时，宜竖向放置，支撑点应设在桁架两端节点支座处，下弦杆的其他位置不得有支撑物。应在上弦中央节点处的两侧设置斜撑，并且与车底牢固连接，按桁架的跨度大小设置若干对斜撑。数术榀衔架并排竖向放置，运输时需在上弦节点处用绳索将各桁架彼此系牢。

第五，预制木结构墙体宜采用直立插放架运输和储存。插放架应有足够的承载力和刚度，并应支垫稳固。

（五）木结构构件的验收要求

木结构预制构件验收包括原材料验收、配件验收和构件出厂验收。木结构构件的验收要求具体如下：

第一，按木结构工程现行国家标准验收和提供文件与记录，并提供工程设计文件、预制组件制作和安装的技术文件，以及预制组件使用的主要材料、配件及其他相关材料的质量证明文件、进场验收记录、抽样复验报告。

第二，预制组件的预拼装记录。预制木结构组件制作误差应符合现行国家标准的预制。正交胶合木构件的厚度宜小于500mm。

第三，预制木结构组件检验合格后应设置标识。标识内容应包括产品代码或编号、制作日期、合格状态、生产单位等信息。

（六）木结构构件的储存要求

预制木结构组件的储存应符合如下要求：

第一，组件应存放在通风良好的仓库或防雨的有顶场所内。堆放场地应平整、坚实，并应具备良好的排水设施。

第二，施工现场堆放的组件需按安装顺序分类堆放。堆垛需布置在起重机工作范围内，且不应受其他工序施工作业影响。

第三，采用叠层平放的方式堆放时，应采取防止组件变形的措施。

第四，吊件应朝上，标志需朝向堆垛间的通道。

第五，支垫应坚实，垫块在组件下的位置须与起吊位置一致。

第六，重叠堆放组件时，每层组件间的垫块应上下对齐，堆垛层数需按组件、垫块的承载力确定，并采取防止堆垛倾覆的措施。

第七，采用靠架堆放时，靠架应具有足够的承载力和刚度，与地面倾斜角度应大于80°。

第八，堆放曲线形组件时，应按组件形状采取相应的保护措施。

第九，对在现场不能及时安装的建筑模块应采取保护措施。

第三节　装配式木结构建筑施工质量控制

一、装配式木结构建筑的施工方法

(一) 施工准备

施工准备阶段包括以下工作：

第一，装配式木结构施工前编制施工组织设计方案。

第二，安装人员应培训合格后上岗，重视起重机司机与起重工的培训。

第三，做好起重设备、吊索吊具的配置与设计。

第四，进行吊装验算。构件搬运、装卸时，动力系数取1.2；构件吊运时，动力系数可取1.5；当有可靠经验时，动力系数可根据实际受力情况和安全要求适当增减。

第五，做好临时堆放与组装场地准备，或在楼层平面进行上一层楼的部品组装。

第六，对于安装工序要求复杂的组件，应进行试安装，并根据试安装结果对施工方案进行调整。

第七，施工安装前需要检验五项内容：①混凝土基础部分是否满足木结构施工安装精度要求；②安装所用材料及配件是否符合设计和国家标准及规范要求；③预制构件的外观质量、尺寸偏差、材料强度和预留连接位置等；④连接件及其他配件的型号、数量和位置；⑤预留管线、线盒等的规格、数量、位置及固定措施等。以上检验若不合格，不得进行安装。

第八，测量放线等。

（二）施工要点

1. 吊点设计

吊点设计需符合以下要求：

（1）对于已拼装构件，应根据结构形式和跨度确定吊点。施工须进行试吊，证明结构具有足够的刚度后方可开始吊装。

（2）杆件吊装宜采用两点吊装，长度较大的构件可采取多点吊装。

（3）长细杆件应复核吊装过程中的变形及平面外稳定，板件类、模块化构件应采用多点吊装。组件上应有明显的吊点标示。

2. 吊装要求

（1）对于刚度差的构件，应根据其在提升时的受力情况用附加构件进行加固。

（2）吊装过程应平稳，构件吊装就位时，需使其拼装部位对准预设部位垂直落下。

（3）正交胶合木墙板吊装时，宜采用专用吊绳和固定装置，移动时采用锁扣扣紧。

（4）竖向组件和部件、水平组件安装应符合以下要求：

第一，底层构件安装前，应复核结合面标高，并安装防潮垫或采取其他防潮措施。

第二，其他层构件安装前，应复核已安装构件的轴线位置、标高。

第三，柱的安装应首先调整标高，其次调整水平位移，最后调整垂直偏差。柱的标高、位移、垂直偏差应符合设计要求。调整柱垂直度的缆风绳或支撑夹板，应在柱起吊前在地面绑扎好。

第四，校正构件安装轴线位置后，初步校正构件垂直度并紧固连接节点，同时采取临时固定措施。

第五，安装水平组件时，应复核支撑位置连接件的坐标，应对与金属、砖、石混凝土等的结合部位采取防潮、防腐措施。

（5）安装柱与柱之间的主梁构件时，应对柱的垂直度进行检测。除检测梁两端柱子的垂直度变化外，还应检测相邻各柱因梁连接影响而产生的垂直度变化。

（6）桁架可逐榀吊装就位，或多根桁架按间距要求在地面用永久性或临时支撑组合成数榀后一起吊装。

3. 连接施工

（1）螺栓应安装在预先钻好的孔中。孔不能太小或太大。预钻孔的直径比螺栓直径大 0.8～1.0mm，螺栓的直径不宜超过 25mm。

（2）螺栓连接重力的传递依赖于孔壁的挤压，因此连接件与被连接件上的螺栓孔必须同心。

（3）预留多个螺栓钻孔时，宜将被连接构件临时固定后进行一次贯通施钻。安装螺栓时应拧紧，确保被连接构件紧密接触，但拧紧时不得将金属垫板嵌入胶合木构件中。

（4）螺栓连接中，垫板尺寸仅需满足构造要求，无须验算木材横纹的局部受压承载力。

4. 临时支撑

构件安装后应设置防止失稳或倾覆的临时支撑。可通过临时支撑对构件的位置和垂直度进行微调。构件安装临时支撑的要求如下：

（1）水平构件支撑不宜少于 2 道。

（2）预制柱、墙的支撑点距底部的距离不宜小于高度的 2/3，且不可小于高度的 1/2。

（3）吊装就位的桁架应设临时支撑以保证其安全和垂直度。采用逐榀吊装时，第一根桁架的临时支撑应有足够的能力防止后续桁架的倾覆，其位置应与被支撑桁架上弦杆的水平支撑点一致，支撑的一端应可靠地锚固在地面或内侧楼板上。

5. 其他要求

（1）现场安装时，未经设计允许不得对预制木构件采取切割、开洞等影响预制木构件完整性的行为。

（2）装配式木结构现场安装全过程中，应采取防止预制木构件及建筑附件、吊件等破损、遗失或污染的措施。

二、装配式木结构建筑的质量控制

装配式木结构建筑应按照下列规定做好质量控制：

第一，木结构采用的木材，包括规格材、木基结构板材、钢构件和连接件、胶合剂及层板胶合木构件、器具及设备应进场行现验收。涉及安全、功能的材料或产品应按相应的专业工程质量验收规范的规定复验，并经监理工程师或建设单位技术负责人检查认可。

第二，每道工序应按施工技术标准控制质量，工序完成后，应进行检查。

第三，相关专业工种之间，应进行交接检验，并形成记录。未经监理工程师或建设单位负责人检查认可，不得进行下道工序施工。

第六章　装配式钢结构设计与施工管理

装配式钢结构住宅建筑适用于构件的工厂化生产，可以集设计、生产、施工、安装于一体，提高建筑的工业化水平。与传统钢筋混凝土结构建筑相比，装配式钢结构建筑具有自重轻、基础造价低、施工快、环境污染少、抗震性能好、可回收利用、经济环保等优势，具有良好的发展前景。本章探究装配式钢结构建筑体系及设计、装配式钢结构建筑的构件管理、装配式钢结构建筑的施工方法、装配式钢结构建筑的施工管理。

第一节　装配式钢结构建筑体系及设计

一、装配式钢结构建筑体系

随着我国国民经济的发展，我国钢材的产量和产业规模近几十年来一直稳居世界前列。从全球范围看，绿色化、信息化和工业化是建筑产业发展的必然趋势，钢结构建筑具有绿色环保、可循环利用、抗震性能良好的独特优势。在其全寿命周期内具有绿色建筑和工业化建筑的显著特征，应该说在我国发展钢结构空间巨大。与此同时，"对我国装配式钢结构行业而言，转型升级和跨越发展的任务紧迫而艰巨。"[1]

大力发展钢结构和装配式建筑，提高建筑工程标准和质量推动产业结构的调整升级。推广应用钢结构，不仅可以提高建设效率、提升建筑品质、低碳节能、减少建筑垃圾的排放，符合可持续发展的要求，还能化解钢铁产能过剩推动建筑产业化发展，促进建筑部品更新换代和升级，具有重大的现实意义。

（一）装配式钢框架结构

钢框架结构的主要结构构件为钢梁和钢柱，钢梁和钢柱在工厂预制，在现场通

---

[1] 杨乐.BIM 技术在装配式钢结构工程中的应用研究 [J].建材与装饰，2023，19（7）：39.

过竹点连接形成框架。一般情况下框架结构的钢梁与钢柱采用栓焊连接或全焊连接的刚性连接，以提高结构的整体抗震刚度；为减少现场的焊接工作量，防止梁与柱连接焊缝的脆断，加大结构的延性，在有可靠依据的情况下，也可采用全螺栓的半刚性连接。

钢梁、钢柱、外墙、内墙、楼梯等主要部件均为预制构件，楼板采用的是钢筋桁架楼承组合板，除了楼板面层需现浇外，现场再无大面积的湿作业施工，装配化程度高。

1.装配式钢框架的一般布置原则

为方便框架梁柱的标准化设计以及提高建筑结构的抗震性能，同时综合考虑建筑使用的功能性、结构受力的合理性以及制作加工和施工安装的方便性等因素。装配式钢框架结构一般的布置原则有以下四点。

（1）钢框架建筑的平面尽可能采用方形、矩形等对称简单的规则平面；考虑外墙板设计应少规格多组合，以减少墙板模具的费用，以及钢构件本身的通用性和互换性建筑户型平面尺寸布置应尽量以统一的建筑模数为基础，形成标准的建筑模块。

（2）框架柱网的布置，应尽可能采用较大柱网，减少梁柱节点数量，在建筑空间增大、平面布置更加灵活的同时，实现安装节点少、施工速度快，有利于装配化的进程。多层钢结构的柱距一般宜控制在 6～9m 范围内。

（3）框架梁布置时应保证每根钢柱在纵横两个方向均有钢梁与之可靠连接，以减少柱的计算长度，保证柱的侧向稳定。应有目的地将较多的楼盖自重传递至为抵抗倾覆力矩而需较大竖向荷载与之平衡的外围框架柱。

（4）次梁的布置，应考虑楼板的种类和经济跨度、建筑降板需求以及隔墙厚度和布置等因素，尽可能少布置次梁，次梁的间距一般宜控制在 2.5～4.5m 范围内。

一般情况下，若做成混凝土框架结构时，考虑梁柱的截面取值和房屋净高（特别是走廊处净高）要求，通常布置为三跨，以减小主梁跨度。若做成钢框架结构时，钢结构强度高，适用跨度大，梁柱截面可相应减小。结构布置可改为两跨布置，减少一排框架柱。既方便了构件加工又加快了现场梁柱装配进度，经济合理。

对于钢框架结构，由于钢材的强度高，钢结构框架能有效避免"粗梁笨柱"现象但也会造成钢框架结构的侧向刚度有限，结构的最大适用高度受到一定的限制。

实际工程中在抗震区以及风荷载较大的地区。当结构达到一定高度时。梁柱截面尺寸将由结构的刚度控制而不是强度控制。为控制构件的截面尺寸和用钢量，钢框架结构一般不超过18层。

2.装配式钢框架结构的构件拆分

钢结构的受力钢构件均是在钢构厂加工，现场进行通过螺栓连接或焊接连接成整体。钢构件在工厂的加工拆分原则主要考虑受力合理、运输条件、起重能力、加工制作简单、安装方便等因素；钢结构的楼板、外墙板及楼梯等构件的拆分则应根据构件的种类遵循受力合理、连接简单、标准化生产、施工高效的原则，在方便加工和节省成本的基础上，确保工程质量。

（1）钢框架柱的拆分。钢框架柱一般按 2～3 层进行分段作为一个安装单元，在运输和吊装能力许可的情况下，对不高的楼层住宅建筑，也可按 4 层进行分段，分段位置通常设置在楼层梁顶标高以上 1.2～1.3m，以方便现场工人进行梁柱的拼接。设计时为避免梁柱在工地现场的节点连接，可在柱边设置悬臂梁段，悬臂梁段与柱之间采用工厂全焊接连接，侧柱拆分时是带有短梁头的。这种拆分可将梁柱的节点连接转变为梁与梁的拼接，有效避免了强节点的验算。梁端内力传递性能较好且现场操作方便，设计和施工均相对简单，短悬臂梁段的长度一般为柱边外 2 倍梁高及梁跨度 1/10 的较小值。但由于带短梁头的柱运输、堆放、吊装和定位都比较困难，同时梁端的焊接性能也直接影响节点的抗震性能，目前钢框架工程中以不带悬臂梁的柱拆分较为常见。

（2）钢梁的拆分。钢框架主梁一般按柱网拆分为单跨梁，钢次梁以主梁间距为单元划分为单跨梁。

（3）楼板的拆分。为满足工业化建造的要求，钢结构中楼板所用的类型主要有钢筋桁架楼承板组合楼板和桁架钢筋混凝土叠合板等。

钢筋桁架楼承板是将楼板中的钢筋再加工成钢筋桁架，并将钢筋桁架与镀锌钢板在工厂焊接成一体的组合模板。施工中，可将钢筋桁架楼承板直接铺设在钢梁上。底部镀锌钢板可做模板使用。无须另外支模及架手架。同时也减少了现场钢筋绑扎工程量，既加快了施工进度，又保证了施工质量。但当钢筋桁架楼承板的底板采用镀锌钢板时。楼板板底的装修（抹灰粉刷）存在一定的困难，所以带镀锌底板的钢筋桁架楼承板一般多用在有吊顶的公建中较多。当用在住宅中时，可结合节能计算先在楼承板的板底敷设一层保温板再进行粉刷。

钢筋桁架楼承板的宽度一般为 576mm 或 600mm，长度可达 12m。设计时一般沿楼板短边受力方向连续铺设。将钢筋桁架楼承板支撑在长边方向的钢梁上，然后绑扎桁架连接钢筋，支座附加钢筋和板底分布钢筋。

桁架钢筋混凝土叠合板是利用混凝土楼板的上下层纵向钢筋与弯折成形的钢筋焊接，组成能够承受荷载的桁架，结合预制混凝土底板形成在施工阶段无须模板、板底不加支撑能够承受施工阶段荷载的楼板。桁架钢筋混凝土叠合板的预制底板厚度一般为 60mm，后浇的混凝土叠合层一般不小于 70mm，考虑铺设管线的方便，一般不小于 80mm。在进行楼板拆分设计时，预制混凝土，底板应等宽拆分，尽量拆分为标准板型。单向叠合板拆分设计时，预制底板之间采用分离式接缝拼缝位置可任意设置；双向叠合板拆分设计时，预制底板之间采用整体式接缝位置宜设置在叠合板受力较小处。

（4）外墙板的拆分。目前民用钢结构外墙板应用较多的主要为蒸压加气混凝土外条板和预制混凝土夹心保温外墙板。蒸压加气混凝土条板应用在居住建筑中通常的布置形式为竖板安装，采取分层承托方式，因此应分层进行排版，条板的宽度一般为600mm，为避免材料浪费，建筑设计时，开间尺寸应尽量符合300mm模数要求，窗户与墙体的分割也宜考虑条板的布板模数。

预制混凝土夹心保温外墙板拆分时高度通常不超过一个层高，在每层范围内墙板尺寸的确定应综合考虑建筑立面、结构布置、制作工艺、运输能力以及施工吊装等多方面因素。同时为节省工厂制作的钢模费用，墙板拆分时应尽量符合标准化要求。以少规格、多组合的方式实现建筑外围护体系。相对来说预制混凝土夹心保温外墙板应用在钢结构上，存在自重偏大、与主体钢结构构件的构造连接不够成熟等问题研发轻质的预制混凝土夹心保温外墙板，以及合理的连接构造措施是大力推广预制混凝土夹心保温外墙板在钢结构工程中应用的前提和基础。

（5）楼梯的拆分。装配式钢结构的楼梯可采用预制钢楼梯或预制混凝土楼梯。预制钢楼梯一般为梁式楼梯。楼梯踏步上宜铺设预制混凝土面层；预制混凝土楼梯一般为板式楼梯。楼梯设计时通常以一条楼梯作为一个单元进行拆分。钢楼梯自重轻一般带平台板拆分；混凝土楼梯自重较大拆分时是否带有平台板应根据吊装能力确定。为减少混凝土楼梯刚度对主体结构受力的影响，装配式混凝土楼梯与主体钢结构通常采用柔性连接楼梯和主体结构之间不传递水平力，而钢楼梯由于其刚度较小与主体结构的连接通常采用固定式连接。

3.装配式钢框架结构的设计要点

装配式钢框架结构设计应满足现行国家标准。在设计中，为尽量减少工地现场的焊接工作量和湿作业，提高施工质量和装配程度，在规范的基础上结合新的研究成果，提出以下需要注意的六个设计要点。

（1）梁柱节点的连接。为保证结构的抗侧移刚度，框架梁与钢柱通常做成刚接，满足强节点弱杆件的设计要求；梁柱连接节点的承载力设计值，不应小于相连构件的承载力设计值；梁柱连接节点的极限承载力应考虑连接系数大于构件的全塑性承载力。

考虑建筑空间和使用要求，梁柱连接形式一般为内隔板式或贯通隔板式。内隔板式常用于焊接钢管柱，贯通隔板式用于成品钢管柱。对节点区设置有横隔板的梁柱连接计算时，弯矩由梁翼缘和腹板受弯区的连接承受。剪力由腹板受剪取区的连接承受。工程中为满足节点计算的强连接要求，必要时梁柱凹采用加强型连接或骨式连接，以达到大震作用下梁先产生塑性铰并控制梁端塑性铰位置的目的，避免修点翼缘焊缝出现裂缝和脆性断裂。

隔板上浇筑孔的开设根据其中是否浇筑混凝土而定。另外需要注意的是，与同一根柱相连的框架梁，在设计时应合理选择梁翼缘板的宽度和厚度。

梁柱连接采用的均是梁翼缘与柱焊接，腹板与柱高强螺栓连接，这也是现阶段工程中最为常见的梁柱刚性连接方式。为减少现场的焊接工作量，避免焊接引起的热影响区对构件的不利影响，当有可靠依据时，梁柱也可采用连接件加高强螺栓的全螺栓连接。如外套筒连接、外伸端板连接或短 T 型钢连接等。

其中外套管连接首先要将四块钢板围焊、与柱壁塞焊连接后。再将梁柱通过高强螺栓和连接件连接在工程中已有的应用；外伸端板加劲连接是技术标准推荐的全螺栓节点连接；而短 T 型钢加劲连接是刚度较大的全螺栓节点连接。这种全螺栓的连接方式由于连接本身不是连续的材料，在节点受力过程中，各单元之间会产生相互的滑移和错动，打点连接的刚度和连接件厚度、柱壁厚度、高强螺栓直径和节点的加劲措施等因素相关。完全约束的刚性节点应满足连接刚度与梁的刚度比值不小于 20 的条件，当节点连接的刚度不能满足刚性连接的刚度要求时，设计时应对半刚性螺栓连接节点预先确定连接的弯矩转角特性曲线，以便考虑连接变形的影响。

同时由于钢管柱为封闭截面，为实现螺栓的安装。必须在节点区域柱壁上预先开设直径较大的安装孔待螺栓安装完毕后再将安装孔补焊好；或采用具有单侧安装、单边拧紧功能的单边螺栓，现阶段工程中应用较多的单边螺栓主要产自美国、英国或澳大利亚等国家。

（2）主次梁的连接。次梁与主梁之间一般采用铰接连接，次梁与主梁仅通过腹板螺栓连接，当次梁跨度大、跨数较多或荷载较大时，为减少次梁的挠度，次梁与主梁可采用栓焊刚性连接，也可采用全螺栓连接。当主次梁高度不同时，应采取措施保证次梁翼缘力的传递，如设置纵向加劲肋或设置变高度短牛腿；对于仅一侧设有刚接次梁的主梁，应增设一定的加劲肋来考虑次梁对主梁产生的扭转效应。对于两端铰接的钢次梁，设计时可考虑楼板的组合作用将次梁定义为组合梁，节省用钢址按组合梁设计时应注意钢梁上翼缘栓钉的设计要求。

（3）楼板与钢梁的连接。为保证楼板的整体性以及楼板与钢结构连接的可靠性，楼板与钢结构之间可通过设抗剪连接件连接。当梁两侧的楼板标高不一致需要降板处理时，可在降板一侧的梁腹板上焊角钢。较为典型的有两种连接做法，分别为单向板铺板不到支座的构造做法，以及单向板非受力边和双向板搭接的构造做法。单向板受力方向的支座连接同双向板支座构造。

（4）外墙板与主体结构的连接。外墙板与主体结构的连接应构造合理、传力明确、连接可靠，并有一定的变形能力，能和主体结构的层间变形相协调，不应因层间变形而发生连接部位损坏失效的现象。

预制混凝土夹心保温外墙板与主体结构一般采用外挂柔性连接，常用的外挂柔性连接方式一般为四点支承连接（包括上承式和下承式）连接件的设计应综合考虑外墙板的形状、尺寸以及主体结构层间位移量等因素确定。具体的连接构造大都是预制混凝土夹心保温板生产企业自主研发的。

蒸压加气混凝土外墙板与主体结构的连接可采用内嵌式、外挂式和内嵌外挂组合式等形式。一般来说，分层外挂式传力明确，保温系统完整闭合；内嵌式能最大限度地减少钢框架露梁、露柱的缺点，但需要处理钢梁柱的冷（热）桥问题。

（5）钢柱与基础的连接。对抗震设防为6、7度地区的多层钢框架结构，采用独立基础时，结构柱脚的设计一般选择外包式钢接柱脚。当基础埋深较浅时，钢柱宜直接落在基础顶面，基础顶面至室外地面的高度应满足2.5倍钢柱截面高度的要求。当基础埋层较深时，为节省用钢量，可将基础做成高承台基础台高钢柱与承台的连接位置。外包式钢柱脚锚在基础平台上，基础承台的设计应满足刚度和平面尺寸要求，承台柱抗侧刚度不小于钢柱的2倍，钢柱底板边距承台边的距离不小于100mm。

（6）预制阳台板、空调板与主体结构的连接。基于钢结构构件装配连接的特点，可以很方便地实现悬挑次梁与主梁和钢柱的刚性连接，因此在钢结构建筑中，阳台板一般可与楼板同时铺设施工，无须预制。当采用预制阳台板时，与预制空调板类似。先通过预烧钢筋与主体结构的楼板钢筋绑扎连接或焊接连接，然后浇筑混凝土与主体结构连为整体。

（二）装配式钢框架—支撑（延性墙板）结构体系

钢框架—支撑（延性墙板）体系是指沿结构的纵、横两个方向或者其他主轴方向。根据侧力的大小布置一定数量的竖向支撑（延性墙板）所形成的结构体系。

1.钢框架—支撑结构体系

钢框架—支撑结构的支撑在设计中可采用中心支撑，屈曲约束支撑和偏心支撑。

（1）中心支撑。中心支撑的布置方式主要有十字交叉斜杆、人字形斜杆、V字形斜杆或成对布置的单斜杆支撑等。K字形支撑在抗震区会使柱承受比较大的水平力，很少使用。

中心支撑体系刚度较大，但在水平地震作用下支撑斜杆会受压导致结构的刚度和承载力降低，且支撑在反复荷载作用下。内力在受压和受拉两种状态下往复变化，耗能能力较差。因此。中心支撑一般适用于抗震等级为三、四级且高度不超过50m的建筑。

（2）屈曲约束支撑。屈曲支撑的布置原则同中心支撑的布置原则类似。但能有效提高中心支撑的耗能能力。

屈曲约束支撑的构造主要由核心单元、无黏结约束层和约束单元三部分组成。核心单元是屈曲约束支撑中的主要受力构件，一般采用延性较好的低屈服点钢材制成，约束单元和无黏结约束层的设置可有效约束支撑核心单元的受压屈曲，使核心单元在受拉和受压下均能进入屈服状态。在多遇地震或风荷载作用下，屈曲约束支撑处于弹性工作阶段，能为结构提供较大的侧移刚度。在设防烈度与罕遇地震作用下，屈曲约束支撑处于弹塑性工作阶段，具有良好的变形能力和耗能能力，对主体结构的破坏起到保护作用。

（3）偏心支撑。偏心支撑的布置方式主要有单斜杆式、V字形、人字形或门架式等。偏心支撑的支撑斜杆至少有一端与梁连接，并形成消能梁段。在地震作用下，采用偏心支撑能改变支撑斜杆与梁段的屈服顺序，利用消能梁段的先行屈服和耗能，保护支撑斜杆不发生受压屈曲或作屈仙在后，从而使结构具有良好的抗震性能，对高度超过50m以及抗震等级为三级的建筑宜采用偏心支撑。

2.钢框架—延性墙板结构体系

钢框架—延性墙板结构体系中的延性墙板主要是指钢板剪力墙和内藏钢板支撑的剪力墙等。

（1）钢板剪力墙。钢板剪力墙是以钢板为材料填充于框架中承受水平剪力的墙体。根据其构造分为非加劲钢板剪力墙、加劲钢板剪力墙、防屈曲钢板剪力墙以及双钢板组合剪力墙等形式。非加劲钢板剪力墙在设计时，可利用钢板屈曲后的强度来承担剪力，但钢板的屈曲会造成钢板墙的鼓曲变形，且在反复荷载作用下鼓曲变形的发生及变形方向的转换将伴随着明显的响声。影响建筑的使用功能，因此非加劲钢板取力墙主要应用在上抗震及抗震等级为四级的高层民用建筑中。对设防烈度为7度及以上的抗震建筑。通常在钢板的两侧采取一定的防屈曲措施，来增加钢板的稳定性和刚度。如在钢板的两侧设置纵向或横向的加劲肋形成加劲钢板剪力墙，或在钢板的两侧设置预制混凝土板形成防屈曲钢板剪力墙。

在加劲钢板剪力墙中，加劲肋的布置方式主要取决于荷载的作用方式，其中水平和竖向加劲肋混合布置，使剪力墙的钢板区格宽高比接近于1的方式较为常见；当有多道竖向加劲肋或水平向和竖向加劲肋混合布置时，考虑竖向加劲肋需要为拉力带提供锚固刚度。宜将竖向加劲肋通长布置。防屈曲钢板剪力墙中的预制混凝土板的设置除了能向钢板提供额外约束外，还可以消除纯钢板墙在水平荷载作用下产生的噪声。

设计时预制混凝土板与钢板剪力墙之间按无黏结作用考虑，但不考虑其对钢板抗侧力刚度和承载力的贡献。为了避免混凝土板过早的发生挤压破坏，提高防屈曲钢板剪力墙的变形耗能能力，混凝土板与外围框架之间应预留一定的空隙，预制混凝土板与内嵌钢板之间一般通过对拉螺栓连接螺栓的最大间距和混凝土板的最小厚度是确定防屈曲钢板剪力墙承载性能的主要参数。设计时相邻螺栓中心距离与内嵌钢板厚度的比值不宜超过 100；单侧混凝土盖板的厚度不宜小于 100mm，以确保足够的刚度向钢板提供持续的额外约束。

双钢板混凝土结合剪力墙是由两侧外包钢板、中间内填混凝土和连接件组合成整体，共同承担水平及竖向荷载的双钢板组合墙，钢板内混凝土的填充和连接件的拉结能有效约束钢板的屈曲，同时钢板和连接件对内填混凝土的约束又能增强混凝土的强度和延性，使得双钢板组合剪力墙具有承载力高、刚度大、延性好、抗震性能良好等优点。双钢板混凝土组合墙中连接件的设置，对保证外包钢板与内填混凝土的协同工作，以及组合墙的受力性能具有至关重要的作用。

（2）内藏钢板支撑的剪力墙。内藏钢板支撑的剪力墙是以钢板支撑为主要抗侧力构件，外包钢筋混凝土墙板的构件。混凝土墙板的设置主要用来约束内藏的钢板支撑。提高内藏钢板支撑的屈曲能力，从而提高钢板支撑抵抗水平荷载作用的能力，改善结构体系的抗震性能。

设计时支撑钢板与墙板间应留置适宜的间隙。沿支撑轴向在钢板和墙板壁之间的间隙内均匀地设置无黏结材料。同时混凝土墙板设计时不考虑其承担竖向荷载，因此其与周边框架仅在钢板支撑的上下端节点处与钢框架梁相连，其他部位与钢框架梁柱均不相连。且与周边框架梁柱间均留有空隙，由于空隙的存在，小震作用下混凝土板不参与受力，只有钢板支撑承担水平荷载，混凝土板只起抑制钢板支撑面外屈曲的作用，在大震作用下结构发生较大变形，混凝土板开始与外围框架接触，随着接触面的加大，混凝土板逐渐参与承担水平荷载作用，起到抗震耗能的作用，从而提高整体结构的抗震安全储备。设计时墙板与框架间的间隙量应综合墙板的连接构造和施工等因素确定，最小的间隙应满足层间位移角达 1/50。墙板与框架在平面内不发生碰撞，且墙板四周与框架之间的间隙，宜用隔音的弹性绝缘材料填充，并用轻型金属架及耐火板材覆盖。

二、装配式钢结构建筑设计及范围

"装配式钢结构建筑建造速度快，能耗低且受气候条件制约小，施工现场建筑垃圾少，可实现建筑业的绿色节能环保；装配式钢结构建筑具有工业产品的属性，立面丰富，质量过硬，性能更好。"[①] 钢结构在当前的建筑工程施工过程中的逐步应用，使得对于该结构的施工技术水平有了较大程度的提升，同时也取得了较多的工程实践经验和成果。结构设计是钢结构设计中必不可少的部分，设计质量决定着建筑的安全性。

（一）装配式钢结构建筑设计要点

第一，集成化设计。通过方案比较，做出集成化安排，确定预制部品部件的范围，进行设计或选型；做好集成式部品部件的接口或连接设计。

第二，协同设计。由设计负责人（主要是建筑师）组织设计团队进行统筹设计，在建筑、结构、装修、给水排水、暖通空调、电气、智能化和燃气等专业之间进行协同设计。按照相关国家标准的规定，装配式建筑需要进行全装修，装修设计需要与其他专业同期设计并做好协同。设计过程需要与钢结构构件制作厂家、其他部品部件制作厂家、工程施工企业进行互动和协同。

第三，模数协调。装配式钢结构设计的模数协调包括确定建筑开间、进深、层高、洞口等的优先尺寸，确定水平和竖向模数，扩大并确定公差，按照确定的模数进行布置与设计。

第四，标准化设计。对进行具体工程设计的设计师而言，标准化设计主要是指选用现成的标准图、标准节点和标准部品部件。

第五，建筑性能设计。建筑性能包括适用性能、安全性能、环境性能、经济性能和耐久性能等。对钢结构建筑而言，最重要的性能包括防火、防锈蚀、隔声、保温、防渗漏和保证楼盖舒适度等。装配式结构建筑的建筑性能设计依据与普通钢结构建筑一样，在具体设计方面，需要考虑装配式建筑集成部品部件及其连接节点与接口的特点和要求。

第六，外围护系统设计。外围护系统设计是装配式钢结构建筑设计的重点环节。确定外围护系统需要在方案比较和设计上格外下功夫。

第七，其他建筑构造设计。装配式钢结构建筑特别是住宅的建筑与装修构造设计对使用功能、舒适度、美观度、施工效率和成本影响较大，如钢结构隔声问题（柱、梁构件的空腔需通过填充、包裹与装修等措施阻断声桥），隔墙开裂问题（隔墙与主体结构宜采用脱开的连接方法）等。

第八，选用绿色建材。装配式建筑需要选用绿色建材和绿色建材制作的部品部件。

---

① 李凯文，纪敏，万鑫. 装配式钢结构建筑研究 [J]. 城市建筑空间，2022，29(11)：254.

（二）建筑平面与空间设计的要求

装配式钢结构建筑的建筑平面与空间设计应符合以下要求。

第一，应满足结构构件布置、立面基本元素组合及可实施性的要求。

第二，应采用大开间、大进深、空间灵活可变的结构布置方式。

第三，平面设计需要符合三项规定：①结构柱网布置、抗侧力构件布置、次梁布置应与功能空间布局及门窗洞口协调；②平面几何形状宜规则平整，并宜以连续柱跨为基础布置，柱距尺寸应按模数统一；③设备管井应与楼电梯结合，集中设置。

第四，立面设计应符合两项要求：①外墙、阳台板、空调板、外窗、遮阳设施及装饰等部品部件进行标准化设计；②通过建筑体量、材质肌理、色彩等变化，形成丰富的立面效果。

第五，需要根据建筑功能、主体结构、设备管线及装修要求，确定合理的层高及净高尺寸。

（三）建筑形体与建筑风格的设计

在人们的印象中，相对简洁的造型加上玻璃幕墙表皮是钢结构建筑的"标配"。纽约世贸中心曼哈顿自由塔就是这种建筑风格的典型代表。日本大阪火车站大型商业综合体使用钢结构建筑与预制混凝土石材反打外挂墙板，显现了另一种沉稳的风格。

钢结构在实现复杂建筑形体方面有着非常大的优势。对于毫无规律可言的作品，钢结构可以应对自如。对于复杂造型，可先在主体结构扩展出二次结构作为建筑表皮的支座，再以三维数字化技术应用在设计、制作与安装过程中。

（四）钢结构建筑设计的应用范围

钢结构与其他结构类型相比，具有强度高、自重轻、韧性好、塑性好抗震性能优越、便于生产加工、施工快速等优点，在建筑工程中应用广泛。

1. 大跨度结构

结构跨度越大，自重在荷载中所占的比例就越大。减轻结构的自重会带来明显的经济效益。钢结构轻质高强的优势正好适用于大跨度结构，如体育场馆、会展中心、候车厅和机场航站楼等。钢结构所采用的结构形式有空间桁架、网架、网壳、悬索（包括斜拉体系）、张弦梁、实腹或格构式拱架和框架等。

2. 工业厂房

吊车起重量较大或者工作较繁重的车间主要承重骨架多采用钢结构。另外，有强烈辐射热的车间，也经常采用钢结构。其结构形式多为由钢屋架和阶形柱组成的门式刚架或排架，也有采用网架作屋盖的结构形式。

3. 多层、高层以及超高层建筑

由于钢结构的综合效益指标优良，近年来在多、高层民用建筑中得到了广泛的应用。其结构形式主要有多层框架、框架—支撑结构、框筒结构、巨型框架等。

4. 高耸结构

高耸结构包括塔架和桅杆结构，如高压输电线路的塔架，广播、通信和电视发射用的塔架和桅杆，火箭（卫星）发射塔架等。埃菲尔铁塔和广州新电视塔就是典型的高耸结构。

5. 可拆卸结构

钢结构可以用螺栓或其他便于拆装的方式来连接，因此非常适用于需要搬迁的结构，如建筑工地、油田和野外作业的生产和生活用房的骨架等。钢筋混凝土结构施工用的模板和支架，以及建筑施工用的脚手架等也大量采用钢材制作。

6. 轻型钢结构

钢结构相对于混凝土结构重量轻，这不仅对大跨结构有利，而且对屋面活荷载特别轻的小跨结构也有优越性。因为当屋面活荷载特别轻时，小跨结构的自重也成为一个重要因素。冷弯薄壁型钢屋架在一定条件下的用钢量比钢筋混凝土屋架的用钢量还少。轻型钢结构的结构形式有实腹变截面门式钢架、冷弯薄壁型钢结构（包括金属拱形波纹屋盖）以及钢管结构等。

7. 其他构筑物

皮带通廊栈桥、管道支架、锅炉支架等其他钢构筑物，海上采油平台等也大都采用钢结构。

第二节　装配式钢结构建筑的构件管理

制造业是国民经济的主体，是一个城市发展的支柱和源泉，也是提升工业核心竞争力的重要支撑和引擎。而生产与运输是制造型企业的重要环节，两者是影响企业生产管理效率的重要因素，协同调度的优化对企业提高生产决策准确性、增加企业经济效益具有积极意义，同时也为制造型企业的转型指明了方向。

一、装配式钢结构建筑构件的生产管理

钢结构构件是由钢板、角钢、槽钢和工字钢等零件或部件通过连接件连接而成的，能承受和传递荷载的钢结构基本单元，如钢梁、钢柱、支撑等。

（一）生产前准备

1. 详图设计

一般设计院提供的设计图，不能直接用来加工制作钢结构，应在考虑加工工艺，如公差配合、加工余量、焊接控制等因素后，在原设计图的基础上绘制加工制作图（又称施工详图）。

详图设计一般由加工单位负责，在钢结构施工图设计之后进行，设计人员根据施工图提供的构件布置、构件截面与内力、主要节点构造及各种有关数据和技术要求、相关图纸和规范的要求，对构件的构造予以完善。根据制造厂的生产条件和现场施工条件，考虑运输要求、吊装能力和安装条件，确定构件的分段。最后将构件的整体形式、梁柱的布置、构件中各零件的尺寸和要求、焊接工艺要求以及零件间的连接方法等，详细地体现在图纸上，以便制作和安装人员通过图纸能够清楚地领会设计意图和要求，能够准确地制作和安装构件。

钢结构样图设计可通过计算机辅助实现，目前可用于钢结构样图设计的软件有CAD、PKPM 以及 TeklaStructures 等。其中，TeklaStructures 因具备交互式建模、自动出图和自动生成各种报表等功能，逐渐成为主流软件。通过计算机辅助可实现详图设计与加工制作一体化，其发展方向是达到设计、生产的无纸化。随着设计软件的不断发展，以及生产线中数控设备的增多，可将设计产生的电子格式的图纸转换成数控加工设备所需的文件，从而实现钢结构设计与加工自动化。

2. 图纸审核

甲方委托或本单位设计的施工图下达生产合同以后，必须经专业人员认真审核。尽管生产厂家技术管理部门有工艺等相应技术文件下达，但与直接生产要求仍会存在差距或不尽如人意之处，这些都需要在放大样前期通过审图加以解决，以避免实际投产后再发现问题，造成不必要的损失。审图期间发现施工图标注不清的问题应及时向设计部门反映，以免模糊不清的标注给生产带来困难。如有的施工图只注明涂防锈漆两遍，没有注明何种防锈漆、何种颜色及漆膜厚度等，将来可能会因为这种不明确的标注导致返工。

图纸审核的主要内容包括九项：①设计文件是否齐全（设计文件包括设计图、施工图、图纸说明和设计变更通知单等）；②构件的几何尺寸是否标注齐全；③相关

构件的尺寸是否正确；④结点是否清楚，是否符合国家标准；⑤标题栏内构件的数量是否符合工程数量要求；⑥构件之间的连接形式是否合理；⑦加工符号、焊接符号是否齐全；⑧结合本单位的设备和技术条件考虑，能否满足图纸上的技术要求；⑨图纸的标准化是否符合国家规定等。

图纸审查后要做技术交底准备，其内容主要有四点：①根据构件尺寸考虑原材料对接方案和接头在构件中的位置；②考虑总体的加工工艺方案及重要的工装方案；③对构件结构的不合理处或施工有困难的地方，要与需方或者设计单位办好变更签证的手续；④列出图纸中的关键部位或者有特殊要求的地方，加以重点说明。

3. 备料和核对

根据图纸材料表计算出各种材质、规格的材料净用量，再加上一定数量的损耗。提出材料预算计划。工程预算一般应按实际用量再增加10%进行提料和备料，并核对来料的规格、尺寸和质量，仔细核对材质。材料代用，必须经过设计部门同意并进行相应修改。

4. 编制工艺流程

编制工艺流程的原则：以最快的速度、最少的劳动量和最低的费用进行操作，并能可靠地加工出符合图纸设计要求的产品。

5. 组织技术交底

上岗操作人员应进行培训和考核，特殊工种应进行资格确认，充分做好各项工序的技术交底工作。技术交底按工程的实施阶段可分为两个层次。

（1）开工前的技术交底会，参加的人员主要有图纸设计单位、工程建设单位、工程监理单位及制作单位的有关部门和人员。技术交底的主要内容包括：①工程概况；②工程结构件的类型和数量；③图纸中关键部位的说明和要求；④设计图纸的结点情况介绍；⑤对钢材、辅料的要求和原材料对接的质量要求；⑥工程验收的技术标准说明；⑦对交货期限、交货方式的说明；⑧构件包装和运输要求；⑨涂层质量要求；⑩其他需要说明的技术要求。

（2）在投料加工前进行的本工厂施工人员交底会。参加人员主要包括制作单位的技术、质量负责人，技术部门和质检部门的技术人员、质检人员，生产部门的负责人、施工员及相关工序的代表人员等。此类技术交底主要内容除上述10条外，还应增加工艺方案、工艺规程、施工要点、主要工序的控制方法、检查方法等与实际施工相关的内容。

6. 钢结构制作的安全工作

钢结构生产效率很高，工件在空间大量、频繁地移动，各个工序中大量采用的机械设备都须进行必要的防护。因此，生产过程中的安全措施极为重要，特别是在制作大型、超大型钢结构时，更要十分重视安全事故的防范工作。

进入施工现场的操作者和生产管理人员均应穿戴好劳动防护用品，按规程要求操作。对操作人员进行安全教育，特殊工种必须持证上岗。为了便于钢结构的制作和操作者的操作活动，构件宜在一定高度上测量。装配组装胎架、焊接胎架及各种搁置架等，均应与地面离开 0.4～1.2m。构件的堆放、搁置应十分稳固，必要时应设置支撑或定位。构件堆垛不得超过两层。索具、吊具要定时检查，不得超过额定荷载。正常磨损的钢丝绳应按规定更换。所有钢结构制作中各种胎具的制造和安装均应进行强度计算，不能仅凭经验估算。生产过程中使用的氧气、乙炔、丙烷、电源等必须有安全防护措施，并定期检测密封性和接地情况，对施工现场的危险源应做出相应的标志、信砂、警戒等，操作人员必须严格遵守各岗位的安全操作规程，以避免意外伤害。构件起吊应听从一个人的指挥。构件移动时，移动区域内不得有人滞留或通过。所有制作场地的安全通道必须畅通。

（二）放样

放样是指按照施工图上的几何尺寸，以 1∶1 比例在样板台上放出实样以求出真实形状和尺寸，根据实样的形状和尺寸制成样板、样杆，作为下料、弯制、铁、刨、制孔等加工的依据。放样是整个钢结构制作工艺中的第一道工序，也是非常关键的一道工序，对于一些较复杂的钢结构，这道工序是钢结构工程成败的关键。

进行一般钢结构的放样操作时，作业人员应对项目的施工图非常熟悉，如果发现有不妥之处要及时通知设计部研究解决。确认施工图纸无误后，可以采用小扁钢或者铁皮做样板和样杆，并应在样板和样杆上用油漆写明加工号、构件编号、规格，同时标注好孔直径、工作线、弯曲线等各种加工标识。此外，需要注意的是，放样要计算出现场焊接收缩量和切割、饨端等需要的加工余量。自动切割的预留余量是3mm，手动切割为4mm。锭端余量，剪切后加工的一般每边加 3～4mm，气割则为4～5mm 在焊接的收缩时则要根据构件的结构特点由加工工艺来决定。

放样时以 1∶1 的比例在样板台上弹出大样。当大样尺寸过大时，可分段弹出。对一些三角形构件，如果只对其节点有要求，则可以缩小比例弹出样子，但应注意其精度。放样弹出的十字基准线，两线必须垂直。然后根据十字线逐一画出其他各个点及线，并在节点旁注上尺寸，以备复查和检查。

（三）号料

号料就是根据样板在钢材构件的实样，在材料上画出切割、饨、刨、弯曲、钻孔等加工位置，打冲孔，为钢材的切割下料做准备。号料则必须了解原材料的材质及规格，检查原材料的质量。不同规格、不同材质的零件应分别号料，并根据先大后小的原则依次号料。钢材如有较大的弯曲、凹凸不平时，应先进行矫正。尽量使宽度和长度相等的零件一起号料，需要拼接的同一种构件必须一起号料。钢板长度不够需要焊接拼接时，在接缝处必须注意焊缝的大小及形状，在焊接和矫正后再画线，当次号料的剩余材料应进行余料标识，包括余料编号、规格、材质等，以便再次使用。

号料的注意事项和要求有以下八条。

第一，根据料单检查清点样板和样杆，点清号料数量。号料应使用经过检查合格的样板与样杆，不得直接使用钢尺。

第二，准备号料的工具，包括石笔、样冲、圆规、划针、凿子等。

第三，检查号料的钢材规格和质量。

第四，不同规格、不同钢号的零件应分别号料，并依据先大后小的原则依次号料。对于需要拼接的同一构件，必须同时号料，以便拼接。

第五，号料时，同时画出检查线、中心线、弯曲线，并注明接头处的字母、焊缝代号。

第六，号孔应使用与孔径相等的圆形规孔，并打上样冲，做出标记，便于钻孔后检查孔位是否正确。

第七，弯曲构件号料时，应标出检查线，用于检查构件在加工、装焊后的曲率是否正确。

第八，号料过程中，应随时在样板、样杆上记录下已号料的数量；号料完毕，应在样板、样杆上注明并记下实际数量。

号料时，为充分利用钢材，减少余料，可以使用套料技术。将材料等级和厚度相同的零件置于同一张钢板的边框内进行合理排列的过程称为套料。传统的手工套料，就是将零件的图形按一定比例缩小成纸样，然后在同样比例的钢板边框内进行合理排列，最后据此在实际钢板上进行号料。随着计算机技术的发展，逐渐开发出以自动套料软件为载体的数控套料方法，此类软件集图纸转化、自动排版、材料预算和余料管理等功能于一体，能从材料利用率、切割效率、产品成本等多个方面提高生产效益，符合可持续发展需求，日趋成为行业主流。

（四）切割

钢板切割方法有剪切、冲裁锯切、气割等。施工中采用哪种方法切割应根据具体要求和实际条件来定。切割后的钢板不得有分层，断面上不得有裂纹，应清除切口处的毛刺、熔渣和飞溅物。目前，常用的切割方法有机械切割、气割、等离子切割三种。

在我国的钢结构制造企业中，一般情况下，厚度在 12～16mm 以下钢板的直线型切割常采用剪切的方式；气割多用于带曲线的零件及厚板的切割；各类型钢以及钢管等的下料通常采用锯割，但是对于一些中小型角钢和圆钢等也常采用剪切或气割的方法；等离子切割主要用于熔点较高的不锈钢材料及有色金属，如铜、铝等材料的切割。

剪切下料大多采用剪板机。剪板机分为脚踏式人力剪板机、机械剪板机、液压摆式剪板机等。目前我国的钢结构制作企业普遍采用的是液压摆式剪板机，它能剪切各种厚度的钢板材料。

目前，我国普遍采用的是数控多头火焰直条气割机，这种气割机能切割各种厚度的钢材，并能切割带有曲线的零件，目前使用最为广泛；在气割时，也可以使用半自动气割机和手工气割。半自动气割机是能够移动的小车式气割机，气割表面比较光洁，一般情况下可不再进行切割表面的精加工手工气割的设备主要是割炬。这两种气割方法互相配合使用，是我国钢结构制造企业比较常用的气割方法。

在传统方式进行切割下料时，切割工人已经习惯于简单地按照矩形零件的尺寸和数目顺序切割，对于切割剩下的边角余料，经常暂时堆放在一旁，日积月累就会导致剩余钢材堆积成山，锈蚀损失不计其数。由于下料的数目多，优化排料可能性太多，优化套排计算非常复杂，再加上目前切割效率高，切割工人来不及考虑和计算优化套排，为了赶生产进度，只好放弃钢材利用率，导致钢材浪费更加严重。还有对无穷长卷材的切割下料，也是按照传统顺序下料的方法，进行简单的横切纵剪，很难考虑或是根本就没有考虑优化套排的问题，造成极大的钢材浪费。

在信息化时代，数控切割以其自动化、高效率、高质量和高利用率的优点，受到了中大型钢结构生产企业的青睐。所谓数控切割，是指用于控制机床或设备的工件指令（或程序），是以数字形式给定的一种新的控制方式。将这种指令提供给数控自动切割机的控制装置时，切割机就能按照给定的程序自动地进行切割。

数控切割由数控系统和机械构架两大部分组成。与传统手动和半自动切割相比，数控切割通过数控系统即控制器提供的切割技术、切割工艺和自动控制技术，能有效控制和提高切割质量及切割效率。数控套料软件通过计算机绘图、零件优化套料和数控编程，有效地提高钢材利用率，提高切割生产准备的工作效率。但数控切割由于切割效率更高，套料编程更加复杂，如果没有使用或没有使用好优化套料编程软件，钢材浪费就会更加严重，导致切得越快、切得越多，浪费越多。

数控系统是数控切割机的心脏，如果没有使用好数控系统，或数控系统不具备应有的切割工艺和切割经验，导致切割质量问题，也会降低切割效率，造成钢材的浪费。新时代的钢结构生产从业人员，应有针对性地接受套料编程系统的培训，以顺应时代发展的需求。

（五）矫正

钢板和型材，由于受轧制时压延不均，轧制后冷却收缩不均以及运输、贮存过程中各种因素影响，常常产生波浪形、局部凹凸和各种变形。钢材变形会影响号料、切割及其他加工工序的正常进行，降低加工精度，在焊接时还会产生附加应力或因构件失稳而影响构件的强度。这就需要通过钢材矫正消除材料的这类缺陷。钢材矫正一般用多轴辊矫平机矫正钢板的变形。用型材矫正机矫正型材的变形。对于钢板指的是矫平，对于型材指的是矫正。

1. 钢板的矫正（矫平）

常用的多轴辊矫平机由上下两列工作轴组成，一般有 5～11 个工作辊。下列是主动轴辊，由轴承固定在机体上，不能作任何调节，由电动机通过减速器带动它们旋转；上列为从动轴辊，可通过手动螺杆或电动调节装置来调节上下辊列间的垂直间隙，以适应各种不同高度钢板的矫平作业。钢板随轴辊的转动而啮入，并承受方向相反的多次交变的小曲率弯曲，因弯曲应力超过材料的屈服极限而产生塑性变形，使那些较短的纤维伸长，使整张钢板矫平。增加矫平机的轴辊数目，可以提高钢板的矫平质量。

在钢板矫平时需要注意以下四点：

（1）钢板越厚，矫正越容易；薄板易产生变形，矫正比较困难。

（2）钢板越薄，要求矫平机的轴辊数越多。矫平机的轴粗数一般为奇数。厚度在 3mm 以上的钢板通常在五辊或矫平机上矫正；厚度在 3mm 以下的钢板，必须在九辊、十一辊或更多轴辊的矫平机上矫正。

（3）钢板在矫平机上往往不是一次就能矫平，而需要重复数次，直至符合要求。

（4）钢板切割成构件后，由于构件边缘在气割时受高温或机械剪切时受挤压而产生变形，需要进行二次矫平。

2. 型钢的矫正（矫直）

型钢主要用型材矫直机（撑床）进行矫正。机床的工作部分是由两个支撑和一个推撑组成。支撑没有动力传动，两个支撑的间距可以根据需要进行调节。推撑安装在一个能作水平往复运动的滑块上，由电动机通过减速器带动其作水平往复运动。矫正型材时，将型材的变形段靠在两个支撑之间，使其受推撑作用力后产生反方向变形，从而将变形段矫正。

3. 火焰矫正

在建筑钢构件的制造过程中，焊接是其主要的加工方法。由于这类钢构件的焊缝数量多、焊接填充量大，焊接变形问题难以避免。因此，在大多数建筑钢构件制造厂，火焰矫正是一道必不可少的工序。钢构件的火焰矫正是使用火焰对构件进行局部加热，使其产生压缩塑性变形，通过塑性变形部分的冷却收缩来消除变形。

火焰矫正的常见方法有三角形加热、点状加热、线状加热三种。需要共同注意的是温度的控制，因此针对不同的变形也有不同的火焰矫正方式。

（六）边缘加工

在钢结构构件制造过程中，为消除切割造成的边缘硬化而刨边，为保证焊缝质量而刨或铣坡口，为保证装配的准确及局部承压的完善而将钢板刨直或铣平，均称为边缘加工。边缘加工分铲边、刨边、铣边、碳弧气刨和坡口机加工等多种方法。

1. 铲边

对加工质量要求不高、工作量不大的边缘进行加工，可以采用铲边的方式。铲边有手工铲边和机械铲边两种。手工铲边的工具有手锤和手铲等；机械铲边的工具有风动铲锤和铲头等。一般铲边的构件，其铲线尺寸与施工图样尺寸要求不得相差1mm。铲边后的棱角垂直误差不得超过弦长的1/3000，且不得大于2mm。

2. 刨边

刨边是通过安装带钢两侧的两组刨刀，对通过其间的带钢边缘进行刨削加工，优点是设备结构简单，运行可靠，精加工直口和坡口；缺点是对于不同板厚、加工余量和坡口形状需配置多把刨刀，形成刨刀组，刨刀调整烦琐，使用寿命较短。

用刨刀对工件的平面、沟槽或成形表面进行刨削的直线运动机床称为刨床。使用刨床加工，刀具较简单，但生产率较低（加工长而窄的平面除外），因而主要用于单件、小批量生产及机修车间。根据结构和性能，刨床主要分为牛头刨床、龙门刨床、单臂刨床等。

牛头刨床因滑枕和刀架形似牛头而得名，刨刀装在滑枕的刀架上作纵向往复运动，多用于切削各种平面和沟槽。

龙门刨床因有一个由顶梁和立柱组成的龙门式框架结构而得名，工作台带着工件通过龙门框架作直线往复运动，多用于加工大平面（尤其是长而窄的平面），也用来加工沟槽或同时加工数个中小零件的平面。大型龙门刨床往往附有铣头和磨头等部件，使工件在一次安装后完成刨、铣及磨平等工作。

单臂刨床具有单立柱和悬臂，工作台沿床身导轨作纵向往复运动，多用于加工宽度较大而又不需要在整个宽度上加工的工件。

3. 铣边

铣边最主要的作用是能够使拼板时的对接缝密闭。因埋弧焊焊接电流较大，为避免烧穿，一般要求拼出的板缝要小于或等于0.5mm。但气割出来的板边或钢厂轧出的板边直接拼出来的对接缝往往无法满足埋弧焊对板缝间隙的要求，需要通过铣边来达到要求。另外，也可通过铣边来加工某些需开坡口厚板的角度。

铣边使用的设备是铣边机。作为刨边机的替代产品，铣边机具有功效高、精度高、能耗低等优点，尤其适用于钢板各种形状坡口的加工。

4. 碳弧气刨

碳弧气刨是利用碳极电弧的高温，把金属的局部加热到熔化状态，同时用压缩空气的气流把熔化金属吹掉，从而达到对金属进行切割的一种加工方法。

碳弧气刨的主要应用范围：①焊缝挑焊根工作中；②利用碳弧气刨开坡口，尤其是U形坡口；③返修焊件时，可使用碳弧气刨消除焊接缺陷；④清除铸件表面的毛边、飞刺、冒口和铸件中的缺陷；⑤切割不锈钢中、薄板；⑥刨削焊缝面的余高。

5. 坡口加工

坡口一般使用气割加工或机械加工，特殊情况下采用手动气割的方法，但必须进行事后处理（如打磨等）。目前坡口加工机已经普及，并且又出现了Ⅱ型钢坡口及弧形坡口的专用机械，其效率高、精度高。焊接质量与坡口加工的精度有直接关系，如果坡口表面粗糙，有尖锐且深的缺口，就容易在焊接时产生不熔部位，将会产生焊接缝隙。

（七）制孔

钢结构构件制孔优先采用钻孔，当确认某些材料质量、厚度和孔径在冲孔后不会引起脆性时，允许采用冲孔。钻孔是在钻床等机械上进行。可以钻任何厚度的钢结构构件。钻孔的优点是螺栓孔孔壁损伤较小，质量较好。高强度螺栓孔应采用钻孔的方式制孔。

钻孔时一般使用平钻头，若平钻头钻不透孔，可用尖钻头。当板叠较厚、材料强度较高或直径较大时，则应使用可以降低切削力的群钻钻头，以便于排屑和减少钻头的磨损。长孔可用两端钻孔中间气割的办法加工，但孔的长度必须大于孔直径的2倍。

钢结构构件加工制造中，冲孔一般只用于冲制非圆孔及薄板孔，冲孔的孔径必须大于板厚，厚度在5mm以下的所有普通钢结构构件允许冲孔，次要结构厚度小于12mm的允许冲孔。在冲切孔上，不得随后施焊（槽形），除非证明材料在冲切后仍保留有相当大的韧性，才可焊接施工。一般情况下，在需要所冲的孔上再钻大时，则冲孔必须比指定的直径小3mm。

钢结构构件加工要求精度较高、板叠层数较多、同类孔较多时，可采用钻模制孔或预钻较小孔径、在组装时扩孔的方法。当板叠小于5层时，预钻小孔的直径小于公称直径一级（3mm）；当板叠大于5层时，预钻小孔的直径小于公称直径二级（6mm）。

二、装配式钢结构建筑构件的装配管理

（一）钢结构构件的组装

钢结构构件的组装是遵照施工图的要求，把已加工完成的各类零件或半成品构件，用装配的手段组合成为独立的成品，这种装配方法通常称为组装。钢构件的组装方法较多，有地样法、仿形复制装配法、卧装、立装及胎膜组装法等。

1. 地样法

用1∶1的比例在装配平台上放出构件实样，然后根据零件在实样上的位置，分别组装起来成为构件。此装配方法适用于桁架、构架等小批量结构组装，对大批量的零部件组装不适用。

2. 仿形复制装配法

先用地样法组装成单面（片）的结构，然后点焊牢固，将其翻身，作为复制胎模，在其上面装配另一单面的结构，往返两次组装。此装配方法适用于横断面互为对称的桁架结构组装。

3. 卧装

将构件卧置进行装配。此装配方法适用于断面不大但长度较长的细长构件。

4. 立装

根据构件的特点和零件的稳定位置，选择自上而下或自下而上的装配。此法适用于放置平稳、高度不大的结构或者大直径的圆筒。

5. 胎模组装法

将构件的零件用胎模定位在其装配位置上的组装方法。此装配方法适用于批量大、精度高的产品。它的特点是装配质量高、工作效率高。

钢结构组装的方法有很多，但在实际生产中，我国钢结构制造企业较常采用地样法和胎膜组装法。

在钢结构构件的组装过程中，拼装必须按工艺要求的次序进行，有隐蔽焊缝时，必须先予施焊，经检验合格方可覆盖。为减少变形，尽量采用小件组焊，经矫正后再大件组装。钢结构组装的零件、部件必须是检验合格的产品，零件、部件连接接

触面和沿焊缝边缘 30 ~ 50mm 范围内的铁锈、毛刺、污垢、冰雪、油迹等应清除干净。板材、型材的拼接应在组装前进行，构件的组装应在部件组装、焊接、矫正后进行，以便减少构件的残余应力，保证产品的制作质量。

（二）钢结构的除锈工作

钢结构构件的表面应平直、无损伤，表面不得有裂纹、油污、颗粒状或片状老锈，为严格施工及确保建筑寿命与质量，钢结构除锈工作至关重要。钢材除锈的方法有多种，常用的有机械除锈、抛丸喷砂除锈和化学法除锈等。

1. 机械除锈

主要是利用电动刷、电动砂轮等电动工具来清理钢结构表面的锈。采用工具可以提高除锈的效率，除锈效果也比较好，使用方便，一些较深的锈斑也能除去，但是操作过程中要注意不要用力过猛以致打磨过度。

2. 抛丸喷砂除锈

利用机械设备的高速运转把一定粒度的钢丸靠抛头的离心力抛出，被抛出的钢丸与构件猛烈碰撞打击，从而去除钢材表面锈蚀的一种方法。该法采用抛丸除锈机来完成。它使用的钢丸品种有铸铁丸和钢丝切丸两种。铸铁丸是利用熔化的铁水在喷射并急速冷却的情况下形成的粒度为 0.8 ~ 5mm 的铁丸，表面很圆整，成本相对便宜但耐用性稍差。在抛丸过程中，经反复撞击的铁丸会被粉碎而当作粉尘排出。钢丝切丸是用废旧钢绳钢丝切成 2mm 的小段而成表面带有尖角，除锈效果相对高且不易破碎，使用寿命较短，但价格相对较高。后者的抛丸表面更粗糙一些。

喷砂除锈是利用高压空气带出喷料 (石榴石砂、铜矿砂、石英砂、金刚砂、铁砂、海砂) 喷射到构件表面，达到除锈的一种方法。这种方法效率高、除锈彻底，是比较先进的除锈工艺，除锈过程完全由人工操作，除锈后的构件表面粗糙度小，不易达到摩擦系数的要求。需要注意的是，海砂在使用前应去除其盐分。

3. 化学法除锈

利用酸与金属氧化物发生化学反应，从而除掉金属表面的锈蚀产物的一种除锈方法，即通常所说的酸洗除锈。除锈过程：将特制的钢铁除锈剂通过浸泡、涂刷、喷雾等方法渗入锈层内，溶解顽固的氧化物、沉积物、渣垢等，除锈完成后将处理过的钢材用清水冲洗干净即可。

（三）钢结构的涂装方法

为了克服钢结构容易腐蚀、防火性能差的缺点，需在钢结构构件表面进行涂装保护，以延长钢结构的使用寿命、增加安全性能。钢结构的涂装分为防腐涂装和防火涂装钢结构的涂装应在钢结构构件制作安装验收合格后进行，涂刷前应采取适当的方法将需要涂装部位的铁锈、焊缝药皮、焊接飞溅物、油污、尘土等杂物清除干净。

1.防腐涂装

钢结构防腐漆宜选用醇酸树脂、氯化橡胶、环氧树脂、有机硅等品种，一般钢结构施工图中有明确规定，应严格按照施工图要求选购防腐漆。防腐漆应配套使用，涂膜应由底漆、中间漆和面漆构成，底漆应具有较好的防锈性能和较强的附着力；中间漆除具有一定的底漆性能外，还要有一定的面漆性能；面漆直接与腐蚀环境接触，应具有较强的防腐蚀能力和耐候、抗老化能力。

2.防火涂装

防火涂料是以无机黏合剂与膨胀珍珠岩、耐高温硅酸盐材料等吸热、隔热及增强材料合成的一种防火材料，喷涂于钢结构构件表面，形成可靠的耐火隔热保护层，以提高钢结构构件的耐火性能。

按火灾防护对象分类：①普通钢结构防火涂料，用于普通工业与民用建（构）筑物钢结构表面的防火涂料；②特种钢结构防火涂料，用于特殊建（构）筑物（如石油化工设施、变配电站等）钢结构表面的防火涂料。

按使用场所分类：①室内钢结构防火涂料，用于建筑物室内或隐蔽工程的钢结构表面的防火涂料；②室外钢结构防火涂料，用于建筑物室外或露天工程的钢结构表面的防火涂料。

按分散介质分类：①水基性钢结构防火涂料，以水作为分散介质的钢结构防火涂料；②溶剂性钢结构防火涂料：以有机溶剂作为分散介质的钢结构防火涂料。

按防火机理分类：①膨胀型钢结构防火涂料，涂层在高温时膨胀发泡，形成耐火隔热保护层的钢结构防火涂料；②非膨胀型钢结构防火涂料，涂层在高温时不膨胀发泡，其自身成为耐火隔热保护层的钢结构防火涂料。

（四）钢结构构件预拼装

由于受运输、安装设备能力的限制，或者为了保证安装的顺利进行，在工厂里将多个成品构件按设计要求的空间设置试装成整体，以检验各部分之间的连接状况，称为预拼装。

预拼装一般分为平面预拼装和立体预拼装两种形式。拼装的构件应处于自由状态，不得强行固定。预拼装检验合格后，应在构件上标注上下定位中心线、标高基准线、交线中心点等必要标记，必要时焊上临时撑件和定位器等。其允许偏差应符合相应的规定。

预拼装方法分为平装法、立拼拼装法和模具拼装法。

1. 平装法

平装法操作方便，不需要稳定加固措施，不需要搭设脚手架，由于焊缝焊接大多为平焊缝，焊接操作简易，对焊工的技术要求不高，焊缝质量易于保证，且校正及起拱方便、准确，平装法适用于拼装跨度较小、构件相对刚度较大的钢结构，如长度 18m 以内钢柱、跨度 6m 以内天窗架及跨度 21m 以内的钢屋架的拼装。

2. 立拼拼装法

立拼拼装法可一次拼装多个构件，块体占地面积小，不用铺设或搭设专用拼装操作平台或枕木墩，节省材料和工时；由于拼装过程无须翻身工序，质量易于保证，不用增设专供块体翻身、倒运、就位、堆放的起重设备，也缩短了工期；块体拼装连接件或节点的拼接焊缝可两边对称施焊，防止预制构件连接件或钢构件因节点焊接变形而使整个块体产生侧弯。但立拼拼装时需搭设一定数量的稳定支架，块体校正、起拱较难，钢构件的连接节点及预制构件的连接件的焊接立缝较多，也增加了焊接操作的难度。

3. 模具拼装法

模具是指符合工件几何形状或轮廓的模型（内模或外模）。用模具来拼装组焊钢结构，具有产品质量好、生产效率高等许多优点。对成批的板材结构、型钢结构，应当考虑采用模具进行组装，桁架结构的装配往往是以两点连直线的方法制成，其结构简单，使用效果好。

近年来，计算机应用蓬勃发展，尤其是 BIM 应用以来，计算机模拟预拼装技术应运而生，为解决预拼装问题提供了新的途径。自动化预拼装工序一般如下。

(1) 由全站仪测量或 3D 扫描仪测星等测量技术得到构件孔位的三维坐标。

(2) 将此三维坐标进行编号整理，建立局部坐标系下构件实测模型。

(3) 由设计图纸建筑结构整体坐标系下理论位置模型（孔位理论坐标）。

(4) 将构件实测模型导入计算机程序，由程序自动进行试拼装计算。得到实测构件模型与结构理论模型的孔位偏差，即试拼装偏差。

(5) 对结果进行分析整理，根据工程实际情况进行位置调整或构件加工。

三、装配式钢结构建筑构件的运输管理

(一)钢结构构件的成品保护

钢结构构件出厂后在堆放、运输、吊装时需要成品保护。

第一，在构件合格检验后。成品堆放在公司成品堆场的指定位置。构件堆场应做好排水，防止积水对构件的腐蚀。

第二，成品构件在放置时，在构件下安置一定数量的垫木，禁止构件直接与地面接触，并采取一定的防止滑动和滚动措施，如放置止滑块等。构件与构件需要重叠放置的时候，在构件间放置垫木或橡胶垫以防止构件间碰撞。

第三，构件放置好后，在其四周放置警示标志，防止工厂其他吊装作业时碰伤本工程构件。

第四，针对本工程的零件、散件等，需设计专用的箱子放置。

第五，在整个运输过程中为避免涂层损坏，在构件绑扎或固定处用软性材料衬垫保护，避免尖锐的物体碰撞、摩擦。

第六，在拼装、安装作业时。应避免碰撞、重击，减少现场辅助措施的焊接量。尽量采用捆绑、抱箍等临时措施。

（二）钢结构构件的堆放和运输

1. 部件搬运与存放应符合的规定

（1）堆场应平整、坚实，并按部品部件的保管技术要求采用相应的防雨、防潮、防暴晒、防污染和排水等措施。

（2）构件支垫应坚实，垫块在构件下的位置应与脱模、吊装时的起吊位置一致。

（3）重叠堆放构件时。每层构件间的垫块应上下对齐，堆垛层数应根据构件、垫块的承载力确定。并应根据需要采取防止堆垛倾覆的措施。

2. 墙板搬运与存放应符合的规定

（1）当采用靠放架堆放或运输时，靠放架应具有足够的承载力和刚度，与地面倾斜角度宜大于80°。墙板应对称放置且外饰面朝外，墙板上部采用木垫块隔开。运输时应固定牢固。

（2）当采用插放架直立堆放或运输时，宜采取直立方式运输。插放架应有足够的承载力和刚度，并使支垫稳固。

（3）采用叠层平放的方式堆放或运输时应采取防止损坏的措施。

（三）钢结构构件的装卸与运输

部品部件出厂前应进行包装，保障部品部件在运输及堆放过程中不破损、不变形，对超高、超宽、形状特殊的大型构件的运输和堆放应制定专门的方案。选用运输车辆应满足部品部件的尺寸、重量等要求。装卸与运输时应符合下列三项规定。

第一，装卸时应采取保证车体平衡的措施。

第二，应采取防止构件移动、倾倒、变形等的固定措施。

第三，运输时应采取防止部品部件损坏的措施，对构件边角部或链索接触处需设置保护衬垫。

由于运输条件、现场安装条件等因素的限制，大型钢结构构件不能整件出厂且必须分成单元运输到施工现场，再将各单元组成整体。

在制造厂内分单元制造，在制造厂内进行必要的试组装，可以减少现场的安装误差，也可以保证施工进度。钢结构构件运输形式有以下两种。

1. 总体制造，单元运输

由于现场安装条件或吊装能力有限，有些钢构件只能分段、分块运进施工现场，再进行相拼焊接或用螺栓连接。在工厂整体制作、整体检点合格后，根据现场实际情况，再分段或分块拆开，运至现场。即总体制造，拆成单元运输。这种方法一定要做好相应的接口标记和指向，接口形式必须满足现场工作条件，尽量避免现场仰焊，接口要设在便于操作的位置，接头形式可能要进行重新设计。

2. 分段制造，分段运输

不是所有钢结构都必须在工厂内进行试组装。例如，框架、空间结构、工业厂房等大型多单元钢结构在工厂条件下无法实现试组装，可在制作厂内分单元制造或分段制造，但必须保证制作加工精度、现场安装的可行性以及各部件连接孔的互通性，各单位部件要拆装自如，并做好安装标记，以确保现场安装质量，即分段制造，分段运输。

为避免在运输、装车、卸车和起吊过程中造成自重变形而影响安装，即使在工厂预组装合格，各单元结构件还要设置局部加固的临时撑件以确保安装，待总体钢结构安装完毕，再拆除临时加固撑件。钢结构构件制作质量控制的要点包括以下九点。

(1) 对钢材、焊接材料等进行检查验收。

(2) 控制剪裁、加工精度，构件尺寸误差应在允许范围内。

(3) 控制孔眼位置与尺寸误差在允许范围内。

(4) 对构件变形进行矫正。

(5) 控制焊接质量。

(6) 第一个构件检查验收合格后，生产线才能开始批量生产。

(7) 保证除锈质量。

(8) 保证防腐涂层的厚度与均匀度。

(9) 搬运、堆放和运输环节防止磕碰等。

第三节　装配式钢结构建筑的施工方法

一、装配式钢结构建筑构件的吊装施工

(一) 吊装起重机械

在钢结构工程施工中，应合理选择吊装起重机械。起重机械类型应综合考虑结构的跨度、高度、构件质量和吊装工程量，施工现场条件，本企业和本地区现有起重机设备状况，工期要求，施工成本要求等诸多因素后进行选择。常见的起重机械有汽车式起重机、履带式起重机和塔式起重机等。

工程中根据具体情况选用合适的起重机械，所选起重机的三个工作参数，即起重量、起重高度和工作幅度 (回转半径)，均必须满足结构吊装要求。

1. 塔式起重机

塔式起重机分为固定式塔式起重机、移动式塔式起重机、自升式塔式起重机等。其主要特点是工作高度高，起身高度大，可以分层分段作业；水平覆盖面广；具有多种工作速度、多种作业性能，生产效率高；驾驶室高度与起重臂高度相同视野开阔；构造简单，维修保养方便，塔式起重机是钢结构工程中使用较广泛的起重机械，特别适用于吊装高层或超高层钢结构。

2. 汽车式起重机

汽车式起重机是利用轮胎式底盘行走的动臂旋转起重机。它是把起重机构安装在加重型轮胎和轮轴组成的特制底盘上的一种全回转式起重机。其优点是轮距较宽、稳定性好、车身短、转弯半径小，可在 360° 范围内工作，但其行驶时对路面要求较高，行驶速度较一般汽车慢，且不适于在松软泥泞的地面上工作，通常用于施工地点位于市区或工程量较小的钢结构工程中。

3. 履带式起重机

履带式起重机是将起重作业部分安装在履带底盘上，行走依靠履带装置的流动性起重机。履带式起重机履带接地面积大、对地面压力较小、稳定性好、可在松软泥泞地面作业，但其牵引系数高、爬坡度大，可在崎岖不平的场地上行驶。履带式起重机适用于比较固定的、地面条件较差的工作地点和吊装工程量较大的普通单层钢结构。

(二) 吊具、吊索和机具

行业内习惯把用于起重吊运作业的刚性取物装置称为吊具，把系结物品的挠性

工具称为索具或吊索，把在工程中使用的由电动机或人力通过传动装置带有钢丝绳的卷筒或环链来实现载荷移动的机械设备称为机具。

1. 吊具

(1) 吊钩：起重机械上重要取物装置之一。

(2) 卸扣：由本体和横销两大部分组成，根据本体的形状又可分为 U 形卸扣和弓形卸扣。卸扣可作为端部配件直接吊装物品或构成挠性索具连接件。

(3) 索具套环：钢丝绳索扣（索眼）与端部配件连接时，为防止钢丝绳扣弯曲半径过小而造成钢丝绳弯折损坏，应镶嵌相应规格的索具套环。

(4) 钢丝绳绳卡：也称为钢丝绳夹、线盘、夹线盘、钢丝卡子、钢丝绳轧头，主要用于钢丝绳的临时连接和钢丝绳穿绕的固定。

(5) 钢板类夹钳：为了防止钢板锐利的边角与钢丝绳直接接触，损坏钢丝绳，甚至割断钢丝绳，在钢板吊运场合多采用各种类型钢板类夹钳来完成吊装作业。

(6) 吊横梁：也称为吊梁、平衡梁和铁扁担，主要用于水平吊装中避免吊物受力点不合理造成损坏或过大的弯曲变形给吊装造成困难等情况。吊横梁根据吊点不同可分为固定吊点型和可变吊点型，根据主体形状不同可分为一字形和工字形等。

2. 吊索

(1) 钢丝绳：一般由数十根高强度碳素钢丝先绕捻成股，再由股围绕特制绳芯绕捻而成，钢丝绳具有强度高、耐磨损、抗冲击等优点且有类似绳索的挠性，是起重作业中使用最广泛的工具之一。

(2) 白棕绳：以剑麻为原料捻制而成，其抗拉力和抗扭力较强，耐磨损、耐摩擦、弹性好，在突然受到冲击载荷时也不易断裂，白棕绳主要用作受力不大的缆风绳、溜绳等处，也有的用于起吊轻小物件。

3. 机具

(1) 手拉葫芦：又称为起重葫芦、吊葫芦。其使用安全可靠、维护简单、操作简便，是比较常用的起重工具之一。手拉葫芦工作级别，按其使用工况分为 Z 级（重载，频繁使用）和 Q 级（轻载，不经常使用）。

(2) 卷扬机：在工程中使用的由电动机通过传动装置驱动带有钢丝绳的卷筒来实现载荷移动的机械设备。卷扬机按速度可分为高速、快速、快速溜放、慢速、慢速溜放和调速六类，按卷筒数量可分为单卷筒和双卷筒两类。

(3) 千斤顶：用比较小的力就能把重物升高、降低或移动的简单机具。其结构简单，使用方便。千斤顶分为机械式和液压式两种。机械式千斤顶又分为齿条式和螺旋式两种。机械式千斤顶起重量小，操作费力，适用范围较小；液压式千斤顶结构紧凑，工作平稳，有自锁作用，故被广泛使用。

（三）钢结构构件的安装

1. 钢柱的安装

（1）安装前检查。在进行钢柱安装前，应按设计要求对建筑物的定位轴线、基础轴线和标高、地脚螺栓位置等进行检查，并办理交接验收。

（2）钢柱起吊。钢柱的吊装利用钢柱上端吊耳进行起吊，起吊时钢柱的根部要垫实，根部不离地，通过吊钩起升与变幅及吊臂的回转，逐步将钢柱扶直，待钢柱基本停止晃动后再继续提升，将钢柱吊装到位，不允许吊钩斜着直接起吊构件。

（3）首节钢柱的安装。首节钢柱安装于 ±0.00m 混凝土基础上，钢柱安装前先在每根地脚螺栓上拧上螺母，螺母面的标高应在钢柱底板的底面标高。将柱及柱底板吊装就位后，在复测底板水平度和柱子垂直度时，通过微调螺母的方式调整标高，直至符合要求为止。

（4）上部钢柱的安装。上部钢柱吊装前，先在柱身上绑好爬梯，柱顶拴好揽风绳，吊升到位后，首先将柱身中心线与下节柱的中心线对齐，四面兼顾，再利用安装连接板进行钢柱对接，拧紧连接螺栓，四面拉好揽风绳并解钩。

（5）钢柱的矫正。首先通过水准仪将标高点引测至柱身，将钢柱标高调校到规范的范围后，再进行钢柱垂直度校正。钢柱校正时应综合考虑轴线、垂直度、标高、焊缝间隙等因素，全面兼顾，每个分项的偏差值都要符合设计及规范要求。

2. 钢梁的安装

（1）钢框架梁安装采用两点吊，就位后先用冲钉将螺栓孔眼卡紧，穿入安装螺栓（其数量不得少于螺栓总数的1/3）。安装连接螺栓时，严禁在情况不明的情况下任意扩孔，连接板必须平整。部分需焊接的平台梁在安装时，要根据焊缝收缩量预留焊缝变形量。每当一节梁吊装完毕，即须对已吊装的梁再次进行误差校正，校正时须与钢柱的校正配合进行。当梁校正完毕后，用大六角高强度螺栓临时固定；对整个框架校正及焊接完毕后，最终紧固高强度螺栓。框架梁安装可采取一吊多根的方式，梁间距应考虑操作安全，

（2）屋面梁的特点是跨度大（构件长），侧向刚度很小，为确保质量、安全，提高生产效率，降低劳动强度，根据现场条件和起重设备能力，最大限度地扩大地面拼装工作量，将地面组装好的屋面梁吊起就位，并与柱连接。可选用单机两点、三点起吊或用铁扁担以减小索具产生的对梁的压力。

（3）钢吊车梁可采用专用吊耳吊装或用钢丝绳绑扎吊装。钢吊车梁的校正主要包括标高调整、纵横轴线（直线度、轨距）调整和垂直度调整。钢吊车梁的矫正应在一跨（两排吊车梁）全部吊装完毕后进行。

3. 压型钢板的安装

（1）压型钢板铺设的重点是边、角的处理。四周边缘搭接宽度按设计尺寸，并应认真作业以保证质量。边、角处理前，应认真、仔细地制作边、角样板，再下料切角。

（2）压型钢板如有弯曲、微损，应用木槌、扳手修复，严重破损、镀锌层严重脱落的则应废弃。

（3）铺放前应对钢梁进行清理，要求无油污、铁锈、干燥、清洁。放板应按预先画好的位置进行，严格做到边铺板边点焊固定，两板沟肋要对准、平直。

（4）压型钢板作为永久性支承模板，应十分重视两板搭接处的质量，搭接长度不少于5cm，以保证其牢固度。

（5）安装前检查边模板是否平直，有无波浪形变形，垂直偏差是否在50mm以内，对不符合要求的要进行校正。

4. 网架结构的安装

（1）高空散装法：运输到现场的运输单元体（平行桁架或锥体）或散件，用起重机械吊升到高空对位拼装成整体结构的方法。该法适用于螺栓球或高强度螺栓连接节点的网架结构，高空散装法有全支架法（满堂脚手架）和悬挑法两种。全支架法多用于散件拼装；而悬挑法则多用于小拼单元在高空总拼情况，或者球面网壳三角形网格的拼装。

（2）分条分块法：是高空散装法的组合扩大。为适应起重机械的起重能力和减少高空拼装工作量，将屋盖划分为若干个单元，在地面拼装成条状或块状组合单元体后，用起重机械或设在双肢柱顶的起重设备（钢带提升机、升板机等）垂直吊升或提升到设计位置上，拼装成整体网架结构的安装方法。

（3）高空滑移法：分条的网架单元在事先设置的滑轨上单条滑移到设计位置，拼接成整体的安装方法。此条状单元可以在地面拼成后用起重机吊至支架上，在设备能力不足或其他因素存在时，也可用小拼单元甚至散件在高空拼装平台上拼成条状单元。高空支架一般设在建筑物一端。滑移时网架的条状单元由一端滑向另一端。

（4）整体吊升法：将网架结构在地上错位拼装成整体，然后用起重机吊升超过设计标高，空中移位后落位固定。此法不需要搭设高的拼装架，高空作业少，易于保证接头焊接质量，但需要起重能力大的设备，吊装技术也复杂。此法以吊装焊接球节点间架为宜，尤其适用于三向网架的吊装。

（5）整体顶升法，利用原有结构柱作为顶升支架，也可另设专门的支架或用枕木垛垫高。整体顶升法的千斤顶安置。在网架的下面，在顶升过程中应采取导向措施，以免发生网架偏移，整体顶升法适用于点支承网架，在顶升过程中只能垂直地上升，不能或不允许平移或转动。

二、装配式钢结构建筑构件的连接施工

钢结构是由若干个构件组合而成的。连接的作用就是通过一定的方式将板材或型钢组合成构件，或将若干个构件组合成整体结构，以保证其共同工作。因此，连接在钢结构中处于重要的枢纽地位，连接的方式及其质量优劣直接影响钢结构的工作性能。钢结构的连接必须符合安全可靠、传力明确、构造简单、制造方便和节约钢材的原则。连接接头应有足够的强度，要有适宜实施连接的足够空间。

钢结构的连接方法可分为焊接连接、螺栓连接和铆钉连接等。铆钉连接由于构造复杂，费钢费工，现已很少采用。

(一) 焊接连接

焊接连接是目前最主要的连接方式。其优点主要有：不需要在钢材上打孔钻眼，既省工省时，又不使材料的截面积受到减损，可以使材料得到充分利用；任何形状的构件都可以直接连接，一般不需要辅助零件；连接构造简单，传力路线短，适用面广；气密性和水密性都较好，结构刚性也较大，结构的整体性好。但是，焊接连接也存在缺点：由于高温作用在焊缝附近形成热影响区，钢材的金相组织和机械性能发生变化，材质变脆；焊接残余应力使结构发生脆性破坏的可能性增大，并降低压杆的稳定承载力，同时残余变形还会使构件尺寸和形状发生变化，矫正费工；焊接结构具有连续性，局部裂缝一经产生便很容易扩展到整体。

因此，设计、制造和安装时应尽量采取措施，避免或减少焊接连接的不利影响，同时必须按照钢结构工程施工质量验收标准中对焊缝质量的规定进行检查和验收。

焊缝质量检验一般可用外观检查及内部无损检验两种。前者检查外观缺陷和几何尺寸，后者检查内部缺陷。内部无损检验口前广泛采用超声波探伤。该方法使用灵活、经济，对内部缺陷反应灵敏，但不易识别缺陷性质。内部无损检验有时还可用磁粉检验，该方法以荧光检验等较简单的方法作为辅助。此外，还可采用 X 射线或 Y 射线透照或拍片来进行内部无损检验。

钢结构工程实施质量验收标准规定，焊缝按其检验方法和质量要求分为一级、二级和三级。三级焊缝只要求对全部焊缝作外观检查且符合三级质量标准；设计要求全焊透的一级、二级焊缝则除外观检查外，还要求用超声波探伤进行内部缺陷的检查，超声波探伤不能对缺陷作出判断时，还应采用射线探伤检验，并应符合国家相应质量标准的要求。

目前，应用最多的焊接连接方法有手工电弧焊和自动（或半自动）电弧焊，此外

还有气体保护焊和电渣压力焊等。

1. 手工电弧焊

手工电弧焊，是一种常见的焊接方法，通电后，在涂有药皮的焊条和焊件间产生电弧，电弧产生热量溶化焊条和母材形成焊缝。手工电弧焊的优点是设备简单，操作灵活方便，适于任意空间位置的焊接，特别适于焊接短焊缝。但需要焊接工人手工操作施焊，生产效率低，劳动强度大，焊接质量取决于焊工的精神状态与技术水平，质量波动大。

手工电弧焊选用的焊条应与焊件钢材相适应。如对 Q235 钢采用 E43 型焊条，对 Q345 钢采用 E50 型焊条，对 Q390 钢和 Q420 钢采用 E55 型焊条。焊条型号中字母 E 表示焊条，前两位数字为熔敷金属的最小抗拉强度，后两位数字表示适用焊条位置、电流种类及药皮类型等。当不同钢种的钢材进行焊接时，宜采用与低强度钢材相适应的焊条。

2. 埋弧焊

埋弧焊，是电弧在焊剂层下燃烧的一种电弧焊方法。焊丝送进和电弧移动有专门机构控制的，称自动电弧焊；焊丝送进有专门机构控制而电弧移动靠工人操作的，称为半自动埋弧焊。

埋弧焊具有生产效率高、焊接质量好、机械化程度高、劳动条件好、节约金属及电能等诸多优点，符合目前工业化生产的需求，是目前钢结构生产企业运用最广泛的焊接方法，特别是在中厚板、长焊缝的焊接时有明显的优越性。

3. 气体保护焊

气体保护焊也属于电弧焊的一种，其原理是利用惰性气体或二氧化碳气体作为保护介质，在电弧周围造成局部的保护层，使被熔化的钢材不与空气接触。气体保护焊的焊缝熔化区没有熔渣，焊上能够清楚地看到焊缝成型的过程。由于保护气体是喷射的，有助于熔滴的过渡；又由于热量集中，焊接速度快，焊件熔深大，因此所形成的焊缝强度比手工电弧焊高，韧性和抗腐蚀性好，适用于全位置的焊接，但其不适用于在风较大的地方施焊。

4. 电渣压力焊

电渣压力焊是一种高效焰化焊方法。电渣压力焊利用电流通过高温液体熔渣产生的电阻热作为热源，将被焊的工件(钢板、铸件、锻件)和填充金属(焊丝、熔嘴、板极)熔化，而熔化金属以熔滴状通过渣池，汇集于渣池F部，形成金属熔池。由于填充金属的不断送进和熔化，金属熔池不断上升，熔池下部金属逐渐远离热源，逐渐凝固形成焊缝。电渣压力焊特别适用于大厚度焊件的焊接和焊缝处于垂直位置的焊接。

（二）螺栓连接

螺栓连接，分为普通螺栓连接和高强度螺栓连接两种。

1. 普通螺栓连接

钢结构中采用的普通螺栓为大六角头型，其代号用字母 M 和公称直径（单位为 mm）表示。工程中常用 M18、M20、M22、M24 等型号。按国际标准。螺栓统一用螺栓的性能等级来表示。小数点前数字表示螺栓材料的最低抗拉强度；小数点后的数字表示螺栓材料的屈强比，即屈服点与最低抗拉强度的比值。

根据螺栓的加工精度，普通螺栓又分为 A、B、C 三级。

A、B 级精制螺栓是由毛坯在车床上经过切削加工精制而成，其表面光滑，尺寸准确，螺杆直径与螺栓孔径相同，但螺杆直径仅允许负公差，螺栓孔直径仅允许正公差，对成孔质量要求高。由于 A、B 级螺栓有较高的精度，因而受剪性能好，但其制作和安装复杂，价格较高，已很少在钢结构中采用。C 级螺栓由未经加工的圆钢压制而成。由于螺栓表面粗糙，一般采用在单个零件上一次冲成或不用钻模钻成的孔（二类孔）。螺栓孔的直径比螺栓杆的直径大，对于采用 C 级螺栓的连接，由于螺杆与栓孔之间有较大的间隙，受剪力作用时，将会产生较大的滑移，连接变形大，但安装方便，且能有效地传递拉力，故一般可用于沿螺栓杆轴受拉的连接中，以及次要结构的抗剪连接或安装时的临时固定。

2. 高强度螺栓连接

高强度螺栓性能等级有 8.8 级和 10.9 级，分大六角头型和扭剪型两种，安装时通过特别的扳手，以较大的扭力上紧螺帽，使螺杆产生很大的预拉力。高强度螺栓的预拉力把被连接的部件夹紧，使部件的接触面间产生很大的摩擦力，外力通过摩擦力来传递，高强度螺栓连接按设计和受力要求可分为摩擦型和承压型两种。

摩擦型连接依靠连接板件间的摩擦力来承受荷载。螺栓孔壁不承压，螺杆不受力，连接变形小，连接紧密，耐疲劳，易于安装。在动力荷载作用下不易松动，特别适用于随动荷载的结构。

承压型连接在连接板间的摩擦力被克服，节点板发生相对滑移后依靠孔壁承压和螺栓受剪来承受荷载。承压型连接的承载力高于摩擦型，连接紧凑，但变形大，不得用于承受动力荷载的结构中。

第四节 装配式钢结构建筑的施工管理

质量是建设工程项目管理的主要控制目标之一。质量控制是质量管理的一部分，施工质量控制包括施工单位、业主、设计单位、监理单位等在施工阶段对建设工程项目施工质量所实施的监督管理和控制的职能。施工质量控制是一个全过程的系统控制过程，根据工程实体形成的时间段，钢结构工程的质量控制应从原材料进场、加工预制、安装焊接、尺寸检查等方面着手，特别要做好施工前预控及施工过程中质量巡检等工作。在施工监理工作中，对人员、机械、材料、方法、环境等五个主要影响因素进行全面控制。

一、钢结构建筑施工前的质量控制要点

(一) 核查施工图和施工方案

认真审核施工图纸，对钢柱的轴线尺寸和钢梁标高等与基础轴线尺寸进行核对，理解设计意图，掌握设计要求，参加图纸会审和设计交底会议，会同各方把设计差错消除在施工之前；认真审阅施工单位编制的施工技术方案，由专业监理工程师进行初审，总监理工程师批准，审批程序要合规。

(二) 核查加工预制和安装检测用的计量器具

核查加工预制和安装检测用的计量器具是否进行了检定，状态是否良好；检查承包单位专职测量人员的岗位证书及测量设备检定证书；核实控制桩的校核成果、保护措施以及平面控制网、高程控制网和临时水准点的测量成果。

(三) 核查资质文件

核查钢结构质量和技术管理人员资质，以及质量和安全保证体系是否健全。对质量管理体系、技术管理体系和质量保证体系应审核以下内容：质量管理、技术管理和质量保证的组织机构；质量管理、技术管理制度；专职管理人员和特种作业人员的资格证、上岗证。

(四) 材料进场的质量检查

钢结构用钢材及焊接填允材料的选用应符合设计图的要求，并应有钢厂和焊接材料厂出具的质量证明书或检验报告；其化学成分、力学性能和其他质量要求必须

符合国家现行标准规定。当采用其他钢材和焊接材料替代设计选用的材料时，必须经原设计单位同意。

二、钢结构施工过程中的质量控制要点

(一) 钢结构的安装控制要点

第一，钢结构构件在安装前应对其表面进行清洁，保证安装构件表面干净，结构主要表面不应有疤痕、泥沙等污垢。钢结构安装前要求施工单位做好工序交接的同时，还要求施工单位对基础做好两项工作：①基础表面应有清晰的中心线和标高标记；②基础施工单位应提交基础测量记录，包括基础位置及方位测量记录。

第二，钢柱安装前应对地脚螺栓等进行尺寸复核，有影响安装的情况时，应进行技术处理。在安装前，地脚螺栓应涂抹油脂保护。

第三，钢柱在安装前应对基础尺寸进行复核，主要核对轴线、标高线是否正确，以便对各层钢梁进行引线。安装柱时，每节柱的定位轴线应从地面控制轴线也接引上，不得从下层柱的轴线引上。各层的钢梁标高可按相对标高或设计标高进行控制。

第四，钢柱、钢梁、斜撑等钢结构构件从预制场地向安装位置倒运时，必须采取相应的措施，进行支垫或加垫（盖）软布、木材（下垫上盖）。

第五，钢柱在安装前应将中心线及标高基准点等标记做好，以便安装过程中进行检测和控制。

第六，钢梁吊装前应由技术人员对钢柱上的节点位置、数量进行再次确认，避免造成失误。钢梁安装后的主要检查项目是钢梁的中心位置、垂直度和侧向弯曲矢高。

第七，钢结构主体形成后应对主要立面尺寸进行全部检查，对所检查的每个立面。除两列角柱外，应至少选取一列中间柱。对于整体垂直度，可采用激光经纬仪、全站仪测量。

(二) 钢结构焊接工程质量控制要点

第一，施工单位对其首次采用的钢材、焊接材料、焊接方法、焊后热处理等，应进行焊接工艺评定，并应根据评定报告确定焊接工艺。

第二，焊接材料对钢结构焊接工程的质量有重大影响，因此进场的焊接材料必须符合设计文件和国家现行标准的要求。

第三，钢结构焊接必须由持证的技术工人进行施焊。

第四，钢结构的焊接质量要求：焊缝表面不得有裂纹、焊瘤等缺陷；二级焊缝

的焊接质。必须遵照设计、规范要求，并按设计及规范要求进行无损检测；一级焊缝不得有表面气孔、夹渣、弧坑裂纹、电弧擦伤等缺陷，且不得有咬边、未焊满、根部收缩等缺陷。

第五，焊缝质量不合格时，应查明原因并进行返修，同一部位返修次数不应超过两次。当超次返修时，应编制返修工艺措施。

第六，钢结构的焊缝等级、焊接形式，焊缝的焊接部位、坡口形式和外观尺寸必须符合设计和焊接技术规程的要求。

（三）钢结构防腐工程质量控制要点

钢结构除锈应符合设计及规范要求，在防腐前应进行除锈和隐蔽工程报验，监理工程师要对钢结构的表面质量和除锈效果进行检查和确认。

第一，钢结构防腐涂料，稀释剂和固化剂等材料的品种、规格、性能、颜色等应符合现行国家产品标准和设计要求。

第二，钢结构在涂装时的环境温度和相对湿度应符合涂料产品说明书的要求。

第三，钢结构除锈后应在4h内及时进行防腐施工，以免钢材二次生锈，如不能及时涂装时，在钢材表面不应出现未经处理的焊渍、焊疤、灰尘、油污、水和毛刺等。

第四，防腐涂料的涂装遍数和涂层厚度应符合设计要求。

第五，钢结构各构件防腐涂装完成后，钢结构构件的标志、标记和编号应清晰完整，以便于施工单位识别和安装。

（四）钢结构防火工程质量控制要点

第一，防火涂料施工前应由各专业、工种办理交接手续，在钢结构防腐、管道安装、设备安装等完成后再进行防火涂料涂刷。

第二，防火涂料施工前钢结构的防腐涂装应按设计要求涂刷完成。

第三，防火涂料施工前，应由施工单位技术人员对工人进行技术交底。

第四，对于防火涂料涂层的厚度检查，检查数量为涂装构件数的10%且不少于3件；当采用厚涂型防火涂料进行涂装时，检查的结果厚度要保证80%及以上面积符合设计或规范的要求，且最薄处厚度不应低于要求的85%。

第五，钢结构的防火涂料施工往往与各专业施工相交叉，对已施工完成的部位要有成品保护措施，如出现破损情况，应及时进行修补。防火涂料的表面色应按设计要求进行涂刷。

（五）钢结构的成品控制要点

钢结构成品或半成品在钢结构预制场地的堆放要求：根据组装的顺序分别存放，存放构件的场地应平整，并应设置垫木或垫块；箱装零部件、连接用紧固标准件宜在库内存放；对易变形的细长钢柱、钢梁、斜撑等构件应采取多点支垫措施。

（六）钢结构隐蔽工程验收控制要点

隐蔽工程是指在施工过程中，上一道工序的工作成果将被下一道工序的工作成果覆盖，完工以后无法检查的那一部分工程。隐蔽工程验收记录是工程交工验收所必需的技术资料的重要内容之一，主要包括：对焊后封闭部位的焊缝检查；刨光顶紧的质量检查；高强度螺栓连接面质量的检查；构件除锈质量的检查；柱底板垫块设置的检查；钢柱与杯口基础安装连接二次灌浆的质量检查；埋件与地脚螺栓连接的检查；屋面彩板固定支架安装质量的检查；网架高强度螺栓拧入螺栓球卡度的检查；网架支座的检查；网架支座地脚螺栓与过渡板连接的检查等。

第七章 装配式混凝土建筑构件的生产

第一节 装配式混凝土建筑设计及其主要构件

"随着国家经济快速发展，建筑业也取得明显进步。现阶段，我国在大力推行城镇化建设，致力于改善城市居住环境，提升居民生活幸福感。中国传统建筑业过于注重工程效率与经济效益，忽略了工程建设过程中的资源浪费与环境破坏，因此，中国建筑转型发展迫在眉睫。当前流行的装配式建筑是建筑业转型的有效途径，装配式混凝土建筑可提高建筑工程质量与建设效率，是国家转型生态发展的关键技术。"[①] 预制装配混凝土结构技术发展至今，混凝土工厂预制的方法已经能制作成绝大多数结构部件，比如楼板、梁、墙板、柱、楼梯等，并且结合装配式施工工艺特点以及必不可少的节点现浇湿作业施工方式，对这些结构构件进行了丰富多彩的适应性改良，在此过程中，产生了许多独具特色的施工工艺。

一、装配式混凝土建筑的设计

（一）装配式混凝土建筑的协同化设计

装配式建筑的重要作用在于将施工阶段的问题提前至设计、生产阶段解决，将设计模式由面向现场施工转变为面向工厂加工和现场施工的新模式，这就要求运用产业化的目光审视原有的知识结构和技术体系，采用产业化的思维重新建立企业之间的分工与合作，使研发、设计、生产施工以及装修形成完整的协作机制。

装配式建筑设计应考虑实现标准化设计、工厂化生产、装配化施工、一体化装修和信息化管理，全面提升住宅品质，降低住宅建造和使用的成本。影响装配式建筑实施的因素有技术水平、生产工艺、管理水平、生产能力、运输条件、建设周期等。与采用现浇结构建筑的建设流程相比，装配式建筑的建设流程更全面、更精细、更综合，增加了技术策划、工厂生产、一体化装修等过程。

[①] 于晓静. 生态激励机制建设背景下装配式混凝土建筑研究 [J]. 环境工程，2022，40(1): 17.

在装配式建筑的建设流程中，需要建设、设计、生产和施工等单位精心配合，协同工作。在方案设计阶段之前应增加前期技术策划环节，为配合预制构件的生产加工应增加预制构件加工图纸设计环节。

在装配式建筑设计中，前期技术策划对项目的实施起到十分重要的作用，设计单位应充分了解项目定位、建设规模、产业化目标、成本限额、外部条件等影响因素，制定合理的建筑设计方案，提高预制构件的标准化程度，并与建设单位共同确定技术实施方案，为后续的设计工作提供设计依据。

在方案设计阶段应根据技术策划要点做好平面设计和立面设计。平面设计在保证满足使用功能的基础上，实现住宅套型设计的标准化与系列化，遵循预制构件"少规格、多组合"的设计原则。立面设计考虑构件宜生产加工的可能性，根据装配式建造方式的特点实现立面的个性化和多样化。

1. 建筑专业的协同设计

装配式建筑平面设计应遵循模数协调原则，优化套型模块的尺寸和种类，实现住宅预制构件和内装部品的标准化、系列化和通用化，完善装配式建筑配套应用技术，提升工程质量，降低建造成本。以住宅建筑为例，在方案设计阶段应对住宅空间按照不同的使用功能进行合理划分，结合设计规范、项目定位及产业化目标等要求，确定套型模块及其组合形式。平面设计可以通过研究符合装配式结构特性的模数系列，形成一定标准化的功能模块，再结合实际的定位要求等形成适合工业化建造的套型模块，由套型模块再组合形成最终的单元模块。

建筑平面宜选用大空间的平面布局方式，合理布置承重墙及管井、管线位置，实现住宅空间的灵活性、可变性。套内各功能空间分区明确、布局合理。通过合理的结构选型，减少套内承重墙体的出现，使用工业化生产的易于拆改的内隔墙划分套内功能空间。

2. 结构专业的协同设计

装配式建筑体型、平面布置及构造应符合抗震设计的原则和要求。为满足工业化建造的要求，预制构件设计应遵循受力合理、连接简单、施工方便、少规格、多组合的原则，选择适宜的预制构件尺寸和重量，方便加工运输，提高工程质量，控制建设成本。建筑承重墙、柱等竖向构件宜上下连续，门窗洞口宜上下对齐，成列布置，不宜采用转角窗。门窗洞口的平面位置和尺寸应满足结构受力及预制构件设计要求。

3. 机电专业的协同设计

装配式建筑应考虑公共空间竖向管井位置、尺寸及共用的可能性，将其设于易于检修的部位。竖向管线的设置宜相对集中，水平管线的排布应减少交叉。穿预制构件的管线应预留或预埋套管，穿预制楼板的管道应预留洞，穿预制梁的管道应预留或预埋套管。管井及吊顶内的设备管线安装应牢固可靠，应设置方便更换、维修的检修门（孔）等。住宅套内宜优先采用同层排水，同层排水的房间应有可靠的防水构造措施。采用整体卫浴、整体厨房时，应与厂家配合土建预留净尺寸及设备管道接口的位置及要求。太阳能热水系统集热器、储水罐等的安装应与建筑一体化设计，结构主体做好预留预埋。

供暖系统的主立管及分户控制阀门等部件应设置在公共空间竖向管井内，户内供暖管线宜设置为独立环路。采用低温热水地面辐射供暖系统时，分水器、集水器宜配合建筑地面垫层的做法设置在便于维修管理的部位。采用散热器供暖系统时，合理布置散热器位置、采暖管线的走向。采用分体式空调机时，满足卧室、起居室预留空调设施的安装位置和预留预埋条件。当采用集中新风系统时，应确定设备及风道的位置和走向。住宅厨房及卫生间应确定排气道的位置及尺寸。

确定分户配电箱位置，分户墙两侧暗装电气设备不应连通设置。预制构件设计应考虑内装要求，确定插座、灯具位置以及网络接口、电话接口、有线电视接口等位置。确定线路设置位置与垫层、墙体以及分段连接的配置，在预制墙体内、叠合板内暗敷设时，应采用线管保护。在预制墙体上设置的电气开关、插座、接线盒、连接管线等均应进行预留预埋。在预制外墙板、内墙板的门窗过梁及锚固区内不应埋设设备管线。

4. 装配式内装协同设计

装配式内装设计应遵循建筑、装修、部品一体化的设计原则，部品体系应满足国家相应标准要求，达到安全、经济、节能、环保等各项标准，部品体系应实现集成化的成套供应。部品和构件宜通过优化参数、公差配合和接口技术等措施，提高部品和构件互换性和通用性。装配式内装设计应综合考虑不同材料、设备、设施的不同使用年限，装修部品应具有可变性和适用性，便于施工安装、使用维护和维修改造。

装配式内装的材料、设备在与预制构件连接时宜采用 SI 住宅体系的支撑体与填充体分离技术进行设计，当条件不具备时宜采用预留预埋的安装方式，不应剔凿预制构件及其现浇节点，否则将影响主体结构安全性。

(二) 装配式混凝土建筑的标准化设计

住宅标准化设计研究的目标是通过研究成果，系统地解决住宅建设中存在的设计不合理、建造质量偏低、工期长、建造方式粗放、能耗大等问题，推广应用工业化的建造方式，快速而健康地推进住宅产业链的整合与发展。解决这些问题的关键在于如何对项目的全过程进行标准化设计，促使产品标准化与规范化。标准化就是建立一个行业产品的基准平台，主要包含两个层面：一方面，建立标准化的操作模式，包括技术标准与模块设计；另一方面，搭建标准化的产品体系。整个标准化体系的研究范围涵盖了从部品部件标准化到整个建筑楼栋标准化的层面，考虑功能、需求、立面、维护、维修等环节。

将住宅的设计过程作为一个整体纳入标准化的范畴，建立适用住宅的标准化体系，这套设计体系主要包含：①通过与各个部品厂家合作，搭建开放信息平台，应用 BIM 技术建立可视化信息模型库，将住宅相关部品分类并录入该信息库；②依据人体工程学原理和精细化设计方法，实现各使用功能空间的标准化设计；③通过对本地区居民生活习惯的调研，以及相关政策对户型的面积标准要求，实现功能空间的有机组合形成户型的标准化设计；④综合本地气候环境及场地适应性，将标准户型进行多样化地组合，同时应用多种绿色建筑技术，实现节能环保的组合平面及楼栋的标准化设计；⑤依据不同性质的住宅配套设施和社区规划，最终形成多样化住宅成套标准化设计体系。

标准化设计从工业化建设的源头出发，结合绿色设计的理念，可以很好地解决建筑的工业化生产、重复性建造和标准化问题的方法体系。利用这种方法体系可以有效避免以往建筑设计过程中设计与使用脱节，还可以避免设计、施工、维护更新和部件材料回收整个过程相互脱节，缺乏信息反馈和交流的缺点。将标准化模块作为联系用户、设计师和生产厂家的载体，可更好地推动装配式建筑的设计和管理。

（三）装配式混凝土建筑的模块化设计

住宅的模块化设计旨在按照住宅不同功能的空间模块进行标准化、多样化的组合，对各个功能模块在进深和面宽尺寸上用模数协调把控，进行多样化的组合设计。各功能空间模块是根据设计规范要求、人体尺度及舒适性要求、空间内所需设备的尺寸等综合考虑，选取常用的平面形态及布局形式，再经过优化设计，形成不同面积、不同布置方式的模块。空间模块本身具有空间尺寸、使用功能等属性。但是由于居住者的需求差异性，以及随着家庭结构的变化导致的需求发生变化等，住宅建筑模块应考虑功能布局多样性和模块之间的互换性和相容性。要考虑两种模块之间的模数和其他结合要素能够相互匹配，例如，装饰装修模块与机电管线模块之间存在一定的模数关系和构造关系，才能很好地结合。

模块化设计是要把整个住宅建筑、室内空间和零部件产品作为整体，从产品设计的角度考虑模块的划分，把模块应用于整个产品生命周期的设计和规划中。住宅建筑室内空间产品相对一些机械产品来说有自己的特点和复杂性，所以需要通过研究模块化设计的一般理论方法，建立适合不同类型的住宅标准化、工业化生产的模块化设计方法。以保障性住房模块化设计体系为例，保障性住房模块化设计体系的建立需要从住宅标准化体系出发，通过模块化划分的方法。具体解决住宅建筑产品的标准化设计、工业化生产以及规模化建造。通过模块作为联系用户、设计师和生产厂家的载体，可以更好地推动工业化住宅的设计和管理。同时，该体系在设计前期对模块进行划分，已经考虑到各模块的使用年限、维修和更新等问题，因此可减少后期分模块的维修与更换，体现了绿色建筑的理念。

二、装配式混凝土建筑的主要构件

(一) 预制柱

预制装配式混凝土框架结构是由预制柱、预制梁、预制板以及其他的预制非结构构件组成的。构件与构件之间的连接形式有等效现浇节点形式 (如后绕整体式、套筒灌浆等)，以及全装配式干节点形式。预制装配式框架结构一般用在如厂房、停车场等开敞大空间的建筑中。

预制混凝土柱一般分为实体预制柱和空心柱。实体预制柱一般在层高位置预留下钢筋接头，完成定位固定之后，在与梁、板交汇的节点位置使钢筋连通，并依靠混凝土整固成型。空心柱是模板与结构同化设计思想的产物，它作为预制柱的构成部分，控制预制柱的形态，同时也是完成后续浇筑连接工作的模具。

预制柱安装过程中，通过吊装将预制柱调整到指定位置，吊装之前，要对节点插筋进行有效保护，以防止安装柱身翻起吊节点受损，通常使用保护钢套。基座部分预留有钢筋套筒，通过注入混凝土实现连接，完成上下柱之间的力学传递。

(二) 预制梁

预制装配式混凝土建筑中，梁是关键的连接性结构构件，一般通过节点现浇的方式，与叠合板以及预制柱连接成整体。预制装配式混凝土建筑中，梁通常以叠合梁、空壳梁的形式出现。作为主要横向受力部件，预制梁一般分两步实现装配和完整度：第一次浇筑混凝土在预制工厂内完成，通过模具，将钢筋和混凝土浇筑成型，并预留连接节点；第二次浇筑在施工现场完成，预制楼板搁置在预制梁上之后，再次浇捣梁上部的混凝土，通过这种方式将楼板和梁连接成整体，加强结构系统的整体性，完成浇筑连接之后的结构强度和现掩体系下的结构强度相同。

(三) 预制墙板

预制混凝土墙板提升了墙体的施工精度，墙体洞口误差从 50mm 减小到 5mm。

预制混凝土墙板由于在工厂内完成了浇筑和养护，在施工现场只需要固定安装以及节点现浇，减少现场施工工序，提高了效率。由于现浇过程预留窗洞口，或者已经将窗框整体固定在墙体内，大幅度减少了外窗渗漏的可能性。预制混凝土墙板根据承重类型可分为预制外墙板、预制内墙板和预制剪力墙。

1. 预制外墙板

预制外墙板可集外墙装饰面（面砖、石材、涂料、装饰混凝土等形式）、保温于一体，分为围护板系统和装饰板系统，主要用作建筑外墙挂板或幕墙，省去了建筑外装修的环节。

2. 预制内墙板

预制内墙板有横墙板、纵墙板和隔墙板三种。横墙板与纵墙板均为承重墙板，隔墙板为非承重墙板。内墙板应具有隔声与防火的功能。内墙板一般采用单一材料（普通混凝土、硅酸盐混凝土）制成，有实心与空心两种。隔墙板主要用于内部的分隔。这种墙板没有承重要求，但应满足建筑功能上隔声、防火、防潮等方面的要求，采用较多的有钢筋混凝土薄板、加气混凝土条板、石膏板等。所有的内墙板，为了满足内装修减少现场抹灰湿作业的要求，墙面必须平整。

3. 预制剪力墙

剪力墙又称抗风墙或抗震墙、结构墙。房屋或构筑物中主要承受风荷载，或者地震作用引起的水平荷载和竖向荷载（重力）的墙体，防止结构剪切破坏。预制剪力墙即在工厂或现场预先制作的剪力墙。目前应用较广的预制剪力墙有夹心保温剪力墙、全预制剪力墙、双面叠合剪力墙、单面叠合剪力墙。

（1）夹心保温剪力墙。夹心保温剪力墙也称为三明治墙，是预制混凝土剪力墙板中最常见的一类。夹心保温剪力墙可以实现围护与保温一体化的墙体，墙体由内外叶钢筋混凝土板、中间保温层和连接件组成。

内叶墙板作为结构主受力构件，按照力学要求设计和配筋。外叶墙板决定了三明治墙以及建筑外立面的外观，常采用彩色混凝土，表面纹路的选择余地也很大。两层之间可使用保温连接件进行连接。由于混凝土的热惰性，内叶混凝土墙板成为一个恒温的蓄能体，中间的保温板成为一个热的绝缘层，延缓热量穿过建筑墙板在内外叶之间的传递。

保温材料置于内外两预制混凝土板内，内叶墙、保温层及外叶墙一次成型，无须再做外墙保温，简化了施工步骤。且墙体保温材料置于内外叶混凝土板之间，能有效地防止火灾、外部侵蚀环境等不利因素对保温材料的破坏，抗火性能与耐久性能良好，使保温层可做到与结构同寿命，几乎不用维修。

外叶层混凝土面层的装饰方法较多，除了在面层上做干粘石、水刷石和镶贴陶瓷锦砖（马赛克）、面砖外，还可利用混凝土的可塑性，采用不同的衬模，制作出不同纹理、质感和线条的装饰混凝土面。

（2）全预制实心剪力墙。全预制实心剪力墙通过工厂完全预制的方式完成剪力墙的浇筑，并且在预制浇筑过程中，将用于竖向连接的钢筋套筒构件预埋在预制墙内部。现场安装时，通过注浆的方式，实现与梁及楼板的连接。横向留出一定长度钢筋，以备与非承重墙板之间通过现浇节点连接。

（3）双面叠合剪力墙。双面叠合墙板由内外叶双层预制板及连接双层预制板的钢筋桁架在工厂制作而成。现场安装就位后，在内外叶预制板中间空腔浇筑混凝土，形成整体结构共同参与结构受力。双面叠合墙板与暗柱等边缘构件通过现浇连接，形成预制与后浇之间的整体连接。双面叠合墙板与现浇混凝土之间通过连接钢筋进行连接，连接钢筋分为水平连接钢筋和竖向连接钢筋，上层墙板与下层墙板之间通过竖向连接钢筋进行连接，墙板与本层现浇混凝土采用水平连接钢筋连接。连接钢筋的型号、直径和锚固长度需满足现行国家标准及行业规范的相关要求。

（4）单面叠合剪力墙。将预制混凝土外墙板作为外墙外模板，在外墙内侧绑扎钢筋，支模并浇筑混凝土，预制混凝土外墙板通过粗糙面和钢筋桁架与现浇混凝土结合成整体，这样的墙体称之为单面叠合剪力墙。单面叠合墙板中钢筋桁架应双向配置，它的主要作用是连接预制叠合墙板（PCF板）和现浇部分，增强单面叠合剪力墙的整体性，同时保证预制墙板在制作、吊装、运输及现场施工时有足够的强度和刚度，避免损坏、开裂。

（四）预制楼板

预制楼板是建筑主要的预制水平结构构件，按照施工方式和结构性能的不同，可分为钢筋桁架模板、叠合楼板、预应力双T板、空心楼板等。

1. 钢筋桁架模板

钢筋桁架模板，是以桁架的形式处理楼板里面的结构钢筋，最终和钢制底面模板混交在一起。不同于压型钢板，钢底模不直接承受应力，规避了防火问题。钢筋桁架模板优点明显，因为科学的受力方式，使整体造价较低，并且减少了现场钢筋绑扎60%以上的工作量，不需要另外的支承系统，且整体耐火性能优秀。

2. 叠合楼板

叠合楼板是一种模板、结构混合的楼板形式，属于半预制构件。按力学要求，预制混凝土层最小厚度为5～6cm，实际厚度取决于混凝土量和配筋的多少，最厚可达7cm。预制部分既是楼板的组成成分，又是现浇混凝土层的天然模板。叠合楼板在工地安装到位后要进行二次浇注，从而成为整体实心楼板。二次浇注完成的混凝土楼板总厚度在 12cm 至 30cm 之间，实际厚度取决于跨度与荷载。伸出预制混凝土层的桁架钢筋和粗糙的混凝土表面保证了叠合楼板预制部分与现浇部分能有效结合成整体。叠合楼板整体性好，板的上下表面平整，便于饰面层装修，适用于对整体刚度要求较高的高层建筑和大开间建筑。叠合楼板跨度一般为 4 ~ 6m，最大跨度可达 9m。

3. 预应力双 T 板

预应力双 T 板是由宽大的面板和两根窄而高的肋组成。双 T 板受压区截面较大，中和轴接近或进入面板，受拉钢筋有较大的力臂。所以双 T 板具有良好的结构力学性能，明确的传力路径，简洁的几何形状，是一种可制成大跨度、大覆盖面积的和比较经济的承载构件。在单层、多层和高层建筑中，双 T 板可以直接搁置在框架、梁或承重墙上，作为楼层或屋盖结构。预应力双 T 板跨度可达 20 米以上，如用高强轻质混凝土则跨度可达 30 米以上。双 T 板多用 C50 混凝土预制。预应力钢筋可用高强钢丝、钢绞线、低碳冷拔钢丝以及螺纹钢筋。

4. 空心楼板

空心楼板通常作为标准构件流通于建筑市场，标准厚度为 20 和 24 厘米，设计和生产时必须严格按照力学要求相应配筋。空心楼板一般比实心楼板轻 35%，节约材料的优势明显。空心楼板安装时不需要任何支撑，表面也不需要现浇混凝土，故施工没有湿作业。快速地安装不仅缩短了施工时间，也节约了成本。底层光滑的表面在装配到位、节点勾缝完之后无须再次找平，涂一层涂料即可，节约了后续装修的成本。

(五) 预制楼梯

楼梯可用几个参数完成描述，易进行预制生产。预制混凝土楼梯构件包括大型、中型和小型。大型预制混凝土楼梯是把整个梯段和平台预制成一个构件；中型预制混凝土楼梯是把梯段和平台各预制成一个构件，采用较广；小型预制混凝土楼梯是将楼梯的斜梁、踏步、平台梁和板预制成各个小构件，用焊、锚、栓、销等方法连接成整体。预制混凝土楼梯与主体承力系统的连接方式一般有四种：支座连接、牛腿连接、钢筋连接、预埋件连接。

支座连接就是预制混凝土楼梯直接搭接在其承载构件上，承载构件起到支座作用。一般分为牢固连接、轻型连接和非固定连接，其中非固定连接可使楼梯在地震状态下产生相对带位移而不损坏。

牛腿连接其实是一种特殊的支座连接，是指楼梯搭接在主体结构延伸出的牛腿之上。牛腿连接因为构造方式的不一样，可区别为明牛腿连接、暗牛腿连接和型钢暗牛腿连接。

钢筋连接是对承载力要求较高的楼梯采用的方式，预制混凝土楼梯预留外露受力钢筋，采用直接或间接的方式实现钢筋间受力联系。

预埋件连接是指预制楼梯和主体承力系统通过预制的方式将部件内力传递至预埋受力构件上，再通过栓接、焊接等方式将预埋件连接的方式。

(六) 功能性部品

"部品"是指构成完整成品的不同组成部分。建筑领域中的部品模块化体系，是以"模块单元体"为基本工厂化预组装部品，在工厂内制造并组装成型，然后整体运输到建设现场，如同"拼积木"，一般以吊装的方式拼装成。整个建筑部品体系是住宅产业化发展的重要环节，预制装配式混凝土技术应用之下，各种功能性部品发展迅速。以下以预制阳台部品和预制卫生间部品为例进行说明。

1. 预制阳台部品

阳台连接了室内外空间，集成了多种功能。传统阳台结构一般为挑梁式、挑板式现浇钢筋混凝土结构，现场施工量大、工期长。随着一体化阳台概念发展，阳台集成了发电、集热等越来越多的功能，预制阳台部品的施工模式将成为主流。依据预制程度将预制阳台划分为叠合阳台和全预制阳台。预制生产的方式能够完成阳台所必需的功能属性，并且二维化的预制过程相比较于三维化的现场制作，更能够简单快速地实现阳台的造型艺术，降低了现场施工作业的难度，减少了不必要的作业量。

2. 预制浴室部品

整体浴室也叫做整体卫浴、整体卫生间。传统浴室是由泥瓦工进行分散式的装修和装配，地面砖、面砖、天花板、洗手台、洁具，坐便器等分散式采购，然后装配在一起。传统浴室装修前需要对地面进行防水处理，如果防水处理不到位，会出现渗水和漏水现象，砖施工和设备安装结合处会留下卫生死角等。

区别于传统浴室，整体浴室是工厂化一次性成型，小巧、精致、功能俱全、节省卫生间面积，而且免用浴霸，非常干净，有利于清洁卫生。浴室呈现了居住者的生活品质，而浴室的设计也不再是单一的瓷砖加洁具的简单组合。由于采用工厂预制的方式，整体式卫生间于现场只需采用干法施工，效率极高，可以做到当天安装，当天使用，缩短了施工周期。

第二节　装配式混凝土建筑构件的生产制作

　　装配式混凝土预制构件的生产可以说是建筑的工业化，通过合理的生产管理，可以显著的提高预制构件的品质。我国混凝土预制构件应用领域广泛、结构形式和种类多样。根据混凝土预制构件应用领域和部位，可分为建筑构件、公路构件、铁路构件、市政构件和地基构件。除了建筑构件中的新型住宅产业化构件外，各类型构件虽然结构形式、外形尺寸和结构性能变化丰富，但大多属于标准产品，应用成熟，在我国进行的大规模基础设施和城镇建设中起到了重要作用。

　　目前，我国形成了以流水线生产为主，传统固定台座法为辅的装配式混凝土预制构件生产模式。流水生产线是在车间内，根据生产工艺的要求将整个车间划分为几个工段，每个工段皆配备相应的工人和机械设备，构件的成型、养护、脱模等生产过程分别在有关的工段循序完成。固定台座法中，台座是表面光滑平整的混凝土地坪、胎模或混凝土槽，也可以是钢结构。构件的成型、养护、脱模等生产过程都在台座上进行。

　　预制构件厂的生产流程，总体来说是对传统现浇施工工艺的标准化，模块化的工业化改造，通过构件拆分成模块化构件，通过蒸汽养护加快混凝土的凝结，通过流水线施工提高生产效率，最终实现质量稳定性较高的预制化产品构件。

　　装配式混凝土预制构件厂（场）施工条件稳定，施工程序规范，比现浇构件更易于保证质量；利用流水线能够实现成批工业化生产，节约材料，提高生产效率，降低施工成本；可以提前为工程施工做准备，通过现场吊装，缩短施工工期，减少材料消耗，节省工人数量，降低建筑垃圾和扬尘污染。

一、装配式混凝土建筑构件的生产线

　　装配式混凝土结构中采用预制的部位、构件的类别及形状因结构、施工方法的不同而各不相同。因此，工程施工方必须选择最适合设计条件或施工条件的构件制造工厂。预制构件制作工厂应有与装配式预制构件生产规模和生产特点相适应的场地、生产工艺及设备等资源，并优先采用先进、高效的技术与设备。设施与设备操作人员必须进行专业技术培训，熟悉所使用设施设备的性能、结构和技术规范，掌握操作办法、安全技术规程和保养方法。

　　预制构件制作工厂可分为固定工厂和移动工厂，固定工厂即在某一地点持续进行生产，移动工厂可根据需要设置在施工现场附近，可用大型机械把构件从生产地点或附近的存放地点直接吊装到建筑物的指定位置。不管采用何种方式，生产预制

混凝土构件的工厂必须能够满足设计及施工的各种质量要求，并具有相应的生产和质量管理能力。且在进行设施布置时，应做到整体优化、充分利用场地和空间，减少场内材料及配件的搬运调配，降低物流成本。

预制构件生产线按生产内容（构件类型）可分为外墙板生产线、内墙板生产线、叠合板生产线、预应力叠合板生产线以及梁、柱、楼梯、阳台生产线。预制构件生产线按流水生产类型（模台和作业设备关系）可分为环形流水生产线，固定生产线（包含长线台座和固定台座）和移动台模生产线。

（一）环形生产线

环形生产线一般采用水平循环流水方式，采用封闭的、连续的、按节拍生产的工艺流程，可生产外墙板、内墙板和叠合板等板类构件，采用环形流水作业的循环模式，经布料机把混凝土浇筑在模具内、振动台振捣后需要集中进行养护，使构件强度满足设计强度时才进行拆模处理的生产工艺，拆模后的混凝土预制构件通过成品运输车运输至堆场，而空模台沿输送线自动返回，形成了环形流水作业的循环模式。环形生产线根据生产构件类型的不同，在工位布置上会有一定的变化，但其整体思路都是一种封闭的、连续的、环形布置。

环形生产线按照混凝土预制构件的生产流程进行布置，生产工艺的主要部分包括：清理作业、喷油作业、安装钢筋笼、固定调整边模、预埋件安装、浇筑混凝土、振捣、面层刮平作业（或面层拉毛作业）、预养护、面层抹光作业、码垛、养护、拆模作业、翻转作业等。

典型的混凝土预制构件环形生产线布置的设备主要包括：模台清理机、脱模剂喷涂机、混凝土布料机、振动台、预养护窑、面层赶平机、拉毛装置、立体养护窑、翻转机、摆渡车、支撑装置，驱动装置、钢筋运输、构件运输车等。

（二）固定生产线

固定生产线又可分为长线台座生产线和固定台座生产线，其基本思路均采用模台固定、作业设备移动的生产方式进行布置。长线台座生产线是指所有的生产模台通过机械方式进行连接，形成通长的模台。固定台座生产线则是指所有的生产模台按一定距离进行布置，每张模台均独立作业。长线台座生产线主要用于各种预应力楼板的生产，固定台座生产线主要用于生产截面高度超过环形生产线最大容许高度、尺寸过大、工艺复杂、批量较小等不适合循环流水的异型构件。

固定生产线因采用模台固定、作业设备移动的布置方式，无法像环形生产线一样大面积的布置作业设备，故该类型的生产线大多采用作业功能集成的综合一体化作业设备，如移动式布料振捣一体机、移动式面层处理一体机、移动式振平拉毛覆膜一体机、移动式清理喷涂一体机、移动式翻转机等。

（三）柔性生产线

柔性生产线是一种混凝土预制构件生产线，将人工加工工位与设备加工工位区分开来，通过一辆中央转运车来转运模台。其综合了传统环形生产线和固定生产线各自的优势。为了不影响流水线的生产节拍，柔性生产线将需要人工作业，作业效率较低的某个工序从流水作业中分离出来，设置独立的工作区，该工序完成后可随时加入流水线中，不占用流水线的循环时间，保证整条流水线的生产节拍，需设备作业完成的工序仍保留流水作业的方式，不影响生产效率。柔性生产线的独立工作区和整条流水线类似于半成品分厂和总厂的关系，因此可根据场地的实际情况灵活布置，工艺设计的弹性更大，具有多种变形，对生产的构件类型适应性更强。柔性生产线相对传统的环形生产线，具有以下优势。

第一，在混凝土预制构件的加工工艺中，人工装边模板、装钢筋、装预埋件、装保温层的工位用时很多，是生产线的瓶颈工位。环线中为了匹配节拍，需要增加人工工作的工位数，导致生产线变长，对于空间长度不够的车间，只能延长节拍，减低产能来对应。

第二，在环线生产线中，由于模台在规定线路上运行，各工位需要时间不同，很容易出现"快等慢"的情况。或者由于其中一个模台出现故障需要暂停，整条线都需要等待问题解决后才能继续运行，很容易窝工。移动台模生产线由于存在独立的工位，可以把慢模台或者故障模台转移到独立工位上，不影响其他模台的运行。

第三，在设备加工的工序中，仍然保留了流水线的特性，环形流水线的优势依然保留。内墙板、外墙板、叠合板均可以生产，调度灵活，适应各种生产形势。

二、装配式混凝土建筑构件的生产模具

模具应采用移动式或固定式钢底模，侧模宜采用型钢或铝合金型材，也可根据具体要求采用其他材料。模具设计应遵循用料轻量化、操作简便化、应用模块化的设计原则，并应根据预制构件的质量标准、生产工艺及技术要求、模具周转次数、通用性等相关条件确定模具设计和加工方案。模板、模具及相关设施应具有足够的承载力、刚度和整体稳固性，并应满足预埋管线、预留孔洞、插筋、吊件、固定件等的定位要求。模具构造应满足钢筋入模、混凝土浇捣、养护和便于脱模等要求，并便于清理和隔离剂的涂刷。模具堆放场地应平整坚实，并应有排水措施，避免模具变形及锈蚀。

三、装配式混凝土建筑预制构件的生产流程

预制构件制作前应进行深化设计，深化设计的内容应包括：预制构件模板图、配筋图、预埋吊件及预埋件的细部构造图等；带饰面砖或饰面板构件的排砖图或排板图；复合保温墙板的连接件布置图及保温板排版图；构件加工图；预制构件脱模、翻转过程中混凝土强度、构件承载力、构件变形以及吊具、预埋吊件的承载力验算等。设计变更须经原施工图设计单位审核批准后才能实施。构件制作方案应根据各种预制构件的制作特点进行编制。上道工序质量检测和检查结果不合格时，不得进行下道工序的生产。构件生产过程中应对原材料、半成品和成品等进行标识，并应对不合格品的标识、记录、评价、隔离和处置进行规范。

（一）固定台模生产线预制构件制作流程

以预制夹心保温墙体为例，讲解固定台模生产线进行预制构件制作流程，具体如下。

1. 组装模具

模具除应满足强度、刚度和整体稳固性要求外，还应满足预制构件预留孔、插筋、预埋吊件及其他预埋件的安装定位要求。模具应安装牢固、尺寸准确、拼缝严密、不漏浆。模板组装就位时，要保证底模表面平整度，保证构件表面平整度符合规定要求。模板与模板之间，帮板与底模之间的连接螺栓必须齐全、拧紧，模板组装时应注意将销钉敲紧，控制侧模定位精度。模板接缝处用原子灰嵌塞抹平后再用细砂纸打磨。精度必须符合设计要求，并经验收合格后投入使用。

组装模具前应将钢模和预埋件定位架等部位彻底清理干净，严禁使用锤子敲打。模具与混凝土接触的表面除饰面材料铺贴范围外，应均匀涂刷脱模剂。脱模剂可采用柴机油混合型，为避免污染墙面砖，模板表面刷一遍脱模剂后再用棉纱均匀擦拭两遍，形成均匀的薄层油膜，见亮不见油，注意尽量避开放置橡胶垫块处，该部位可先用胶带纸遮住。在选择脱模剂时尽量选择隔离效果较好，能确保构件在脱模起吊时不发生黏结损坏现象，保持板面整洁，易于清理，不影响墙面粉刷质量的脱模剂。

2. 铺贴饰面材料

面砖在入模铺设前，应先将单块面砖根据构件排砖图的要求分块制成面砖套件。套件的尺寸应根据构件饰面砖的大小、图案、颜色取一个或若干个单元组成，每块套件的长度不宜大于600mm，宽度不宜大于300mm。面砖套件应在定型的套件模具中制作。面砖套件的图案、排列、色泽和尺寸应符合设计要求。

面砖铺贴时先在底模上弹出面砖缝中线，然后铺设面砖，为保证接缝间隙满足设计要求，根据面砖深化图进行排版。面砖定位后，在砖缝内采用胶条粘贴，保证砖缝满足排版图及设计要求。面砖套件的薄膜粘贴不得有折皱，不应伸出面砖，端头应平齐。嵌缝条和薄膜粘贴后应采用专用工具沿接缝将嵌缝条压实。石材在入模铺设前，应核对石材尺寸，并提前24小时在石材背面安装锚固拉勾和涂刷防泛碱处理剂。面砖套件、石材铺贴前应清理模具，并在模具上设置安装控制线，按控制线固定和校正铺贴位置，可采用双面胶带或硅胶按预制加工图分类编号铺贴。面砖装饰面层铺贴。

石材和面砖等饰面材料与混凝土的连接应牢固。石材等饰面材料与混凝土之间连接件的结构、数量、位置和防腐处理应符合设计要求。满粘法施工的石材和面砖等饰面材料与混凝土之间应无空鼓。石材和面砖等饰面材料铺设后表面应平整，接缝应顺直，接缝的宽度和深度应符合设计要求。面砖、石材需要更换时，应采用专用修补材料，对嵌缝进行修整，使墙板嵌缝的外观质量一致。涂料饰面的构件表面应平整、光滑，棱角、线槽应符合设计要求，大于1mm的气孔应进行填充修补。

3.铺设保温材料

带保温材料的预制构件宜采用平模工艺成型，生产时应先浇筑外叶混凝土层，再安装保温材料和连接件，最后成型内叶混凝土层。外叶混凝土层可采用平板振动器适当振捣。铺放加气混凝土保温块时，表面要平整，缝隙要均匀，严禁用碎块填塞。在常温下铺放时，铺前要浇水润湿，低温时铺后要喷水，冬季可干铺。泡沫聚苯乙烯保温条，应事先按设计尺寸裁剪。排放板缝部位的泡沫聚苯乙烯保温条时，入模固定位置要准确，拼缝要严密，操作要有专人负责。当采用立模工艺生产时应同步浇筑内外叶混凝土层，生产时应采取可靠措施保证内外叶混凝土厚度、保温材料及连接件的位置准确。

4.设置预埋件与预埋孔

预埋钢结构件、连接用钢材、连接用机械式接头部件和预留孔洞模具的数量、规格、位置、安装方式等应符合设计规定，固定措施可靠。预埋件应固定在模板或支架上。预留孔洞应采用孔洞模具的方式并加以固定。预埋螺栓和铁件应采取固定措施保证其不偏移，对于套筒埋件应注意其定位。

5.设置门窗框

门窗框在构件制作、驳运、堆放、安装过程中，应进行包裹或遮挡。预制构件的门窗框应在浇筑混凝土前预先放置于模具中，位置应符合设计要求，并应在模具上设置限位框或限位件进行可靠固定。门窗框的品种、规格、尺寸、相关物理性能和开启方向、型材壁厚和连接方式等应符合设计要求。

6. 浇筑混凝土

在混凝土浇筑成型前应进行预制构件的隐蔽工程验收，符合有关标准规定和设计文件要求后方可浇筑混凝土。检查项目应包括：模具各部位尺寸、定位可靠、拼缝等；饰面材料铺设品种、质量；纵向受力钢筋的品种、规格、数量、位置等；钢筋的连接方式、接头位置、接头数量、接头面积百分率等；箍筋、横向钢筋的品种、规格、数量、间距等；预埋件及门窗框的规格、数量、位置等；灌浆套筒、吊具、插筋及预留孔洞的规格、数量、位置等；钢筋的混凝土保护层厚度。

混凝土放料高度应小于500mm，并均匀铺设。混凝土成型宜采用插入式振动棒振捣，逐排振捣密实，振动器不应碰触钢筋骨架、面砖和预埋件。混凝土浇筑应连续进行，同时应观察模具、门窗框、预埋件等的变形和移位，变形与移位超出允许偏差时应及时采取补强和纠正措施。面层混凝土采用平板振动器振捣，振捣后，随即用1:3水泥砂浆找平，并用木尺杆刮平，待表面收水后再用木抹抹平压实。

配件、埋件、门框和窗框处混凝土应浇捣密实，其外露部分应有防污损措施。混凝土表面应及时用泥板抹平提浆，宜对混凝土表面进行二次抹面。预制构件与后浇混凝土的结合面或叠合面应按设计要求制成粗糙面，粗糙面可采用拉毛或凿毛处理方法，也可采用化学和其他物理处理方法。预制构件混凝土浇筑完毕后应及时养护。

7. 构件养护

预制构件的成型和养护宜在车间内进行，成型后蒸养可在生产模位上或养护窑内进行。预制构件采用自然养护时，应符合现行国家标准的规定。预制构件采用蒸汽养护时，宜采用自动蒸汽养护装置，并保证蒸汽管道通畅，养护区应无积水。蒸汽养护制度应分静停、升温、恒温和降温四个阶段，并应符合规定：混凝土全部浇捣完毕后静停时间不宜少于2小时，升温速度每小时不得大于15℃，恒温时最高温度不宜超过55℃，恒温时间不宜少于3小时，降温速度每小时不宜大于10℃。

8. 构件脱模

预制构件停止蒸汽养护后，预制构件表面与环境温度的温差不宜高20℃。应根据模具结构的特点按照拆模顺序拆除模具，严禁使用振动模具方式拆模。

预制构件脱模起吊应符合规定：预制构件的起吊应在构件与模具间的连接部分完全拆除后进行；预制构件脱模时，同条件混凝土立方体抗压强度应根据设计要求或生产条件确定，且不应小于15N/mm^2；预应力混凝土构件脱模时，同条件混凝土立方体抗压强度不宜小于混凝土强度等级设计值的75%；预制构件吊点设置应满足平稳起吊的要求，宜设置4~6个吊点。

预制构件的脱模后应对预制构件进行整修，并应符合规定：在构件生产区域旁应设置专门的混凝土构件整修区域，对刚脱模的构件进行清理、质量检查和修补；对于各种类型的混凝土外观缺陷，构件生产单位应制定相应的修补方案，并配有相应的修补材料和工具；预制构件应在修补合格后再驳运至合格品堆放场地。

9.构件标识

构件应在脱模起吊至整修堆场或平台时进行标识，标识的内容应包括工程名称、产品名称、型号、编号、生产日期，构件待检查、修补合格后再标注合格章及工厂名。标识可标注于工厂和施工现场堆放、安装时容易辨识的位置，可由构件生产厂和施工单位协商确定。标识的颜色和文字大小、顺序应统一，宜采用喷涂或印章方式制作标识。

(二) 自动化流水线预制构件的制作流程

以双面叠合墙板为例，讲解自动化流水线预制构件制作流程。叠合楼板，叠合墙板等板式构件一般采用平整度很好的大平台钢模自动化流水作业的方式生产，如同其他工业产品流水线一样工人固定、岗位固定工序，流水线式的生产构件，人员数量需求少，主要靠机械设备的使用，效率大大提高。其主要流水作业环节为：①自动清扫机清扫钢模台；②电脑自动控制的放线；③钢平台的上方放置侧模及相关预埋件，如线盒、套管等；④脱模剂喷洒机喷洒脱模剂；⑤钢筋自动调直切割，格构钢筋切割；⑥工人操作放置钢筋及格构钢筋，绑扎；⑦混凝土分配机浇注，平台振捣 (若为叠合墙板，此处多一道翻转工艺)；⑧立体式养护室养护；⑨成品吊装堆垛。

四、装配式混凝土建筑预制构件的质量检验

预制混凝土结构构件包括构件厂内的单体产品生产和工地现场装配两个大的环节，构件单体的材料、尺寸误差以及装配后的连接质量、尺寸偏差等在很大程度上决定了实际结构能否实现设计意图，因此预制构件质量控制问题尤为重要。

对预制构件的外观检测，主要检查是否存在露筋、蜂窝、空洞、夹渣、疏松、裂缝及连接、外形缺陷，并根据其对构件结构性能和使用功能的影响程度来划分一般缺陷或严重缺陷。

以预制墙板为例，对预制构件的尺寸检测，主要检查是否包括墙体高度、宽度、厚度、对角线差、弯曲、内外表明平整度等。可采用激光测距仪、钢卷尺对墙板的高、宽、洞口尺寸等进行尺寸测量。

外观检测质量应经检验合格，且不应有影响结构安全、安装施工和使用要求的缺陷。尺寸允许偏差项目的合格率不应小于80%，允许偏差不得超过最大限值的1.5

倍，且不应有影响结构安全、安装施工和使用要求的缺陷。

五、装配式混凝土建筑预制构件的堆放运输

(一) 装配式混凝土建筑预制构件的堆放

预制构件的存放场地应平整、坚实，并设有良好的排水措施。预制构件在堆放时可选择多层平放、堆放架靠放等方式，不论采用何种堆放方式，均应保证最下层的预制构件要垫实，预埋吊件宜向上，标识宜朝外。成品应按合格、待修和不合格区分类堆放，并应进行标识。

1. 全预制外墙板堆放

全预制外墙板宜采用插放或靠放，堆放架应有足够的刚度，并应支垫稳固；构件采用靠放架立放时，宜对称靠放，与地面的倾斜角度宜大于80°；宜将相邻堆放架连成整体。连接止水条、高低口、墙体转角等薄弱部位，应采用定型保护垫块或专用式套件做加强保护。重叠堆放构件时，每层构件间的垫木或垫块应在同一垂直线上。堆垛层数应根据构件自身荷载、地坪、垫木或垫块的承载能力，以及堆垛的稳定性确定。预制构件的码放应预埋吊件向上，标志向外；垫木或垫块在构件下的位置宜与脱模、吊装时的起吊位置一致。

2. 双面叠合墙板堆放

双面叠合墙板可采用多层平放、堆放架靠放和插放，构件也应采用成品保护的原则合理堆放，减少二次搬运的次数。平放时每跺不宜超过5层，最下层墙板与地面不直接接触，应支垫两根与板宽相同的方木，层与层之间应垫平、垫实，各层垫木应在同一垂直线上。采用插放或靠放时，堆放架应有足够的刚度，并应支垫稳固；对采用靠放架立放的构件，应对称靠放与地面倾斜角度宜大于80°；宜将相邻堆放架连成整体。墙体转角等薄弱部位，应采用定型保护垫块或专用式套件做加强保护。

(二) 装配式混凝土建筑预制构件的运输

构件运输计划在预制结构施工方法中非常重要，需考虑搬运路径、使用车型、装车方法等因素。搬运构件用的卡车或拖车，要根据构件的大小、重量、搬运距离、道路状况等选择适当的车型。

成品运输时，必须使用专用吊具，应使每一根钢丝绳均匀受力。钢丝绳与成品的夹角不得小于45°，确保成品呈平稳状态，应轻起慢放。运输车应有专用垫木，垫木位置应符合图纸要求。运输轨道应在水平方向无障碍物，车速应平稳缓慢，不得使成品处于颠簸状态。运输过程中发生成品损伤时，必须退回车间返修，并重新检验。

预制构件的运输车辆应满足构件尺寸和载重的要求，装车运输时应符合规定：①装卸构件时应考虑车体平衡；②运输时应采取绑扎固定措施，防止构件移动或倾倒；③运输竖向薄壁构件时应根据需要设置临时支架；④对构件边角部或与紧固装置接触处的混凝土，宜采用垫衬加以保护。

预制构件运输宜选用低平板车，且应有可靠的稳定构件措施。预制构件的运输应在混凝土强度达到设计强度的100%后进行。预制构件采用装箱方式运输时，箱内四周应采用木材、混凝土块作为支撑物，构件接触部位应用柔性垫片填实，支撑牢固。构件运输应符合下列规定。

第一，运输道路须平整坚实，并有足够的宽度和转弯半径。

第二，根据吊装顺序组织运输，配套供应。

第三，用外挂（靠放）式运输车时，两侧重量应相等，装卸车时，重车架下部要进行支垫，防止倾斜。用插放式运输车采用压紧装置固定墙板时，要使墙板受力均匀，防止断裂。

第四，复合保温或形状特殊的墙板宜采用靠放架、插放架直立堆放，插放架、靠放架应有足够的强度和刚度，支垫应稳固，并宜采取直立运输方式。装卸外墙板时，所有门窗扇必须扣紧，防止碰坏。

第五，预制叠合楼板、预制阳台板、预制楼梯可采用平放运输，应正确选择支垫位置。

第六，预制构件运输时，不宜高速行驶，应根据路面好坏掌握行车速度，起步、停车要稳。夜间装卸和运输构件时，施工现场要有足够的照明设施。

第三节　装配式混凝土建筑构件的生产管理

一、生产质量管理

构件厂生产的预制构件与传统现浇施工相比，具有作业条件好、不受季节和天气影响、作业人员相对稳定、机械化作业降低工人劳动强度等优势，因此构件质量更容易保证。预制的构件误差可以控制在1～5mm，并且表面观感质量较好，能够节省大量的抹灰找平材料，减少原材料的浪费和工序。预制构件作为一种工厂生产的半成品，质量要求非常高，没有返工的机会，一旦发生质量问题，可能比传统现浇造成的经济损失更大。

装配式混凝土建筑发展过程中若产生质量问题将不利于其健康发展。保证预制构件的质量，一方面，端正思想、转变观念，摒弃"低价中标、以包代管"的传统思路，建立起"优质优价、奖优罚劣"的制度和精细化管理的工程总承包模式；另一方面，尊重科学和市场规律，改变传统建筑业中落后的管理方式方法，对内、对外都建立起诚信为本、质量为王的理念。

（一）搭建稳定的人才队伍

在推进装配式建筑的进程中，管理人员、技术人员和产业工人的缺乏是非常重要的制约因素，甚至成为装配式建筑推进过程中的瓶颈问题。这不但会影响预制构件的质量，还对生产效率、构件成本等方面产生了较大的影响。

预制构件厂属于实业型企业，需要有大额的固定资产投资，为了满足生产要求，需要大量的场地、厂房和工艺设备投入，硬件条件要求远高于传统现浇施工方式。同时还要拥有相对稳定的熟练产业工人队伍，各工序和操作环节之间相互配合才能达成默契，减少各种错漏碰缺的发生，以保证生产的连续性和质量稳定性，只有经过人才和技术的沉淀，才能不断提升预制构件质量和经济效益。

产品质量是技术不断积累的结果，质量一流的预制构件厂，一定拥有一流的技术和管理人才，从系统性角度进行分析，为了保证预制构件的质量稳定，首当其冲的是人才队伍的相对稳定。

（二）提高设备和材料质量

预制构件作为组成建筑的主要半成品，质量和精度要求远高于传统现浇施工，高精度的构件质量需要优良的模具和设备来制造，同时需要保证原材料和各种特殊配件的质量优良，这是保证构件质量的前提条件。离开这些基本条件，即使是再有经验的技术和管理人员以及一线工人，也难以生产出优质的构件，甚至出现产品达不到质量标准的情况。

（三）完善质量管理的制度

在预制构件的生产过程中，与传统现浇施工相比，需要掌握新技术、新材料、新产品、新工艺，进行生产工艺研究，并对工人进行必要的培训，还需协调外部力量参与生产质量管理，聘请外部专家和邀请供应商技术人员讲解相关知识，提高技术认识。预制构件作为装配式建筑的半成品，一旦存在无法修复的质量缺陷，基本上没有返工的机会，构件质量的好坏对于后续的安装施工影响很大，构件质量不合格会产生连锁反应，因此完善质量管理制度尤为重要。完善质量管理制度可采取以下措施。

第一，建立质量管理制度，并严格落实到位、监督执行。在具体操作过程中，针对不同的订单产品，应根据构件生产特点制定相应的质量控制要点，明确每个操作岗位的质量检查程序、检查方法，并对工序之间的交接进行质量检查，以保证制度的合理性和可操作性。

第二，指定专门的质量检查员，根据质量管理制度进行落实和监督，以防止质量管理流于形式，重点对原材料质量和性能、混凝土配合比、模具组合精度、钢筋及埋件位置、养护温度和时间、脱模强度等内容进行监督把控，检查各项质量记录。

第三，对所有的技术人员、管理人员、操作工人进行质量管理培训，明确每个岗位的质量责任，在生产过程中严格执行工序之间的交接检查，由下道工序对上道工序的质量进行检查验收，形成全员参与质量管理的氛围。

第四，做好预制构件的质量管理，并不是简单地靠个别质检员的检查，而是要将"品质为王"的质量意识植入每一个员工的心里，让每一个人主动地按照技术和质量标准做好每一项工作。

(四) 研究并优化生产工艺

制作预制构件的工艺方法有很多，同样的预制构件，在不同的预制构件厂可能会采用不同的生产制作方法，不同的工艺做法可能导致不同的质量水平，生产效率也大相径庭。

以预制外墙为例，多数预制构件厂是采用卧式反打生产工艺，也就是室外的一侧贴着模板，室内一侧采用靠人工抹平的工艺方法，制作构件外面平整光滑，但是内侧的预埋件很多就会影响生产效率，例如，预埋螺栓、插座盒、套筒灌浆孔等会影响抹面操作，导致观感质量下降；如果采用正打工艺把室内一侧朝下，用磁性固定装置把内侧埋件吸附在模台上，室外一侧基本没有预埋件，抹面找平时就很容易操作，甚至可以采用抹平机，这样的构件内外两侧都会很平整，并且生产效率高。

预制构件厂应该配备相应的工艺工程师，对各种构件的生产方法进行研究和优化，为生产配备相应的设施和工具，简化工序、降低工人的劳动强度。

二、生产安全管理

预制构件生产企业应建立健全安全生产组织机构、管理制度、设备安全操作规程和岗位操作规范。

从事预制构件生产设备操作的人员应取得相应的岗位证书。特殊工种作业人员必须经安全技术理论和操作技能考核合格，并取得建筑施工特殊作业人员操作资格证书，应接受预制构件生产企业组织的上岗培训，并应在培训合格后上岗。预制构件制作厂区操作人员应配备合格劳动防护用品。

预制墙板用保温材料、砂石等材料进场后，应存放在专门场地，保温材料堆放场地应有防火防水措施。易燃、易爆物品应避免接触火种，单独存放在指定场所，并应进行防火、防盗管理。

吊运预制构件时，构件下方严禁站人。施工人员应待吊物降落至离地1m以内再靠近吊物。预制构件应在就位固定后再进行脱钩。用叉车、行车卸载时，非相关人员应与车辆、构件保持安全距离。

特种设备应在检查合格后再投入使用。沉淀池等临空位置应设置明显标志，并应进行围挡。车间应进行分区，并设立安全通道。原材料进出通道、调运路线、流水线运转方向内严禁人员随意走动。

三、生产环境保护

预制构件生产企业在生产构件时，应严格按照操作规程、遵守国家的安全生产法规和环境保护法令，自觉保护劳动者生命安全，保护自然生态环境，主要包括以下方面。

第一，在混凝土和构件生产区域利用收尘、除尘装备，以及防止扬尘散布的设施。

第二，通过修补区、道路和堆场除尘等方式系统控制扬尘。

第三，采用混凝土废浆水、废混凝土和构件的回收利用措施。

第四，设置废弃物临时置放点，并应指定专人负责废弃物的分类、放置及管理工作。废弃物清运必须由合法的单位进行。有毒有害废弃物应利用密闭容器装存并及时处置。

第五，生产装备宜选用噪声小的装备，并应在混凝土生产、浇筑过程中采取降低噪声的措施。

第八章　装配式混凝土建筑的施工技术

第一节　施工技术发展与准备工作

预制装配式混凝土建筑是将工厂生产的预制混凝土构件运输到现场，经吊装、装配、连接，结合部分现浇而形成的混凝土结构。预制装配式混凝土建筑在工地现场的施工安装核心工作主要包括三部分：构件的安装、连接和预埋以及现浇部分的工作。这三部分工作体现的质量和流程管控要点是预制装配式混凝土结构施工质量保证的关键。

一、施工技术的发展

预制装配式混凝土结构施工安装是装配式建筑建设过程的重要组成部分，伴随着建设材料预制方式、施工机械和辅助工具的发展而不断进步。装配式混凝土建筑施工技术的发展主要经历了三个阶段：人工加简易工具阶段；人工、系统化工具加辅助机械阶段；人工、系统化工具加自动化设备阶段。

第一个阶段在中西方建筑史上都有非常典型的例子。例如，中国古代的木结构建筑的安装，石头与木结构的混合安装，孔庙前巨型碑林的安装；西方的教堂、石头建筑的安装等都是典型的案例。这一时期的主要特征是建筑主要靠人力组织、人工加工后的材料，用现有资源加工出工具，借助自然界的地形地势辅以大量的劳力施工安装而成，而且没有大型施工机械。

第二个阶段是伴随着工业革命、机械化进程而发展的，这个阶段人类开始使用系统化金属工具，借助大小型机械作业，使得建筑施工安装的效率得到飞速的提升，这个阶段一直延续到今天。今天所说的预制装配式混凝土结构的施工安装其实就处于这个阶段。这个阶段按照人工和机械的使用占比可细分为初级、中级和高级阶段。

第三个阶段是自动化技术的引入，即人类应用智能机械、信息化技术于建筑安装工程中。这在目前也属于前沿地带，只是应用于一些特殊工程中，属于未来发展方向。

预制装配式混凝土结构施工技术的发展是人类在已有的建筑施工经验基础上，随着混凝土预制技术的发展而不断进步的。20世纪初，在钢结构领域积累了大量的施工安装经验，随着预制混凝土构件的发明和出现，一些装配式的施工安装方法也被延伸到混凝土领域，比如早期的预制楼梯、楼板和梁的安装。20世纪40年代，板式住宅建筑得到了大量的推广，与其相关联的施工安装技术也得到了发展。这个时期的特征也是各类预制构件采用钢筋环等作为起吊辅助。

真正意义上的工具式发展以及相关起吊连接件的标准化和专业化起源于20世纪80年代，各类预制装配式混凝土结构的元素也开始愈加多样化，其连接形式也进入标准化的时代。这个时期，各类构件的起吊安装都有非常成熟的工法规定，比如预制框架结构的梁柱板的吊装和节点连接处理。相关企业也专门编制了起吊件和埋件的相关产品的标准和使用说明。

近年来，装配式混凝土结构施工技术发展取得较好成效：部分龙头企业经过多年研发、探索和实践积累，形成了与装配式建筑相匹配的施工工艺方法。在装配式混凝土结构项目中，主要采取的连接技术包括灌浆套筒连接和固定浆锚搭接连接方式。部分施工企业注重装配式建筑施工现场组织管理，促使生产施工效率、工程质量不断提升。越来越多的企业日益重视对项目经理和施工人员的培训，一些企业探索成立专业的施工队伍，承接装配式建筑项目。在装配式建筑发展过程中，一些施工企业注重延伸产业链条发展壮大，正在由单一施工主体发展成为含有设计、生产、施工等板块的集团型企业。一些企业探索出施工与装修同步实施、穿插施工的生产组织方式实施模式，可有效缩短工期、降低造价。

预制装配式混凝土结构的施工发展虽然取得了一定进展，但是整体还处于百花齐放、各自为营的状态，需要进一步的研发，并通过大量项目实践和积累，形成系统化的施工安装组织模式和操作工法。

二、施工技术的准备工作

(一) 施工方法选择

装配式结构的安装方法主要有储存吊装法和直接吊装法两种。直接吊装法，又称原车吊装法，是将墙板由生产场地按墙板安装顺序配套运往施工现场，使用运输工具直接向建筑物上安装。直接吊装法可以减少构件的堆放设施，少占用场地；需要严密的施工组织管理；需用较多的墙板运输车。储存吊装法是构件从生产场地按型号、数量配套、直接运往施工现场吊装机械工作半径范围内储存，然后进行安装的方法。这是一般常用的方法。实施储存吊装法，需有充分的时间做好安装前的施工准备工作，可以保证墙板安装连续进行；墙板安装和墙板卸车可分日、夜班进行，充分利用机械。储存吊装法占用场地较多，因此需用较多的插放 (或靠放) 架。

（二）吊装机械选择

墙板安装采用的吊装机械主要有塔式起重机和履带式（或轮胎式）起重机两种。塔式起重机的起吊高度和工作半径较大；驾驶室位置较高，司机视野宽广；转移、安装和拆除较麻烦；需敷设轨道。履带式（或轮胎）起重机行驶和转移较方便；起吊高度受到一定限制；驾驶室位置低，就位、安装不够灵活。

（三）施工平面布置

根据工程项目的构件分布图，制定项目的安装方案，并合理地选择吊装机械。构件临时堆场应尽可能地设置在吊机的辐射半径内，以减少现场的二次搬运，同时构件临时堆场应平整坚实，有排水设施。规划临时堆场及运输道路时，如在车库顶板需对堆放全区域及运输道路进行加固处理。施工场地四周要设置循环道路，一般宽约 4 ~ 6m，路面要平整、坚实，且两旁要设置排水沟。距建筑物周围 3m 范围内为安全禁区，不准堆放任何构件和材料。

墙板堆放区要根据吊装机械行驶路线来确定，一般应布置在吊装机械工作半径范围以内，避免吊装机械空驶和负荷行驶。楼板、屋面板、楼梯、休息平台板、通风道等，一般应沿建筑物堆放在墙板的外侧。结构安装阶段需要吊运到楼层的零星构配件、混凝土、砂浆、砖、门窗、炉片、管材等材料的堆放，应视现场具体情况而定，要充分利用建筑物两端空地及吊装机械工作半径范围内的其他空地。这些材料应确定数量，组织吊次，按照楼层材料布置的要求，随每层结构安装逐层吊运到楼层指定地点。

（四）其他准备工作

第一，组织现场施工人员熟悉、审查图纸、对构件型号、尺寸、埋件位置逐块检查核对，熟悉吊装顺序和各种指挥信号，准备好各种施工记录表格。

第二，引进坐标桩、水平桩、按设计位置放线，经检验签证后挖土、打钎、做基础和浇筑完首层地面混凝土。

第三，对塔吊行走轨道和墙板构件堆放区等场地进行碾压、铺轨、安装塔吊，并在其周围设置排水沟。

第四，组织墙板等构件进场。按吊装顺序先存放配套构件。并在吊装前认真检查构件的质量和数量。质量如不符合要求，应及时处理。

第五。机具准备工作。以装配整体式剪力墙结构为例，其所需机具与设备主要包括塔吊、振动棒、水准仪、铁扁担、工具式组合钢支撑、灌浆泵、吊带、铁链、吊钩、冲击钻、电动扳手、专用撬棍、镜子等。

第六，劳动组织准备工作。装配式结构吊装阶段的劳动组织主要包括吊装工、操作预制构件吊装及安装；吊车司机，操作吊装机械；测量人员，进行预制构件的定位及放线。

第二节 剪力墙结构的施工技术

一、装配整体式剪力墙结构的施工技术

装配整体式剪力墙结构中剪力墙构件采用工厂预制，现场吊装完成，预制构件之间通过现浇混凝土进行连接，竖向钢筋通过钢筋套筒连接、螺栓连接等进行可靠的连接方式。预制剪力墙的安装顺序如下：

第一，定位放线。构件吊装前必须在基层或者相关构件上将各个截面的控制线、分仓线构件编号弹射好，以利于提高吊装效率和控制质量。

第二，调整墙竖向钢筋。通过固定钢模具对基层插筋进行位置及垂直度确认。

第三，预埋螺栓标高调整。预埋螺栓标高调整需做到：对实心墙板基层初凝时用钢钎做麻面处理，吊装前需清理浮灰；使用水准仪对预埋螺丝标高进行调节；对基层地面平整度进行确认。

第四，预制剪力墙吊装及固定。预制剪力墙起吊下放时应平稳，需在墙体两边放置观察镜，确认下方连接钢筋均准确插入灌浆套筒内，检查预制构件与基层预埋螺栓是否压实无缝隙，如不满足则继续调整。

预制墙体垂直度允许误差为 ±5mm，在预制墙板上部2/3高度处，用斜支撑对预制构件进行固定，斜撑底部与楼面用地脚螺栓锚固，并与楼面的水平夹角不应小于60°，墙体构件用不少于两根斜支撑进行固定。垂直度的细部调整通过两个斜撑上的螺纹套管调整来实现，两边要同时调整。在确保两个墙板斜撑安装牢固后方可解除吊钩。

第五，预制剪力墙墙体封仓。嵌缝前需对基层与预制墙体接触面用专用吹风机清理，并做润湿处理。选择专用的封仓料和抹子，在缝隙内先压入PVC管或泡沫条，填抹大约1.5~2cm深，将缝隙填塞密实后，再抽出PVC管或泡沫条。填抹完毕后确认封仓强度达到要求（常温24小时，约30MPa）后再灌浆。

第六，预制剪力墙墙体灌浆。灌浆前逐个检查各接头的灌浆孔和出浆孔，确保孔路畅通及仓体密封。灌浆泵接头插入一个灌浆孔后，需封堵其余灌浆孔及灌浆泵

上的出浆口，待出浆孔连续流出浆体后，灌浆机稳压，立即用专用橡胶塞封堵。至所有排浆孔出浆并封堵牢固后，拔出灌浆泵接头，立刻用专用的橡胶塞封堵。

第七，叠合楼板的安装。叠合楼板的安装顺序为：楼板及梁支撑体系安装、预制叠合楼板吊装、楼板吊装铺设完毕后的检查、附加钢筋及楼板下层横向钢筋安装、水电管线敷设与连接、楼板上层钢筋安装、预制楼板底部拼缝处理、检查验收。

第八，楼板及梁支撑体系安装。楼板的支撑体系首先必须有足够的强度和刚度，其次楼板支撑体系的水平高度必须达到精准的要求，以保证楼板浇筑成型后底面平整。楼板支撑体系木工字梁设置方向垂直于叠合楼板内格构梁的方向，梁底边支座不得大于500mm，间距不大于1200mm。叠合板与边支座的搭接长度为10mm，在楼板边支座附近200~500mm范围内设置一道支撑体系。

第九，叠合楼板的吊装。楼板吊装前应将支座基础面及楼板底面清理干净，避免点支撑。吊装时先吊铺边缘窄板，然后按照顺序吊装剩下板块，每块楼板起吊用4个吊点，吊点位置为格构梁上弦与腹筋交接处，距离板端为整个板长的1/4、1/5之间。吊装锁链采用专用锁链和4个闭合吊钩，平均分担受力，多点均衡起吊，单个锁链长度为4m。楼板铺设完毕后，板的下边缘不应出现高低不平的情况，也不应出现空隙，局部无法调整避免的支座处出现的空隙用作封堵处理，支撑可以做适当调整，使板的底面保持平整、无缝隙。

第十，附加钢筋及楼板下层横向钢筋安装。预制楼板安装调平后，即可进行附加钢筋及楼板下层横向钢筋的安装。

第十一，水电管线敷设及预埋。楼板上层钢筋安装完成后，进行水电管线的敷设与连接工作，以便于施工，叠合板在工厂生产阶段已将相应的线盒及预留洞口等按设计图纸预埋在预制板中，施工过程中各方必须做好成品保护工作。

第十二，楼板上层钢筋安装。楼板上层钢筋设置在格构梁上弦钢筋上并绑扎固定，以防止偏移和混凝土浇筑时上浮。对已铺设好的钢筋、模板进行保护，禁止在底模上行走或踩踏，禁止随意扳动、切断格构钢筋。

第十三，预制楼板底部接缝处理。"装配式混凝土建筑外墙接缝采用密封胶，其施工质量直接影响装配式混凝土建筑防水性能和立面效果。"[①] 在墙板和楼板混凝土浇筑之前，应派专人对预制楼板底部拼缝及其与墙板之间的缝隙进行检查，对缝隙过大的部位要进行支模封堵处理，以免影响混凝土的浇筑质量。

第十四，预制楼梯安装。预制楼梯的安装流程是：定位放线（弹构件轮廓线）、支撑架搭设、标高控制、构件吊装、预制楼梯固定。

① 陈骏，周毓载，伍永祥，等.装配式混凝土建筑外墙接缝密封胶施工技术[J].施工技术，2019，48(16)：44.

二、双面叠合剪力墙结构的施工技术

双面叠合板式剪力墙结构的施工流程是：测量放线、检查调整墙体竖向预留钢筋、测量放置水平标高控制、墙板吊装就位、安装固定墙板支撑、水电管线连接、墙板拼缝连接、绑扎柱钢筋和附加钢筋、暗柱支模、叠合墙板底部及拼缝处理、检查验收。以下阐述双面叠合剪力墙结构的施工技术流程中的关键工序：

第一，测量放线。构件吊装前必须在基层或者相关构件上将各个截面的控制线弹射好，以提高吊装效率和控制质量。

第二，标高控制。对叠合楼板标高控制时，需先对基层进行杂物清理，再放置专用垫块，并用水准仪对垫块标高进行调节，以满足相对 5cm 高差要求。

第三，墙板吊装就位。叠合墙板吊装采用两点起吊，吊钩采用弹簧防开钩，吊点同水平墙夹角不宜小于 60°。叠合墙板下落过程应平稳，在叠合板未固定前，不可随意下吊钩。墙板间缝隙需控制在 2cm 内。

第四，预制双面叠合墙固定。墙体垂直度调整完毕后，在预制墙板上高度 2/3 处，用斜支撑通过连接对预制构件进行固定，斜撑底部与楼面用地脚螺栓锚固，其与楼面的水平墙夹角为 40°~50° 之间，且墙体构件用不少于 2 根斜支撑进行固定。

第三节　框架结构与铝膜的施工技术

一、框架结构的施工技术

装配整体式框架结构预制构件一般包含：预制柱、叠合板、叠合梁等，预制构件之间在施工现场通过现浇混凝土进行连接，以保证结构等整体性，整体装配式框架结构施工的关键技术如下：

(一) 测量放线

构件吊装前必须在基层将构件轮廓线弹好，检查预制框架柱底面钢筋位置、规格与数量、几何形状和尺寸是否与定位钢模板一致。测量预制框架柱标高控制件(预埋螺丝)，标高需满足相对 2cm 缝隙要求。对预留插筋进行灰浆处理工作或在基层浇筑使用保鲜膜保护。

（二）预制框架柱吊装

构件吊装前必须整理吊具及施工用具，对吊具进行安全检查，保证吊装质量和吊装安全。预制框架柱采用一点慢速起吊，在预制框架柱起立的地面处用木方保护。预制框架柱吊装顺序，要采用单元吊装模式，并沿轴线长方向进行。

（三）预制框架柱固定

预制框架柱对位时，停在预留筋上 30～50mm 处进行细部对位，使预制框架柱的套筒与预留钢筋互相吻合，并满足 2cm 施工拼缝，调整垂直误差控制在 2mm 之内，最后采用三面斜支撑将其固定。预制框架柱垂直偏差的检验用两架经纬仪去检查。

（四）预制框架柱灌浆

预制框架柱底部 2cm 缝隙需进行密闭封仓，使用专用的封浆料，填抹大约 1.5～2cm 深（确保不堵套筒孔），一段抹完后抽出内衬进行下一段填抹。封仓后 24 小时或达到 30MPa，使用专用灌浆料，严格按照灌浆料产品说明工艺进行灌浆料制备（环境温度高于 30℃时，对设备机具等润湿降温处理），注浆时按照浆料排出先后顺序，依次进行封堵灌、排浆孔，封堵时灌浆泵（枪）要一直保持压力，直至所有灌排浆孔出浆并封堵牢固，再停止灌浆。（浆料要在自加水搅拌开始 20～30 分钟内灌完）。

（五）叠合梁、楼板的施工安装

叠合梁、楼板的施工安装顺序为：叠合楼板支撑体系安装、叠合主梁吊装、叠合主梁支撑体系安装、叠合次梁吊装、叠合次梁支撑体系安装、叠合楼板吊装、叠合楼板与叠合梁吊装铺设完毕后的检查、附加钢筋及楼板下层横向钢筋安装、水电管线敷设与连接、楼板上层钢筋安装、墙板上下层连接钢筋安装、预制洞口支模、预制楼板底部拼缝处理、检查验收。

二、铝模的施工技术

铝模由面板系统、支撑系统、紧固系统和附件系统组成。面板系统采用挤压成型的铝合金型材加工而成，可取代传统的木模板，在装配式建筑施工应用中比木模表面观感质量及平整度更高，可多次重复利用，节省木材，符合绿色施工理念。配合高强的钢支撑和紧固系统及优质的五金插销等附件，具有轻质、高强、整体稳定等特点。其与钢模比重量更轻,材料可由人工上下楼层间传递,施工拆装便捷。因此铝模被广泛地应用于各类装配式结构现浇的节点模板工程中。

装配式建筑注重对环境、资源的保护。施工过程中,现浇节点与铝模有效结合减少了建筑施工传统木模板的依赖,降低了建筑施工对周边环境的影响,有利于提高建筑的劳动生产率,促进设计建筑的节点标准化,提升建筑的整体质量和节能环保,促进了我国建筑业健康可持续发展。

(一)施工准备

PC 结构现浇节点筋绑扎完毕、各专项工程的预埋件已安装完毕并通过隐蔽验收;作业面各构件的位置控制线工作已完成并完成复核;现浇节点底部标高要复核,对高出的部分及时凿除调整至设计标高;按装配图检查施工区域的铝模板及配件是否齐全、编号是否完整;墙柱模板板面应清理干净,均匀涂刷水性的模板隔离剂。

(二)铝模安装

铝模通常按照"先内墙,后外墙""先非标板,后标准板"的要领进行安装作业,其安装流程的关键技术如下:

1.墙板节点铝模安装

按编号将所需的模板找出,清理并刷水性模板隔离剂;在铝模与预制梁板重合处加止水条;复核墙底脚的混凝土标高后,将墙板放置在相应位置;再用穿套管对拉,依次用销钉将墙模与踢脚板固定,用销钉将墙模与墙模固定。

2.模板校正及固定

模板安装完毕后,对所有的节点铝模墙板进行平整度与垂直度的校核。校核完成后在墙柱模板上加特制的双方钢背楞,并用高强螺栓固定。

3.混凝土浇筑

校正固定后,检查各接口缝隙情况。楼层砼浇注时,安排专门的模板工在作业层下进行留守看模,以解决砼浇注时出现的模板下沉、爆模等突发问题。PC预制结构节点采用分两次浇筑,因铝模是金属模板,夏天高温下,混凝土浇筑前应在铝模上多浇水,防止因铝模温度过高造成水泥浆快速干化,造成拆模后表面起皮。

为避免混凝土表面出现麻面,在混凝土配比方面需进行优化以减少气泡的产生。此外,在混凝土浇筑时加强作业面混凝土工人的施工监督,避免出现露振、振捣时间短导致局部气泡未排尽的情况产生。

4.模板拆除

严格控制混凝土的拆模时间，拆模时间应能保证拆模后墙体不掉角、不起皮，必须以同条件试块实验为准，混凝土拆模依据以同条件试块强度为准。拆除时要先均匀撬松，再脱开。拆除时零件应集中堆放，防止散失，拆除的模板要及时清理干净和修整，拆除下来的模板必须按顺序平整地堆放好。

第九章　装配式装饰设计与施工管理

装配式装饰设计与施工管理是一种现代化的施工方法，旨在提高施工效率、降低成本并确保质量。本章基于装配式混凝土建筑设计及其主要构件、装配式混凝土建筑构件的生产制作、装配式混凝土建筑构件的生产管理三方面展开讨论。

第一节　装配式建筑装饰材料及设计

"现代建筑当中，新型的材料得以应用，使得建筑总体的实用性得到提升的同时，更加有效地推进了建筑行业可持续发展。"[①]

随着国内建筑产业向装配式建筑的转型升级，建筑装饰工程作为建筑体系的一部分，将传统的现场加工模式转变为工厂定制的加工模式，实现"现场测量—工厂生产—现场组装"的装配式模式。只有将装修业由劳动密集型转变为科技密集型和管理密集型，由离散的手工作坊式生产转变为集约化工厂规模生产、现场直接装配的施工方式，才能最终真正实现装配式建筑装饰工程设计标准化、产品工业化、施工装配化、管理信息化的转型特点。

一、装配式建筑装饰材料

装配式建筑装饰材料的选用，首先需考虑装配式建筑工业化、集成化、装配化以及环保节能的特点，同时根据装配式建筑的功能使用空间不同，区分为地面系统、墙面系统、吊顶系统、集成厨房、集成卫浴、集成收纳系统等空间系统所需材料。

（一）地面装饰材料

装配式建筑地面装饰主要以集成采暖地面为主，所涉及的主要材料包括地暖模块和饰面材料两个方面。地暖模块有湿式地暖、干式地暖，但为了体现装配式建筑

---

① 蔡桂添.建筑装饰施工与装配式建筑施工新技术新材料的运用 [J].中国科技投资，2019（35）：37.

干法施工的特点，主要采用干式地暖；饰面材料有地暖专用木地板、软石地板、石塑地板等受温度变形小的材料。

1. 干式地暖

干式地暖又名超薄地暖，最大的特点是无须像湿式地暖回填混凝土，节省占用空间高度。普通地暖从保温层到地面装饰层为 8cm 左右，而干式地暖从保温层到地面装饰层占用空间在 4cm 及以下。

2. 地暖专用木地板

地暖专用木地板主要有碳化实木地热地板、纯天然实木地热地板。碳化实木地热地板是经过 200℃ 左右的高温碳化技术处理的木材。由于高温将木材里的营养成分破坏，故有较好的防腐防虫功能，同时高温使得木材吸水功能组织纤维重组，其物理性能更加稳定。纯天然实木地热地板是指不改变实木地板自然属性的基础上能直接用于地面采暖（地热）环境的实木地板，其中柚木地热地板是目前理论和实践证明效果最好的实木地热地板。

3. 软石地板和石塑地板

软石地板是以自然大理石粉及多种高分子材料合成，既有自然大理石纹理，又具有防滑、防火、阻燃、可回收利用的环保地面装饰材料的优点。石塑地板也称为石塑地砖，商品名称为"PVC 片材地板"，是采用天然的大理石粉构成高密度、高纤维网状结构的坚实基层，表面覆以超强耐磨的高分子 PVC 耐磨层而成，超轻、超薄、超强、耐磨、环保可再生的地面装饰材料。作为采暖地面的装饰面层，与地暖专用木地板相比，软石地板与石塑地板的不足之处在于传热性能略差。

（二）墙体装饰材料

装配式建筑墙体装饰材料的性能主要以轻质、复合、保温隔热为主，同时兼具工业化生产、装配化施工的特点，除常见的轻钢龙骨隔墙外，轻质隔墙板、轻质复合墙体板、轻质水泥发泡隔墙板、挤塑板等也是装配式建筑装饰工程中常见的墙体装饰材料。

1. 轻质隔墙板

轻质隔墙板是一种外形像空心楼板，两边有公、母隼槽，安装时只需将板材立起，公、母隼槽涂上少量嵌缝砂浆后对接拼装起来的墙体材料。它是由无害化磷石膏、轻质钢渣、粉煤灰等多种工业废渣经变频蒸汽加压养护而成，具有质量轻、强度高、多重环保、保温隔热、隔音、呼吸调湿、防火、快速施工、降低墙体成本等特点。

2. 轻质复合墙体板

轻质复合墙体板以高强水泥或氧化镁为胶凝材料，以粉煤灰工业废渣、草秸、木屑、珍珠岩等为填料，以玻纤布、网络布为增强层，中间夹层填充聚苯板、聚塑板、岩棉等防火保温材料，并制成网状工艺结构复合而成的高强、轻质、隔音、保温的墙体材料。

3. 轻质水泥发泡隔墙板

轻质水泥发泡隔墙板是以工农业固体废弃物（如粉煤灰、煤矸石、石英砂、尾矿砂、稻糠、麦秆、棉秆、锯末等）为原料，以发泡水泥为保温芯材的一种保温隔热、保湿高强的墙体材料。

4. 挤塑板

挤塑板是由聚苯乙烯树脂及其他添加剂经挤压成型的、拥有连续均匀表层的墙体板材，具有保温隔热、高强抗压、防潮环保等特点。

（三）吊顶装饰材料

吊顶装饰材料在装配式建筑吊顶系统中起着重要的作用。这种系统以集成吊顶为主，并采用了"模块化、自组式"的核心理念。具体而言，它将一个吊顶产品分解为多个模块，如扣板模块、照明模块、取暖模块、换气模块等，然后对这些模块进行独立开发，以最大限度地优化安装的简便性和布置的灵活性，最终将它们组合集成为一个全新的吊顶体系。

在这些模块中，扣板模块是主要的材料之一，常用的材质有 HUV 金属方板或铝制扣板。这些材料具有多种优点，使其成为吊顶装饰的理想选择。① HUV 金属方板和铝制扣板具有较高的耐久性和强度，能够经受住长期使用和外部环境的考验；②表面处理工艺多样，可以根据需求进行不同的颜色、纹理或涂层处理，以实现各种装饰效果。此外，这些材料还具有防火、防水和易于清洁的特性，确保吊顶的安全性和卫生性。

除了扣板模块，照明模块也是装配式建筑吊顶系统中重要的组成部分。照明模块可以集成各种类型的照明设备，如 LED 灯、射灯或灯带，为室内提供良好的照明效果。这种集成式设计不仅方便安装和维护，还提供了灵活的照明布局选择，以满足不同空间的需求。

此外，取暖模块和换气模块也为装配式建筑吊顶系统增添了功能和便利性。取暖模块可以集成各种供暖设备，如暖风机或辐射管，提供舒适的室内温度。换气模块则可以集成通风设备，如风机或通风口，确保室内空气的流通和新鲜。

（四）集成厨房

集成厨房并不仅仅是简单地将橱柜、电器和厨房用具进行拼凑，而是通过优化设计对这些原本单一且相对独立的组件进行整合。这种整合不仅仅是简单地摆放在一起，而是通过科学的布局和精心的组合，使各个组件之间相互呼应、相互配合，形成有机整体。在集成厨房中，橱柜、电器和厨房用具的位置、大小、形状等都经过精确计算和设计，以最大限度地提高工作效率和使用便利性。

集成厨房注重功能和美学的融合。传统的厨房设计往往只关注功能的实现，忽视了对美学的追求。而在集成厨房中，功能性和美观性被同时考虑。橱柜的设计不仅要符合储物和使用需求，还要具备良好的外观和质感，使整个厨房空间更加美观大方。同时，电器的选择和布置也要兼顾实用性和美观性，使其融入整体设计，成为厨房的一部分，而不是简单的功能设备。

此外，集成厨房还强调文化的融合。在设计中，可以融入当地的文化元素，使厨房与生活环境相协调。比如，可以运用特色的装饰元素或者采用当地传统的色彩搭配，打造出独具特色的厨房风格。不仅增加了厨房的个性化和艺术性，还让使用者在烹饪的同时感受家乡文化的熏陶。

（五）集成卫浴

装配式建筑集成卫浴是将卫浴空间进行一体化设计，进而把卫浴产品集中配套化生产，使空间布局不仅更科学和实用，而且更加美观与协调。

集成卫浴具有以下六大特征：

第一，布局最优化。集成卫浴通过综合考虑卫浴空间的功能需求和人体工程学原理，对布局进行最优化设计。每个功能区域都被合理地安排在整体空间中，使卫浴空间的利用效率最大化。

第二，安装简单化。集成卫浴的产品经过工厂化生产和装配，安装过程变得简单快捷。不需要现场烦琐的施工，只需按照设计好的安装步骤进行组装，大大缩短了施工周期。

第三，操作智能化。集成卫浴采用智能化控制系统，可以实现对水温、水流、照明等各项功能的智能控制。用户可以通过触摸屏、遥控器等方式轻松调节卫浴设备，提升了使用的便捷性和舒适度。

第四，使用成本最低化。由于集成卫浴采用工厂化生产和规范化施工，大大减少了人工和材料的浪费，降低了建设和维护的成本。此外，集成卫浴产品还具有节水、节能等特点，进一步降低了使用成本。

第五，卫浴过程娱乐化。集成卫浴注重用户体验，通过引入音乐、按摩、蒸汽等功能，将卫浴过程变得更加愉悦和放松。用户可以在享受清洁的同时，获得更多的舒适和享受。

第六，配套设计个性化。集成卫浴提供了丰富多样的产品选择和个性化定制服务，以满足不同用户的需求和喜好。无论是风格、材质还是色彩，都可以根据用户的要求进行定制，打造独一无二的卫浴空间。

所以，集成卫浴就是集文化、功能、空间、部品、服务于一体的卫浴空间产品。

(六)集成收纳系统

集成收纳系统，也被称为装配式建筑集成收纳系统或集成家具，是一种利用环保板材制作的家具系统。它通过标准化的组合搭配方式和工厂机械化生产，能够适应不同空间变化和空间尺寸的需求，并且可以在现场快速安装。

集成收纳系统是一种高度定制化的家具解决方案，它与传统家具相比具有许多独特的优势：①采用环保板材作为主要材料，这种板材具有良好的耐久性和环保特性，能够有效减少对自然资源的消耗和环境的影响；②采用标准化的组合搭配方式，可以根据用户的需求进行自由组合，实现灵活的空间布局和个性化的设计。无论是家庭住宅还是商业办公场所，都可以根据具体需求选择适合的组件和布局方案。

集成收纳系统的制造过程高度工业化，采用机械化生产方式，大幅提高了生产效率和产品质量。工厂生产的过程中，可以精确控制每个组件的尺寸和质量，确保每个产品都具有一致的标准。而在现场安装阶段，由于所有组件已经在工厂进行了预制，因此可以快速组装和安装，大幅节省了时间和人力成本。

集成收纳系统的设计理念在于注重空间的最大化利用和功能的实现。它提供了各种不同类型的收纳空间，包括抽屉、柜体、衣帽间等，可以满足用户对于储存和整理的各种需求。同时，该系统还可以与其他家具和装饰元素进行无缝衔接，实现整体的美观和协调。

二、装配式建筑装饰设计技术

"在当今我国经济快速发展的背景下，建筑行业的装饰工程也取得了突飞猛进的发展，很多新的技术和工艺开始广泛应用于建筑装饰工程中。各种新工艺的融入不仅有效提高了建筑装饰的效率，也在一定程度上促进了建筑行业的良好发展。"[①]

装配式建筑装饰设计与传统建筑装饰设计的区别在于其实施过程必须建立在模

---

① 周鹏.建筑装饰工程装配式设计与施工的技术分析 [J].装饰装修天地，2020(31)：7.

数原则化、部品模块化、设计标准化和施工装配化基础上，其中模数化是核心，模块化是基础。只有遵循模数协调规则进行模块化整体设计，才能真正实现装配式建筑装饰设计的目标。

（一）模数原则化

模数原则的核心思想是在设计中采用共同的模数，即一套固定的尺寸标准。这些标准尺寸可以应用于各种不同的建筑部件，如墙板、天花板、地板、门窗等。通过遵循模数原则，设计师可以更容易地选择和组合这些部件，从而实现快速、准确的装配过程。

采用模数原则化的设计方法具有多个优点：①它可以减少建筑材料的浪费和损耗。由于所有部件都基于统一的模数尺寸设计，可以最大限度地利用材料，减少剩余材料的浪费。这不仅有助于节约资源，还可以降低建筑成本；②模数原则化可以提高装配和施工的效率。由于所有部件都经过精确的尺寸规划和设计，施工人员可以迅速准确地将它们组装在一起，而不需要进行复杂的测量和调整，可以大幅缩短施工周期，提高施工效率；③模数原则化还提供了更多的设计灵活性和变化。通过采用模数原则，设计师可以根据具体的需求和场景选择不同的部件组合，以实现各种不同的设计效果。这为建筑的个性化和差异化提供了更多的可能性。

（二）部品模块化

装配式建筑装饰设计技术是一种先进的建筑施工方法，它以部品的模块化为核心，通过形成系列化、标准化的装饰部品，实现了部品之间的通用化和生产商商品化供应。举例来说，厨房、卫生间、地板、墙面等各种装饰元素可以由一个整体部件安装而成，从而在施工过程中省时、省力、规范统一，同时也基本消除了传统手工式作业。

在传统的建筑施工中，各种装饰部件通常需要在现场进行手工制作和安装，这不仅耗时费力，还容易出现误差和质量问题。而装配式建筑装饰设计技术则通过将各种装饰部件进行模块化设计，使其具有标准化的尺寸和规格。这样一来，装配式施工现场只需要简单地将标准化部件组装在一起，完成装饰的安装工作。

通过推行通用部品体系，装配式建筑装饰设计技术还实现了部品之间的通用化。也就是说，不同的装饰部件可以共享相同的安装接口和连接方式，实现了不同部件之间的互换和替换。这使得装饰设计更加灵活多样化，能够根据需求进行组合和调整，也方便了后期的维护和更新。

另外，通过实现生产商商品化供应，装配式建筑装饰设计技术还为建筑行业带来了更高的效益和经济性。生产商可以根据市场需求，大规模生产标准化的装饰部件，并通过批量供应的方式降低成本。而建筑施工方则可以直接从供应商处购买这些装饰部件，无须自行制作，从而降低了施工成本和周期。

（三）施工装配化

与传统装修施工方法比较，装配式建筑装修施工采用了大量工厂化制作的标准化部品部件，传统靠手工作业来完成的施工工艺被简化成标准的安装或组装部品的步骤，不但加快了施工速度，而且降低了施工劳动强度。

具体到设计案例中来说，可以参照以下步骤实施装配式建筑的装饰设计。

第一，在传统建筑装饰设计手法的基础上，采用以部品为核心的三级模块分解模式，将户型空间的装饰部件产品从空间模块中剥离出来形成部品模块。

第二，根据装配式建筑装饰功能，将分解的各个部品模块按地面系统、墙面系统、吊顶系统、卫生间系统、厨房系统、门窗系统、收纳系统等分类，形成部品模块系统。

第三，将部品模块进行编码处理，由工厂统一生产加工，最后运至现场装配，从而完成整个装配式建筑装饰工程项目。

装配式建筑装饰设计就是在模数协调原则下进行部品模块化、整体标准化设计，将功能相关联的设计部品一同进行设计，使其成为一个统一整体，先在工厂统一进行加工成型，然后在施工现场统一拼装完成的一种设计手法。

第二节　装配式建筑装饰施工与管理

"装配式施工技术在目前城市建设过程中得到了快速的发展。"[1] 装配式建筑装饰施工，是在装配式建筑装饰设计标准化、模数化的基础上，将工厂化生产的部品部件通过可靠的装配方式，由产业工人按照标准程序采用干法施工的装修施工过程。同时，在工程管理过程中采用总成装配式装修工程管理模式、BIM 技术协同管理模式，达到项目各个阶段的协同作业。

---

① 贾晓辉 . 浅析装配式建筑装饰施工技术 [J]. 科海故事博览，2021(11): 25.

一、装配式建筑装饰施工技术

为了实现装配式建筑在装饰施工过程中的施工现场工厂化、施工过程干法化的特点，装配式建筑装饰施工主要包括集成地面、集成墙面、集成吊顶、生态门窗、快装给水、薄法排水、集成卫浴、集成厨房八大施工安装系统。

（一）集成地面系统

集成地面系统是一种装配式建筑系统，主要采用模块化快速安装的集成采暖地面系统。它的基本结构是在结构地板上，通过地脚螺栓将其架空并进行找平。在地脚螺栓上铺设轻质地暖模块，这些模块具有支撑、找平和结合等多种功能。然后在模块上添加不同种类的地面面材，形成一个完整的新型架空地面系统。这种集成地面系统既避免了传统湿作业找平结合工艺中的多种问题，又满足了部品工厂化生产的需求。

传统的地面施工方式通常需要进行大量的湿作业，包括找平和结合过程。这些工艺存在一些问题，如施工周期长、工序烦琐、材料浪费等。而集成地面系统通过模块化的设计和快速安装的方法，有效规避了这些问题。模块化设计使得地面系统的制造过程工序简化，加快了施工速度，减少了对传统湿作业的依赖。快速安装的特点使得集成地面系统可以更加高效地完成施工任务，提高工程进度。

集成地面系统满足了部品工厂化生产的需求。通过将地暖模块进行工厂化生产，可以实现规模化、标准化的生产过程，提高生产效率和产品质量。这种工厂化生产方式还可以降低施工现场的材料储存需求，不仅减少了施工现场的混乱程度，也提高了施工效率。

（二）集成墙面系统

装配式建筑装饰集成墙面系统的施工目前主要有快装轻质隔墙系统和快装墙面挂板系统两种方式。快装轻质隔墙系统是以轻钢龙骨隔墙体系为基础，饰面材料为涂装板，既满足了空间分隔的灵活性，又替代了传统的墙面湿作业，实现了隔墙系统的装配式安装。其中，根据国家规范对卫生间防水的要求，以及考虑卫生间实际使用情况，卫生间墙面系统在龙骨内侧会加装 PE 防水层，保证空间的防水性，并在接缝处做特殊防水处理。

快装墙面挂板系统是在传统墙面上以丁字胀塞及龙骨找平，在找平构造上直接挂板，形成装饰面，替代了传统的墙面湿作业，实现了饰面材料的装配式安装，提高了安装效率和精度。

（三）集成吊顶系统

装配式建筑集成吊顶系统是一种通过结合轻质隔墙系统进行安装的创新建筑解决方案。该系统采用专门设计的支撑龙骨，将轻质吊顶板以搭接的方式安装在现有墙板上，与结构顶板不直接连接，从而实现吊顶的悬挂。与传统吊顶系统相比，集成吊顶系统具有许多优势，如不破坏建筑结构、施工便捷、施工效率高以及易于维护等。

第一，集成吊顶系统的安装方式不需要对建筑结构进行破坏。传统的吊顶系统往往需要在结构顶板上钻孔、打洞等操作，这可能会导致结构的损坏，增加施工风险。而集成吊顶系统通过使用专门设计的支撑龙骨，将轻质吊顶板直接安装在现有墙板上，不需要与结构顶板进行连接，因此不会破坏建筑结构，确保建筑的安全性和稳定性。

第二，集成吊顶系统具有施工便捷、高效率的特点。由于该系统采用装配式建筑技术，吊顶板和支撑龙骨均为预制构件，可以在工厂进行制作和加工，然后运输到施工现场进行安装。这种预制和装配的方式使得施工过程简化，减少了现场加工的时间和工作量，也降低了施工过程中的噪声和粉尘污染。与传统的吊顶系统相比，集成吊顶系统的安装速度更快，可以大大缩短工期。由于吊顶板和支撑龙骨均为预制构件，制作过程受到工厂环境的控制，可以保证产品的质量和精度。在施工现场，安装人员只需按照设计要求进行组装和安装，无须进行复杂的加工和调整。这种高效率的施工方式可以提高施工的效率，节约人力和时间成本。

第三，集成吊顶系统易于维护。由于吊顶板和支撑龙骨是分离的构件，当需要进行维护或更换时，可以轻松拆卸和安装吊顶板，无须对整个结构进行破坏和重新施工。这种易于维护的特点可以减少维修和更换的成本和时间。

（四）生态门窗系统

装配式建筑生态门窗系统是一种以门窗结构和用材为核心的创新系统。通过采用先进的材料和工艺，能够显著提高传统门窗的性能，从而为建筑提供更高的环保性和能效性。

在结构用材方面，生态门窗系统采用了高科技铝镁钛合金材料，这种材料具有优异的性能。为了进一步增强其功能，门窗套和门窗边扇包边表面还经过了阳极氧化处理，这一处理方式能够提高门窗的耐磨性、耐压性，同时还能有效防止变形和褪色现象的发生。

门窗框结构方面，生态门窗系统采用了整体压铸铸造的工艺，使门窗框具备了无缝隙、密封和隔音的特性。这种结构设计不仅能够有效减少能量的损失，还能够提供更好的隔音效果，为居住者创造宁静和舒适的室内环境。

此外，生态门窗系统还采用了 LOW-E 玻璃作为门窗的玻璃材料。这种玻璃具有较低的导热系数，可以显著降低门窗的热传导，提高门窗的保温隔热性能。通过使用这种玻璃材料，系统既能够在冬季保持室内温暖，又能在夏季避免过多的热量进入室内，从而实现能源的节约和环境的保护。

在安装方面，生态门窗系统提供了多种选择。可以采用墙板集成化安装或者墙板预留安装槽的方式，根据实际需求选择 L 形安装件，以确保门窗与墙体之间的连接牢固可靠。此外，门窗采用 JS 防水施工，确保门窗周边的密封性和防水性。同时，表面墙体的安装则采用保温胀塞的方式，进一步提高了系统的保温性能。

(五) 快装给水系统

快装给水系统是一种安装于结构墙体和饰面层之间的装配式建筑系统，采用即插式给水连接件进行连接。这种安装方式不仅满足了施工规范的要求，还减少了现场工作量，避免了传统连接方式所带来的耗时和质量隐患等一系列问题。

传统的给水系统安装常常需要在施工现场进行大量的钢筋、水管和连接件的加工和安装工作。不仅增加了施工的难度和工期，还存在着人工操作不准确、施工质量难以保证的问题。而快装给水系统的采用则极大地简化了安装过程。

快装给水系统的核心是即插式给水连接件。这些连接件经过精密设计和制造，可以快速、准确地连接各个水管。安装人员只需将预先制作好的连接件插入相应位置，就可以实现可靠的水管连接。这种即插式连接方式不仅节省了安装时间，还避免了传统连接方式中容易出现的漏水和质量不稳定的问题。

快装给水系统还具有良好的适应性和可扩展性。由于该系统安装于结构墙体与饰面层之间，可以灵活地根据建筑设计的需要进行调整和改变。如果需要增加或调整给水管道的布置，只需更换或移动相应的连接件即可，无须进行大规模的拆除和重建工作，为建筑物的改造和维护提供了便利。此外，快装给水系统还具有可靠性和耐久性。连接件采用优质材料制造，具有良好的耐腐蚀性和密封性能，能够有效地防止漏水和管道老化等问题。系统经过严格的质量控制和测试，确保了其可靠性和长期使用的稳定性。

(六) 薄法排水系统

装配式建筑薄法排水系统是一种安装方式，它被广泛应用于同层排水系统中。该系统通过使用 HDPE (高密度聚乙烯) 或 PP (聚丙烯) 排水管材，并采用橡胶圈承插方式连接，旨在将架空层的高度降低到合理的最低值，同时方便现场施工和后期维护。

传统的同层排水系统常常需要较高的架空层高度，这给建筑设计带来了一定的限制。装配式建筑薄法排水系统通过使用 HDPE 或 PP 排水管材，可以有效地解决这个问题。这些管材具有较高的强度和耐用性，能够承受排水系统所需的水压和负荷。

在安装过程中，排水管材之间采用橡胶圈承插连接，这种连接方式简单可靠，能够确保系统的密封性。橡胶圈的柔性和弹性可以有效地防止漏水问题的发生，减少噪声和振动的传播。此外，这种安装方式还便于现场施工，节省了时间和人力成本。

装配式建筑薄法排水系统的另一个优势是方便后期维护。由于排水管材之间采用承插连接，需要进行维修或更换时，只需拆除相关部分，再进行连接即可。这样可以避免破坏整个排水系统，减少了维修过程中对建筑结构的影响。

此外，装配式建筑薄法排水系统还具有较低的维护成本。HDPE 和 PP 排水管材具有耐腐蚀和耐化学物质侵蚀的特性，不需要定期进行涂层维护，减少了维护所需的人力和材料成本，提高了系统的可靠性和使用寿命。

（七）集成卫浴系统

装配式建筑集成卫浴系统是一种根据卫生间空间尺寸，在工厂进行加工的整体卫生间底盘，并结合给排水系统、地面系统、隔墙系统和龙骨吊顶系统等组成的一种集成整体卫浴系统。该系统还采用了专门设计的五金配件、卫浴配套部品和材料，以满足装配式卫浴空间的需求。

装配式建筑集成卫浴系统的核心是整体卫生间底盘，这是在工厂中预制的一个完整的卫浴单元。它包括卫生间的基本结构和装置，如马桶、洗手盆、淋浴间等。由于在工厂中进行加工，整体卫生间底盘具有更高的质量和一致性，并且可以减少施工现场的时间和成本。

除了整体卫生间底盘，装配式建筑集成卫浴系统还包括给排水系统、地面系统、隔墙系统和龙骨吊顶系统。给排水系统确保了卫生间的正常排水和供水功能，地面系统提供了合适的地面材料和防水层，隔墙系统用于分隔卫生间与其他空间，而龙骨吊顶系统则提供了卫生间的吊顶结构和安装支撑。

为了确保装配式建筑集成卫浴系统的功能和美观，还使用了专门设计的五金配件和卫浴配套部品。这些配件包括水龙头、花洒、把手等，它们与整体卫生间底盘和其他系统紧密配合，确保卫浴功能的完整和高效。此外，卫浴系统所使用的材料也经过精心选择，以提供持久耐用、防水防腐的性能。

装配式建筑集成卫浴系统的优点是显而易见的：①由于在工厂进行加工和制造，可以减少现场施工的时间和成本，提高工程效率；②整体卫生间底盘的一致性和质量更高，可以确保卫浴功能的可靠性和稳定性；③使用专门设计的配件和材料，可以提供卫浴空间的美观和舒适度。

（八）集成厨房系统

装配式建筑集成厨房系统是指通过一体化的设计，综合考虑橱柜、厨具及厨用家具的形状、尺寸及使用要求，达到合理高效的布局和空间利用率高的一种厨房布置系统。

传统的厨房设计往往需要分别安装橱柜、厨具和厨用家具，这不仅需要耗费大量的时间和人力，还存在着不同部件之间不协调、浪费空间等问题。而集成厨房系统则通过将橱柜、厨具和厨用家具进行整合，形成一个统一的系统，以提供更加高效和便捷的厨房布置解决方案。

集成厨房系统的设计考虑到了不同部件之间的协调性和一体化，可以根据厨房的尺寸和使用需求，定制化地设计各个部件的形状和尺寸，使其相互匹配并紧凑地安装在一起，不仅可以减少不必要的空间浪费，还可以提高操作的便利性和效率。

此外，集成厨房系统还可以根据个人的喜好和功能需求进行个性化定制。例如，可以根据厨房的风格和装饰要求选择合适的材料和颜色，使整个厨房系统与室内环境相协调。同时，还可以根据厨房使用者的习惯和偏好，设计出更符合他们使用需求的功能性布局，提供更加舒适和便捷的烹饪体验。

集成厨房系统的装配方式也非常灵活，可以根据实际情况选择现场组装或离线制造，并且可以随时进行拆卸和重装。这种装配式的特点不仅节省了施工时间，还方便了后期维护和改造，使得厨房的使用更加灵活和可持续。

二、装配式建筑装饰工程管理

"现阶段，我国社会经济水平得到有效提高，同时，人们对建筑美学的追求也不断提升，使得建筑装饰装修工程项目管理受到广泛关注。"[①]

装配式建筑装饰工程具有装修方案统一化、室内设计模数化、材料部品标准化、现场施工装配化的特点，其整个过程管理要求在传统建筑装饰装修工程风险管理、采购管理、进度管理等独立管理的基础上，做到在前期设计阶段预留相关的设计条

① 蔡培.探究装配式建筑装饰装修工程项目管理模式[J].建筑技术研究，2022，5(4)：43.

件，同时需要后期的采购、施工相关环节的统一支持，最终达到装饰工程全产业链的协同工作。在目前建筑行业工业化、信息化的背景下，总成装配式装修工程管理和 BIM 技术协同管理是比较流行的装配式建筑装饰工程管理模式。

（一）总成装配式装修工程管理

总成装配式装修的概念来源于汽车装配线的启发，其施工方式是将装饰工程所涉及的部件和构配件按照装修体系加以划分开来，构配件完全在工厂里加工和整合，形成一个总成或若干个总成，施工现场只需做安装固定。总成装配式装修施工与传统装修施工的区别在于：它是一个覆盖装饰工程的新概念，是由相关构件经过深化设计后组合而成的新产品，是一种装修施工模式，而传统的装修施工强调的是具体的施工做法。因而，要实现总成装配式装修施工就需要在管理方面具有系统的配套措施。

第一，装饰企业要坚定总成装配式装修施工的目标，引导相关技术人员围绕这一目标在管理上进行转型。

第二，施工现场技术人员基本技能转变。传统装修施工现场管理要求技术人员以监督为主，总成装配式装修施工现场管理要求技术人员以现场测量、收集数据，根据数据进行施工深化设计为主，将复杂的现场情况转化为可加工的工厂标准。

第三，项目管理中心转变。项目技术管理将从传统重点管理操作工人向重点管理施工深化设计和供应商的配套。在总成装配式装修施工中，施工深化设计是项目技术管理的核心问题，决定着施工方法、加工方法、安装方法的简易程度，以及施工成本的高低。

第四，加强技术策划、开拓力量。首先，总成装配式装修施工方式需要涉及大量新概念、新技术、新材料、新方法、新信息作为技术支撑，对于这些信息量的收集和消化能力是推进装饰企业开展装配式装修工程的重要环节。其次，及时汇总装修施工过程中先进合理的设计节点，进行汇编，形成比较规范、成熟的标准模块和做法，是加速推进装饰企业开展装配式装修工程的有效方法。

第五，设备配置的转型。传统装修施工方式强调现场配置先进的小型电动加工工具，而总成装配式装修施工现场重点发展的是新型、简便、快速、精确的设备，如 3D 扫描仪、电脑设施、通信设备等。通过提高技术人员的设计配套能力，提高总成装配式装修的速度和质量。

（二）BIM 技术协同管理

BIM 中文称为建筑信息模型或者建筑信息管理，它是以建筑工程项目的各项相关信息数据作为基础，建立起三维的建筑模型，通过数字信息仿真模拟建筑物所具有的真实信息。信息是 BIM 技术体系的核心，项目的各方参与者，从业主、设计方、审查部门到施工、产品方和运营单位，在工程不同阶段赋予建筑信息模型各种工程和设计信息。

BIM 技术在装配式建筑装修工程的应用主要涉及招投标、工程建设、竣工交付三个工程阶段。

1. 招投标阶段

通过三维扫描技术，可以获取装修施工现场的高精度数字测绘数据。这种技术能够以非常精确的方式捕捉现场的各种细节，包括尺寸、形状和结构等。将这些数据转化为三维模型后，可以在计算机中进行进一步的分析和处理。

在建立初步 BIM 模型的过程中，可以将工程图纸中的设计信息转化为数字形式，以便更好地与三维扫描模型进行比对。通过比对，可以快速检测出图纸与实际现场之间的偏差和差异。这些偏差可能是由于设计错误、施工误差或其他因素导致的。一旦发现了偏差，我们可以及时进行纠正，并相应地更新预算数据。

使用 BIM 技术进行协同管理的好处之一是提供了准确的数字模型和信息，可以在招投标阶段为技术标的编制提供更可靠的依据。投标单位可以更加精确地评估工程的成本和风险，从而制定出更合理和可行的方案。同时，这也为业主提供了更准确的数据，有助于他们做出明智的决策。

此外，BIM 技术的可视化特性也为招投标阶段的决策提供了有力的支持。通过将数字模型可视化呈现，各方参与者可以更直观地了解设计方案和施工现场。他们可以通过虚拟实境或模拟漫游等方式，深入探索项目细节，更好地理解整体规划，使参与者能够更加全面地评估方案的可行性和可操作性。

在招投标阶段，BIM 技术的应用还可以帮助减少装修工程开工后可能遭遇的不确定因素。通过建立精确的数字模型和信息，我们可以在设计和规划阶段就预先识别和解决潜在的问题，减少现场施工中的变更和调整，降低工程风险，并提高施工效率。同时，BIM 技术也可以提供实时的监控和追踪功能，以确保施工过程中的质量和安全。

2. 工程建设阶段

除了构建全面的 BIM 模型之外，将每日施工作业中的大量工程信息，包括人工、材料、做法等同步整合进三维模型中，精确地反映出施工的真实情况，作为进一步的模拟和评估奠定基础。与此同时，将工程记录与施工过程中产生的各类文件资料有机结合，分门别类存放于项目组统一的协同平台上，以方便各方使用者实时读取最新、最全的项目信息，从而做出有效的决策。

3. 竣工验收阶段

三维扫描技术为竣工复核提供准确的数据支撑，也是竣工图的参考标准。跟随项目逐步完善的 BIM 数据库，包含了本项目最全面、最精确的原始信息，既是今后同类项目实施的标准指南，也是 BIM 技术工程应用的知识库。综合之前各阶段的工程模型、信息和资料形成标准化文件，并与后期的运营维护结合起来，不仅避免运营管理方再次搜集工程信息的二次浪费，而且可以保证信息来源可靠与真实准确，从长远的角度节省了工程总造价。

在装配式建筑装饰工程中应用 BIM 技术协同管理，将施工过程中的新工艺、新工法以信息化的手段体现出来，不但使工程项目管理中的各个环节得到保障，同时也提高了整个工程的经济效益。

第三节　装配式建筑中的智能家居

智能家居又称智慧家居或智能住宅，是以住宅为平台，利用综合布线技术、网络通信技术、安全防范技术、自动控制技术、音视频技术将家居生活有关的设施集成，构建高效的住宅设施与家庭日常事务的管理系统，可以提升家居安全性、便利性、舒适性、艺术性，并实现环保节能的居住环境。

一、智能家居系统

智能家居系统包含的主要子系统有：家居布线系统、家庭网络系统、智能家居(中央)控制管理系统、家居照明控制系统、家庭安防系统、背景音乐系统(如 TVC 平板音响)、家庭影院与多媒体系统、家庭环境控制系统等八大系统。其中，智能家居(中央)控制管理系统、家居照明控制系统、家庭安防系统是必备系统，家居布线系统、家庭网络系统、背景音乐系统、家庭影院与多媒体系统、家庭环境控制系统为可选系统，各子系统可利用智能主机或红外转发器进行控制。

(一) 智能照明控制系统

可实现对全宅灯光的智能管理，可以用遥控等多种智能控制方式实现对全宅灯光的遥控开关、调光、全开全关及"会客""影院"等多种一键式灯光场景效果的实现。可用定时控制、电话远程控制、计算机本地及互联网远程控制等多种控制方式实现功能，从而达到智能照明的节能、环保、舒适、方便的功能，其优点有以下四点：

第一，控制。智能照明系统具有多种控制方式，包括就地控制、多点控制、遥控控制和区域控制等。用户可以根据自己的需求选择最方便的方式来控制灯光。无论是使用遥控器、手机还是其他智能设备，用户都能轻松实现对灯光的控制，方便快捷。

第二，安全。智能照明系统采用弱电控制强电方式，通过控制回路与负载回路的分离，提高了安全性。这种设计能够有效降低由于电路故障引起的安全隐患，保护用户的生命财产安全。

第三，简单。智能照明系统采用模块化结构设计，使系统安装简单灵活。用户只需要按照指示进行模块的连接和设置，即可完成系统的安装。这种设计不仅降低了安装的复杂性，还提高了系统的可扩展性，用户可以根据自己的需求随时增加或修改系统的功能。

第四，灵活。通过软件修改设置，用户可以根据环境和个人需求对灯光布局进行改变和功能扩充。无论是调整灯光的亮度、色温，还是创建新的灯光场景，都可以通过简单的操作实现。这种灵活性使得用户能够根据不同的场景和需求来定制自己理想的照明效果。

智能照明控制系统的设置方式包括有线控制和无线控制两种模式。有线控制的结构为将控制器放置于强电箱内，开关和中控主机分别通过弱电控制线路进行控制。这种方式主要适用大面积的商用场所等有专人集中管理的场所。无线控制的结构大体上与传统的家装布线方式一样，遥控开关直接控制灯光，中控主机发射无线信号控制开关的工作状态。

（二）智能电器控制系统

电器控制采用弱电控制强电方式，既安全又智能，可以用遥控、定时等多种智能控制方式实现对家里的饮水机、插座、空调、地暖、投影机、新风系统等进行智能控制，避免饮水机在夜晚反复加热影响水质，在外出时断开插座通电，避免电器发热引发安全隐患；对空调地暖进行定时或者远程控制，随时实现对室内温度和室内空气质量的调节控制。其优点有以下四点：

第一，方便。智能电器控制系统提供了多种控制方式，包括就地控制、场景控制、遥控控制、计算机远程控制、手机控制等。用户可以根据自己的需求和习惯选择最方便的控制方式，轻松实现对电器设备的控制。

第二，控制。智能电器控制系统采用红外或者协议信号控制方式，具备安全方便、互不干扰的特点。这种控制方式能够确保信号的可靠传输，避免了传统控制方式中可能出现的干扰和误操作问题。

第三，健康。智能电器控制系统配备智能检测器，可以对家庭中的温度、湿度、亮度等进行监测。当检测到环境参数不符合设定值时，系统能够自动调节电器设备的工作状态，以提供舒适的居住环境。这种智能检测和自动控制的功能有助于保障家庭成员的健康和舒适。

第四，安全。智能电器控制系统能够根据生活节奏自动开启或关闭电路，避免不必要的能源浪费，并减少电器设备的电气老化引发火灾的风险。系统通过智能化的控制策略，保障家庭的用电安全。

（三）智能安防监控系统

随着人们居住环境的升级，人们越来越重视个人安全和财产安全，对人、家庭以及住宅小区的安全方面提出了更高的要求。同时，随着城市流动人口的急剧增加，给城市的社会治安增加了新的难题，要保障小区的安全，防止偷抢事件的发生，就必须有自己的安全防范系统，人防的保安方式难以适应目前的要求，智能安防已成为今后的发展趋势。其功能模块主要包括：视频监控、门禁一卡通、紧急求助、烟雾检测报警、燃气泄漏报警、碎玻探测报警、红外双鉴探测报警等。其优点有以下三点：

第一，安全。智能安防系统能够提前及时发现并通知主人陌生人入侵、煤气泄漏、火灾等情况。通过安装在关键位置的传感器和监控设备，系统可以实时监测周围环境的变化，并在发现异常情况时发出警报。这为居民提供了一个安全可靠的居住环境，帮助他们防范潜在的威胁。

第二，简单。智能安防系统的操作非常简单。居民可以通过遥控器或者门口的控制器进行布防或者撤防。只需简单的按键操作，就可以轻松地控制整个系统的运行状态。这种简便的操作方式使得智能安防系统更加易于使用，即使是年长的居民也能够轻松上手。

第三，实用。智能安防系统中的视频监控模块依靠安装在室外的摄像机，能够有效地阻止小偷进一步行动，并为警方提供有力的证据。视频监控记录了小区内发生的各种活动，一旦发生问题，可以迅速回放录像，了解事件的经过。这不仅有助于预防犯罪，还为调查和定罪提供了有力的支持。

（四）智能背景音乐系统

家庭背景音乐是在公共背景音乐的基本原理基础上，结合家庭生活的特点发展而来的新型背景音乐系统。简单地说，就是在家庭的任何房间，比如花园、客厅、卧室、酒吧、厨房或卫生间，可以将 MP3、FM、DVD、计算机等多种音源进行系统组合，让每个房间都能听到美妙的背景音乐。音乐系统既可以美化空间，又起到很好的装饰作用。其优点有以下四点：

第一，独特。家庭背景音乐系统独具特色，与传统音乐系统不同，它专门为家庭环境设计而成，考虑到家庭生活的各种需求和场景。

第二，效果。家庭背景音乐系统具有出色的音效。它采用高保真双声道立体声喇叭，音质非常出色，能够为用户带来沉浸式的音乐体验。

第三，简单。家庭背景音乐系统的操作简单便捷。它的控制器采用人性化设计，操作简单明了，无论是老人还是小孩都可以轻松上手。用户只需通过每个房间的控制器或者遥控器就能够方便地控制音乐系统。

第四，方便。家庭背景音乐系统非常方便实用。它的主机可以隐蔽安装，不占用太多空间。用户只需通过每个房间的控制器或者遥控器就能够控制音乐的播放，无须来回奔波。这样，用户可以根据自己的需要，在不同的房间中随时切换和调节音乐，让整个家庭充满美妙的音乐氛围。

(五) 智能视频共享系统

智能视频共享系统是将数字电视机顶盒、DVD 机、录像机、卫星接收机等视频设备集中安装于隐蔽的地方，系统可以做到让客厅、餐厅、卧室等多个房间的电视机共享家庭影音库，并可以通过遥控器选择自己喜欢的音源进行观看。采用这样的方式既可以让电视机共享音视频设备，又不需要重复购买设备和布线，既节省了资金又节约了空间。其优点有以下三点：

第一，简单。智能视频共享系统的布线非常简单，只需一根线就能传输多种视频信号，使操作更加方便。传统的布线方式需要将不同的视频设备连接到各个电视机上，而智能视频共享系统通过集中安装设备，并利用一根线传输信号，使得整个操作过程更加简单快捷。

第二，实用。不论视频主机位于何处，用户只需一台遥控器就能对所有视频主机进行控制。传统的情况下，如果家中有多个视频设备，用户需要分别操控每个设备的遥控器，非常不便。而通过智能视频共享系统，用户只需使用一个遥控器，就能轻松控制所有视频设备，提供了更加便捷的使用体验。

第三，安全。智能视频共享系统采用弱电布线，并使用网线传输信号，即使在未来进行升级，依然可以使用网线进行传输。相比传统的布线方式，采用弱电布线和网线传输信号能够更好地保障用户的安全。此外，采用网线传输信号还能提供更稳定和高质量的视频信号传输，提升观看体验。

二、智能家居设计

智能家居是融合了自动化控制系统、计算机网络系统和网络通信技术于一体的网络化、智能化的家居控制系统。衡量一个住宅小区智能化系统的成功与否，并非仅仅取决于智能化系统的多少、系统的先进性或集成度，而是取决于系统的设计和配置是否经济合理并且系统能否成功运行，系统的使用、管理和维护是否方便，系统或产品的技术是否成熟适用。为了实现上述目标，智能家居系统设计时要遵循以下四项原则：

(一) 实用性和便利性

实用性和便利性是智能家居的核心价值。智能家居旨在为人们创造一个舒适、安全、方便和高效的生活环境。为了实现这一目标，智能家居产品必须具备实用性、易用性和人性化。

在设计智能家居系统时，需要根据用户对智能家居功能的需求，整合以下最实用最基本的家居控制功能：

第一，智能家电控制。通过智能设备或手机应用程序，用户可以远程控制家中的电器设备，如空调、电视、洗衣机等。这样，无论用户身在何处，都能随时随地控制家电的开关、温度、模式等。

第二，智能灯光控制。智能灯光系统可以根据用户的需求和习惯，自动调节光照亮度、色温和色彩，为用户营造舒适的照明环境。同时，用户也可以通过手机或语音指令控制灯光的开关和调节。

第三，电动窗帘控制。智能窗帘系统可以通过手机或遥控器实现窗帘的开合和调节，让用户根据需要随时调节窗帘的遮光程度和开合程度，提供私密性和充足的自然光线。

第四，防盗报警。智能家居系统可以集成安全警报功能，通过传感器、摄像头和智能门锁等设备实时监测房屋内外的安全状况。一旦检测到异常情况，系统会及时发出警报并通知用户，确保家庭安全。

第五，门禁对讲。通过智能门禁系统，用户可以通过手机或室内终端与来访者进行语音对讲，并能实时观看访客的画面。用户无须亲自开门，便可以便捷地与来访者进行沟通和确认身份。

第六，煤气泄漏监测。智能家居系统可以安装煤气泄漏传感器，一旦检测到煤气泄漏，系统会立即发出警报并切断煤气供应，确保家庭成员的生命安全。

除了以上基本功能，智能家居系统还可以拓展一些增值服务功能，如三表抄送

（水表、电表、燃气表数据实时监测和统计）、视频点播（通过智能电视或其他终端观看各种视频内容）、智能家庭健康监测等，以满足用户更多的需求和提升生活质量。

同时，在设计智能家居系统时，也应注重用户体验，提供操作的便利性和直观性。最好采用图形图像化的控制界面，让用户能够轻松理解和使用。例如，可以设计简洁直观的手机应用程序，用户可以通过点击按钮、滑动界面或语音指令完成各项操作。此外，还可以引入人机交互技术，如语音识别和手势控制，让用户能够更自然地与智能家居系统进行交互。

（二）可靠性

可靠性是指整个建筑的各个智能化子系统在任何时候都能够持续运转的能力。无论是系统的安全性、可靠性还是容错能力，都应该受到高度的重视。为了确保各个子系统的正常运行和安全使用，必须在电源和系统备份等方面采取相应的容错措施，目的是使系统能够应对各种复杂的环境变化，并保持其稳定性和可靠性。

第一，电源方面。建筑的智能化子系统需要有可靠的电源供应，确保系统能够持续运行。为此，可以采用多种电源备份方案，如使用主电源和备用电源相结合的方式，以及安装 UPS（不间断电源）等设备来保证系统在电力中断的情况下依然能够正常工作。同时，还应该定期检查和维护电源设备，确保其可靠性和稳定性。

第二，系统备份方面。建筑的智能化子系统应该具备自动备份和恢复功能，以防止数据丢失或系统故障。通过定期的数据备份和系统镜像，可以确保在系统出现故障或数据损坏的情况下，能够迅速恢复到正常状态。此外，备份数据的存储应该具备可靠性和安全性，可以考虑使用云存储等技术来提高数据的可靠性和可用性。

在保证可靠性的同时，系统的安全性也是不可忽视的。智能化子系统应该具备防火墙、入侵检测和防护等安全机制，以防止未经授权的访问和恶意攻击。同时，还应该定期进行系统安全漏洞的扫描和修复，确保系统的安全性和稳定性。

此外，为了提高系统的可靠性和容错能力，建筑的智能化子系统还应具备自动故障检测和自动故障恢复功能。通过监测系统的运行状态和性能指标，及时发现和处理潜在的故障，并采取相应的措施进行修复，最大限度地减少系统的故障时间和影响。

（三）标准性

标准性是设计智能家居系统方案时的一个重要考虑因素。在设计过程中，应当遵循国家和地区的相关标准，确保系统具备良好的扩充性和扩展性。为了实现不同厂商之间的兼容与互联，系统传输采用了标准的 TCP/IP 协议网络技术。

智能家居系统的前端设备是多功能、开放和可扩展的设备。系统主机、终端和模块都采用了标准化接口设计，为家居智能系统外部厂商提供了一个集成的平台。使系统的功能可以方便地进行扩展，无须再次开挖管网，实现了简单、可靠、方便和节约的目标。

在设计中选择的系统和产品能够使本系统与未来不断发展的第三方受控设备进行互通互连。这意味着智能家居系统不仅具备了与当前设备的兼容性，也具备了与未来设备的互操作性。这种设计的选择考虑了系统的长期发展和可持续性，为用户提供了更好的使用体验。

(四) 方便性

布线安装应考虑成本、可扩展性、可维护性的问题，一定要选择布线简单的系统，施工时可与小区宽带一起布线，简单、容易；设备方面应容易学习掌握、操作和维护简便。

1. 设计宗旨

用户操作方便，功能实用，外观美观大方，同时要化繁为简、高度人性化、注重健康、娱乐生活、保护私密。

2. 设计内容

(1) 窗口 / 门口。红外幕帘探测器、门磁、烟感 / 煤感、紧急按钮 (主要为红外报警)。如果有非法入侵，会立即报警，智能家居主机屏幕显示报警区域，同时拨打指定的电话，并发送报警信息到手机，输入密码，即可以消除报警。

(2) 玄关。感应灯光控制器、智能门锁 (锁模块)。主人回家或客人来访时，灯光自动打开，方便主人开锁 (密码或指纹) 和客人按门铃，灯光过后会自动延时关闭。

(3) 门厅。智能开关、情景控制器、感应灯光控制器、红外感应报警器 (延时)。主人进入灯光自动亮起，方便主人换鞋和行走，并延时关闭。可设置 "回家模式"，完成撤防、开启大厅灯光、开启指定区域背景音乐、开启指定区域空调、采暖系统；也可设置 "离家模式"，完成设防、关闭全宅灯光、空调、地暖、背景音乐等家电。

(4) 客厅 / 餐厅。智能开关、情景控制器、红外感应报警器、智能家居控制主机、集中型音乐主机、音乐控制面板、音响、空调温控器、地暖温控器、智能家居遥控器、电动窗帘 (窗帘手控器)。可设置 "会客模式""娱乐模式""就餐模式" 等多个模式，不同场合只需一键操控，彰显气派和尊贵。如 "就餐模式"，灯光开启到合适的亮度，背景音乐也响起了柔和的曲目，窗帘慢慢关闭。所有设备也可单独开启关闭 (控制方式可以手动，也可以通过手机或者遥控器)。

(5) 厨房。智能开关、烟感探测器、煤感探测器、红外幕帘探测器、机械手、排风扇、开窗器。发生报警险情时，自动关闭煤气阀、开启排风扇、窗户打开，同时短信通知主人。

（6）卫生间。智能开关、换气扇、智能插座、地暖温控器、紧急按钮。开门后灯光自动亮起，排风扇自动换气，人离开后灯光和排风扇延时关闭。在寒冷的冬季，清晨主人还在睡眠中，卫生间自动定时加热，方便主人起床后使用。每个卫生间设有紧急按钮，方便紧急事件或胁迫时使用。

（7）卧室。智能开关、安装控制器、情景控制器、音乐控制面板、音响、紧急按钮、空调控制器、地暖控制器、红外感应报警器。可设置"起夜""起床""看电视"等场景。例如，"起夜"地脚灯打开，卫生间的灯同时也打开；"起床"灯光亮起，窗帘自动打开。每个卧室设有紧急按钮，方便紧急事件或胁迫时使用。床头安装控制器可实现双控或多控功能，如起夜后可以在床头把过道和卫生间灯关闭。

第十章　BIM 技术在装配式建筑全生命周期的应用

第一节　BIM 技术在装配式建筑设计阶段的应用

一、基于 BIM 的标准化设计思路

（一）基于 BIM 的装配式结构设计方法的思想

"按照建筑工程结构设计标准要求，分析符合 BIM 技术操作规范运行的设计依据，拓展 BIM 技术在建筑结构设计的合理规范运用。"[①] 现今的装配式结构设计方法是以现浇结构的设计为参照，先进行结构选型，结构整体分析，再拆分构件和设计节点，预制构件深化设计后由工厂预制，再运送到施工现场进行装配。这种设计方法会导致预制构件的种类繁多，不利于预制构件的工业化生产，与建筑工业化的理念相冲突。所以，传统的设计思路必须转变，新的设计方法应关注预制构件的通用性，以期利用较少种类的构件设计满足多样性建筑产品的需求。因此，基于 BIM 的装配式结构设计方法应将标准通用的构件统一在一起，形成预制构件库。

在装配式结构设计时，预制构件库中已有相应的预制构件可供选择，可减少设计过程中的构件设计，从设计人工成本和设计时间成本方面减少造价，而不用详尽考虑每个构件的最优造价，以此达到从总体上降低造价的目的。预制构件库是预制构件生产单位和设计单位所共有的，设计时预制构件的选择可以限定在预制构件厂所提供的范围内，保证二者的协调性；预制构件厂可以预先生产通用性较强的预制构件，及时提供工程项目需要的预制构件，大幅提高工程建设的效率。预制构件库应是不断完善的，并且应包含一些特殊的预制构件以满足特殊的建筑布局要求。

（二）基于 BIM 的装配式结构设计的各阶段

传统装配式结构设计的预制构件尺寸型号过多，不利于标准化和工业化的设计，也不利于工业化和自动化生产，因此必须改变从整体设计分析再到预制构件拆分的

---

① 陈绍楠.BIM 技术在建筑结构设计中的运用 [J]. 科技资讯，2023，21(07)：86.

设计思路，而改用面向预制构件的基于 BIM 的装配式结构设计方法进行设计。此设计方法共分为 4 个阶段：预制构件库形成与完善、BIM 模型构建、BIM 模型分析与优化和 BIM 模型建造应用。

1. 预制构件库形成与完善阶段

预制构件库是基于 BIM 的装配式结构设计的核心，设计时 BIM 模型的构建及预制构件的生产均以其为基础。预制构件库的关键是实现预制构件的标准化与通用化，标准化便于预制构件厂的流水线施工，通用化则可满足各类建筑的功能需求。预制构件库除了包含标准化、通用化的预制构件，还应包含满足特殊要求的预制构件，在预制构件库发展成熟后，可在构件库中考虑预制构件的标准节点等。

2. BIM 模型构建阶段

预制构件库创建完成后，可根据设计的需求在预制构件库中查询并调用构件，构建装配式结构的 BIM 模型，当查询不到需要的预制构件时可定义并设计新的构件，调用构件并将该构件入库。BIM 模型的构建只是完成了装配式结构的预设计，要保证其结构安全，还需进行 BIM 模型的分析复核，并利用碰撞检查等方式对 BIM 模型进行调整和优化，经过分析复核和碰撞检查等确认无问题后的 BIM 模型才可用于指导生产和施工。将 BIM 模型作为交付结果，可以有效避免信息遗漏和冗杂等问题。

3. BIM 模型分析与优化阶段

预设计的装配式结构 BIM 模型需通过分析复核来保证结构的安全性，分析复核满足要求的 BIM 模型即确定为结构的设计方案，并通过碰撞检查等方式对 BIM 模型进行调整和优化，最终形成合理的设计方案。分析复核不能通过时，应从预制构件库中重新挑选构件替换不满足要求的预制构件，重新进行分析复核，直至满足要求。分析复核时，结构分析可以按照现浇结构的分析方法进行，也可以根据节点的连接情况实际处理，后一种方法还需要工程实践和实验研究作为辅证，将分析结果与规范作对比，以判断分析复核是否通过。

满足分析符合要求的 BIM 模型只是满足结构设计的要求，对于深化设计和协同设计等要求，需通过碰撞检查等方式实现，对不满足要求的预制构件应替换，重新进行分析复核和碰撞检查，直至满足要求。预制构件在现场施工装配前就解决了碰撞问题，从而将大幅减少预制构件的返工问题。

4. BIM 模型建造应用阶段

BIM 模型分析与优化阶段得到的 BIM 模型即可交付使用。建造阶段可应用 BIM 模型模拟施工进度，并以此合理规划预制构件的生产和运输，以及施工现场的装配施工，预制构件厂依据构件库进行生产，施工阶段可采集施工过程中的进度、质量、安全信息，并上传到 BIM 模型，实现工程的全寿命周期管理。

二、标准化 BIM 构件库的组建

预制构件是整个 BIM 模型的组成部分，其他的图纸、材料报表等信息都是通过预制构件实现的。预制构件具有以下特点：①复用性，是指预制构件库中的同一个预制构件可以重复应用到不同的工程中；②可扩展性，是指将预制构件调用到具体的工程时需要添加深化设计、生产、运输等信息，这些信息均添加在预制构件的信息扩展区，即预制构件能够满足信息扩展的需要；③独立性，是指预制构件库中的各预制构件不仅相互独立，并且预制构件具有自身的独立性，其属性并不随着被调用次数的增加而发生改变。

BIM 技术在装配式结构中应用的关键是实现信息共享，而信息共享的前提就是预制构件库的建立。基于 BIM 的预制构件库应是设计单位和预制构件单位所共有的，这样设计人员进行设计时所选用的构件在预制构件厂能随时查询到，避免设计的预制构件需要太多的定制，而给预制构件厂带来制造的麻烦。预制构件库的创建应包含预制构件的创建和预制构件库的管理功能实现，主要步骤有预制构件的分类与选择、预制构件的编码与信息创建、预制构件的审核与入库、预制构件库的管理功能实现，最后达到预制构件库创建实现。

(一) 入库的预制构件分类与选择

装配式结构总体可分为装配式框架结构、装配式剪力墙结构和装配式框架—剪力墙结构，但是现今各研发企业都致力于研究自己特殊的装配式结构体系，各种预制构件的适用性并不强。因此，预制构件库的创建也应以相应的装配式结构体系为基础分类建立，不同的装配式结构体系设置不同的构件库，预制构件的分类也应以装配式结构体系为基础进行。

入库的预制构件只有保证一定的标准性和通用性，才能符合预制构件库的功能，预制构件的选择过程：①装配式结构体系分类；②预制构件分类；③按照预制构件主要控制因素分类统计；④将同种预制构件归并以减少种类；⑤得到标准性、通用性强的预制构件。预制构件首先应按照现有的常用装配式结构体系进行分类，对于不同的结构体系，主要受力构件一般不能通用。

对于预制构件的分类，应统计其主要控制因素，忽略次要因素。对于预制板，受力特性与板的跨度、厚度、荷载等因素有关，可按照这三个主要因素进行分类统计。构件的划分应考虑将预制构件统计并进行归并，减少因主要控制因素划分细致导致的构件种类过多，以得到标准性、通用性强的预制构件。

在未考虑将预制构件分类并入库前，前述的分类统计在以往的设计过程中往往制作成图集来使用，在基于 BIM 的设计方法中不再采用图集，而是通过建立构件库来实现，并能实现构件的查询和调用功能，方便预制构件的使用。入库的预制构件应符合模数的要求，以保证预制构件的种类在一定的可控范围内。预制构件根据模数进行分类不宜过多，但也不宜过少，以免达不到装配式结构在设计时多样性和功能性的要求。

（二）预制构件的编码与信息创建

预制构件的分类和选择，只是完成了预制构件的挑选，但是构件入库的内容尚未完成。预制构件库以 BIM 理念为支撑，BIM 模型的重点在于信息的创建，预制构件的入库实际就是信息的创建过程。构件库内的预制构件应相互区别，每个预制构件需要一个唯一的标识码进行区分。预制构件入库应解决的两个内容是预制构件的编码与信息创建。

1. 预制构件的编码原则

预制构件的编码是在预制构件分类的基础上进行的，对预制构件进行编码的目的是便于计算机和管理人员识别预制构件。预制构件的编码应遵循以下原则：

（1）唯一性，一个编码只能代表唯一一个构件。

（2）合理性，编码应遵循相应的构件分类。

（3）简明性，尽量用最少的字符区分各个构件。

（4）完整性，编码必须完整、不能缺项。

（5）规范性，编码要采用相同的规范形式。

（6）实用性，应尽可能方便相应预制构件库工作人员的管理。

2. 预制构件的编码方法

基于 BIM 的预制构件的编码只是为了区分各构件，便于设计和生产时能够识别各构件，而真正用于设计和构件生产、施工的是预制构件的信息。在传统的二维设计模式中，建筑信息是分布在各专业的平、立、剖面图纸中，图纸的分立导致建筑信息的分立，容易造成信息不对称或者信息冗余问题。而在 BIM 设计模式下，所有的信息都统一在构件的 BIM 模型中，信息完整且无冗杂。在方案设计、初步设计、施工图设计等阶段，各构件的信息需求量和深度不同，如果所有阶段都应用带有所有信息的构件进行分析，将导致信息量过大，使分析难度太大而无法进行。因此，对预制构件的信息进行深度分级是很有必要的，工程各设计阶段采用需要的信息深度即可。

（1）预制构件几何与非几何信息深度等级表。BIM 技术在预制构件上的运用是依靠 BIM 模型来实施的，而 BIM 的核心是信息，所以在设计、施工、运维阶段最注重的是信息共享。构件的信息包含几何与非几何信息，几何信息包含几何尺寸、定位等信息，而非几何信息则包含材料性能、分类、材料做法等信息。根据不同的信息特质和使用功能等以实用性为原则制定统一标准，将预制构件信息分为 5 级深度，并将信息深度等级对应的信息内容制作成预制构件信息深度等级表。预制构件几何与非几何信息深度等级表描述了预制构件从最初的概念化阶段到最后的运维阶段各阶段应包含的详细信息。

（2）预制构件信息深度分级方法。

第一，深度 1 级，相当于方案设计阶段的深度要求。预制构件应包含建筑的基本形状、总体尺寸、高度、面积等基本信息，无须表现细节特征和内部信息。

第二，深度 2 级，相当于初步设计阶段的深度要求。预制构件应包含建筑的主要计划特征、关键尺寸、规格等，无须表现细节特征和内部信息。

第三，深度 3 级，相当于施工图设计阶段的深度要求。预制构件应包含建筑的详细几何特征和精确尺寸，不需表现细节特征和内部信息，但具备指导施工的要求。

第四，深度 4 级，相当于施工阶段的深度要求。预制构件应包含所有的设计信息，特别是非几何信息。为应对工程变更，此深度级别的预制构件应具有变更的能力。

第五，深度 5 级，相当于运维阶段的深度要求。预制构件除了应表现所有的设计信息，还应包括施工数据、技术要求、性能指标等信息。深度 5 级的预制构件包含了详尽的信息，可用于建筑全寿命周期的各个阶段。

（三）预制构件的入库与预制构件库的管理

1. 预制构件的审核入库

当预制构件的编码和信息等创建后，审核人员需对构件的信息设置等逐一进行检查，还需将构件的说明形成备注，确保每个预制构件都具有唯一对应的备注说明。经审核合格后的构件才可上传至构件库。

预制构件的审核标准应规范统一，主要审核预制构件的编码是否准确，编码是否与分类信息对应，检查信息的完整性，保证一定的信息深度等级，避免信息深度等级不足而导致预制构件不能用于实际工程。同样也要避免信息深度等级过高，所含的信息太细致，而导致预制构件的通用性较低。

2. 预制构件库的管理

基于 BIM 的预制构件库必须实现合理有效的组织，以及便于管理和使用的功能。预制构件库应进行权限管理，对于构件库管理员，应具有构件入库和删除的权限，并能修改预制构件的信息；对于使用人员，则只具有查询和调用的功能。预制构件库的管理主要涉及的用户有管理人员和使用人员。使用人员分为本地客户端、网络客户端、网络构件网用户。

本地构件库中心应具有核心的构件库、构件的制作标准和审核标准等。管理人员应拥有最大的管理权限，能够自行对构件进行制作，并从使用人员处收集构件入库的申请，对入库的构件进行审核。管理人员可对需要的构件进行入库，对已有的预制构件进行查询，并对其进行修改和删除操作。本地客户端不需要通过网络链接即可对构件库进行使用，用户的权限比管理员的权限低，只具有构件查询、用于BIM模型建模的构件调用以及构件入库申请的权限。网络用户端与本地客户端具有相同的权限，需要通过网络使用构件库。客户端是一个桌面应用程序，安装运行后，通过网络或本地连接使用构件库。此外，网络上的构件网可以提供其他用户进行查询和构件入库申请的功能，但不能进行构件调用的操作。

第二节　BIM技术在装配式建筑生产阶段的应用

一、BIM在构件生产领域带来的变革

(一) 现阶段PC构件生产的普遍状态及问题

随着越来越多的企业开始重视建筑工业化的转型，一些PC构件的生产加工工厂也纷纷建立起来，所有的工厂都面临以下问题。

1. 未实现机械化

达到工厂化的制造方式并不困难，可以简单地理解为将工地的工作搬到工厂车间内去完成，既改变了工作场地，又改善了工作环境。但是并没有提高太多的生产效率，工厂内依旧实行粗放式生产，依然还是采取"人海战术"进行作业，对于产品质量无法很好控制。

2. 未实现自动化

在预制件的工厂化生产中引入机械化的方法后，提高了工作效率，减少了不良品的出现频率。但是在整个生产流程中都是以工作站点的形式存在，各个站点之间交流不便、协同困难，在管理方面造成很多不便，同时也不利于工艺技术的革新。

3. 工厂规划的不科学性

对于预制工厂在建立前的产品种类选型与定位，必须对市场需求有一个清楚的认识，以满足市场需求为前提才是生存的硬道理。提前对产品的近期需求与中远期

需求进行总体规划，生产符合市场需求的产品，才能保证其经济性与科学性。

4. 未实现集团管理信息现代化

预制件自动化的流水线逐渐被各家 PC 工厂所引进和使用，其特点是使用相对较少的占地面积就能够达到较高的产能，同时人工数量也大幅度减少，对于质量控制、安全管理等方面都有很好的表现。但是在集团跨区域统筹管理多个 PC 工厂时，存在的诸多问题也正是当前各大型集团公司所面临的急需解决的问题。

以上描述的是信息化管理发展过程中不同阶段的问题，即信息技术的使用度问题。现阶段大部分构件生产仍停留在工厂化和局部机械化的阶段，信息技术使用匮乏，因此效率很低，质量管理无法大规模管控。

（二）BIM 技术将对构件生产带来的改变

管理 PC 构件生产的全流程，是整个 BIM 项目流程中的一个部分，是 PC 构件模型的信息以及流程过程中的管理信息交织的过程，是有效进行质量、进度、成本以及安全管理的支撑，利用 BIM 在项目管理中独特的优势，贴合预制构件特有的生产模式，可极大地提高预制构件的生产效率，有效保证预制构件的质量、规格。BIM 在构件生产中的作用主要体现在以下方面：

第一，预制构件的加工制作图纸内容理解与交底。

第二，预制构件生产资料准备，原材料统计和采购，预埋设施的选型。

第三，预制构件生产管理流程和人力资源的计划。

第四，预制构件质量的保证及品控措施。

第五，生产过程监督，保证安全准确。

第六，计划与结果的偏差分析与纠偏。

基于 BIM 模型的预制装配式建筑部件计算机辅助加工技术及构件生产管理系统，实现 BIM 信息直接导入工厂中央控制系统，并与加工设备对接，可编程控制器识别设计信息，设计信息与加工信息共享，实现设计—加工一体化，无须设计信息的重复录入，大大降低了工作量，从而提高了工厂的生产效率。

二、BIM 与构件生产指导

（一）BIM 在构件生产中的应用

运用 BIM 技术在前期深化设计阶段所生成的构件信息模型、图纸以及物料清单等精确数据，能够帮助构件生产厂商进行生产的技术交底、物料采购准备以及生产计划的安排、堆放场地的管理和成品物流计划，提前解决和避免在构件生产的整个流程中出现异常状况。

BIM 设计信息导入中央控制室，通过明确构件信息表（各个构件对应标签，生产预埋芯片）、产量排产负荷，进一步确定不同构件的模具套数、物料进场排产、人力及产业工人配置等信息。

根据构件生产加工工序及各工序作业时间，按照项目工期要求，考虑现场构件吊装顺序，排布构件装车计划和生产计划，制订排产计划。依据 BIM 提供的模型数据信息及排产计划，细化每天所需不同构件生产量、混凝土浇筑量、钢筋加工量、物料供应量、工人班组。对同一模台进行不同构件的优化布置，提高模型利用率，以相应提高生产效率。

设计人员将深化设计阶段完成后的构件信息传入数据库，转换成机械能够识别的数据格式便进入构件生产阶段。通过控制程序实现自动化生产，减少人工成本、出错率，提高生产效率和精确程度。利用 BIM 输出的钢筋信息，通过数控机床实现对钢筋的自动裁剪、弯折，然后根据 BIM 所生成的构件图纸信息完成混凝土的浇筑、振捣，并自动传送至构件养护室进行养护，直至构件运出生产厂房实现有序堆放。

预制构件生产的整个工艺流程中，将有信息自动化的监控系统进行实时监控，一旦出现生产故障等非正常情况，能够及时反映给工厂管理人员，管理人员便能迅速做出相应措施，避免损失。而且，在这个过程中，生产系统会自动对预制构件进行信息录入，记录每一块构件的相关信息，如所耗工时数、构件类型、材料信息、出入库时间等。

（二）BIM 与 RFID 技术结合识别构件

无线射频识别（RFID）是一种非接触式的自动识别技术，它通过射频信号自动识别目标对象并获取相关数据，识别工作无须人工干预，不仅可工作于各种恶劣环境，还可同时识别多个标签，操作快捷方便。

近年来，随着物联网概念的兴起和传播，RFID 技术作为物联网感知层最为成熟的技术，再度受到了人们的关注，成为物联网发展的排头兵，以简单 RFID 系统为基础，结合现有的网络技术、数据库技术、中间件技术等，以物联网为发展契机，构建由海量的阅读器和移动的电子标签组成的物联网，已成为 RFID 技术发展的趋势。

在具体的应用过程中，根据不同的应用目的和应用环境，RFID 系统的组成有所不同，但从 RFID 系统的工作原理来看，典型的 RFID 系统一般都由电子标签、阅读器、中间件和软件系统等部分组成。

RFID 的基本工作特点是阅读器与电子标签不需要直接接触的，两者之间的信息交换是通过空间磁场或电磁场耦合来实现的，这种非接触式的特点是RFID技术拥有巨大发展应用空间的根本原因。另外，RFID标签中数据的存储量大、数据可更新、读取距离大，非常适合自动化控制。RFID还具有扫描速度快、适应性好、穿透性好、数据存储量大等特点。

建筑物生命周期的每个阶段都要依赖与其他阶段交换信息进行管理。装配式建筑在理想状态下的管理，应当能够跟踪每一个建筑构件整个生命周期的信息。同时，相关的信息应以一种便捷的方式进行存储，使所有的项目参与方能够有效地访问这些数据。

对于数据的处理，在此提出一种构想，即在BIM数据库和组件RFID标签中添加结构化的数据，标签上含有组件的相关数据，相关人员可以及时准确地获取相关信息，提高管理的效率和水平。

在这种BIM与RFID数据交换的构想中，目标构件在制造期置入RFID标签，并在几个时间点进行扫描。在扫描过程中读取存储的数据，或在系统要求下修改数据。扫描的数据转移到不同的软件应用程序进行处理，以管理构件的相关活动。相关应用软件通过API接口实现BIM数据库与RFID标签之间的信息读写。RFID的具体信息，在设计阶段作为产品信息的一部分将添加到BIM数据库中。

在构件生产制造阶段，为了实现构建模型与构建实体的一一对应和对预制构件的科学管理，可以采用BIM结合RFID技术加强构件的识别性，要求在构件生产阶段对每个构件进行RFID标签置入。

通过RFID技术，模型与实际构件一一对应，项目参与人员可以对PC构件数据进行实时查询和更新。在构件生产的过程中，人员利用构件的设计图纸数据直接进行制造生产，通过对生产的构件进行实时监测与对构件数据库中的信息进行不断校正，实现构件的自动化和信息化。已经生产的构件信息的录入为构件入库、出库信息管理提供了基础，也使后期订单管理、构件出库、物流运输变得实时而清晰。而这一切的前提和基础，就是依靠前期精准的构件信息数据以及同一信息化平台，可以看出BIM技术对于构件自动化生产、信息化管理的不可或缺性。

第三节　BIM技术在装配式建筑施工阶段的应用

一、施工培训与模拟

"BIM技术在建筑施工管理中应用，可以消除传统建筑施工管理中存在的不确定、不可控及不直观的问题，实现施工管理过程的可视化、系统化，有利于提高建筑工程施工管理水平。BIM 技术具备的可视化功能，对建筑工程施工管理全过程进行控制，不仅可以提高施工效率，还能保证施工管理质量。"[①]

(一) 施工模拟的优势

施工模拟就是基于虚拟现实技术，在计算机提供的虚拟可视化三维环境中对工程项目过程按照施工组织设计进行模拟，并根据模拟结果调整施工顺序，以得到最优的施工方案。

施工模拟可以结合 BIM 技术和仿真技术进行，具有数字化的施工模拟环境，各种施工环境、施工机械及人员等都以模型的形式出现，以此仿真实际施工现场的施工布置、资源消耗等。因为模拟的施工机械、人员、材料是真实可靠的，所以施工模拟的结果可信度很高。

1. 先模拟后施工

在实际施工前对施工方案进行模拟论证，可观测整个施工过程，对不合理的部分进行修改，特别是对资源和进度方面实行有效的控制。

2. 可靠地预测安全风险

通过施工模拟，可提前发现施工过程中可能出现的安全问题，并制定方案规避风险，同时减少设计变更，节省资源。

施工进度模拟的目的在于在总控时间节点要求下，以 BIM 方式表达、推敲、验证进度计划的合理性，充分准确地显示施工进度中各个时间点的计划形象进度，以及对进度实际实施情况的追踪表达。

3. 协调施工进度和所需资源

实际施工的进度和所需要的资源受到多方面因素的影响，对其进行一定程度的施工模拟，可以更好地协调施工中的进度和资源使用情况。

(二) 施工模拟过程

1. 总体施工进度模拟

通过将 BIM 与施工进度计划相链接，将空间信息与时间信息整合在一个可视的 4D 模型中，可以直观、精确地反映整个建筑的施工过程。基于 BIM 的虚拟建造技术的进度管理通过反复的施工过程模拟，使施工阶段可能出现的问题在模拟的环境中提前发生，再逐一修改，并提前制订应对计划，使进度计划和施工方案达到最优，

[①] 邹镜亮 .BIM 技术在建筑工程施工管理中的应用 [J]. 冶金管理，2023，No.467(09)：82.

用来指导实际的施工，从而保证项目施工的顺利完成。施工模拟应用于项目整个建造阶段，真正地做到前期指导施工、过程把控施工、结果校核施工，实现项目的精细化管理。

2. 施工场地布置模拟

为使现场使用合理，施工平面布置应有条理，尽量减少占用施工用地，使平面布置紧凑合理，同时做到场容整齐清洁、道路畅通，且符合防火安全及文明施工的要求。施工过程中应避免多个工种在同一场地、同一区域进行施工，以免相互牵制、相互干扰。施工现场应设专人负责管理，使各项材料、机具等按已审定的现场施工平面布置图的位置堆放。

基于建立的BIM三维模型及搭建的各种临时设施，可以对施工场地进行布置，合理安排塔式起重机、库房、加工场地和生活区等的位置，解决现场施工场地平面布置问题，以及解决现场场地划分问题；通过与业主的可视化沟通协调，对施工场地进行优化，选择最优施工路线。利用BIM进行三维动态展现施工现场布置，划分功能区域，便于场地分析。

3. 专项施工布置模拟

通过BIM技术指导编制专项施工方案，可以直观地对复杂工序进行分析，将复杂部位简单化、透明化，提前模拟方案编制后的现场施工状态，对现场可能存在的危险源、安全隐患、消防隐患等提前排查，对专项方案的施工工序进行合理排布，以有利于方案的专项性、合理性。

4. 施工工艺模拟

在工程重难点施工方案、特殊施工工艺实施前，可运用BIM系统三维模型进行真实模拟，从中找出实施方案中的不足，并对实施方案进行修改，同时可以模拟多套施工方案进行专家比选，最终达到最佳施工方案，在施工过程中，通过施工方案、工艺的三维模拟，给施工操作人员进行可视化交底，使施工难度降到最低，做到施工前的有的放矢，确保施工质量与安全。

（1）施工节点模拟。通过BIM模型加工深化，能快速帮助施工人员展示复杂节点的位置，节点展示配合碰撞检查功能，将大幅提高深化设计阶段的效率及模型准确度，也为现场施工提供支持，从而更加形象直观地表达复杂节点的设计结果和施工方案。模型可按节点、按专业多角度进行组合检查，不同于传统的二维图纸和文档方式，通过三维模型可以更加直观地完成技术交底和方案交底，提高项目人员的沟通效率和交底效果。

（2）工序模拟。通过BIM模型和模拟视频对现场施工技术方案和重点施工方案进行优化设计、可行性分析及可视化技术交底，进一步优化施工方案，提高施工方案质量，有利于施工人员更加清晰、准确地理解施工方案，避免施工过程中出现错误，从而保证施工进度、提高施工质量。

5. BIM 竣工模型运维管理阶段

根据实际现场施工结果，搭建竣工模型，以达到目的：①得到竣工模型，进行虚拟漫游和三维可视化展示，方便沟通交流及信息传递；②方便后期应用时进行建筑、市政管网、室内设施的维护管理；③空间管理，包括租金、租期、物业信息管理等。

竣工模型，即导入专业物维管理软件获得的实时更新的房间信息、设施设备信息的模型，竣工模型构建后，将其导入专业软件中进行信息化的物业管理和设备设施管理等。

二、BIM 技术在施工实施阶段的应用

(一) 提供技术支撑

1. 检查碰撞

BIM 技术在碰撞检查中的应用可分为单专业的碰撞和多专业的碰撞。多专业的碰撞是指建筑、结构、机电专业间的碰撞，因为构件管道过多，因此需要分组集合分别进行碰撞检查。装配式结构除与现行结构一样可应用多专业的碰撞外，预制构件间的碰撞检查对 BIM 模型的检查具有重要作用。预制构件在工厂预制然后运输至施工现场进行装配安装，如果在施工过程中构件之间发生碰撞，需要对预制构件开槽切角，而预制构件在成型后不能随意开洞开槽，否则需要重新运输预制构件至施工现场，从而造成工期延误和经济损失。预制构件的碰撞主要是预制构件间及预制构件与现浇结构间的碰撞。总结碰撞检测的方法，BIM 的优势体现在以下方面：

(1) BIM 技术能将所有的专业模型都整合到一个模型，并对各专业之间以及各专业自身进行全面彻底的碰撞检查。由于该模型是按照真实尺寸建造的，所以在传统的二维设计图纸中不能展现出来的深层次问题在该模型中均可以直观、清晰、透彻地展现出来。

(2) 全方位的三维建筑模型可以在任何需要的地方进行剖切，并调整好该处的位置关系。

(3) BIM 软件可以彻底地检查各专业之间的冲突矛盾问题，并反馈给各专业设计人员来进行调整解决，基本上可以消除各专业的碰撞问题。

(4) BIM 软件可以对各预制构件的连接进行模拟，如若预制主梁的大小或开口位置不准确，将导致预制次梁与预制主梁无法连接，预制梁无法使用。

（5）可以对管线的定位标高明确标注，并且很直观地看出楼层高度的分布情况，很容易发现二维图中难以发现的问题，间接达到优化设计和控制碰撞现象的发生。

（6）BIM三维模型除了可以生成传统的平面图、立面图、剖面图、详图等图形外，还可以通过漫游、浏览等手段对该模型进行观察，使广大的用户更加直观形象地看到整个建筑项目的详情。

（7）由于BIM模型不仅是一个项目的数据库，还是一个数据的集成体，所以它能够对材料进行准确的统计。

利用BIM技术进行碰撞检测，不仅能提前发现项目中的硬碰撞和软碰撞等交叉碰撞情况，还可以基于预先的碰撞检测优化设计，使相关的工作人员可以利用碰撞检测修改后的图形进行施工交底、模拟，一方面，减少了在施工过程中的浪费和损失，优化了施工过程；另一方面，加快了施工的进度，提高了施工的精确度。

2. 总结图纸问题

传统的二维设计方式最常见的错误就是信息在复杂的平面图、立面图、剖面图之间的传递差错，对于装配式施工节点，机电管线之间的碰撞、错位更是层出不穷。一个项目有几十张至上千张不等的设计图纸，对于整个项目来说，每一张图纸都是一个相对独立的组成部分。这么多分散的信息需要经过专业工程师的分析，才能整合出所有的信息，形成一个可理解的整体。因此，如何处理各项设计内容与专业之间的协同配合，形成一个中央数据库来整合所有的信息，使设计意图沟通顺畅、意思传达准确一致，始终是项目面临的艰巨挑战。对于BIM而言，项目的中央数据库信息包含建筑项目的所有实体和功能特征，项目成员之间能够顺利地沟通和交流完全依赖于这个中央数据库，从而使项目的整合度和协作度在很大程度上得到提高。

基于BIM技术提供的三维动态可视化设计，具体表现为立体图形将二维设计中线条式的构件展示，如暖通空调、给水排水、建筑电气间的设备走线和管道等都用更加直观、形象的三维效果图表示；通过优化设计方案，使建筑空间得到更好的利用，使各个专业之间管、线"打架"现象得到有效避免，使各个专业之间的配合与协调得到提高，有效减少各个专业、工种图纸间的"错、漏、碰、缺"的发生，便于施工企业及时地发现问题、解决问题。

3. 优化管线综合排布

管线综合平衡技术是应用于机电安装工程的施工管理技术，涉及安装工程中的暖通、给水排水、电气等专业的管线安装。在该项目安装专业的管理上，建立了各专业的BIM模型，进行云碰撞检查，发现碰撞点后，将其汇总到安装模型中，再通过三维BIM模型进行调整，并综合考虑各方面因素，确定各专业的平衡优先级，如当管线发生冲突时，一般避让原则是小管线让大管线、有压管让无压管、施工容易的管线避让施工难度大的管线、电缆桥架不宜在管道下方等，同时还应考虑综合支架的布置与安装空间及顶棚高度等。

传统的管线综合是在二维平面上进行设计，难以清晰地看到管线的关系，实际施工效果不佳；应用 BIM 技术后，以三维模型来进行管线设计，确定管线之间的关系，呈现出优势。

（1）各专业协调优化后的三维模型，可以在建筑的任意部位剖切形成该处的剖面图及详图，能看到该处的管线标高以及空间利用情况，以便能够及时避免碰撞现象的发生。

（2）各楼层的净空间可以在管线综合后确定，利于配合精装修的展开。

（3）管线综合后，可通过 BIM 模型进行实时漫游，对于重要的、复杂的节点可进行观察批注等，通过 BIM 技术可实现工程内部漫游检查设计的合理性，并可根据实际需要，任意设定行走路线，也可用键盘进行操作，这样对结构内部设备、管线的查看更加方便、直观。

（4）由于各种设备管线的数据信息都集成在 BIM 模型里，所以对设备管线的列表能够进行较为精确的统计。

（二）提高施工现场管理效率

装配式建筑吊装工艺复杂、施工机械化程度高、施工安全保证措施要求高，在施工开始之前，施工单位可以利用 BIM 技术进行装配式建筑的施工模拟和仿真，模拟现场预制构件吊装及施工过程，对施工流程进行优化；也可以模拟施工现场安全突发事件，完善施工现场安全管理预案，排除安全隐患，从而避免和减少质量安全事故的发生。利用 BIM 技术还可以对施工现场的场地布置和车辆运行路线进行优化，减少预制构件、材料在场地内的二次搬运，提高垂直运输机械的吊装效率，加快装配式建筑的施工进度。

（三）利用 BIM 技术辅助施工交底

传统的项目管理中的技术交底通常以文字描述为主，施工管理人员以口头讲授的方式对工人进行交底。这样的交底方式存在较大弊端，不同的管理人员对同一道工序有着不同的理解，口头讲授的方式也各不相同，因此，工人在理解时存在较大困难，对于一些抽象的技术术语，更是难以理解，并且在交流过程中容易出现理解错误的情况。然而工人一旦理解错误，就存在较大的质量风险和安全隐患，对工程极为不利。

因此，应改变传统的思路与做法（通过纸介质表达），转由借助三维技术呈现技术方案，使施工重点、难点部位可视化，提前预见问题，确保工程质量，加快工程进度。三维技术交底即通过三维模型让工人直观地了解自己的工作范围及技术要求，主要方法有两种：①虚拟施工和实际工程照片对比；②将整个三维模型进行打印输出，用于指导现场施工，方便现场的施工管理人员拿图纸进行施工指导和现场管理。

BIM 与传统 CAD 相比，具有可视化的显著特点。设备、电气、管道、通风、空调等安装专业三维建模并碰撞后，BIM 项目经理组织各专业 BIM 项目工程师进行综合优化，提前消除施工过程中各专业可能遇到的碰撞。对于建筑中的复杂节点，利用三维的方式进行演示说明能更好地传递设计意图和施工方法，项目核算员、材料员、施工员等管理人员应熟读施工图纸，透彻理解 BIM 三维模型，吃透设计思想，并按施工规范要求向施工班组进行技术交底，将 BIM 模型中的意图灌输给班组，用 BIM 三维图、CAD 图纸做好书面形式交底，避免因施工人员的理解错误给工程带来不必要的损失。

(四)改善预制构件库存和现场管理

在装配式建筑预制构件生产过程中，对预制构件进行分类生产、储存需要投入大量的人力和物力，并且容易出现差错。利用 BIM 技术结合 RFID 技术，在预制构件生产的过程中嵌入含有安装部位及用途信息等构件信息的 RFID 芯片，存储验收人员及物流配送人员可以直接读取预制构件的相关信息，实现电子信息的自动对照，减少在传统的人工验收和物流模式下出现的验收数量偏差、构件堆放位置偏差、出库记录不准确等问题的发生，可以明显地节约时间和成本。在装配式建筑施工阶段，施工人员利用 RFID 技术直接调出预制构件的相关信息，对此预制构件的安装位置等必要项目进行检验，提高预制构件安装过程中的质量管理水平和安装效率。

(五)5D 施工模拟优化施工、成本计划

利用 BIM 技术，在装配式建筑的 BIM 模型中引入时间和资源维度，将"3D-BIM"模型转化为"5D-BIM"模型，施工单位可以通过"5D-BIM"模型来模拟装配式建筑整个施工过程和各种资源投入情况，建立装配式建筑的"动态施工规划"，直观地了解装配式建筑的施工工艺、进度计划安排和分阶段资金、资源投入情况。还可以在模拟的过程中发现原有施工规划中存在的问题并进行优化，避免由于考虑不周引起的施工成本增加和进度拖延。利用"5D-BIM"进行施工模拟，可以使施工单位的管理和技术人员对整个项目的施工流程安排、成本资源投入有更加直观地了解，管理人员可以在模拟过程中优化施工方案和顺序、合理安排资源供应、优化现金流，实现施工进度计划及成本的动态管理。

基于 BIM 的 5D 动态施工成本控制（在 3D 模型的基础上加上时间、成本形成 5D 的建筑信息模型），通过虚拟施工查看现场的材料堆放、工程进度、资金投入是否合理并及时发现实际施工过程中存在的问题，以优化工期和资源配置，实时调整资源、资金投入，形成最优的建筑模型，从而指导下一步施工。

第四节　BIM 技术在装配式建筑运维阶段的应用

一、基于 BIM 的项目各方协同管理

在项目实施过程中，各利益相关方既是项目管理的主体，也是 BIM 技术的应用主体。不同的利益相关方，因为在项目管理过程中的责任、权利、职责不同，针对同一个项目的 BIM 技术应用，各自的关注点和职责也不尽相同。虽然不同利益相关方的 BIM 需求并不相同，但 BIM 模型和信息根据项目建设的需要，只有在各利益相关方之间进行传递和使用，才能发挥 BIM 技术的最大价值。实施一个项目的 BIM 技术应用，其必须纳入各利益相关方的项目管理内容。各利益相关方必须结合企业特点和 BIM 技术的特点，优化、完善项目管理体系和工作流程，建立基于 BIM 技术的项目管理体系，进行高效的项目管理。

（一）施工单位与 BIM 应用

1. 施工单位的项目管理

施工项目管理是以施工项目为管理对象，以项目经理责任制为中心，以合同为依据，按施工项目的内在规律，实现资源的优化配置和对各生产要素的有效计划、组织、指导、控制，并取得最佳的经济效益的过程。施工项目管理的核心任务就是项目的目标控制，施工项目的目标界定了施工项目管理的主要内容，就是"三控三管一协调"，即成本控制、进度控制、质量控制、职业健康安全与环境管理、合同管理、信息管理和组织协调。

2. 施工单位的 BIM 技术应用形式

全国施工单位的 BIM 技术发展水平并不一致，有的施工单位经过多年多个项目的 BIM 技术应用，已经找到了 BIM 技术在施工单位的应用方向，将 BIM 中心升级为施工深化设计中心，具体的项目管理应用由中心配合项目管理部组织，各分包分别应用，再最终集成，但还有个别的企业才刚刚开始了解 BIM 技术。BIM 技术在施工中常见的应用形式如下：

（1）成立施工深化设计中心，由中心负责承建设计BIM模型或搭建BIM设计模型，基于BIM技术进行深化设计，由中心配合项目部组织具体施工过程BIM技术实施。

（2）成立集团协同平台，对下属项目提供软、硬件及云技术协同。

（3）委托BIM技术咨询公司，同步培训并咨询，在项目建设过程中摸索BIM技术对于项目管理的支持。

（4）完全委托BIM技术咨询公司，进行投标阶段BIM技术应用，被动解决建设方BIM技术要求。

（5）提供便捷的管理手段，利用模型进行施工过程荷载验算、进度物料控制、施工质量检查等。

3. 施工单位BIM项目管理的应用需求

施工单位是项目的最终实现者，是竣工模型的创建者，施工企业的关注点是现场实施，主要关心BIM如何与项目结合，以及如何提高效率和降低成本。施工单位BIM项目管理的应用需求有这些方面：①理解设计意图，可视化的设计图纸会审能帮助施工人员更快、更好地解读工程信息，并尽早发现设计错误，及时进行设计联络；②降低施工风险，利用模型进行直观的"预施工"，预知施工难点，更大程度地消除施工的不确定性和不可预见性，保证施工技术措施的可行、安全、合理和优化；③把握施工细节，在设计方提供的模型基础上进行施工深化设计，解决设计信息中没有体现的细节问题和施工细部做法，更直观、更切合实际地对现场施工工人进行技术交底；④更多的工厂预制，为构件加工提供最详细的加工详图，减少现场作业，保证质量；⑤提供便捷的管理手段，利用模型进行施工过程荷载验算、进度物料控制、施工质量检查等。

（1）施工模型建立。施工前，施工单位需要组织设计技术人员先进行详细的施工现场勘查，重点研究解决施工现场整体规划、现场进场位置、卸货区的位置、起重机械的位置及危险区域等问题，确保建筑构件在起重机械安全有效范围内作业；施工方法通常由工程产品和施工机械的使用决定，现场的整体规划、现场空间、机械生产能力、机械安拆方法又决定施工机械的选型；临时设施是为工程施工服务的，它的布置将影响工程施工的安全、质量和生产效率。

鉴于上述原因，施工前需根据设计方提供的BIM设计模型，建立包括建筑构件、施工现场、施工机械、临时设施等在内的施工模型。基于该施工模型，可以完成以下内容：基于施工构件模型，将构件的尺寸、体积、质量、材料类型、型号等记录下来，然后针对主要构件选择施工设备、机具；基于施工现场模型，模拟施工过程、构件吊装路径、危险区域、车辆进出现场状况、装货卸货情况等，直观、便利地协助管理者分析现场的限制，找出潜在的问题，制定可行的施工方案；基于临时设施模型，能够实现临时设施的布置及运用，帮助施工单位事先准确地估算所需要的资源、评估临时设施的安全性以及是否便于施工和发现可能存在的设计错误；整个施工模型的建立，能够提高效率，减少传统施工现场布置方法中存在漏洞的可能，及早发现施工图设计和施工单位方案的问题，提高施工现场的生产率和安全性。

（2）施工质量管理。一方面，业主是工程高质量的最大受益者，也是工程质量的主要决策人，但由于受专业知识局限，业主同设计人员、监理人员、承包商之间的交流存在一定困难。BIM 可以为业主提供形象的三维设计，业主可以更明确地表达自己对工程质量的要求，如建筑物的色泽、材料、设备要求等，有利于各方开展质量控制工作；另一方面，BIM 是项目管理人员控制工程质量的有效手段。由于采用 BIM 设计的图纸是数字化的，计算机可以在检索、判别、数据整理等方面发挥优势。而且利用 BIM 模型和施工方案进行虚拟环境数据集成，对建设项目的可建设性进行仿真试验，可在事前发现质量问题。

（3）施工进度管理。在 BIM 三维模型信息的基础上，可以增加一维进度信息，将这种基于 BIM 的管理称为 4D 管理。从目前看，BIM 技术在工程进度管理上有以下三个方面应用：

第一，可视化的工程进度安排。建设工程进度控制的核心技术是网络计划技术。该技术在我国利用效果并不理想。一方面通过与网络计划技术的集成，BIM 可以按月、周、天直观地显示工程进度计划；另一方面便于工程管理人员进行不同施工方案的比较，选择符合进度要求的施工单位方案，也便于工程管理人员发现工程计划进度和实际进度的偏差，并及时进行调整。

第二，对工程建设过程的模拟。工程建设是一个多工序搭接、多单位参与的过程。工程进度总计划是由多个专项计划搭接而成的。传统的进度控制技术中，各单项计划间的逻辑顺序需要技术人员来确定，难免出现逻辑错误，造成进度拖延；而通过 BIM 技术，利用计算机模拟工程建设过程，项目管理人员更容易发现在二维网络计划技术中难以发现的工序间的逻辑错误，从而可以优化进度计划。

第三，对工程材料和设备供应过程的优化。项目建设过程越来越复杂，参与单位越来越多，如何安排设备、材料的供应计划，在保证工程建设进度需要的前提下，节约运输和仓储成本，正是"精益建设"需要解决的重要问题。BIM 为精益建设思想提供了技术手段，通过计算机的资源计算、资源优化和信息共享功能，可以达到节约采购成本、提高供应效率和保证工程进度的目的。

（4）施工成本管理。在 4D 的基础上，再加入成本维度，被称为 5D 技术，5D 成本管理也是 BIM 技术最有价值的应用领域。在 BIM 出现以前，在 CAD 平台上，我国的一些造价管理软件公司对这一技术进行了深入的研发，而在BIM平台上，这一技术可以得到更大的发展空间，主要表现在以下方面。

第一，BIM使工程量计算变得更加容易。在BIM平台上，设计图纸的元素不再是线条而是带有属性的构件，也就不再需要预算人员告诉计算机画出的是什么东西了，使"三维算量"实现了自动化。

第二，BIM使成本控制更易于落实。运用BIM技术，业主可以便捷准确地得到不同建设方案的投资估算或概算，比较不同方案的技术经济指标。而且，项目投资估算或概算亦比较准确，能够降低业主不可预见费比率，提高资金使用效率。同样，BIM的出现可以让相关管理部门快速准确地获得工程基础数据，为企业制定精确的"人、材、机"计划提供有效支撑，大大减少资源、物流和仓储环节的浪费，为实现限额领料、消耗控制提供技术支持。

第三，BIM有利于加快工程结算进程。工程实施期间进度款支付拖延的一个主要原因在于工程变更多、结算数据存在争议。而BIM技术有助于解决这个问题：一方面，BIM有助于提高设计图纸质量，减少施工阶段的工程变更；另一方面，如果业主和承包商达成协议，基于同一BIM进行工程结算，结算数据的争议会大幅度减少。

第四，多算对比及有效管控。管理的支撑是数据，项目管理的基础就是工程基础数据的管理，及时、准确地获取相关工程数据就是项目管理的核心竞争力。BIM数据库可以实现任一时点上工程基础信息的快速获取，通过合同、计划与实际施工的消耗量、分项单价、分项合价等数据的多算对比，可以有效了解项目运营是盈是亏、消耗量有无超标、进货分包单价有无失控等问题，实现对项目成本风险的有效管控。

（5）施工安全管理。BIM具有信息完备和可视化的特点，BIM在施工安全管理方面的应用主要体现在以下三个方面：

第一，将BIM当做数字化安全培训的数据库，可以达到更好的效果。对施工现场不熟悉的新工人在了解现场工作环境前都有较高风险遭受伤害。BIM能帮助他们更快和更好地了解现场的工作环境。不同于传统的安全培训，利用BIM的可视化和与实际现场相似度很高的特点，可以让工人更直观和准确地了解现场的状况，从而制定相应的安全工作策略。

第二，BIM还可以提供可视化的施工空间。BIM的可视化是动态的，施工空间随着工程的进展会不断地变化，它将影响工人的工作效率和施工安全。通过可视化模拟工作人员的施工状况，可以形象地看到施工工作面、施工机械位置的情况，并评估施工进展中这些工作空间的可用性和安全性。

第三，仿真分析及健康监测。对于复杂工程，在施工中如何考虑不利因素对施工状态的影响并进行实时的识别和调整，如何合理准确地模拟施工中各个阶段结构系统的时变过程、如何合理地安排施工和进度、如何控制施工中结构的应力应变状态处于允许范围内，都是目前建筑领域所迫切需要研究的内容与技术。通过 BIM 相关软件可以建立结构模型，并通过仪器设备将实时数据传回，然后进行仿真分析，追踪结构的受力状态，杜绝安全隐患。

4.施工单位的 BIM技术常见应用内容

根据不同的应用深度，施工单位的 BIM技术常见应用可分为 A、B、C 三个等级。其中，C 级主要集中于模型应用，从深化设计、施工策划至施工组织，从完善、明确施工标的物的角度进行各业务点 BIM 技术应用；B 级在 C 级基础上，增加了基于模型进行技术管理的内容，如进度管理、安全管理等项目管理内容；A 级则基本包含了目前的施工阶段 BIM 技术应用，既包含了 B 级、C 级应用深度，也包含了三维扫描、放线、协同平台等更广泛的 BIM 技术应用。

（二）BIM 在项目管理中的协同

1.协同的概念

协同即协调两个或者两个以上的不同资源或者个体，协同一致地完成某一目标的过程或能力。项目管理中由于涉及参与方专业较多，而最终的成果是各个专业成果的综合，这个特点决定了项目管理中需要密切地配合和协作。由于参与项目的人员因专业分工或项目经验等各种因素的影响，实际工程中经常出现因配合不到位而造成的工程返工，甚至工程无法实现而不得不变更设计的情况。

2.协同的平台

为了保证各专业内和专业之间信息模型的无缝衔接和及时沟通，BIM 项目需要在一个统一的平台上完成。这个平台可以是专门的平台软件，也可以利用 Windows 操作系统实现。协同平台具有以下功能：

（1）建筑模型信息存储功能。建筑领域中各部门各专业设计人员协同工作的基础是建筑信息模型的共享与转换，这同时也是 BIM 技术实现的核心基础。所以，基于 BIM 技术的协同平台应具备良好的存储功能。目前，在建筑领域中，大部分建筑信息模型的存储形式仍为文件存储，这样的存储形式对于处理包含大量数据、改动频繁的建筑信息模型效率是十分低的，更难以对多个项目的工程信息进行集中存储。而在当前信息技术的应用中，以数据库存储技术的发展最为成熟、应用最为广泛，并且数据库具有存储容量大、信息输入输出和查询效率高、易于共享等优点，所以协同平台采用数据库对建筑信息模型进行存储，从而可以解决前面所述的当前 BIM

技术发展中所存在的问题。

（2）具有图形编辑平台。在基于BIM技术的协同平台上，各个专业的设计人员需要对BIM数据库中的建筑信息模型进行编辑、转换、共享等操作。这就需要在BIM数据库的基础上，构建图形编辑平台。图形编辑平台的构建可以对BIM数据库中的建筑信息模型进行更直观的显示，专业设计人员可以通过它对BIM数据库内的建筑信息模型进行相应的操作。不仅如此，存储整个城市建筑信息模型的BIM数据库与地理信息系统、交通信息等相结合，利用图形编辑平台进行显示，可以实现真正意义上的数字城市。

（3）兼容建筑专业应用软件。建筑业是一个包含多个专业的综合行业，如设计阶段需要建筑工程、结构工程、暖通工程、电气工程、给水排水工程等多个专业的设计人员进行协同工作，需要用到大量的建筑专业软件，如结构性能计算软件、光照计算软件等。所以，在BIM协同平台中，需兼容专业应用软件，以便于各专业设计人员对建筑性能进行设计和计算。

（4）人员管理功能。由于在建筑全生命周期过程中有多个专业设计人员的参与，如何有效地管理是至关重要的。通过此平台可以对各个专业的设计人员进行合理的权限分配，对各个专业的建筑功能软件进行有效管理，对设计流程、信息传输的时间和内容进行合理的分配，从而实现项目人员高效的管理和协作。

3.项目各方的协同管理

在项目实施过程中各参与方较多且各自的职责不同，但各自的工作内容之间联系紧密，故各参与方之间良好的沟通协调意义重大。项目各参与方之间的协同合作有利于各自任务内容的交接，避免不必要的工作重复或工作缺失而导致的项目整体进度延误甚至工程返工。一般基于BIM技术的各参与方协同应用主要包括基于协同平台的信息、职责管理和会议沟通协调等内容。

（1）基于协同平台的信息管理。协同平台具有较强的模型信息存储能力，项目各参与方通过数据接口将各自的模型信息数据输入到协同平台中进行集中管理，一旦某个部位发生变化，与之相关联的工程量、施工工艺、施工进度、工艺搭接、物资采购等相关信息都会自动发生变化，且在协同平台上采用短信、微信、邮件、平台通知等方式统一告知各相关参与方，各方只需重新调取模型相关信息便可轻松完成数据交互工作。

（2）基于协同平台的职责管理。面对工程专业复杂、体量大、专业图纸数量庞大的工程，利用BIM技术将所有的工程相关信息集中到以模型为基础的协同平台上，依据图纸如实进行精细化建模，并赋予工程管理所需的各类信息，确保出现变更后，模型能够及时更新。同时，为保证本工程施工过程中BIM的有效性，对各参与单位在不同施工阶段的职责进行划分，让每个参与单位明白在不同阶段应该承担的职责和完成的任务，并与各参与单位进行有效配合，共同完成 BIM 的实施。

在对项目各参与方的职责进行划分后，根据相应职责创建"告示板"式团队协作平台，项目组织中的 BIM 成员根据权限和组织构架加入协同平台，在平台上创建代办事项和任务，并可做任务分配，也可对每项任务创建一个卡片，可以包括活动、附件、更新、沟通内容等信息。团队人员可以上传各自创建的模型，也可随时浏览其他团队成员上传的模型，发布意见，进行便捷的交流，并使用列表管理方式有序地组织模型的修改、协调，支持项目顺利进行。

（3）基于协同平台的流程管理。在项目实施过程中，除了让每个项目参与者明晰各自的计划和任务外，还应让其了解整个项目模型建立的状况、协同人员的动态、提出问题及表达建议的途径。从而使项目各参与方能够更好地安排工作进度，实现与其他参与方的高效对接，避免不必要的工期延误。

（4）会议沟通协调。协同平台可以使各参与方更好地把握各自相应的工作任务，但项目管理实施过程中仍会存在各种问题需要沟通解决，而协同平台只能解决项目管理中的部分内容，故还需要各参与方定期组织会议进行直接沟通协调。协调会议由 BIM 专职负责人与项目总工每周定期召开 BIM 例会，由甲方、监理、总包、分包、供应商等各相关单位参加。会议将生成相应的会议纪要，并根据需要延伸出相应的图纸会审、变更洽商或是深化图纸等施工资料，由专人负责落实。

例会上应协调内容：①进行模型交底，介绍模型的最新建立和维护情况；如通过模型展示，实现对各专业图纸的会审，及时发现图纸问题；②随着工程的进度，提前确定模型深化需求，并进行深化模型的任务派发、模型交付以及整合工作，对深化模型确认后出具二维图纸，指导现场施工；③结合施工需求进行技术重难点的 BIM 辅助解决，包括相关方案的论证、施工进度的 4D 模拟等，让各参与单位通过模型对项目有一个更直观、准确地认识，并在图纸会审、深化模型交底、方案论证的过程中，快速解决工程技术的重难点问题。

（三）基于 BIM 的业主单位管理

1. 业主单位的项目管理

业主单位是建设工程生产过程的总集成者——人力资源、物质资源和知识的集成，是建设工程生产过程的总组织者，也是建设项目的发起者及项目建设的最终责任者，故业主单位的项目管理是建设项目管理的核心。作为建设项目的总组织者、总集成者，业主单位的项目管理任务繁重、涉及面广且责任重大，其管理水平与管理效率直接影响建设项目的增值。

业主单位的项目管理是所有利益相关方中唯一涵盖建筑全生命周期各阶段的项目管理，业主单位的项目管理在建筑全生命周期项目管理各阶段均有体现。作为项目发起方，业主单位应将建设工程的全寿命过程，以及建设工程的各参与单位集成起来对建设工程进行管理，应站在全方位的角度来设定各参与方的权、责、利的分配。

2. 业主单位 BIM 项目管理的应用需求

业主单位首先需要明确利用 BIM 技术要实现什么目的、解决什么问题，才能更好地应用 BIM 技术辅助项目管理。业主单位往往希望通过 BIM 技术应用来控制投资、提高建设效率，同时积累真实有效的竣工运维模型和信息，为竣工运维服务，在实现上述需求的前提下，还希望通过积累实现项目的信息化管理、数字化管理。常见的具体应用需求有：可视化的投资方案，能反映项目的功能，满足业主的需求，实现投资目标；可视化的项目管理支持设计、施工阶段的动态管理，及时消除差错，控制建设周期及项目投资；可视化的物业管理通过 BIM 与施工过程记录信息的关联，不仅为后续的物业管理带来便利，并且可以在未来进行翻新、改造、扩建的过程中为业主及项目团队提供有效的历史信息。业主单位应用 BIM 技术可以实现以下几点需求。

(1) 招标管理。在业主单位招标管理阶段，BIM 技术应用主要体现在以下方面：

第一，数据共享，BIM 模型的直观、可视化能够让投标方快速地深入了解招标方所提出的条件、预期目标，保证数据的共通共享及可追溯性。

第二，经济指标精确控制，控制经济指标的精确性与准确性，避免建筑面积与限高的造假以及工程量的不确定性。

第三，无纸化招标，能增加信息透明度，还能节约大量纸张，实现绿色低碳环保。

第四，削减招标成本，基于 BIM 技术的可视化和信息化，可采用互联网平台低成本、高效率地实现招投标的跨区域、跨地域进行，使招投标过程更透明、更现代化，同时能降低成本。

第五，数字评标管理，基于 BIM 技术能够记录评标过程并生成数据库，对操作员的操作进行实时监督，有利于规范市场秩序，有效推动招标投标工作的公开化、法治化，使招投标工作更加公正、透明。

(2) 设计管理。在业主单位设计管理阶段，BIM 技术应用主要体现在以下方面：

第一，协同工作，基于 BIM 的协同设计平台，能够让业主与各参与方实时观测设计数据更新、施工进度和施工偏差查询，实现图纸和模型的协同。

第二，基于精细化设计理念的数字化模拟与评估，基于 BIM 数字模型，可以利用更广泛的计算机仿真技术对拟建造工程进行性能分析，如日照、绿色建筑运营、风环境、空气流动性、噪声云图等指标，也可以将拟建工程纳入城市整体环境，对周边既有建筑等环境的影响进行数字化分析评估，如日照分析、交通流量分析等指标，这些对于城市规划及项目规划意义重大。

第三，复杂空间表达，在面对建筑物内部复杂空间和外部复杂曲面时，利用BIM软件可视化、有理化的特点，能够更好地表达设计和建筑曲面，为建筑设计创新提供更好的技术工具。

第四，图纸快速检查，利用BIM技术的可视化功能，可以大幅度提高图纸阅读和检查的效率，同时利用BIM软件的自动碰撞检测功能，也可以帮助图纸审查人员快速发现复杂困难节点。

（3）工程量快速统计。主流的工程造价算量模式有几个明显的缺点：图形不够逼真；对设计意图的理解容易存在偏差，容易产生错项和漏项；需要重新输入工程图纸搭建模型，算量工作周期长；模型不能进行后续使用，且不能传递，建模投入很大，但仅供算量使用。

利用BIM技术辅助工程计算，能大大减轻工程造价工作中算量阶段的工作强度：①利用计算机软件的自动统计功能，即可快速地实现BIM算量；②由于是设计模型的传递，完整表达了设计意图，可以有效减少错项、漏项；③由于模型能够自动生成快速统计和查询各专业工程量，可对材料计划、使用作精细化控制，避免材料浪费；④利用BIM技术提供的参数更改技术，能够将更改自动反映到其他位置，从而可以帮助工程师提高工作效率、协同效率以及工作质量。

（4）施工管理。在施工管理阶段，业主单位更多的是进行施工阶段的风险控制，包含安全风险、进度风险、质量风险和投资风险等。其中，安全风险包含施工中的安全风险和竣工交付后运营阶段的安全风险。同时，考虑不可避免的"沟通噪声"，业主单位还要考虑变更风险。在这一阶段，基于各种风险的控制，业主单位需要对现场目标的控制、承包商的管理、设计者的管理、合同的管理、手续的办理、项目内部及周边的管理协调等问题进行重点管控。为了有效管控，急需专业的平台提供各个方面庞大的信息和各个方面人员的管理。

BIM技术正是解决此类工程问题的首选技术。BIM技术辅助业主单位在施工管理阶段进行项目管理的优势主要体现在这些方面：①验证施工单位施工组织的合理性，优化施工工序和进度计划；②使用3D和4D模型明确分包商的工作范围、管理协调交叉、监控施工过程、可视化报表进度；③对项目中土建、机电、幕墙和精装修所需要的重大材料，或甲指甲控材料进行监控，对工程进度进行精确计量，保证业主项目中的成本控制风险；④工程验收时，用3D扫描仪进行三维扫描测量，对表观质量进行快速、真实、可追溯地测量，通过与模型参照对比来检验工程质量，防止人工测量验收的随意性和误差。

（5）销售推广。利用 BIM 技术和虚拟现实技术、增强虚拟现实技术、3D 眼镜、体验馆等，还可以将 BIM 模型转化为具有很强交互性的三维体验式模型，结合场地环境和相关信息，组成沉浸式场景体验。在沉浸式场景体验中，客户可以定义第一视角的人物，以第一视角身临其境地浏览建筑内部，增强客户体验。利用 BIM 模型，可以轻松出具房间渲染效果图和漫游视频，减少了二次重复建模的时间和成本，提高了销售推广系统的相应效率，对销售回笼资金起到极大的促进作用。同时，竣工交付时可为客户提供真实的三维竣工 BIM 模型，有助于销售和交付的一致性，减少法务纠纷，更重要的是能避免客户二次装修时对隐蔽机电管道的破坏，降低安全和经济风险。

BIM 技术辅助业主单位进行销售推广主要体现在这些方面：①面积准确，BIM 模型可自动生成户型面积和建筑面积、公摊面积，结合面积计算规则适当调整，可以快速进行面积测算、统计和核对，确保销售系统数据真实、快捷；②虚拟数字沙盘，通过虚拟现实技术为客户提供三维可视化沉浸式场景，体会身临其境的感觉；③减少法务风险，因为所有的数字模型成果均从设计阶段延续至施工阶段、销售阶段，所有信息真实可靠，销售系统提供给客户的销售模型与真实竣工交付成果一致，将大幅减少不必要的法务风险。

（6）运维管理。土地使用权出让最高年限按用途确定：居住用地 70 年；工业用地 50 年；教育、科技、文化、卫生、体育用地 50 年；商业、旅游、娱乐用地 40 年；仓储用地 50 年；综合或者其他用地 50 年。与动辄几十年的土地使用权年限相比，施工建设期一般仅数年。与较长的运营维护期相比，施工建设期则要短很多。在漫长的建筑物运营维护期间内，建筑物结构设施（如墙、楼板、屋顶等）和设备设施（如设备、管道等）都需要不断维护。一个成功的维护方案将提高建筑物性能、降低能耗和修理费用，进而降低总体维护成本。

BIM 模型结合运营维护管理系统可以充分发挥空间定位和数据记录的优势，合理制订维护计划，分配专人专项维护工作，以提高建筑物在使用过程中出现突发状况后的应急处理能力。BIM 技术辅助业主单位进行运维管理主要体现在以下方面：

第一，设备信息的三维标注，可在设备管道上直接标注名称、规格、型号，三维标注跟随模型移动、旋转。

第二，属性查询，在设备上右击鼠标，可以显示设备的具体规格、参数、厂家等信息。

第三，外部链接，在设备上点击，可以调出有关设备设施的其他格式文件，如图片、维修状况、仪表数值等。

第四，隐蔽工程，工程结束后，各种管道可视性降低，给设备维护、工程维修或二次装饰工程带来一定难度。BIM 可以清晰记录各种隐蔽工程，避免错误施工的发生。

第五，模拟监控，物业对一些净空高度、结构有特殊要求的，BIM 可提前解决各种要求，并能生成 VR 文件，可以让客户互动阅览。

（7）空间管理。空间管理是业主单位为节省空间成本、有效利用空间，最终为用户提供良好工作、生活环境而对建筑空间所做的管理。BIM 可以帮助管理团队记录空间的使用情况，处理最终用户要求空间变更的请求，分析现有空间的使用情况，合理分配建筑物空间，确保空间资源的最大利用率。

（8）决策数据库。决策是对若干可行方案进行决策，即对若干可行方案进行分析、比较、判断、选优的过程。决策过程一般可分为四个阶段：①信息收集，对决策问题和环境进行分析，收集信息，寻求决策条件；②方案设计，根据决策目标条件，分析制定若干行动方案；③方案评价，对方案进行评价，分析优缺点，对方案排序；④方案选择，综合方案的优劣，择优选择。

建设项目投资决策在全生命期中处于十分重要的地位。传统的投资决策环节，决策主要依据经验获得。但由于项目管理水平差异较大，信息反馈的及时性、系统性不一，经验数据水平差异较大，运维阶段信息化反馈不足，传统投资决策的主要依据很难覆盖到项目运维阶段。

BIM 技术在建筑全生命周期的系统、持续运用，将提高业主单位项目管理水平，提高信息反馈的及时性和系统性，决策主要依据将逐渐由经验或者自发地积累转化为科学决策数据库，同时决策主要依据将延伸到运维阶段。

3. 业主单位 BIM 项目管理的应用流程

业主单位作为项目的集成者、发起者，一定要承担项目管理组织者的责任，BIM 技术应用也是如此。业主单位不应承担具体的 BIM 技术应用，而应该从组织管理者的角度参与 BIM 项目管理。

4. 业主单位 BIM 项目管理的节点控制

BIM 项目管理的节点控制就是要紧紧围绕 BIM 技术，并在项目管理中运用这条主线，从各环节的关键点入手，实现关键节点的可控，从而使整体项目管理 BIM 技术运用的质量得到提高，从而实现项目建设的整体目标。节点一般选择各利益相关方之间的协同点，选择 BIM 技术应用的阶段性成果，或选择与实体建筑相关的阶段性成果，将上述的交付关键点作为节点。针对关键节点，考核交付成果，并对交付成果进行验收，通过针对节点的有效管控，实现整体项目的风险控制。

5. 业主单位项目管理中 BIM 技术的应用形式

鉴于 BIM 技术尚未普及，目前主流的业主单位项目管理 BIM 技术应用有四种形式：①咨询方做独立的 BIM 技术应用，由咨询方交付 BIM 竣工模型；②设计方、施工单位各做各的 BIM 技术应用，由施工单位交付 BIM 竣工模型；③设计方做设计阶段的 BIM 技术应用，并覆盖到施工阶段，由设计方交付 BIM 竣工模型；④业主单位成立 BIM 研究中心或 BIM 研究院，由咨询方协助，组织设计、施工单位做 BIM 咨询运用，逐渐形成以业主为主导的 BIM 技术应用。

（1）优点。① BIM 工作界面清晰；②成本可由设计方、施工单位自行分担，业主单位投入小，业主单位将逐渐掌握 BIM 技术，这将是最合理的 BIM 应用范式；③能更好地从设计统筹的角度出发，有助于把各专项设计进行统筹，帮助建设方解决建设目标不清晰的诉求；④有助于培养业主自身的 BIM 能力。

（2）缺点。①基本 BIM 就是翻模型，仅作为初次接触体验，对工程实际意义不大，业主单位投入较少；真正 BIM 全过程的应用，对 BIM 咨询方要求极高，且需要驻场，由于没有其他业态支撑，所有投入均需业主单位承担，业主单位投入极大。②缺乏完整的 BIM 衔接，对建设方的 BIM 技术能力、协同能力要求较高，现阶段实现有价值的成果难度较大。③施工过程需要驻场，成本较高。④成本最高。

（四）基于 BIM 的供货单位管理

1. 供货单位的项目管理

供货单位作为项目建设的一个参与方，其项目管理主要服务于项目的整体利益和供货单位本身的利益。其项目管理的目标包括供货单位的成本目标、供货的进度目标和供货的质量目标。

供货单位的项目管理工作主要在施工阶段进行，但它也涉及设计准备阶段、设计阶段、动用前准备阶段和保修期。

供货单位项目管理的任务包括：①供货的安全管理；②供货单位的成本控制；③供货的进度控制；④供货的质量控制；⑤供货的合同管理；⑥供货的信息管理；⑦与供货有关的组织与协调。

2. 供货单位项目管理的 BIM 应用需求

在建筑全生命周期项目管理流程中，供货单位的 BIM 应用需求主要来自以下方面：

（1）设计阶段。提供产品设备全信息 BIM 数据库，配合设计样板进行产品、设备设计选型。

（2）招投标阶段。根据设计 BIM 模型，匹配符合设计要求的产品型号，并提供对应的全信息模型。

（3）施工建造阶段。配合施工单位，完成物流追踪；提供合同产品、设备的模型，配合进行产品、设备吊装或安装模拟；根据施工组织设计 BIM 指导，配送产品、货物到指定位置。

（4）运维阶段。配合维修保养，配合运维管控单位及时更新 BIM 数据库。

二、BIM 与其他技术结合式管理与应用

（一）BIM 在运维与设施管理中的应用

BIM 在运维中的应用，通常可以理解为运用 BIM 技术与运营维护管理系统相结合，对建筑的空间、设备、资产等进行科学管理，对可能发生的灾害进行预防，降低运营维护成本。具体实施中常将物联网、云计算技术等与 BIM 模型、运维系统和移动终端等结合起来应用，最终实现整体运维管理。

1. 空间管理

空间管理是针对建筑空间的全面管理，有效的空间管理不仅可以提高空间和相关资产的实际利用率，而且还能对在这些空间中工作、生活的人具有激发生产力、满足精神需求等积极影响。通过对空间特点、用途进行规划分析，BIM 技术可合理帮助整合现有的空间，实现工作场所的最大化利用。采用 BIM 技术，可以更好地满足装配式建筑在空间管理方面的各种分析和需求，更快捷地响应企业内部各部门对空间分配的请求，同时也可高效地进行日常相关事务的处理。准确计算空间相关成本，通过合理的成本分摊、去除非必要支出等方式，可以有效地降低运营成本，同时能够促进企业各部门控制非经营性成本，提高运营阶段的收益。BIM 技术应用于空间管理，具有以下几点优势。

（1）实现空间合理分配、规划，提高空间利用率。公共建筑主要用来供人们进行各种政治、经济、文化、娱乐等社会活动，这一特点决定了其空间需求的多样化。传统的空间管理经常笼统地根据主要需求进行功能分区，忽视其深层次精细化需要，这种粗放式的管理方法往往引发使用空间和功能上的冲突。基于 BIM 技术的空间管理，将空间按不同功能要求进行细化分类，并根据它们之间联系的密切程度加以组合，通过更加合理地分配、规划建筑空间，避免各功能分区间的空间重叠或浪费。同时，基于 BIM 模型和数据库的智能系统能够可视化追踪空间使用情况，并灵活收集和组织空间的相关信息。根据实际需要，结合成本分摊比率、配套设施等参考信息，通过使用预定空间模块，能够实现空间使用率的最大化。这种基于 BIM 技术的实时、动态的空间管理，能最大限度地提升空间利用率，分摊运营成本，增加运营

收益。

（2）管理租赁信息，预测收益发展趋势，提高投资回报率。应用 BIM 技术的空间可视化管理，可实现对不同功能分区和楼层空间目前使用状态、收益、成本，以及租赁情况的统一管理，通过相关信息分析，判断影响不动产财务状况的周期性变化及发展趋势，从而提高建筑空间的投资回报率，并能够及时抓住出现的机会及规避潜在的风险。

（3）分析报表需求。存储于 BIM 模型中的详细精确的空间面积、使用状态以及其他相关信息是实时更新的，这一特点使管理系统能够自动生成反映目前建筑的使用情况，诸如成本分摊比例表、成本详细分析、人均标准占用面积、组织占用报表等各类报表，满足内外部的报表需求，协助管理者根据不同需求做出正确决策。

2. 设备管理

装配式建筑设备管理是使建筑内设备保持良好的工作状态，并尽可能延缓其使用价值降低的进程，在保障建筑设备功能的同时，最好地发挥其综合价值。设备管理是建筑运营维护管理中最主要的工作之一，关系着建筑能否正常运转。近些年来智能建筑不断涌现，使设备管理工作量、成本等方面在建筑运维管理中所占比重越来越大。BIM 技术应用于建筑设备管理，不仅可将繁杂的设备基本信息以及设计安装图纸、使用手册等相关资料进行系统存储，方便管理者和维修人员快速获取查看，避免传统的设备管理存在的设备信息易丢失、设备检修时需要查阅大堆资料等弊端，而且通过监控设备运行状态，能够对设备运行中存在的故障和隐患进行预警，从而节省设备损坏维修所耗费的时间，减少维修费用，降低经济损失。

（1）设备信息查询与定位识别。管理者将设备型号、质量、购买时间等基本信息及设计安装图纸、操作手册、维修记录等其他与设备相关的图形与非图形信息通过手动输入、扫描等方式存储于建筑信息模型中，基于 BIM 的设备管理系统将设备的所有相关信息进行关联，同时与目标设备以及相关设备进行关联，形成一个闭合的信息环。维修人员等用户通过选择设备，可快速查询该设备所有的相关信息、资料，同时也可以通过查找设备的信息，快速定位该设备及其上游控制设备，通过这种方式可以实现设备信息的快速获取和有效利用。

BIM 技术通过与 RFID 技术相结合，可以实现设备的快速精准定位。RFID 技术为所有建筑设备附属一个唯一的 RFID 标签，并与 BIM 模型中设备的 RFID 标签一一对应，管理人员通过手持 RFID 阅读器进行区域扫描获取目标设备的电子标签，即可快速查找目标设备的准确位置。到达现场后，管理人员通过扫描目标设备附属对应的二维码，可以在移动终端设备上查看与之关联的所有信息，维修管理人员也因此不必携带大堆的纸质文件和图纸到现场，从而实现运维信息电子化。

（2）设备维护与报修。基于 BIM 的设备运维管理系统能够允许运维管理人员在系统中合理制订维护计划，系统会根据维护计划对相应的设备维护进行定期提醒，并在维修工作完成后协助填写维护日志，且录入系统之中。这种事前维护方式能够避免因设备出现故障之后再维修所带来的时间浪费，并降低设备运行中出现故障的概率以及故障造成的经济损失。当设备出现故障需要维修时，用户填写报修单并经相关负责人批准后，维修人员根据报修的项目进行维修，如果需要对设备组件进行更换，可在系统备品库中寻找该组件，维修完成后在系统中录入维修日志作为设备历史信息备查。

3. 资产管理

房屋建筑及其机电设备等资产是业主获取效益、实现财富增值的基础。有效的资产管理可以降低资产的闲置和浪费，节省非必要开支，减少甚至避免资产流失，从而实现资产收益的最大化。

基于 BIM 技术的资产管理将资产相关的海量信息分类存储和关联到建筑信息模型之中，并通过 3D 可视化功能直观展现各资产的使用情况、运行状态，帮助运维管理人员了解日常情况和完成日常维护等工作，同时对资产进行监控，快速准确定位资产的位置，减少因故障等原因造成的经济损失和资产流失。

基于 BIM 技术的资产管理还能对分类存储和反复更新的海量资产信息进行计算分析和总结。资产管理系统可对固定资产的新增、删除、修改、转移、借用、归还等工作进行处理，并及时更新 BIM 数据库中的信息；可对资产的损耗、折旧进行管理，包括计提资产月折旧、打印月折旧报表、对折旧信息进行备份等，提醒采购人员制订采购计划；可对资产盘点的数据与 BIM 数据库里的数据进行核对，得到资产的实际情况，并根据需要生成盘盈明细表、盘亏明细表、盘点汇总表等报表。管理人员可通过系统对所有生成的报表进行管理、分析，识别资产整体状况，对资产变化趋势做出预测，从而帮助业主或者管理人员做出正确决策，通过合理安排资产的使用，降低资产的闲置和浪费，提高资产的投资回报率。

4. 能耗管理

建筑能耗管理是针对水、电等资源消耗的管理。对于建筑来说，要保证其在整个运维阶段正常运转，产生的能耗总成本将是一个很大的数字，尤其是如超高层建筑等大型装配式建筑，在能耗方面的总成本更为庞大，如果缺少有效的能耗管理，有可能出现资源浪费现象，这对业主来说是一笔非必要的巨大开支，对社会而言也会造成不可忽视的巨大损失。近年来，智能建筑、绿色建筑不断增多，建筑行业乃至社会对建筑能耗控制的关注度也越来越高。BIM 技术应用于建筑能耗管理，可以帮助业主实现高效地管理，以节约运营成本，提高收益。

（1）数据自动高效采集和分析。BIM技术在能耗管理中应用的作用首先体现在数据的采集和分析上。传统能耗管理耗时、耗力且效率比较低，如水耗管理，管理人员需要每月按时对建筑内每一处水表进行查看和抄写，再分别与上月抄写值进行计算，才能得到当月所用水量。在BIM和信息化技术的支持下，各计量装置能够对各分类、分项能耗信息数据进行实时地自动采集，并汇总存储到建筑信息模型相应数据库中，管理人员不仅可通过可视化图形界面对建筑内各部分能耗情况进行直观浏览，还可以在系统中对各能耗情况逐日、逐月、逐年汇总分析后，得到系统自动生成的各能耗情况相关报表和图表等成果。同时，系统能够自动对能耗情况进行同比、环比分析，对异常能耗情况进行报警和定位示意，协助管理人员对其进行排查，及时发现故障并修理，对浪费现象及时制止。

（2）智能化、人性化管理。BIM技术在能耗管理中应用的作用还体现在建筑的智能化、人性化管理上。基于BIM的能耗管理系统通过采集设备运行的最优性能曲线、最优寿命曲线及设备设施监控数据等信息，并综合BIM数据库内其他相关信息，对建筑能耗进行优化管理。同时，BIM技术可以与物联网技术、传感技术等相结合，实现对建筑内部的温度、湿度、采光等的智能调节，为工作、生活在其中的人们提供既舒适又节能的环境。以空调系统为例，建筑管理系统通过室外传感器对室内外温湿度等信息进行收集和处理，智能调节建筑内部的温度，达到舒适性和节能性之间的平衡。

5.物业管理

现代建筑业发端以来的信息都存在于二维图纸包括各种电子版本文件和各种机电设备的操作手册上，二维图纸有三个与生俱来的缺陷——抽象、不完整和无关联，使用时要由专业人员自己去找到信息、理解信息，并据此对建筑物进行恰当的"动作"，耗费时间且容易出错，在装修的时候往往会发生钻断电缆、水管破裂后找不到最近的阀门、电梯没有按时更换部件造成坠落、发生火灾时疏散不及时造成人员伤亡等。

以BIM技术为基础，结合其他相关技术，实现物业管理与模型、图纸、数据一体化，如果业主相应地建立了物业运营健康指标，那么就可以很方便地指导、记录、提醒物业运营维护计划的执行。

6.灾害应急处理

装配式建筑作为人们进行政治、经济、文化、生活等社会活动的场所，其人流量注定会非常大，如果发生地震、火灾等灾害事件却应对滞后，将会给人身和财产安全造成难以挽回的巨大损失，因此针对灾害事件的应急管理极其必要。BIM技术支持下的灾害应急管理不仅能出色完成传统灾害应急管理厅包含的灾害应急救援和灾后恢复等工作，而且还可在灾害事件未发生的时候进行灾害应急模拟，在灾害刚发生时进行示警和应急处理，从而有效地减少人员伤亡，降低经济损失。

（1）灾害应急救援和灾后恢复。在火灾等灾害事件发生后，BIM 系统可以对其发生位置和范围进行三维可视化显示，同时为救援人员提供完整的灾害相关信息，帮助救援人员迅速掌握全局，从而对灾情做出正确的判断，对被困人员及时实施救援。BIM 系统还可为处在灾害中的被困人员提供及时的帮助。救援人员可以利用可视化 BIM 模型为被困人员制定疏散逃生路线，帮助其在最短时间内脱离危险区域，保证生命安全。

凭借数据库中保存的完整信息，BIM 系统在灾后可以帮助管理人员制订灾后恢复计划，同时对受灾损失等情况进行统计，也可以为灾后遗失资产的核对和赔偿等工作提供依据。

（2）灾害应急模拟及处理。在灾害未发生时，BIM 系统可对建筑内部的消防设备等进行定位和保养维护，确保消火栓、灭火器等设备一直处于可用状态，同时综合 BIM 数据库内建筑结构等信息，与设备等其他管理子系统相结合，对突发状况下人员紧急疏散等情况进行模拟，寻找管理漏洞并加以整改，制定出切实有效的应急处置预案。

在灾害刚发生时，BIM 系统自动触发报警功能，向建筑管理人员以及内部普通人员示警，为其留出更多的反应时间。管理人员可通过 BIM 系统迅速做出反应，对于火灾，可以采取通过系统自动控制或者人工控制断开着火区域设备电源、打开喷淋消防系统、关闭防火调节阀等措施；对于水管爆裂，可以指引管理人员快速赶到现场关闭相关阀门，有效控制灾害波及范围，同时开启门禁，为人员疏散打开生命通路。

7. 建筑物改建拆除

在运维阶段，软件以其阶段化设计方式实现对建筑物改造、扩建、拆除的管理，参数化的设计模式可以将房间图元的各种属性，如名称、体积、面积、用途、楼地板的做法等集成在模型内部，结合物联网技术在建筑安防监控、设备管理等方面的应用可以很好地对建筑进行全方位的管理。虽然现在电子标签的寿命并不足以满足一般民用建筑物设计使用年限的要求，但是如果将来的技术更加成熟，电子标签寿命更长，我们可以将管理的实现延长到建筑物的拆除阶段，这将满足建筑可靠性要求的构件重新利用，减少材料能源的消耗，满足可持续发展的需要。

（二）BIM 与其他技术结合应用

1. BIM+PM

PM 是项目管理（Project Management）的英文缩写，是在限定的工期、质量、费用目标内对项目进行综合管理以实现预定目标的管理工作。BIM 与 PM 集成应用是通过建立 BIM 应用软件与项目管理系统之间的数据转换接口实现，充分利用 BIM 的直观性、可分析性、可共享性及可管理性等特性，为项目管理的各项业务提供准确及时的基础数据与技术分析手段，配合项目管理的流程、统计分析等管理手段，实现数据产生、数据使用、流程审批、动态统计、决策分析的完整管理闭环，以提升项目综合管理能力和管理效率。

BIM 与 PM 集成应用，可以为项目管理提供可视化管理手段。如二者集成的 4D 管理应用，可直观反映出整个建筑的施工过程和形象进度，帮助项目管理人员制订合理的施工计划、优化使用施工资源。同时，二者集成应用可为项目管理提供更有效的分析手段。如针对一定的楼层，在 BIM 集成模型中获取收入、计划成本，在项目管理系统中获取实际成本数据，并进行三算对比分析，辅助动态成本管理。此外，二者集成应用还可以为项目管理提供数据支持。如利用 BIM 综合模型可方便快捷地为成本测算、材料管理以及审核分包工程量等业务提供数据，在大幅提升工作效率的同时，也可有效提高决策水平。

针对超高层施工难度大、多专业施工立体交叉频繁等问题，广州周大福国际金融中心项目与广联达软件股份有限公司合作开发了东塔 BIM 综合项目管理系统，实现了 BIM 模型与项目管理中各种数据的互联互通，有效降低了成本，缩短了工期，项目管理水平大大提升，成为 BIM 与 PM 集成应用于超高层建筑施工的典范。

基于 BIM 的项目管理系统将越来越完善，甚至完全代替传统的项目管理系统。基于 BIM 的项目管理也会促进新的工程项目交付模式 IPD 得到推广应用。集成项目交付（Integrated Project Delivery，IPD），是在工程项目总承包的基础上，要求项目参与各方在项目初期介入，密切协作并承担相应责任，直至项目交付。参与各方着眼于工程项目的整体过程，运用专业技能，依照工程项目的价值利益作出决策。在 IPD 模式下，BIM 与 PM 集成应用可将项目相关方融入团队，通过扩展决策圈拥有更为广泛的知识基础，共享信息化平台，做出更优决策，实现持续优化，减少浪费，从而使各方获得收益。因此，IPD 模式将是项目管理创新发展的重要方式，也是 BIM 与 PM 集成应用的一种新的模式。

2. BIM+GIS

地理信息系统是用于管理地理空间分布数据的计算机信息系统，其以直观的地理图形方式获取、存储、管理、计算、分析和显示与地球表面位置相关的各种数据，英文缩写为 GIS。BIM 与 GIS 集成应用是通过数据集成、系统集成或应用集成来实现的，可在 BIM 应用中集成 GIS，也可以在 GIS 应用中集成 BIM，或是 BIM 与 GIS 深度集成，发挥各自优势，拓展应用领域。目前，二者集成在城市规划、城市交通分析、城市微环境分析、市政管网管理、住宅小区规划、数字防灾、既有建筑改造等诸多领域有所应用，与各自单独应用相比，在建模质量、分析精度、决策效率、成本控制水平等方面都有明显提高。

BIM 与 GIS 集成应用，可提高长线工程和大规模区域性工程的管理能力。BIM 的应用对象往往是单个建筑物，利用 GIS 宏观尺度上的功能，可将 BIM 的应用范围扩展到道路、铁路、隧道、水电、港口等工程领域。如邢汾高速公路项目开展 BIM 与 GIS 集成应用，实现了基于 GIS 的全线宏观管理、基于 BIM 的标段管理，以及桥隧精细管理相结合的多层次施工管理。

BIM 与 GIS 集成应用，可增强大规模公共设施的管理能力。现阶段，BIM 应用主要集中在设计、施工阶段，而二者集成应用可解决大型公共建筑、市政及基础设施的 BIM 运维管理，将 BIM 应用延伸到运维阶段。如昆明新机场项目将二者集成应用，成功开发了机场航站楼运维管理系统，实现了航站楼物业、机电、流程、库存、报修与巡检等日常运维管理和信息动态查询。

BIM 与 GIS 集成应用，还可以拓宽和优化各自的应用功能。导航是 GIS 应用的一个重要功能，但仅限于室外。二者集成应用，不仅可以将 GIS 的导航功能拓展到室内，还可以优化 GIS 已有的功能。如利用 BIM 模型对室内信息的精细描述，可以保证在发生火灾时室内逃生路径是最合理的，而不再只是路径最短。

BIM 和 GIS 开始融合云计算，分别出现了"云 BIM"和"云 GIS"的概念，云计算的引入将使 BIM 和 GIS 的数据存储方式发生改变，数据量级也将得到提升，其应用也会得到跨越式发展。

3. BIM+ 云计算

云计算是一种基于互联网的计算方式，以这种方式共享的软硬件和信息资源可以按需提供给计算机和其他终端使用。BIM 与云计算集成应用，是利用云计算的优势将 BIM 应用转化为 BIM 云服务，目前在我国尚处于探索阶段。

基于云计算强大的计算能力，可将 BIM 应用中计算量大且复杂的工作转移到云端，以提升计算效率；基于云计算的大规模数据存储能力，可将 BIM 模型及其相关的业务数据同步到云端，方便用户随时随地访问并与协作者共享。云计算使得 BIM 技术走出办公室，用户在施工现场可通过移动设备随时连接云服务，及时获取所需的 BIM 数据和服务等。

根据云的形态和规模，BIM 与云计算集成应用将经历初级、中级和高级发展阶段。初级阶段以项目协同平台为标志，主要厂商的 BIM 应用通过接入项目协同平台，初步形成文档协作级别的 BIM 应用；中级阶段以模型信息平台为标志，合作厂商基于共同的模型信息平台开发 BIM 应用，并组合形成构件协作级别的 BIM 应用；高级阶段以开放平台为标志，用户可根据差异化需要从 BIM 云平台上获取所需的 BIM 应用，并形成自定义的 BIM 应用。

4. BIM+ 物联网

物联网是通过射频识别、红外感应器、全球定位系统、激光扫描器等信息传感设备，按约定的协议将物品与互联网相连进行信息交换和通信，以实现智能化识别、定位、跟踪、监控和管理的一种网络。

BIM 与物联网集成应用，实质上是建筑全过程信息的集成与融合。BIM 技术发挥上层信息集成、交互、展示和管理的作用，而物联网技术则承担底层信息感知、采集、传递、监控的任务。二者集成应用可以实现建筑全过程"信息流闭环"，实现虚拟信息化管理与实体环境硬件之间的有机融合。目前，BIM 在设计阶段应用较多，并开始向建造和运维阶段应用延伸。物联网应用目前主要集中在建造和运维阶段，二者集成应用将会产生极大的价值。

在工程建设阶段，二者集成应用可提高施工现场安全管理能力，确定合理的施工进度支持有效的成本控制，提高质量管理水平。如临边洞口防护不到位、部分作业人员高处作业不系安全带等安全隐患在施工现场无处不在，基于 BIM 的物联网应用可实时发现这些隐患并报警提示。高空作业人员的安全帽、安全带、身份识别牌上安装的无线射频识别，可在 BIM 系统中实现精确定位，如果作业行为不符合相关规定，身份识别牌与 BIM 系统中相关定位会同时报警，管理人员可精准定位隐患位置，并采取有效措施避免安全事故发生。

在建筑运维阶段，二者集成应用可提高设备的日常维护维修工作效率，提升重要资产的监控水平，增强安全防护能力，并支持智能家居。

BIM 与物联网集成应用目前处于起步阶段，缺乏数据交换、存储、交付、分类和编码应用等系统化、可实施操作的集成和实施标准，且面临着法律法规、建筑业现行商业模式、BIM 应用软件等诸多问题，但这些问题将会随着技术的发展及管理水平的不断提高得到解决。

BIM 与物联网的深度融合与应用，势必将智能建造提升到智慧建造的新高度，开创智慧建筑新时代是未来建设行业信息化发展的重要方向之一。未来建筑智能化系统，将会出现以物联网为核心，以功能分类、相互通信兼容为主要特点的建筑"智慧化"大控制系统。

第十一章 BIM 技术在装配式建筑中的具体应用分析

第一节 BIM 技术在装配式建筑中的模块化设计

一、模块化设计的内涵

模块化设计是在信息技术领域诞生的，模块化的生产系统将复杂的计算机系统拆解成多个标准化模块，设计过程被划分为既独立又协同的标准化单元模块，一定程度上降低了计算机系统的设计难度，简化了设计和生产流程，但同时运用模块化的拼装组合系统却获得了更复杂的运算系统。由此可见，模块化设计将复杂整体拆分，后期将简单的模块进行拼装，从而获得了更多系统的可能性，因此从整体上提高了系统的设计效率、设计质量。

虽然大规模的工业化建造是目前进行模块化设计的主要目的，但接下来需要深入研究的应当是模块化设计下多样化的组合方式。最基础的空间模块，可以为适应不同人群的功能需求组合成截然不同的空间形式。以住宅为例，在住宅功能分析的基础上，模块化设计根据需求的不同将整个住宅系统的使用功能拆解为若干低层级、单元化的基础空间模块，再根据业主及各设计参与者提出的具体设计要求，在一定范围内多样化的选择与组合拆分后的基础空间单元模块。

模块化设计的本质是依据功能细致划分出不同的建筑空间，而后在高层级的单元内重新组织相对独立的建筑功能模块，并最终由细化的单元模块不断组合出新的住宅整体。在这种设计模式下，设计师可将业主的个性化需求与所追求的标准化设计结合为一个有机整体。可以从三个层次来解释模块化设计：

第一个层次是模块化产品的系统设计，即模块化设计复杂的前期准备工作。以对项目规划的整体系统进行完整分析为基础，从整体上规划住宅建筑，确定模块化设计的目的和内容。住宅模块化研究目的是将住宅进行系列化、标准化设计，其对每一级模块进行精细化设计思考，对模块组合进行标准化设计，以适应工业化系列化建设需求，同时引导接下来的设计过程。

第二个层次是模块化设计层次，包括具体模块的划分。将住宅的空间划分为五级模块，从精细的空间到整个楼栋单元进行模块分级，涵盖了从单一使用单元模块、室内每个功能模块、标准组合楼栋的标准层、架空层模块以及后期施工要求更细致的结构、机电、装修模块。

第三个层次是更细致的后期空间模块化产品设计，主要内容是针对具体产品如何在功能模块空间中进行组合和方案评价。通过对适合人群的功能使用需求及面积要求，形成多系列户型模块，组合形成多样化的户型单元，户型单元拼接组合设计形成多样组合。通过对方案多角度的分析评价，最终筛选出适合该地区的多个标准化住房平面。

二、模块化设计的构成

(一) 模数协调

装配式建筑发展的基础，是为使用者提供标准化的服务，在这一环节中最重要的部分就是根据不同使用者的需求，制定出与之相适应的模数和协调原则。由于使用者的需求差异性，以及随着家庭结构的变化而导致需求发生变化等，建筑模块应考虑功能布局的多样性和模块之间的互换性及相容性，要注意在两种不同模块之间建立联系，比如在房间的装修模块和线路模块之间建立一定的模数关系，达到协作生产的目的。

模数化体系很大程度地加快了西方建筑的工业化转型，尤其以住宅的工业化发展最为明显，瑞典、日本等国家尤为突出。这些国家在运用模数化体系的过程中，都在不同建造领域制定了相关的标准模数化体系 (如户型设计、通用设计等领域)，以达到在后期施工过程中各个板块可以更好地协同工作的目的；同时，模块体系的标准化还可以降低在建造过程中，由于各建筑部分产品尺寸、质量、功能等方面的不契合所带来的浪费，以提高建造效率和大规模建造的经济性，促进房屋从粗放型手工建造转化为集约型工业化装配。

(二) 单元空间

模块与常规现浇结构相比，工业化建筑最本质的区别在于预制构件的制作和准备。如何将建筑物主体结构分解为一系列既满足标准化又满足多样化的预制构件，是研究人员和设计人员的首要任务和技术难题。目前，将建筑分解为所需构件的方法主要分为平面化拆分和单元化拆分。平面化拆分中的构建单位一般指的是建筑物的墙、楼板等，这些构件统一在工厂制作完成，有时为了缩短现场组装建筑的时间周期，门窗、墙内的保温层，甚至墙面的装饰都会提前在工厂安装好。单元化拆分则是以建筑物的空间单元为构件的分解方法。空间单元指的是已在工厂安装成型的建筑房间，一般将空间单元在现场组合只需要数个小时的时间，组装好后只需要再完善建筑内部的管线等问题即可。单元拆分的方法与平面拆分相比，在工厂制作和构件运输上效率稍低，同时对储备空间的需求也比较高。但单元拆分的优势在于可以将建筑商品化，给客户带来更直观的体验。同时为保证拆分的预制构件安装后与主体受力结构可靠连接，设计基本理念至关重要。

(三) 户型模块

户型模块的建立对于不同领域的设计师 (建筑、结构和设备等) 有着很重要的意义，他们可以根据各自的需求在模块库中选出对应的户型，提高设计效率。但如何避免各个单位在选择相应户型后与其他单位产生不匹配、不协调的情况，这就需要在建立户型模块的时候考虑各个方面的影响因素，如户型平面划分、建筑受力构件和设备管线的合理布局等，这也是户型模块设计中最复杂的工作环节。但建立精确的户型库可以解决模块化涉及的效率问题，缩短设计周期以及打好坚实的设计基础。

(四) 接口模块

模数协调和单元空间、户型模块的设计可理解为户型内设计，它是建筑后期搭建的一系列准备工作。建筑的最终形成要通过找寻各个单元之间的联系，从而将它们拼接和整合起来，然后依据各个户型之间的联系将它们组成为一个建筑单体，这种联系就是户型与户型之间相互匹配的连接构件。户型间设计就是解决这样的连接构件——"接口"的相关问题。

"接口"的类型可以分为重合接口和连接接口两类。重合接口指的是不同户型之间连接部分的构件相同。连接接口则是户型之间连接的构件不同，还需要通过其他构件将其连接在一起。连接接口在剪力墙体系中的设备部分出现较多，而重合接口则在建筑和结构户型中运用较多。其中在不同领域中重合接口所指代的建筑构件也不同，例如在建筑领域重合接口一般是指内墙、隔墙等，而结构户型中的重合接口一般指的是剪力墙、暗柱等。重合接口相互连接一般需要将重复的构建删掉一个。在删除的过程中需要了解的要点是：当户型之间长短不一的构建发生重合时，一般是将短的构建删除，保留长的。

(五) 标准户型

建筑层是户型模块通过附属构件在水平方向形成的整体。标准层则是通过对不同户型间进行对比分析后，功能更加统一化和完整化的建筑层的表现形式。标准层设计是指将户型通过附属构件相互结合从而组建出建筑层的过程，其目的在于完善户型间的辅助功能部分，对建筑层内的建筑、结构和设备部分进行补充和完善。

标准层的数量一般比建筑中其他类型楼层要多得多，所以标准层的设计完善与否会影响整体建筑的设计质量，而 BIM 技术为标准层设计带来的无碰撞模型的特点，能使建筑层在建筑整体中更好地发挥它的重要性和价值。建筑层除了户型之外，还包括楼梯间、电梯、走廊等实用性空间。虽然户型对使用者来说是最重要的活动空间，但其他空间的作用也同样不可忽视，例如设备部分的管线、水暖等，都是和走廊、水暖井等空间分不开的，直接影响着使用者的住户体验，因此要更完善的处理户型之外的空间，使它们与户型更好地融合，才能展示出更完整的标准层。

另外，结构板块的设计也十分重要。结构的设计是为了解决建筑的受力问题，而通常的解决方法是采用对称结构构件的形式，给使用者稳定的心理暗示。因此，运用 BIM 进行结构设计的过程中，可以通过直接将户型沿着轴线对称的方式生成整体。但要注意户型之间的接口问题，重合接口要进行删除，缺少连接接口要进行添加。

（六）组合平面

较为标准化、系统化的平面模块组合并不意味着建筑的表现形式单一和乏味，可以在平面组合的基础上，通过不同的排列组合方式，运用不同材料、色彩的变化将立面模块组合的方式多样化，使建筑的外形、体量变得丰富不呆板，更好地和周围的环境相融。

三、模块化设计的原理

模块是模块化设计的基础。模块是由标准模块和非标模块经设计组合，并具有某种特定功能及结构的单元，它能够与其他组件（或模块）通过规范标准接口构成更大的组合、模块或系统。模块通过"搭积木"，方式即可组成系列标准化模型，也可以配置组成在性能、结构上有较大差别，且能满足不同用户多样化要求的非标准模型。

在建筑项目中，模块主要包括构件及组件模型。模块化设计是在进行系统功能分析基础上，将整个系统的总功能分解为若干个层次较低的、可互换的、独立的基础单元模块，根据用户提出的具体设计要求，通过对模块的选择与综合，快速设计出具有不同系列、不同性能、不同用途的各种新系统。在建筑设计的过程中，模块化设计强调对各类功能空间进行类型的划分，将具有相同功能的空间组织在一个单元内，通过单元模块化集成的组合方式，实现建筑从单元到整体的转变。

在很多的大型建筑中，比如公寓住宅、酒店、医院、教学楼包含了很多大致相似的单元，要实现单元到整体的转变，模块化设计与预制构件的采用是一个很好的选择。这种方法不仅能满足消费者个性化的需求和选择，还能在一定程度上节省时间，得到了开发商、施工方以及设计者的认同。建筑设计是基于户主需求的功能特征而展开的，功能特征是整体设计过程中的主线，功能作为户主的映射分析结果，是整个设计活动的驱动因素。建筑设计是一个从抽象概念到具体设计的过程，是根据功能需求找出一条与之对应的物理结构的过程，并通过向各专业设计问题求解，使建筑的每个子功能都能依附在一定的物理结构上。

建筑设计是一个从抽象到具体、逐步细化、反复迭代的过程，是从需求分析开始，经过功能分析、专业设计、详细设计、生产施工，最终完成满足业主需求的设计建筑。基于模块的各专业层次相对应的建筑设计，考虑建筑概念设计，考虑功能、专业、生产、施工等多种要素，既有从上而下的多层次设计，又实现自底向上的结构组合，是建立建筑构件或组件模型库，实现建筑标准化设计的重要方法。在建筑设计组合整体设计及设计分解过程中引入模块化设计方法，可以有效地实现建筑物快速有效地聚合、配置、变型及重构，从而形成基于功能、结构的模块化设计。

基于 BIM 的模块化设计方法是建立在不同功能、专业的构件或组件基础之上的，其原理是：设计单位按户主需求进行建筑方案设计，满足为完成户主需求而映射成的建筑功能，建筑专业设计人员依据功能特征，从模型库中挑选相对应的模块，将模块按照一定的拓扑结构进行组合，完成建筑基于功能模块的设计；选择与建筑相对应的结构、设备模型，按照一定的拓扑结构进行组合，完成各专业的整体模型，并以满足相应的专业规范为前提，在 BIM 协同设计平台上将全专业模型组合成一个整体模型，进行碰撞检测、协调及优化，完成基于专业的模型设计；从深化构件库中选择构件，将结构整体模型进行设计分解，完成基于生产、施工的模块设计。

四、模块化设计的方法

(一) 户型内设计

建筑设计师根据户型的功能要求选择相对应的户型，结构设计师根据户型的结构布置，从结构库中选择相对应的结构户型，设备设计师根据户型的功能及结构的设计方案选择设备模块，同时设备设计师与建筑、结构设计师进行协调，避免发生构件之间的碰撞。简言之，设计师要完成户型功能区的划分、受力构件的布置和设备的无碰撞协调。户型内的设计是剪力墙体系模块化设计的基础，是模块化设计过程中工作量最大的环节，因此，标准化、系列化的户型库可以提高协同设计的效率，为模块化精确设计的实施奠定基础。

(二) 户型间设计

户型内的设计是完成户型内部功能的划分，保证户型内建筑、结构及设备专业之间的协调设计的准确。户型间设计是指将设计师选择的户型通过能够传递户型功能的结构接口组成建筑单元。建筑系统是构件经过有机整合而构成的一个有序的整体，其中各个户型均具有相对的独立功能，相互之间有一定的联系，户型之间把这个共享的构件称之为"接口"，它的作用不但是建筑系统中的一部分，而且是户型之间进行串并联设计的媒介，组合成一个完整的建筑模型。户型间的设计主要是解决接口的有关问题，接口根据构件的共享部位，可以分为重合接口和连接接口两类。重合接口是指共享部分是重合的构件。连接接口是指协同共享的构件没有重合，需要外部构件将其连接。剪力墙住宅体系中，建筑、结构户型之间大部分的接口是重合接口，在设备户型之间的接口主要是连接接口。

另外，根据专业不同，重合部分的构件也有差别。在建筑户型间重合的部分主要有内墙、内隔墙；在结构户型之间重合的部分主要有暗柱、剪力墙。户型之间接口的解决方法通常是：在户型之间阶段的设计，将重合接口中重叠的构件删除其中一个，保证建筑整体的完整性。删除构件应注意的是，两个户型中的长、短构件重合，留取构件长的，删除构件较短的模型。

(三) 标准层设计

标准层的设计是指完成层内部功能的完整性，补充辅助功能内的附属构件，保证层内建筑、结构及设备专业之间协调设计的准确性。标准层设计是指设计师完成的户型间设计通过添加附属构件组成建筑层的设计过程。一般建筑分为地下室、首层、标准层、设备层、顶层等，建筑层是由建筑户型及附属构件组合而成，也是建筑系统的重要部分。标准层设计是将户型之间的功能进行完善。一个完整的建筑层应包含户型、楼梯间、电梯间、前室、走廊、空调板、水暖井等，另外还包括其他非标准构件。工程项目中户型是业主主要活动的场所，走廊、空调板等可以称为附属构件，在建筑和结构设计中只有将附属构件完善，才能称之为完整的标准层。在设备设计中，走廊含有许多管线，将户型中的管线串并联起来，其中水暖电的主要干道分布在水暖井里面，因此标准层设计对设备设计显得尤为重要。另外，标准层设计还需解决户型对称问题。

一般在建筑设计过程中，会考虑承受各种荷载的作用。建筑结构设计的目的就是解决承重构件的受力平衡问题，在结构体系中，对称的结构构件能给人一种坚固稳定的心理暗示。因此，在建筑、结构设计中可以将对称的户型或单元按照某个轴线进行对称复制。应当注意，一般复制镜像对称的户型之间有可能存在重合的构件，需要将重合的构件进行处理。在设备设计中复制镜像模型，对称后模型之间会缺少连接接口，需要添加连接构件。

在住宅建筑设计中，一般有首层、标准层、设备层、顶层，其中标准层在建筑中占有绝大部分。在建筑设计中可以先设计标准层，相同类型的建筑层再进行复制，不同类型的建筑层在此基础上进行修改，在住宅体系中标准层设计的正确与否关系到一幢建筑的整体设计。此阶段借助 BIM 技术对建筑、结构、设备层模型进行协调设计，实现无碰撞的模型对整体建筑模型很重要。因此，建筑层是建筑设计中价值最大的阶段。

（四）协同性设计

建筑整体的协同设计是指将设计师设计好的建筑标准层、首层、设备层及机房层等，通过添加连接各层的构件及其他附属构件组成完整的建筑系统的设计过程，也是将断续的层功能通过构件形成一栋功能完整的建筑，并保证一栋建筑内部建筑、结构及设备之间准确的协调性。建筑整体的协同设计是将标准层功能的完善。一栋建筑中包含标准层、连接标准层的构件。在标准层的基础上，"积木"式组合成建筑整体，主要考虑设备功能的不完整性。每个建筑层和结构层功能都相对独立，能够单独存在，而设备层则不同，主要表现在：设备中管线系统的完整需要管线从上而下或从下而上连接。简单地说，建筑户型设计是一个完整的功能组件，标准层设计是将水平方向的功能组件连接起来，整体的协同设计是将竖向方向功能组件连接在一起，这样建筑整体功能才算完整。建筑整体的协同设计包括专业内协调设计和专业间协调设计，前者是在专业内部进行优化设计及深化设计，依据设计规范满足建筑、结构、设备各专业之间的功能要求；后者是专业之间的碰撞检测及其之后的设计调整，依据设计、施工规范满足业主的功能需求。

协同设计是建筑工程各专业在共同的协作平台上进行参数化设计，从而达到专业上下游之间的信息精确传递的目的，并在设计源头上减少构件间的错、漏、碰、缺等，提升设计效率和设计质量。从建筑师的角度看，基于 BIM 的协同设计有利于建筑师把更多的精力投入方案设计中，优化整体设计方案，提高方案的竞争力；有利于业主、政府等各部门之间的信息交流，加强信息共享，避免信息孤岛的形成；有利于加强设计、生产、施工等各参与方的协作，以及各部门之间快速进行信息的沟通和反馈，从而优质、高效地完成建设项目。从社会和业主的角度看，协同思想加强了社会对"建筑人环境"的理解，促进了业主与建筑师之间的互动，提高了决策的科学性和准确性，为项目投资建设的圆满完成提供了有力保障。

五、标准化 BIM 模型库

"随着近几年 BIM 技术在建筑行业的大力推广，BIM 技术作为数字化的一个方向，对工程项目的建设与管理有较大的促进作用。"[1] 为了加快我国装配式住宅标准体系的建立，增加预制组件、构件、部品的标准化、系列化程度，对装配式住宅的设计进行标准化、规范化是非常有必要的。借助 BIM 技术，在多部标准图集以及多个装配式住宅工程实例的基础上，建立标准化的 BIM 模型库，搭建一个开放信息平台，以 BIM 模型库中的标准化集成模型为素材进行装配式住宅的设计，借助 BIM 模型具有可视化、信息集成的优势，优化设计流程，提高设计效率。

标准化 BIM 模型还可以集成产品信息、商家信息等商品化参数信息，有利于市场上下游企业的结合与推广应用。建立初具规模的标准化 BIM 模型库，后期可根据市场与客户的需求，在设计标准的引导下，研发设计新的预制装配式构件或组件模型，并经过专家评审及设计优化后，在满足各项规范与标准化设计要求的前提下，纳入 BIM 模型库，实现模型库的不断扩充及更新。

(一) 模型库的类型

BIM 模型库中的模型来源较广，有来自标准图集，也有来自工程实例的积累，因此模型库中的模型种类数量繁多，如果对其不进行归纳分类，将会显得非常混乱。为了方便模型库的维护更新以及设计师的使用，需要对 BIM 模型库中的模型进行分类管理，根据模型的规模、功能、性质等分为标准户型库、功能模块库、设备库、深化构件库、功能性部品库等五个二级库，每个二级库中又根据专业、类别、模块等特点分为若干个不同的三级模型库。通过对模型库的分类管理，方便了日后模型库的维护更新，以及设计师的查找使用。

(二) BIM 模型精度

精度（Level of Details，LOD）即为模型的细致程度，定义了一个 BIM 模型从最简单、最低级的粗略模型到信息完善的高级模型的等级表达过程。LOD 这一概念，最先是由美国建筑师协会（AIA）提出的，其目的是明确各阶段 BIM 模型的细致程度，为项目参与方提供一个标准。LOD 的提出主要用于两种情况：确定模型阶段输出结果和分配建模任务。

根据 BIM 模型精细程度，通常情况下 LOD 被划分为 100～500 五个等级，描述

---

[1] 田佳乐.BIM 技术在造价咨询中的应用研究 [J].建筑经济，2022，43（z2）：279.

了模型从概念到竣工的整个过程。LOD 等级的划分为规范 BIM 模型精度提供了依据，但是在实际应用中，不可能所有项目都采用统一的 LOD 等级划分标准，应该根据项目的特点以及目的确定模型精度的等级划分。因此，本课题参照一般情况下的模型精度（LOD）划分标准要求，针对 BIM 模型库应用于装配式住宅标准化设计这一特点和用途，将库中模型划分为以下等级：

（1）概念模型。简单的空间定位图元，满足建筑体量分析的粗略轮廓模型。可以包含最简单基础的信息，比如体积、面积、单一的材质信息等，一般应用于概念设计阶段。

（2）定义模型。该阶段的模型包含所有相关的诠释资料以及技术性信息，建模精度达到足以辨认出模型类型以及元组件材质。建筑模型应该包含准确的尺寸、面积、体积、方位、材质等信息；结构模型应含有构件的连接方式、构造方法以及钢筋等信息，并达到 2D 图纸深度；机电模型应包含实际型号的阀门、管件、附件等，并含有必要信息。此阶段模型可以应用于施工进度计划及可视化。

（3）深化模型。此阶段模型应达到深化施工图层次，应该包含所有生产、施工环节的详细信息，也可以包含施工图纸、构件加工图等二维图纸。预制结构构件应包含详细准确的钢筋信息，对预埋件、预留洞口等应准确表达。此阶段模型用 Tekla 软件创建较为合适，主要应用于制造商的加工生产。

由于标准化设计的过程不涉及施工及运维，因此库中模型精度仅达到深化阶段，对于 BIM 模型应该达到的最高级形式，是在建立竣工模型之后，将各种施工、运维的必要信息整合到运维系统中，达到维护模型精度。维护模型为模型的最终形式，是在此模型被完整使用之后，应当达到的细致程度，包含完整、全面的属性信息。在施工过程中不断更新、添加必要的数据信息，最终建立竣工模型。将后续运营维护阶段所需要的信息添加至模型，比如生产厂商、检修记录等，用于建筑的运营维护。

（三）模型库的管理

BIM 模型库的正常运转需要计算机管理系统的支持，管理系统对模型库的创建、维护、更新、权限分配、检索使用等起着非常关键的作用。模型库的管理需要有严格的权限分配机制，对库中模型的上传、编辑、删除、下载等操作进行严格把控。

一般来说，BIM 模型库管理系统将用户分为三种角色：管理员、编辑员、普通用户，不同的角色设置了不同的访问权限。管理员拥有模型库的最高管理权限，可以指定或撤销编辑员及普通用户的访问权限，负责对模型库的日常管理工作；编辑员拥有上传、编辑模型的权限，主要负责对库中模型的维护更新工作；普通用户是模型库的主要使用者，拥有查看、下载模型的权限，也就是只能读取不能写入。这些权限的界定是模型库正常运转的前提，避免由于管理混乱而影响正常使用。

模型库在正常使用过程中，由于新增模型的不断入库以及软件版本的不断升级，管理人员需要定期对其进行维护更新，并对库中文件版本及时进行升级，删除废弃模型文件，优化存储空间，做好数据备份以及权限分配管理工作，避免数据出现冗余甚至错误而影响正常使用。除此之外，对库中模型进行命名及编码是模型入库和检索的基础，由于库中模型来自多个工程实例及图集，而且种类数量较多，所以模型的编码具有相当大的难度。

模型编码由三段字母、数字组成，中间用"–"隔开，格式为：××–×××××××××××–××–××××××××××，其中第一字段为模型所在二级库的代码，第二字段为模型所在三级库代码，第三字段为模型的特有属性定位信息等。例如，编码"GJ–03-2412××××"表示深化构件中尺寸为 2400mm×1200mm 的叠合板，其中第三字段可根据实际情况增加其他信息的代码表示，例如材质信息、钢筋信息等。由于库中模型信息的复杂性以及种类的多样性，如何实现规范统一的模型编码，还有待进一步研究。

第二节　BIM 技术在装配式建筑中的组合式设计

组合式设计方法是指在对系统功能进行详细分析后，将整个系统的功能按照不同层次分解为独立的、可以进行互换的模块化单元，并依据用户提出的需要，通过对模块单元的选择与汇总，快速组合出不同系列、不同功能、不同使用用途的模块化单元组合形式。在组合式设计过程中，需要对每种功能空间进行详细归类划分，具有相同功能的空间将被组织在同一单元内，通过对模块化单元进行重新组合，实现建筑项目单元到整体的转化过程。组合式设计与预制装配式技术的采用是一个合适的选择，这种方法既能满足用户个性化的需要，又能在一定程度上节省设计时间，提高设计施工等环节的工作效率。基于 BIM 组合式设计方法，是针对装配式住宅所提出的一种新的设计方法。

在满足装配式住宅设计原则的基础上，利用 BIM 技术手段，对传统装配式设计流程进行优化。运用模块组合的思想，在进行系统功能分析基础上，将整个建筑物拆分为不同层次、不同深度、不同功能的模块单元，基于标准化 BIM 模型库，在

BIM 数据平台上进行标准化基础上的多样化组合设计，经过一系列后续的计算分析，保证设计的合理性和实用性，形成基于 BIM 装配式结构组合设计流程，提高设计效率，推动住宅产业化的快速发展。

一、BIM 组合式设计概述

目前，我国装配式住宅建筑设计是在考虑装配式拆分体系、预制及施工要求的基础上进行的。根据建筑师提供的建筑设计图纸，进行下一步的结构施工图设计及水暖电等专业的施工图设计，其间各专业若发现冲突，可通过协调解决。结构设计是首先按照传统现浇结构进行设计，然后按照拆分规范及要求进行拆分设计，最后对拆分构件进一步深化，生成预制构件加工图纸后送至工厂进行加工生产，运至施工现场由施工企业进行现场装配施工。这种装配式的设计流程是在传统现浇设计方法的基础上，增加了构件的拆分及深化设计，虽然设计方法比较成熟，但是仍存在设计精细度不够、过程烦琐、协调难度大等问题。

基于 BIM 技术的装配式住宅模块化设计方法，是在继承传统设计方法的基础上对设计流程进行优化，其最大的特点就是通过 BIM 模型库的应用，将整个设计流程串联起来，达到提高设计效率的目的。首先运用 BIM 技术对建筑物进行采光通风等建筑性能分析，选择最佳的户型及住栋平面、立面组合方式。其次根据建筑模型进行结构部分以及 MEP 部分的组装，通过 BIM 与其他专业软件的结合应用，计算、分析整体模型的合理性。最后在 BIM 模型库中选出相匹配的构件模型进一步深化修改，并传递至相关生产厂商进行加工生产。

模块化设计运用的是逆向设计思维，设计师直接按照装配式结构进行组装设计，从户型到住栋平面再到建筑物整体，不同于传统设计的先整体后拆分思想。BIM 技术贯穿模块化设计的全过程，其数据高度集成的特点增加了设计的精细度，减少了设计错误的出现，解决了装配式设计的烦琐性，提高了设计效率。

二、BIM 组合式设计分析

基于 BIM 的装配式住宅模块化设计方法是关系住宅工业化程度高低的关键所在，也是更好地实现工厂化生产、装配化施工、一体化装修和信息化管理的基础。在设计过程中，由于 BIM 技术的运用，建筑、结构、水暖电等专业之间的信息交互传递更加方便，建筑物的信息集成度更高。我国的装配式住宅多以剪力墙结构体系为主，因此，本节主要从建筑、结构专业对装配式剪力墙结构住宅的模块化设计方法进行分析研究。

（一）建筑专业组合式设计

我国装配式剪力墙结构体系的住宅组成具有普遍相似性，由地下室、首层、其他主要楼层以及机房层组成。地上大部分楼层平面相似度较大，可以根据需要进行小范围调整。首层和机房层较其他楼层差异度较高，首层除住户外，还包括入口大堂、其他功能房间等；机房层一般在住宅顶层的上一层，建筑面积较小，一般用于放置电梯主机等机械设备。随着现代建筑设计的发展，经过人们长期的淘汰和筛选，使用者对户型的选择要求已逐渐明确，住宅户型及平面布局的设计也已逐渐趋于标准化和规范化。

1. 户型设计

户型是指住宅内部的平面布局形式，是为居住者提供日常起居的空间。户型按面积可以分为小、中、大三种户型，其中小户型一般是指建筑面积在50平方米以下的户型，中户型一般是指在70平方米到130平方米之间的户型，大户型一般是指150平方米以上的户型。住宅户型由多个功能区组成，一般包括：公共活动区、私密休息区、辅助区等。其中，公共活动区包括客厅、餐厅等；私密休息区包括书房、卧房等；辅助区包括厨房、阳台等。

基于BIM的户型模块化设计是，利用BIM模型库中模数化的功能模块，根据不同的使用功能要求组装成多样化的户型布局，实现模块化、标准化设计以及个性化需求在户型成本和效率兼顾前提下的适度统一。建筑师在进行户型标准化设计时，从BIM模型库的二级功能模块库中挑选符合需要的住宅功能模块进行户型内部组合。在组合的过程中，应考虑户型内部功能布局的多样性，以及模块之间的互换性和通用性，还应考虑使用人群的经济能力、家庭结构等因素。

比如保障性住房户型开间较小，在设计中考虑其使用人群特点，按照使用者的家庭结构，对户型进行可变性设计。年轻夫妻式的居住模式初步形成"家"的概念，由于居住人数较少，可设置一间卧室，将次卧改为书房；核心家庭式的居住模式主要以"两代居"和"三代居"为主，家庭构成较为成熟，因此设置三间卧室；老年夫妇的居住模式需要对户型进行适老性改造，增大活动空间。

利用BIM功能模块库中的模型进行户型组装设计，是实现户型多样化的重要手段。当然，建筑师也可直接在BIM建筑户型库中挑选标准户型模型，利用BIM模型可视化、参数化的特点，根据需要对户型空间进行简单调整，以得到需要的户型。这种方式省去了烦琐的户型模块组装过程，效率较高，但是由于BIM户型库中数量的限制，可能无法满足设计要求，就需要通过功能模块库中的模型进行户型组装设计，满足设计要求后，经专家审核通过可纳入标准化BIM户型库作为补充更新。

2. 平面设计

剪力墙结构住宅的住栋平面一般由标准化的户型模块和标准化的核心筒、走廊等模块组成，首层还应包括入口大堂，屋顶应包括机房等。住栋平面的标准化设计是设计师在完成户型设计后，通过添加其他附属模块进行平面组装设计的过程。设计师将组装好的或者从 BIM 户型库中挑选出来的完整户型，在 BIM 数据平台上通过有机结合组装成完整住栋平面，实现标准化基础上的住栋平面多样化布局。

在平面组装过程中应根据地域差异、住宅的性质等因素，合理选择住栋平面布局形式，考虑结构受力以及综合美学因素，应尽量使住栋平面在对称轴左右对称。各个标准户型作为住户的生活单元，既是相互独立又具有一定的关联。组成平面的各个标准独立模块之间不可避免地会出现共享部位，一般为内墙或内隔墙，称之为"接口"。接口不仅存在于户型之间，在户型内部各个功能模块之间也存在接口问题。处理好接口部位是平面组合设计的关键所在。

接口分为重合接口和连接接口。重合接口是指两个模块之间的共享部位出现重叠的现象。连接接口是指其中一个模块在接口部位是开放的，因此两个模块能够进行完美对接，不会出现多余构件。由于本课题所创建的 BIM 户型库中的大部分模型都是具有外围构件形成的闭合空间，因此在平面组合过程中接口大多为重合接口，建筑师在平面设计时可合理选择重合接口部位的多余构件进行删除，以实现住栋平面各模块之间的完美对接。

3. 立面设计

住宅立面设计的标准化并不意味着呆板与单一，以组合平面为基础，对立面进行多样化设计，通过色彩变化、部品构件重组等方法形成丰富多样的立面风格，使其与周围环境有很好的融合。与普通住宅相比，装配式住宅立面设计最大的特点是通过组装拼合而成，其中包括预制墙体构件、功能性构件等。在这种生产模式下，构件的种类越少，数量越大，成本越低。因此，为了降低构件成本，提高施工效率，增加构件标准化设计，减少构件种类，设计师在 BIM 构件库中选择不同风格的预制墙体构件或功能性构件，经过标准构件不同形式的组合，形成复杂多样的立面形式，最终展现出装配式住宅立面设计的多样化。

(二) 结构专业组合式设计

建筑专业设计完成后，根据建筑师提供的建筑模型，结构师从 BIM 结构户型库中选取与之相对应的结构模型进行组装设计。由于结构构件的布置不同，一种建筑标准户型可对应多个结构户型。结构设计师根据规范标准以及经验挑选出合适的结构户型模块进行预设计，加上核心筒、走廊、入口大堂以及机房等辅助模块，在

BIM 软件平台上预组装成整体楼栋结构模型。在此过程中，设计师可利用 BIM 的可视化、参数化等优势对结构模型进行调整。

此模型为结构初步设计模型，设计的正确性与合理性还需通过计算分析进一步验证。如何很好地实现 BIM 软件与结构计算分析软件之间数据的互相传递，是 BIM 技术在装配式建筑中应用与推广的关键。目前，我国的主流结构设计软件都在积极开发与 BIM 软件相关的数据接口程序，实现模型数据的互导，比如 PKPM 开发了与 Revit 软件转换接口程序 P-tmns，盈建科开发了与 Tekla、Revit 等软件的接口转换程序，并且推出了 Revit 平台中的 YJK 结构插件，实现了荷载数据的传递、Revit 软件中施工图的绘制以及钢筋模型的自动生成，提高了设计效率。

按照标准化结构设计流程，将创建好的结构初步设计模型，通过 Revit 软件中的外部接口程序，导入盈建科软件中进行结构整体性能分析。若分析计算结果符合国家规范的规定，且计算得到配筋结果与选定的结构构件的配筋信息相匹配，则可在此模型基础上完成后续工作；若计算结果不符合设计要求，则需要返回 BIM 模型中进行修改，再重复进行结构计算的工作，直到计算分析结果通过，得到符合设计要求的结构模型。

（三）设备安装专业组合式设计

BIM 领域中的设备模块包含水、暖、电三个专业，为了方便设备工程师进行 BIM 设计工作，Autodesk 公司开发了 Revit MEP 软件，MEP（Mechanical、Electrical、Plumbing）为机械、电气、管道三个专业的英文缩写，2012 版本之后，RevitMEP，Architecture，Structure 三个独立软件合并为 Revit 一个软件，MEP 变成了 Revit 中的一个模块，主要用于水暖电专业的设计工作，本书所研究的设备专业标准设计方法是基于此软件模块进行的。

设备专业的标准化设计，是在建筑模型设计完成之后与结构设计同时进行，延续了建筑、结构设计的模块化思想，建筑户型的设计决定了 MEP 的模型方案。设计师根据建筑户型样式，在 BIM 设备模型库中挑选与之相对应的水暖电模型载入建筑模型中，在 BIM 软件中经过微调使之与建筑户型相适应。电气专业涉及户型内部各种电气配件的精确位置，比如插孔插座、电箱、预埋电气线管、预留线孔等，在设计过程中应考虑预制深化构件的选择问题，确保由各构件拼装完成的户型与电气模型相匹配。

利用复制、镜像、旋转等操作完成所有户型内部 MEP 模型的设计。由于户型外部公共区域的水暖电设计情况较为多变，又涉及与立管以及多个户型内部管线的对接，不宜利用标准化的模型进行直接放置，因此需要根据实际情况在 BIM 软件中进行手动绘制，然后将每层的各横管进行有效连接，在相应位置绘制立管，将每层管道系统连接为建筑物内部的整体模型。在设计过程中，要对水暖管线进行水流分析计算，对电气模型进行电力负荷计算，确保设计的合理性。如有不合理之处，需要返回 BIM 模型进行修改调整。通过碰撞检查不断调整碰撞管线位置，避免在施工过程中发生碰撞出现无法安装的情况，最终达到符合设计要求且无碰撞的整体设备模型。

三、基于 BIM 的构件拆分

在装配式建筑中要做好预制构件的"拆分设计"，俗称"构件拆分"。实际上，正确的做法是前期策划阶段就专业介入，确定好装配式建筑的技术路线和产业化目标。在方案设计阶段根据既定目标，依据构件拆分原则进行方案创作，这样才能避免方案的不合理导致后期技术经济的不合理，同时避免由于前后脱节造成的设计失误。通过构件拆分，可以对预制墙板的类型、数量进行优化，减少预制构件的类型和数量。

由于组合式设计是以户型为基本单元进行设计，因此在整体设计完成后，需要按照相关拆分规则将户型以及其他附属模块拆分为多个构件单元，以便为之后的构件深化设计及生产提供有效信息。在模型拆分过程中，在模数协调的基础上拆分构件，遵循"少规格、多组合"原则，形成预制构件 BIM 模型的标准系列化，协调建设、设计、制作、施工各方之间的关系，加强建筑、结构、设备、装修等专业之间的配合。

设备的预埋、生产模具的摊销、构件的吊装、塔吊的附着、构件的运输等，这些设计、生产、施工问题也要在构件拆分的过程中予以考虑。综合分析设计各方面，如果所拆分构件的制作和施工都有困难，应避免拆分。构件拆分除了满足建筑相关规范的前提，还应考虑工程造价问题，在提高预制率的同时尽可能降低建设成本。

完成构件的拆分后，按照所拆分出来的预制构件外形尺寸、混凝土标号、钢筋信息等参数，在 BIM 构件库中挑选匹配度最高的构件模型，进行下一步的模型构件深化设计阶段。基于 BIM 的构件拆分与挑选，相比于传统二维拆分设计，具有可视化、集成化的特点，在三维模式下不仅能更加直观地对预制构件进行表达，而且其信息高度集成的特点，可以将构件的参数信息传递至构件生产制作阶段，甚至装配施工阶段。可以看出，基于 BIM 技术的装配式住宅组合式设计方法，相较于传统设计流程的优势，是借助 BIM 技术可视化、参数化、数据集成度高以及模型图纸关联的诸多特点，实现装配式住宅标准化基础上的多样化组合，使装配式住宅的设计效率得到提高。借助 BIM 模型数据信息传递的准确性和时效性，一定程度上推动了住宅产业化的发展，并且本章对基于 BIM 的装配式住宅组合设计方法的研究和对后续进行的 PC 构件的深化设计起着决定性作用。

第三节　BIM 技术在装配式 PC 构件中的设计与应用

一、PC 构件的类别划分与结构体系

（一）PC 构件的类别划分

按照组成 PC 构件特征和性能划分：预制楼板（含预制实心板、预制空心板、预制叠合板）；预制阳台上预制梁（含预制实心梁、预制叠合梁、预制 U 形梁）；预制墙（含预制实心剪力墙、预制空心墙、预制叠合式剪力墙、预制非承重墙）；预制柱（含预制实心柱、预制空心柱）；预制楼梯（含预制楼梯段、预制休息平台）；其他复杂异形构件（含预制飘窗、预制带飘窗外墙、预制转角外墙、预制整体厨房卫生间、预制空调板等）。

各 PC 构件根据工艺特征还可以进一步划分，如预制叠合楼板分为以南京大地为代表的预制预应力叠合楼板；以合肥宝业西韦德为代表的预制桁架钢筋叠合楼板；以济南万斯达为代表的预制带肋预应力叠合楼板（PK 板）。预制实心剪力墙分为以北京万科和榆构为代表的预制钢筋套筒剪力墙；以黑龙江宇辉为代表的预制约束浆锚剪力墙；以中南建设为代表的预制浆锚孔洞间接搭接剪力墙。预制外墙分为以长沙远大、深圳万科为代表的预制普通外墙；以万科、宇辉、亚泰为代表的预制"夹心三明治"保温外墙等。

（二）PC 构件的结构体系

预制装配式混凝土结构体系根据受力情况分为：预制装配整体式剪力墙结构、预制装配整体式框架结构、预制装配整体式框架—剪力墙结构和装配式混凝土墙板（简称 PCF 板）结构四种结构体系。根据装配式构件应用比例，又可以分为全装配式和半装配式两种体系。目前，我国主要使用半装配式，即预制与现浇混凝土结合使用。

第一，预制装配整体式剪力墙结构体系，是指混凝土结构的部分或全部采用预制墙板承重，通过在节点、接缝等部位的混凝土后浇形成具有可靠的力学性能。满足设计规范要求的剪力墙结构。该体系特征是现场模板使用少，竖向构件全预制，水平构件采用叠合形式，现场只是在节点、接缝处少部分用现浇，将门窗框、水电

管线直接预埋，无须二次开槽安装，减少过程环节。

第二，预制装配整体式框架结构体系，是指混凝土结构全部或部分使用预制柱、叠合梁、叠合板、预制墙板、楼梯、阳台等构件，通过节点部位的现浇混凝土或叠合方式形成具有可靠的力学性能，满足设计规范要求的框架结构。该体系空间布置灵活，易于满足大空间的应用，叠合梁、预制墙板、叠合板、楼梯、阳台预制柱的工厂预制大大减少现场湿作业的工作量，改善施工现场环境。预制构件作为承重构件，现场吊装施工效率高，大大缩短了工期。

第三，预制装配整体式框架—剪力墙结构体系，是指主体结构的框架部分采用PC构件，剪力墙依旧使用浇筑的框架—剪力墙结构。该体系受力机制分明，节点施工工艺可靠，适用于高层建筑。

第四，装配式混凝土墙板结构体系，建筑的墙板部分采用PC墙板，但是只是为非承重的围护或分割作用的结构构件使用。预制墙板采用外饰面反打工艺、门窗框预埋整体浇筑、内含保温层，有效提高了墙体整体性和耐久性，且墙体表面平整易于装修。

二、BIM技术在PC构件中的应用

（一）BIM技术在PC构件建筑体系中的应用

1. BIM技术在方案设计阶段的应用

（1）方案建模。BIM概念设计和可行性研究软件（SketchUp、Rhino、Grasshopper等）对建筑可以随意推拉，简单快捷的编辑方式以及三维逼真的视图感，加之建筑设计师传统的手绘模式，将手绘的意到笔到，转化为计算机的所绘即所得的虚拟建筑。这一阶段设计者的构思往往比较模糊粗略，仅仅是些规则或不规则的几何体，而且频繁的大幅度修改。如Revit中的体量建模，自由创建和编辑形状，在形状创建后可以通过基于点、线、面对体量形状进行调整，实现从简单粗略到逐步细化的方案建模。最终确定基本建筑设计方案，将建筑物体量模型载入Revit项目文件中，进行建筑模型参数化制作工作。

（2）建筑模拟分析。按照方案设计模型对建筑的性能进行数字化仿真模拟，以此对方案设计进行调整修改，优化设计方案，达到提升建筑性能的目的。建筑模拟分析不仅对几何模型要求高，同时要输入准确的各项参数，例如能耗模拟要求输入温湿度、维护结构导热系数、厚度等。建筑模拟分析包括能耗分析、采光分析、日照分析、应急疏散分析等。

在传统的基于CAD等二维设计方式涉及模拟分析时，要在相应的模拟软件中重新建立模型，需要对照图纸进行大量的信息查找，如板的几何信息、材料、构造等，直接影响工作效率。BIM 技术将建筑信息存储在 BIM 模型中，模拟分

该软件可以将 BIM 模型通过转换格式导入，无须进行重新建模或者只需要将导入的模型进行检查校准，即可展开相应的模拟。基于当前软件之间格式转换存在缺陷，信息丢失或者软件之间文件格式不兼容，依然需要在模拟分析软件中重新建模分析。但是 BIM 模型提取信息便捷，三维直观的视图无须设计师对照图纸进行空间想象。基于 BIM 技术的模拟分析，实现设计师边设计边模拟的 BIM 设计理念，不断提供准确信息供设计师分析，达到优化设计的目的。

（3）可视化分析和输出。BIM 技术在设计阶段的应用，有一点跟以往的设计流程完全不同，即设计与三维模型表现同步。以往设计是手绘草图再用专业渲染软件做出效果图，在建筑设计反复修改过程中能产生许多没有用的工作，BIM 技术则将平面设计图与 3D 模型统一起来，平面设计与三维视图关联，可以实时查看设计成果。这种设计与传统平面图加效果图的方式完全不同，它更注重建筑的构件组成是否合理，侧重点不是效果图的展示而是实际应用。虽然它的 3D 效果没有专业 3D 渲染软件好，但其方便设计修改。

三维实时查看、模拟分析等功能是设计师最需要的。这些功能为设计师提供了大量便利，减少了无用的工作量。BIM 模型可以全方位展示建筑整体效果，设计师可以从任何一个角度对建筑进行观察，也可以对局部进行查看，给方案局部设计与调整带来便利。同时，可以从任何一个面将模型剖切，便于观察建筑的组成部分。并且，在方案设计阶段 BIM 可以进行多方案比选，如 Revit 的"设计选项"功能，对某一建筑的局部建立多个模型，然后分别展示进行对比选择。直观展示不同的建筑物模型，让设计师们更容易做出选择方案。

2. BIM 技术在构件连接和节点设计中的应用

对于装配式框架结构，节点连接在满足整体可靠度的前提下应体现强柱弱梁、强剪弱弯、节点更强的原则。装配式节点连接有别于传统连接方式，节点区域的构造比较复杂，利用 BIM 模型可以很直观地展现各个构件在节点区域的连接情况，并根据模型数据检查和优化节点连接方式，最终用于构件制作阶段。从国内外的研究和应用经验来看，对于 PC 结构的建筑，有着大量的水平方向连接部位、竖直方向连接部位以及节点，连接缝和节点是将 PC 构件连接成为整体的重要部位。

PC 构件组成的建筑结构，整体需要满足承载力、延展性、强度、抗风防震等要求。这些连接缝和节点直接决定着建筑物整体的上述性能，所以这些部位的设计较为复杂，存在许多受力钢筋和套筒的穿插。由于构件接头钢筋位置是在构件预制时候已经决定，很难改变，如果钢筋或套筒预设位置出错，现场安装就无法顺利进行。

利用 BIM 模型可以对预制构件进行预拼装模拟，直观地观察和检测构件之间的钢筋和套筒穿插链接有无碰撞，将错误扼杀在构件生产之前。通过应用 B1M 技术对 PC 构件的建模拼装检查，优化构件的钢筋布置位置，有利于降低构件生产的废品率。很直观地展现各个构件在节点和接缝区域的连接情况，便于加工制作人员对构件的理解，最后应用于 PC 构件的制作中降低加工难度。连接部位和节点设计，是 PC 建筑结构形式等同现浇建筑的关键所在。

3. BIM 技术在各专业信息检测中的应用

建筑工程项目不同，专业信息分散，使得各专业各阶段信息交流不畅通，建筑全寿命周期信息实现整合和共享困难，各专业全方位信息交流缺少一种共享的交互应用平台，沟通交流过程中造成信息流失和传递失误。BIM 技术的产生及应用，使得这一难题得以有效解决，建筑行业施工阶段频繁"错漏碰缺"和"设计变更"所额外产生的建造费用、社会成本，都可以通过应用 BIM 技术而得到有效控制。由于建筑、结构、机电、安装等专业之间共享单一的 BIM 模型信息数据，因此发现和解决专业内以及专业间存在的冲突问题更加便捷容易。

4. BIM 技术在优化设计和成本控制中的应用

目前，PC 建筑首先是按照传统现浇结构设计方式进行设计，然后通过深化设计后对建筑进行构件拆分设计，导致 PC 建筑设计阶段成本和时间都相应增加，这是 PC 建筑设计应用水平低造成的，使得先进的设计理念落地成本居高不下；PC 建筑的推广处在质量好而价格高无法大面积普及应用的阶段；PC 建筑设计阶段，多专业设计师间协作差，PC 建筑构件预制废品率高；PC 构件加工生产自动化应用水平低，加工工作烦琐、量大。

PC 建筑仅仅处于局部试点应用阶段，解决这些问题的途径是要整合创造适用于装配式设计的流程，真正实现提供 PC 建筑设计标准化，从而实现设计的高效率和专业化。应用 BIM 技术可以实现多专业设计师间协同设计，信息无损交流。各专业设计师实现实时信息互动和协同检测（建筑、结构、设备等专业构件部品），及时对不合理设计进行实时优化修改，精确各专业构件尺寸、位置，以及各构件穿插的孔洞预留，有效控制施工安装发生碰撞，优化管线综合排布。

这种检测都是钢筋级别的，误差在毫米级，只有借助 BIM 技术才能高效地完成这种工作。通过 BIM 技术，从建筑三维模型导出精确的材料用量明细表，再应用广联达、鲁班等计价工具进行计算，得出精确建筑建造成本，准确的工程量对于业主、施工方、材料供应、项目管理以及建筑建造成本等都是十分重要的基础性数据。准确的工程造价是项目进行造价概算、工程招投标、建筑工程合同谈判、签订劳务合同、支付工程进度款等一系列造价相关工作的基础。

（二）BIM技术在PC构件工厂与生产中的应用

BIM技术用于PC构件的深化设计、生产加工过程中，能够提高PC构件设计、加工的效率和准确性，同时发现问题及时在生产中更改。

1. BIM技术完善预制构件深化设计

PC构件的深化设计阶段是PC建筑非常重要的阶段，直接影响PC建筑应用的成败。预制构件在工厂设计和生产的精确度，决定了其现场安装的准确度，所以要进行预制构件设计深化，其目的是保证每一个构件到现场都能准确地安装，不发生错、漏、碰、缺。但是建筑预制构件种类型号较多，要保证每一个构件准确无误，单靠工人进行校对检查是不可能保证的。BIM技术有效地解决了这一问题，通过BIM模型，可以把存在碰撞和冲突的构件在实际生产加工之前修改更正。深化设计工作人员对BIM模型进行碰撞检查，检查PC构件之间是否存在碰撞冲突的情况，以及构件的预埋件与钢筋之间的冲突，依据检查报告文件，调整和修改PC构件的加工数据，完成PC构件深化设计。

2. BIM技术搭建预制构件信息模型

预制构件信息模型是后续预制构件模具设计、预制构件加工和运输模拟的依据，其准确性和精度直接影响生产的构件精度和安装结果。预制构件信息模型是深化设计的信息整合过程。通过Revit等核心BIM建模软件，将PC建筑模型进行PC构件分割。预制构件的分割必须满足结构力学传递原理、建筑构件功能、生产制造要求、运输要求、节能保温、防震防风防水、耐久性等问题。在满足结构和功能的前提下，预制构件的规格尺寸应尽可能满足建筑模数，同时尽可能减少构件的种类，以此减少模具和人工费用。在构件拆分过程中，参照BIM的3D模型，直观对构件进行拆分，减少2D图纸烦琐对图设计导致人员疏忽出现设计错误，提高效率。

3. BIM技术促进参数化配件设计

预制构件拆分完成后需要进行配件设计，预制构件配筋过程工程量大而且复杂，预制构件对配筋要求精度非常高。应用BIM软件可以进行参数化配件设计，参数化是使用参数来确定图元的行为，并定义模型组件之间的关系，它通过调整参数来确定构件的形状和位置等特征，对需要修改参数的图元修改完成后，软件会自动关联调整改动的参数信息，减少人员重复工作过程，以及人员疏忽而导致的同一构件在不同图纸上出现的矛盾设计现象。

4. BIM技术有利于常规碰撞检查

常规的碰撞检查是检查构件之间的碰撞，如梁和柱之间的冲突。或者是不同专业之间的冲突，如墙和管线之间的碰撞。构件深化设计的碰撞检查除检查以上问题外，主要是检查构件连接节点的预留钢筋之间是否冲突和碰撞，以及构件之间预留钢筋连接节点的检查，如钢筋和套筒是否可以对接等，这种检查要求极高，需要达到毫米级别。这对建筑行业传统粗放的方式是极大的挑战，只有借助 BIM 技术才可以完成。

BIM 技术提供两种碰撞检查方式：第一种是在 BIM 模型三维视图下，进行漫游宏观整体检查或者围观针对某个构件节点检查，这一般是边设计边检查，每完成一个节点检查一个；第二种是通过 BIM 软件自带的碰撞检查功能进行全方位检查，这一功能检查完成后会生成检查报告，详细显示碰撞的位置、构件名称、碰撞数量、构件 ID 等，设计人员对存在冲突的地方进行逐一修改，直到没有碰撞即完成配件模型。还要解决设计过程中预制构件内部（主要包含钢筋、预埋线管、预埋接线盒、预埋螺栓套筒、预埋钢筋套筒）之间的碰撞、预制构件与现浇部分预埋固定件之间的偏差、预制构件安装的可行性等问题，为构件工厂化生产、构件现场安装创造良好的基础。

"建立基于工程的 BIM 各专业核心模型，包括建筑模型、结构模型、给排水模型、暖通模型和机电模型；以图元分类，以层为单元，实现不同专业间的碰撞检查；将各类构件分别归于不同集合，实现专业内的碰撞检查；设定构件或吊装机械的运动轨迹，以实现动态碰撞检查；将检查结果反馈给 BIM 核心模型，实现装配式结构的优化，保证装配式建筑全生命周期的精细化管理和效益最大化。"[①]

5. BIM 技术推动自动化构件生产

完成上述流程后，BIM 构件配件模型可以直接生成加工图纸或者将信息输入自动化构件生产设备完成构件的生产。

（1）根据该模型准备构件所需模具并进行模具的组装，在这过程中同样可以在 BIM 软件中将构件加入模具进行检查，查看是否符合构件尺寸，以及有无冲突，实现模型的动态交互应用。同时在建好的构件模具的 BIM 模型上，对模具部件结构分析及强度校核。另外，对模具进行数字化虚拟组装、拆装工序模拟，检查和优化其合理性，以便对真实安装过程的演示。

（2）在构件生产过程中，对构件的几何尺寸、钢筋位置、预埋件位置与模型进行实时校核，以满足构件精度要求，如果发现生产构件信息与模型不符时要及时检查、修改，将损失降到最低。

（3）工程量的精细化统计，导出 BIM 模型中的材料统计量明细表，根据具体需要，可以包括构件尺寸、构件编码、材料、混凝土容量、钢筋规格和形状、用量、

---

① 李广辉，邓思华，李晨光，等. 装配式建筑结构 BIM 碰撞检查与优化 [J]. 建筑技术，2016，47（7）：645.

生产厂家等详细信息，不仅可以指导构件生产和参照，同时也可以预算用量和价格。

（三）BIM 技术在 PC 构件运输与施工中的应用

1. BIM 技术与 PC 构件运输方案

在 PC 构件运输方案设计中，BIM 技术具体应用主要包括：第一，对 PC 构件实时追踪对比，根据现场施工计划从仓储区提取构件；第二，对 PC 构件运输过程进行规划设计方案，对构件装车顺序及组合依据 BIM 信息数据制定具体可行的方案；第三，与现场实时沟通，以减少现场构件存储量来减少现场土地占用，同时避免施工中构件不及时到位产生等待现象。

2. BIM 技术优化施工阶段构件管理

在此阶段，应对构件入场和吊装施工中的管理进行专门研究探讨。在常规的施工现场运行中，构件的堆放往往受区域范围的限制，如果不做详细规划，找错构件、找不到构件的情况时有发生。通过 BIM 技术对 PC 构件制定进场、堆放、安装等施工管理的专项方案。用 RFID（无线射频识别，又叫电子标签）技术实现追踪、监控 PC 构件的存储吊装的真实进度情况。把 RFID 电子标签植入 PC 构件后，记录完整的 PC 构件生产、材料等物理信息。

同时，通过进行加入时间进度计划的构件运输和吊装 4D 模拟，可以实现构件现场存放最少，减少构件的二次存储和吊装，即将运输车上的构件直接吊装施工，无须先在现场卸载存储再吊装。在构件进场检查时，通过非接触式接收检测设备，运输车缓慢通过检测通道，即可完成对入场 PC 构件进行检验、记录和统计，完成信息的传递，无须工作人员手动检查记录等工作。提高 PC 构件验收、吊装使用现代信息化管理的水平，简化重复烦琐工作。

3. BIM 技术与施工动态模拟

将 Revit 软件创建的各专业模型合并再导出为 NWC 文件格式，导入 Navisworks Manage 或者 Navisworks Simulate 等软件中进行多专业碰撞检查和施工方案 4D 动态仿真模拟（也可以直接将各专业模型分别转为 NWC 格式导入）。将各构件安装的时间顺序信息输入 Navisworks 中或者通过 Microsoft Project（MSP）等导入进度计划文件与构建进行关联附着，然后进行施工仿真模拟，在 4D（3D+ 时间）环境中对建筑工程进行虚拟仿真的施工情况模拟；在项目实际实施中，通过 4D 仿真模拟施工数据分析，及时将计划进度和实际进度进行对比分析，合理安排资金、进度、材料等资源的配置以及现场安全隐患处理，防患于未然。BIM 技术的应用有效避免建筑信息传递过程中产生的延时、错误、漏洞等问题，提高过程管理的效率，精细化现场安全问题，有效避免现场返工的情况发生。

（四）BIM 技术在 PC 建筑运营阶段的应用

运营阶段主要是指物业管理工作。物业管理是指受物业所有人的聘用，根据双方签订的合同，对建（构）筑物及机电设备、公用设施、绿化、卫生、环境等管理项目的维护、修缮和整治。目前，物业管理主要是针对上述项目的正常运行为目的，着重故障、破坏维修，保证项目正常运行。

随着网络技术的应用和建筑功能越来越复杂多样化及智能化，使得物业管理范围变成庞大复杂的系统，建筑运营过程中的物业管理成本越来越高，传统的管理方式越来越不能适应物业管理中智能和信息手段应用发展的步伐。我国物业管理水平落后，是诸多因素导致的，首先是建设单位、设计院、施工承包商和物业公司工作上的脱节。建设阶段较少考虑运营阶段的节约和便利，更多的是考虑节省一次性投资以及时间和精力。物业公司人员也极少在建设阶段介入项目，对项目没有一个系统的熟悉过程。在物业管理过程中，人员流动等原因导致新来的工作人员对项目管理的诸多资料不清楚，只能凭借经验管理。BIM 技术可以有效解决目前 PC 建筑面临的上述问题，实现精细化运营管理。

1. BIM 技术增强建筑设施信息管理

装配式建筑的 BIM 模型，可直接对 PC 构件的属性进行查询，可以显示设备具体的规格尺寸、参数信息、厂家信息等外部连接。同时可以查询有关 PC 构件其他格式的文件，如施工安装时及维修的图片；对于需要维修的隐蔽工程的 PC 构件，因为各种隐蔽构件无法直接查看，给建筑改造、设备维护、工程维修或二次装饰工程带来一定困难，应用 BIM 技术可以清晰记录各种隐蔽的部位构件信息，避免后期依据粗略信息施工对 PC 构件形成不必要的损害；数据的单一性，在运营阶段建筑物变动后，可以将变动信息记录在原来建筑 BIM 信息上，无须重新建文件备案，使建筑信息就像是一部建筑的历史纪录片一样，记录着所有建筑相关的历史信息。

2. BIM 技术提升灾害应急和维护管理水平

借助 BIM 和 RFID 技术搭建的信息管理平台，可以建立 PC 构件及设备的运营维护系统。建筑信息在该系统中统一集成存储管理，辅助管理人员对建筑运营的日常管理维护和突发事件的应急处理。应用 BIM 技术对日常建筑的维护和维修情况信息进行详细记录，对于时常需要维护保养或更换的部件，通过对以前相关信息的分析查看，从而提供更好的服务。并将本次工作记录在 BIM 信息系统中，供未来工作者借鉴，实现建筑信息的更新与良性循环的应用。

BIM 技术可实现 PC 建筑的全寿命信息化应用，基于 BIM 的灾害应急管理预案为 PC 建筑发生紧急情况后提供高效可行的应急处理办法：一是通过 BIM 数据库和

BIM 模型，快速对事故构件进行三维定位，同时调阅维护、维修等日常管理信息，了解事故构件的历史情况；二是根据 BIM 模型进行处理方案的比选决策，虚拟仿真比选出最优处理方案和实施流程；三是根据 BIM 数据库资料和 BIM 模型指挥来管控灾害应急现场，减少大量重复的查图纸、对资料等工作；四是在使用 BIM 对灾害处理的同时，将当前灾害信息已经输入 BIM 数据库，BIM 模型自动更新，为后期管理提供真实可靠的信息。

3. BIM 技术优化建筑拆除改建

BIM 技术可以实现对建筑物的改造、扩建、拆除提供详细的工程资料，相关人员从 BIM 模型和数据库中调取设计、施工、运维等各阶段所有的建筑信息，为改造、扩建、拆除工作的方案制定、实际实施提供指导。同时，对可以回收利用的 PC 构件进行筛选记录，用来回收利用或二次开发，做到节约资源，避免浪费。

三、BIM 技术对 PC 构件的主要优势

（一）PC 建筑 BIM 设计与传统模式对比

1. 设计优势

PC 建筑设计的相关技术和方法，我国当前的应用还不够清晰明了。其中设计内容较传统建筑设计更多、更深。各专业首先需绘制完成自己专业涉及的设计内容图纸，其次进行多专业图纸汇总检查、修改，最后各专业根据相关规定、标准对建筑进行拆分深化设计，使得拆分构件满足结构要求，尺寸大小适合工厂生产、运输、现场吊装施工等要求。构件设计工作需要在项目开始之前就要完成，生成构件详图来指导生产，设计时出现的"错、漏、碰、缺"在构件生产前没有发现改正，将直接导致生产的 PC 构件成为废品。

一个项目拆分的 PC 构件少则数百，多则上千上万，且要考虑不同专业的构件穿插和孔洞预留，导致 PC 建筑设计无论从工作量还是深度都增加不少，所以设计产生的费用会较高。传统砖混结构建筑的设计方法技术简单，应用也较为成熟。所需绘制的图纸较少，设计图纸内容深度可以随着项目进度不断完善、修改，对设计中多专业相互协同设计要求不高，对于设计图纸产生的错误在项目施工过程中容易更正。对于不同的分项、分部工程可以进行专业分包，由分包单位进行深化设计。工作量和设计深度都是一个渐进的过程，根据施工进度不断完善后续设计工作。专业人员在现场协调，工作烦琐但难度低、要求低，建筑设计费用较少。

2. 生产优势

（1）生产情况。PC 建筑的机械化应用水平高，在 PC 构件的工厂加工中，采用

专业模具和专业浇筑、振捣、养护设备，生产的构件尺寸标准、质量有保障。在构件存储、运输中有专业的支撑构件以保护构件不易损坏。在构件现场，吊装中使用大中型机械吊装设备，现场工作人员较少，但是对工人技术能力要求较高。因此，工厂生产构件的机械设备成本摊销大，工作人员工资较高。构件生产和吊装受环境影响小。砖混结构的建筑相对 PC 建筑，所有工序都需要在现场完成，现场湿作业工作量大，工作人员较多。模板多采用木模板，价格低，可以重复周转使用6～8次。

建筑质量、工期等受施工水平和气候环境因素影响大，不易实现人为主动控制。制订的进度计划往往与实际进度差别较大。因此，建筑成本直到竣工结算后才能准确知道，这个结算价格与预算价格差别较大，建设单位不易控制总价。

（2）工程质量。装配式建筑可基本消除传统砖混结构的各种质量通病，生产效率大大提高，节约劳动力，符合"四节一环保"等优点，因此施工质量相对容易掌控；但 PC 建筑在我国发展仍不完善，施工工艺还不成熟，施工管理体系尚未形成；对于外形复杂或体积较大的 PC 构件难以实现预制或者预制质量不佳，依旧需要多方面共同协调改进。建筑工程质量不易掌控，大多数存在质量缺陷。由于混凝土配合比、坍落度、运输过程损失，某些部位钢筋布置较密，在混凝土浇筑时没有振捣密实；模板工程中模板搭设不合理，引起支承刚度不够，模板接缝封闭不严；模板表面杂物没有清理干净；没有将模板充分洒水润湿就进行混凝土的浇筑；没有达到规定的强度就进行拆模；混凝土面层找平、压光不符合要求等都是目前混凝土结构存在的一些质量通病。

3. 施工优势

（1）施工进度。相对于传统的建造方式而言，装配化建筑的施工速度比较快，受环境因素影响比较小，在节约大量劳动力的同时能够提高建筑物的施工质量。PC 建筑最突出的特点就是像"搭积木"一样造房子，在工厂流水线上"生产"房子。在 PC 建筑模式下，可以提前将 PC 构件生产根据进度发包给加工厂进行生产，打破传统建筑主体施工从基础逐层建造的模式，实现多层、多部位构件一起生产，在现场只是完成按顺序吊装作业。例如，在基础施工的时候已经将 ±0.000 以上构件生产完成，基础工程完成后就可以直接进行吊装施工 ±0.000 以上工程。有效缩短因为传统工艺逻辑关系造成的工期延长，这里可以理解为施工段或施工层的流水搭接作业。

PC 建筑施工根据计算可实现一天一层的建筑速度，由于多种因素导致现实速度与理论有一定差别，但是通过建筑工业化的推进一定会减小差别。在传统砖混模式下，主体结构只能从基础逐一向上建造，这里面因为工艺逻辑关系和组织逻辑关系的限制，如砌筑工程需要手工作业，劳动强度大，进度慢。不可避免地会有技术间歇时间和组织间歇时间，导致施工速度无法提高。在目前，现浇建筑模式施工强度已经非常大，但施工速度依然比 PC 建筑施工速度慢 1/3。

（2）施工措施。在 PC 建筑模式下，施工现场的模板使用量极少，脚手架的应用也有所降低，但对起重吊装设备的起重量、回转半径的参数要求较为严格。措施费用中的机械费增高。传统模式建筑，木模板消耗量大既不经济，质量也会受到影响，并且模板及支撑要不断拆装循环，措施费、人工费、材料费都较高。

4. 管理优势

PC 建筑大量分部、分项工程的构件部品集中到工厂进行流水线生产，构件尺寸固定，产品合格率高，生产效率大大提升。现场工作量大幅减少、人员比较少、交叉作业少，因此管理成本降低。PC 构件工厂对构件生产的全过程管理属于精细化管理，需要较高的管理水平。与现场、设计等沟通交流及时有效，否则会造成较大的不必要损失。构件设计修改如果不及时沟通就会依照旧图纸生产，导致产生废品率。传统的建筑工程管理，分包相对较多，相关各方的交流相对较少，工序衔接较差。若管理不当容易引起施工混乱，致使工期延长，造成管理成本比较高；施工阶段产生的措施项目费用多为人工费、机械租赁费和模板摊销费等。该费用对于单个工程来说较低，但是从综合效益考虑并不经济也不环保，而且费用较高。

（二）传统结构体系与 PC 体系成本对比

目前，我国产业化建筑还属于前期推广阶段，还没有形成完整的产业链，从市场反应来看，产业化建筑的建造成本与传统结构体系建筑的建造成本相比普遍偏高，如 PC 建筑，设计标准和质量要求均相同的同一栋住宅，采用装配式建造方式的建造成本与采用传统的建造方式的建造成本相比要高 20%，装配式混凝土结构建筑的高成本，成为制约其普及使用的关键因素，因此分析控制 PC 模式建筑成本的主要因素，对降低 PC 建筑成本提出合理的应对措施或建议具有较高的应用价值。根据工程造价领域中的全寿命周期造价管理（LCCM）理论，建筑的全寿命周期成本应该包含建造成本、使用成本、处置成本三个部分。

由于 PC 建筑具有绿色建筑和产业化的产品特征，因此具有节能、环保的特点，因而其在使用过程中的成本较传统现浇结构建筑要低很多。PC 建筑很多的构件是在工厂生产，质量和性能较好，整体结构通病较少，故与传统现浇结构建筑相比，使用成本（能耗费用、维修费用）要低很多。装配式混凝土结构住宅很多构件回收利用，PC 建筑处置成本（拆除费用、残值）也比砖混结构住宅要高。综合上述分析，目前导致 PC 建筑比传统现浇结构建筑成本要高的关键因素是，PC 模式建筑的建造成本要比传统现浇模式建筑的建造成本高很多。下面对 PC 模式建筑和现浇模式建筑的建造成本组成进行分析：

1. 传统砖混结构成本组成

现浇混凝土结构建筑的建造成本，构成主要包含直接费、间接费、利润、规费、税金五部分组成。直接费主要包含材料、人工、机械、措施几项费用，既是施工单位需要支出的主要费用，也是构成建造成本的主要组成部分。各工程的间接费主要是相关管理的费用，它和利润的多少是由企业的自身情况决定的，具有弹性变化的特性。由于费率标准等是由国家相关规定确定的，不能自由变动，因而同一项的规费和税金相对而言变化较小且比较少。

当一项工程的建设标准已定时，材料、人工、机械、措施的费用也就确定了，因而传统建造方式的直接费是一定的，要想降低工程的建造成本，只有从调整间接费和利润着手，但又因成本、质量、工期这三大因素总是相互制约的，成本的降低必将会对建筑的质量和工期产生影响，故传统结构住宅的建造成本可降低空间是有限的。

2. PC 建筑成本组成

装配式混凝土结构住宅的建造成本构成与传统现浇结构建造成本构成基本相同，主要包含直接费（含预制构件生产费、运输费、安装费、措施费）间接费、利润、规费、税金五大部分。装配式混凝土结构住宅建造成本中的间接费和利润同样是由施工单位掌控，规费和税金同样依据国家的相关规定计算，但装配式混凝土结构直接费所包含的主要内容为预制构件的生产、运输、安装、措施部分，这与传统混凝土结构建筑直接费中所包含的项目差别较大，是造成装配式混凝土结构与传统现浇结构建筑建造成本差异的关键所在。PC 建筑建造成本直接费中的构件生产费，具体包含原材料、生产人工费、固定资产摊销、预制厂利润、税金这五部分；运输费主要包含构件从工厂运至工地以及施工现场二次搬运的费用；安装费的构成主要指构件竖向运输费和安装过程中的人工及专用工具、机械摊销等费用；措施费包含主要为模板和脚手架的费用。

综合比较装配式与砖混两种结构住宅的建造成本的构成可以看出，因生产方式的不同造成两种建造方式的建造成本中，直接费部分的组成项目差别较大，因直接费在各自的建造成本中都占主导比例，故二者建造成本的高低直接取决于各自直接费的高低，所以说要想降低 PC 建筑的建造成本应从降低其直接费用着手。传统现浇混凝土结构住宅经过多年的发展，材料市场较稳定、施工技术成熟，工程项目直接费用的多少可调范围较小，但 PC 建筑管理水平和施工工艺都不完善，各阶段可改进提高的地方较多，因此 PC 建造成本中直接费用可降范围大，是主要降低 PC 建筑建造成本的研究点。

四、PC 构件与 BIM 深化设计分析

(一) PC 构件深化设计

装配式结构深化设计是整个住宅产业化中的核心部分。深化设计直接影响成本与损耗生产效率，合理的设计方案能够使装配式建筑建造各环节顺利开展的前提。PC 结构不同于传统的现浇钢筋混凝土结构，传统现浇混凝土结构浇筑成型后，对于安装管道结构的洞口可根据需要开槽、开洞。但 PC 构件在成型后则不能任意开洞、开槽，PC 构件所有预留洞必须在 PC 构件图中清楚、准确地表现出来，以便工厂制作构件的精准，PC 构件运至现场，吊装后即可。如果 PC 构件吊装成型后，发现预留洞没开，将给施工带来很大障碍。所以，PC 构件制作的严谨性牵涉到与机电专业的密切配合，各专业技术人员必须根据模型进行安装管线与 PC 构件预留洞口之间的校核工作，找出问题点，提交设计单位进行修改，出具精确的 PC 构件图，把施工中可能出现的问题消灭在 BIM 模型中。

(二) BIM 深化设计

1. BIM 深化设计的主要优势

基于 BIM 的深化设计流程与现阶段深化设计流程相比，其优势如下：

(1) 与基于 BIM 的装配式住宅设计无缝对接，在模型库中挑选与组成标准户型的构件相近的构件，再通过格式转换将模型交由深化设计人进行设计。

(2) 由于 BIM 技术对各专业方提出的需求进行整合与集成，避免了各方可能存在的矛盾，深化设计集合度显著提高，同时基于可视化的深化设计，避免构件内的预留开洞、预埋件与钢筋布置冲突，有效地减少现场二次施工带来的浪费。

(3) 基于 Tekla 的钢筋节点深化设计，提高工作效率，避免重复建模，使钢筋布置方式参数化、智能化。

(4) 深化设计成果均以建筑信息模型的形式在 BIM 平台中进行传递与共享，由施工单位与构件生产单位方进行审核，可较容易检验是否满足了各方需求，避免由于深化设计人员专业局限性而造成对各专业需求理解偏差。

(5) 建立起构件设计与后期模具设计的联系，提高模具设计效率与准确性。

2. 预制构件深化设计的流程

预制构件深化设计是将各专业需求转换为实际可操作性图纸的过程，涉及专业交叉、多专业协同等问题，由构件厂作为深化设计的主体，分散接受各方需求，势

必造成深化设计难以同时满足多专业需要。基于 BIM 的深化设计是由一个具有综合各专业能力、有各专业施工经验的组织（施工总承包方）承担，将各自专业需求进行综合及简化后，不再反映各专业具体需求，而直接表现为一系列简单的符号。最终由总承包单位依据集合后的各专业需求对深化设计成果进行审核，提高深化设计质量。

3. 建筑专业 BIM 深化设计

构件厂生产的预制构件，须进行门窗预留洞口深化设计。由于特殊生产方式、截面尺寸精确度的限制，构造上需采用无副框安装方式，从而解决外墙与外窗接缝渗漏问题，并在门框四周预埋防腐木。依据建筑专业所提出的门窗位置及以上要求，进行预制构件门窗洞口深化设计。依据外墙做法，采用 Tekla Structures 相关功能对模块化设计的户型进行构件的外形深化设计。以三明治墙板为例，墙体外叶墙与保温层按照建筑做法需进行截面设计，传统设计方式采用二维设计方法的三视图对照画法，需要三维空间想象能力，出错率高。

4. 结构专业 BIM 深化设计

现浇段长度确定完毕之后，可对应参数化节点库中的节点进行设计和选取，并且将预制构件的长度与连接方式信息设置在 BIM 模型中。预制构件纵向受力钢筋在节点区宜直线锚固，当直线锚固长度不足时可采用弯折、锚固板等锚固措施。采用钢筋细部的功能，设置弯折长度，调整弯折碰撞。通过用户单元功能，可以对钢筋与截面距离、截面形状尺寸等参数变量进行控制，实现预制构件的参数化设计。下面针对装配式建筑中常见的预制构件，进行基于 BIM 的深化设计：

（1）预制叠合深化设计。预制混凝土叠合梁进行参数化设计时，首先将已知结构计算所得配筋面积及构件截面尺寸，针对叠合梁现浇与预制相结合的特点，通过基本建模功能对预制部分进行结构建模。参考钢筋计算面积，主筋选择高强度钢筋，为保持叠合梁现浇部分的高度不小于 180mm，所以控制梁的预制部分为计算截面高度的 2/3。当预制部分超过 600mm 时，通过布置钢筋功能在距离预制表面以下 100mm 的位置，两侧均设置构造腰筋，钢筋尺寸直径不应小于 12mm。采用 Tekla 中用户单元功能新建一个参数化的叠合梁，生成用户单元的第一步是确定把哪些参数放到最终要完成的节点界面中。在这里需提出的是梁长、宽、高、主筋直径及位置，腰筋（上部筋）直径及位置，箍筋保护层及直径间距等。需要采用"用户单元"功能重新定义一个已通过常规建模方法建立的模型，将其设置为"构件"，并通过"编辑用户单元"功能，将需要的参数设置在构件中。

（2）预制叠合板深化设计。首先依靠拆分方案，将混凝土模型导入 Tekla 中并利用基础建模功能对模型进行配筋深化设计。确定原楼板是单向板还是双向板，若是单向板选用分离式拼缝，若是双向板选用整体式拼缝，保证传力方向不变。采用分离式拼缝时叠合板无出筋，制作和安装简单，双向板不建议按单向板拆分。采用整体式拼缝时叠合板出筋，制作和安装较困难，但是符合结构受力情况。为增加预制板的整体刚度和水平界面抗剪性能，宜在预制板内设置桁架钢筋。钢筋桁架的下弦钢筋可作为楼板的下部钢筋使用。桁架钢筋应根据预制楼板的吊装、叠合面抗剪要求进行计算。桁架钢筋间距一般不小于 600mm。施工阶段，验算预制板的承载力及变形时，可考虑钢筋桁架的作用，减小预制板下的临时支撑。叠合板参数化建模的实现步骤如下：

第一，建立初始模型。根据结构分析计算得出的钢筋信息及截面信息进行初步建模。

第二，预制板钢筋深化。根据国家规范图集及相关标准进行叠合板的深化设计。对于设置桁架钢筋的叠合板，如果现浇层厚度不小于 80mm，支撑端预制板内钢筋采用搭接，板内 > 3.5d，现浇带内 > 5d，且过墙板的中心线，且不能小于 100mm。若现浇层小于 80mm，纵向受力钢筋直接锚固 > 5d，且过中心线，板侧搭接长度 > 0.8d，锚固长度 5d，且不能小于 100mm。叠合楼板内桁架钢筋上下弦筋不小于 8mm，格构钢筋不小于 4mm，桁架间距不小于 600mm。结构钢筋间距 > 200mm。下弦筋间距为 80mm，上下弦筋高差为 65～200mm。

（3）预制三明治墙板深化设计。墙板内钢筋均按照结构分析软件计算所得配筋面积进行实际配筋，预制墙板洞口上方的预制连梁应与水平现浇带形成叠合连梁，预制连梁的箍筋应伸出其上表面，水平现浇带的纵筋应穿在钢筋内，伸出箍筋可为开口筋。预制墙板底部钢筋竖向钢筋连接区域，水平分布筋应加密，其间距不应大于 100mm。竖向钢筋连接区域为预制墙板底面至预留灌浆套筒搭接孔顶部，且不应小于 300mm。预制剪力墙底部竖向钢筋连接区域，裂缝较多且较为集中，因此，对该区域的水平分布筋进行加强，提高墙板的抗剪能力和变形能力等抗震性能，使该区域的塑性铰可以充分发展。无边缘构件的预制墙板的端部应配置竖向钢筋，每端不应少于 4 根直径 12mm 的钢筋或 2 根直径 16mm 的钢筋，沿该竖向钢筋方向宜配直径不小于 6mm、间距不大于 280mm 的箍筋或拉筋。

三明治墙板参数化设计步骤：①建立初始模型：根据结构分析软件计算得出钢筋信息及截面信息，进行墙板初步建模。②针对异形截面进行参数化编辑。③对异形钢筋进行深化设计。④针对以上设计要点，采用 Tdda 中用户单元功能新建一个参数化的三明治墙体，生成用户单元的第一步是确定要把哪些参数放到最终要完成的节点界面中进行输入。需要采用"用户单元"功能重新定义已通过常规建模方法建立的模型，将其设置为"构件"，并通过"编辑用户单元"功能，将需要的参数设置在构件中。

（4）预制柱深化设计。预制柱的钢筋根数要考虑梁的钢筋，可能会出现钢筋碰撞的问题。柱对称布筋。柱子截面最优为正方形。预制混凝土柱纵向钢筋最小间距应满足套管连接的相关要求，顶层柱顶箍筋设置应不少于1排，直径不应小于14mm，肢距不应大于300mm。顶层柱节点处的柱顶纵筋采用机械直锚时，柱顶面高出梁顶面的高度不应小于梁高的1/2，且不应小于800mm，柱纵筋从梁底伸出长度不应小于40d。针对这些设计要点，采用Tekla中用户单元功能新建一个参数化预制柱。生成用户单元的第一步是确定要把哪些参数放到最终要完成的节点界面中进行输入。由于参数众多，所以只列举部分代表性的参数进行设置，主要包括柱高、截面宽、截面高、主筋直径及位置、箍筋直径及间距等。需要采用"用户单元"功能重新定义一个已通过常规建模方法建立的模型，将其设置为"构件"，并通过"编辑用户单元"功能将需要的参数设置在构件中，在预制柱参数化建模的实现过程中，可将"钢筋组"的功能嵌套到的柱零件模型中，通过参数化手段对钢筋布置进行设计。

（5）预制楼梯深化设计。预制楼梯宜配置连续的上部钢筋，配筋率不应小于0.1%，分布钢筋的直径不应小于8mm，间距不应大于280mm。楼梯梁、楼梯板、平台板钢筋伸入支座长度应满足受力所需的锚固及构造要求。梯梁宜采用倒L形或者倒T形叠合梁，楼梯板和平台板现浇部分钢筋应在梯梁后浇叠合层内锚固，其中负筋锚固长度不应小于50mm，底筋锚固长度不应小于20d。现浇段宽度应大于等于200mm，楼梯在梁上的搭接长度大于等于80mm。针对这些设计要点，采用Tekla中用户单元功能新建一个参数化的预制楼梯。生成用户单元的第一步是确定要把哪些参数放到最终要完成的节点界面中进行输入。参数主要包括预制楼梯踏步宽、踏步高、主筋直径及位置，分布直径及位置，箍筋保护层及直径间距等。需要采用"用户单元"功能重新定义一个已通过常规建模方法建立的模型，将其设置为"构件"，并通过"编辑用户单元"功能，将需要的参数设置在楼梯构件中。

5.后浇阶段节点参数化设计

主要边缘构件的竖向钢筋应设置在现浇段内，现浇段内设计竖向钢筋和闭合箍筋。非边缘构件位置，现浇段内竖向配筋率不应小于墙体内竖向配筋率，直径不能小于墙内竖向钢筋，间距不能大于墙内竖向钢筋，预制墙板水平钢筋应在现浇段内满足锚固或焊接要求。节点及接缝处的钢筋采用钢筋环插筋连接技术，钢筋环直径不小于墙板内水平筋，间距不大于墙板内水平筋，并在现浇段内做可靠锚固。钢筋环与构件钢筋之间的净距满足混凝土浇筑及振捣要求。为了实现后浇段钢筋自动布置，以下将探究基于BIM的新型钢筋节点用户单元，并整理编入标准组件库内，方便日后类似工程使用：

（1）L形后浇段。根据装配式拆分设计方法，设计出基本现浇边缘构件：L形节点，并且钢筋也是可通过调节长、宽等基本尺寸联动生成。整体现浇或者预制。遵守等同现浇结构的原则，抗震性能、整体性能好，但是施工支模相对困难。部分预制部分现浇。可提高装配率并且施工支模简单。

（2）T 形后浇段。根据装配式拆分设计方法，设计出基本现浇边缘构件：T 形节点，并且钢筋也是可通过调节长、宽等基本尺寸联动生成。注意伸出的环筋不能发生碰撞。

（3）一字形后浇段。根据装配式拆分设计方法，设计出基本现浇边缘构件：一字形节点，并且钢筋也是可通过调节长、宽等基本尺寸联动生成。L、T 字形的剪力墙整体预制异形模具较为复杂，最好拆成一字形构件，预制一部分现浇一部分。

五、BIM 技术在 PC 构件深化设计中的应用

（一）BIM 技术在 PC 构件专业深化设计中的应用

1. BIM 技术应用于给排水管道预留孔洞

给排水专业预留、预埋主要集中于厨房、卫生间预制墙体管道槽预留，主要考虑：①预留管道槽绝对位置如何正确反映到构件生产图纸中；②预留管道槽能否满足管道安装与接驳，例如需在管道弯头处局部增加留槽深度，确保后装管道弯头与预留管道槽匹配；③预留管道槽深度与管道规格相匹配，确保不会因留槽过浅而导致装修完成后出现管道外露问题。给排水专业预留孔洞一般集中于预制叠合板中，如何在叠合板中准确地进行预留孔洞的布置，是本节主要解决的问题。

为了防止因管道穿过楼板引起的现场二次开凿，在预制叠合板深化设计时应注意管道布设位置、管径、出管方式等因素。基于 BIM 的深化设计，充分考虑以上几点，采用三维开洞技术，根据给排水专业设计预留相应直径的孔洞，并预留一定开槽宽度、深度以方便现场施工。同时，构件中钢筋布设位置及形状受孔洞形状及位置的影响，也要做出相应调整，利用 TeklaStructures 钢筋绘制的功能解决这一问题，减少预留位置与钢筋敷设的冲突。软件中留洞操作基本依靠手动绘制辅助线，再进行异形切割，过程比较烦琐，因此将孔洞按照不同形状进行参数化编辑，保存成用户单元，实现一键式构件自动开孔（洞）。最后采用浇筑体图纸功能形成开孔位置图。通过 BIM 手段，可实现给排水专业预留孔洞的智能布置，并为后期加工生产提供准确的定位图，降低构件加工出错率。

2. 基于 BIM 的预制构件电气专业深化设计

预制构件中的综合管线排布设计，是针对预制构件电气专业施工而进行的管线排布深化设计，与宏观电气深化设计不同，由于预制构件本身截面尺寸的限制，预

制构件电气深化设计要求更为精确，一旦设计完成加工制作，与预制构件预埋线盒接驳位置也已经确定，属于微观尺度深化设计。预制构件电气专业的深化设计主要考虑：①强、弱电专业线管线盒敷设位置需求；②线管直径需考虑后续作业穿线数量及线径的影响；③需要考虑如何实现电气管线后续施工的接驳。

在装配式建筑进行模块化设计之后，将采用 MEP 及 Magicad 等设备建模软件搭建的电气专业模型导入结构构件模型中，再通过模型互导的方式，将其转入 Tekla Structures 中，根据专业人员给出的具体要求，确定模型中电盒额位置。软件中布置电盒操作基本依靠手动绘制辅助线，再进行混凝土构件的切割，过程比较烦琐，因此将孔洞按照不同规格的电箱及电盒进行参数化编辑，保存成用户单元，实现一键式构件自动布置电箱，对电气专业中所包括的电箱电盒及电线管进行参数化设置。同样也可以通过软件自带的功能自动生成图纸。

（二）BIM 技术在 PC 构件施工需求深化设计中的应用

1. 基于 BIM 的施工吊装

起吊点位置及起吊方式选择：①须将起吊点设置于预制构件重心部位，避免构件吊装过程中由于自身受力状态不平衡而导致构件旋转问题；②当预制构件生产状态与安装状态构件姿态一致时，尽可能将施工起吊点与构件生产脱模起吊点统一；③当预制构件生产状态与安装姿态不一致时，尽可能将脱模用起吊点设置于安装后不影响观感部位，并加工成容易移除的方式，避免对构件观感造成影响；起吊点位于可能影响构件观感部位时，可采用预埋下沉螺母方式，待吊装完成后，经简单处理即可将吊装用螺母孔洞封堵；④考虑安装起吊时可能存在预制构件由于吊装受力状态与安装受力状态不一致而导致不合理受力开裂损坏问题，设置吊装临时加固措施，避免由于吊装而造成构件损坏。吊环对于预制构件的使用至关重要，吊环的布置合理与否直接关系到预制构件吊装过程是否安全。针对预制构件的破坏形式，吊环计算采用结构力学的计算方式进行受力配筋和位置布置。

2. 基于 BIM 的一般构件吊环位置计算

构件从起吊到安装结束，整个过程吊环承受构件全部荷载，因此吊环位置应合理选择。针对一般构件吊环位置设计常设置两个吊环，位置在长度方向 0.207L 处。L 为构件长度，即大致设在距两端 5 等分点处。因为此时构件吊点位置处受的弯矩大致跟梁中间所受最大弯矩相同，最大限度发挥构件承重能力。

3. 基于 BIM 的吊环构件设计流程

构件吊筋计算是预制构件深化设计中不可或缺的一个环节，布置得当受力均匀合理才能使构件在调运安装及脱模时安全可靠。因此设计者应对吊装设计高度重视。

吊环钢筋主要考虑两个方面：一是几何位置合理，二是结构受力安全。

4. 基于 BIM 的 PC 构件预埋件库

在预制构件的设计过程中，预埋件所起的作用是不容忽视的，在吊装、脱模、现场支撑等过程中，各种预埋件都发挥着各自的作用。但目前市面上的预埋件品种过多，型号各异，技术参数信息只掌握在厂家手中，设计者在布置预埋件的过程中，只能通过经验或者甲方指定的预埋件类型布置，这样不符合标准化、工业化设计的思想，因此需要建立一个预埋件库，可运用 Revit 中"族"的命令建立支模预埋件的 BIM 参数化模型，将设计者需要掌握的技术参数、型号尺寸等汇总成一个模型库。在设计的过程中，设计者可以直接进行挑选，选取计算后的位置自动布置。预埋件厂家也应该对应标准库的参数，将自己产品的信息表达出来再进行销售。

（三）BIM 技术在 PC 构件预制构件模具设计中的应用

预制构件模具设计是 PC 构件深化设计中的关键环节，同时也是影响整个项目进程的关键因素。模具设计是否合理，对后续加工生产以及装配施工有深远的影响。因此，模具设计成为目前住宅产业化中令人关注的焦点。对于预制构件生产过程来说，模板设计加工对生产起决定作用。同时，深化设计还要为制作完成后的构件脱模起吊预留必要埋件。

第一，基于 BIM 的模具设计流程。预制构件模具的精度是决定预制构件制造精度的重要因素，采用 BIM 技术的预制构件模具参数化设计，保证了预制构件模具的精度。

第二，模型信息的传递方法探究。随着技术的进步，BIM 软件之间的连接技术不断地提高，基于 BIM 的模具设计软件可通过数字接口读取结构模型，意味着 BIM 结构模型将可实现全流程使用。此外，建筑预制的模具 BIM 模型基于各种组件的结构分析和强度的模具，设计合理的模具结构。

第三，建立参数化模具库。目前，PC 构件模具多为一次性投入后重新制作，模具利用率低。每个项目的设计不同，针对不同项目要设计与制作专用模具（除底模），导致模具的通用性不足，这就存在摊销成本问题。如果能够建立一个相对标准的 PC 构件库，各类尺寸适当规定为一个系列，库内构件的不同组合可产生不同的建筑设计，降低成本。

第十二章　装配式建筑智慧管理体系发展的多维探索

随着装配式建筑的迅速发展和智能化技术的不断进步，人们对于如何有效管理和运营这些建筑项目提出了新的挑战和需求。本章从基于 BIM 与 RFID 技术的装配式建筑智慧管理体系、基于精益管理的装配式建筑智慧化管理体系发展两方面具体介绍。

第一节　基于 BIM 与 RFID 技术的装配式建筑智慧管理体系

一、智慧管理在装配式建筑中应用的必要性

第一，智慧手段有利于实现建造全流程一体化管理。从全流程视角观察，传统的管理方式会导致项目的管理工作存在时空上的重叠、交叉甚至短期中断，智慧管理的方式有助于打破传统模式下各参与方之间的交流壁垒，降低各参与方在建造全流程的临时性与阶段性影响，实现全局协作、高效沟通、科学管理。

第二，新兴技术集成有利于提高装配式建筑质量与管理效率，可在不同阶段实现按需管理。当前图纸设计已从二维平面发展至三维立体，装配施工也发展至含有时间维度的四维动画管理，并可通过信息技术手段进行全局监控与动态捕捉，实现多方协同管理，其运营维护也可进行事前模拟与远程监控，使得项目管理水平大幅度提升。

第三，多方协同，信息共享。结合新兴产业与信息技术手段打造信息化平台，避免了供应链上下游企业的信息孤岛与传递失真问题，使项目管理向着信息互传、利益共享、风险同担的合作方向转型。

二、装配式建筑智慧管理体系的构建

(一) 各方的需求分析

装配式建筑全产业链覆盖了从前期策划、招投标管理、设计与生产运输，到施

工现场的装配作业以及竣工落地后的运营维护直至最终拆除工作，时间跨度长、参与组织多、信息数据规模大、各个环节联系密切，这就对其标准化工序、协同化管理、集成化作业提出了较高要求。

观察产业链中各主体的企业属性与参与阶段，其共同点在于追求自身利益最大化，这种目标对产业链全局健康并不友好，其不同点在于信息需求与协作对象各有不同。结合其相互关系，各主体自身协作的驱动力不足，造成业务之间衔接关系较弱，开发商统筹协调能力参差不齐导致各方集成度差，部品构件标准规范不完善使得工序流程化水平较低。

结合 BIM 技术、物联网技术与 RFID 技术建立感知、数据、平台、用户的信息服务体系，为不同阶段不同企业之间的业务衔接、各主体之间的信息沟通、不同信息资源的有效整合、安全事故的预警与重点监管以及供应链的健康安全运行提供有力支持。

(二) 体系的框架设计

"基于精益管理的装配式建筑智慧化管理体系分为感知层、数据层、应用层、平台层四个层面。"①

1. 感知层

基于 BIM 与 RFID 技术的装配式建筑智慧管理体系的感知层是体系的实现基础，通过信息技术手段对规划设计数据上传，对生产运输数据充分捕捉，对装配现场数据实时监控，对竣工验收数据归纳存档。通过对部品构件的追踪以实现动态管理，结合施工人员随身读写器以及施工现场布设固定读写器，实现环境安全性的识别及安全事故的预警预防。

通过大数据的挖掘与分析，实现装配式建筑各参与方的信息共享与协同管理。

2. 数据层

数据层是基于时效性、精确性与安全性的原则下，基于多重新兴技术集成所建立的信息数据交流界面。其时效性主要源于装配式建筑产业链中对于信息数据的需求，各参与方必须及时了解项目的全局信息以便及时进行企业内部计划的调整，降低因信息滞后带来的返工成本，同时保证建筑项目质量符合规范标准；精确性是源于装配式建筑产业链逐级密接以及装配施工技术的要求，信息传递一旦出现失真，其不利后果必将连续传递、沉没成本则出现成倍递增；安全性是对建筑与各参与方信息的保障，通过访问权限的设置可以最大限度地遏制信息非法修改与违规调取行

---

① 袁新杰，陈绍微，王帅．基于精益管理思想的装配式建筑智慧化管理体系研究 [J]．河南科技，2022，41(5)：63.

为。结合感知层采集输送的数据以及直接上传的原始建筑数据，平台层可以对其进行汇总归纳、数学表达、分析处理与传递反馈，以便各参与方实现信息可视化与项目协同管理。

3.应用层

应用层是体系的最终实现目标。在实际生产过程中结合 BIM 与 RFID 技术实现生产、出入库、运输与场内堆放全流程的信息可视化管理，提高构件质量与生产安全水平。施工方可结合协同模块实现进度计划安排及施工场地规划，结合 BIM 技术进行动画模拟降低工程隐患与返工成本，结合 RFID 技术进行装配施工过程中的环境安全识别、工程事故预警以及人员设备材料等资源的优化协调，实现责任质量追踪与全局实时管控。

4.平台层

平台层是各种功能模块的集成。经过数据层分析与处理后的信息传输至平台层的各种功能模块，各参与方根据不同工作内容的需求进行用户认证，并开启相应模块权限，实现数据与用户之间的传递。如开发商将装配式方案与建筑信息通过规划审批模块上传，政府部门根据政策要求对建设相关事宜进行审批并上传审定结果，提高审批效率，设计单位利用 BIM 技术，结合"设计—施工"一体化以及绿色建筑的理念，通过设计协同模块与各方实现有效交流与沟通，优化建造资源。部品构件的生产运输均可通过设计协同与物流协同等模块实现参数共享与方案制定，提高生产效率与精确度。

三、装配式建筑智慧管理体系的运行

(一)装配式建筑智慧管理体系的运行基础

信息的传递是装配式建筑实现智慧管理的基础，也是体系运行的导向。从时间维度出发，信息流贯穿装配式建筑建设全过程，支撑着各阶段参与企业的交流与沟通。从业主、设计单位到预制运输施工单位等的参与方维度出发，不论是前期的基本规划信息、相关合约文本以及约束信息，还是设计阶段的任务书与深化设计方案，或者是实际装配式施工所需的构件尺寸与材料参数、生产计划与物流线路、施工规划与堆场方案，以及质量成本信息等，都离不开信息流的指导作用。

结合 RFID 技术，首先对构件、机械设备、从业人员以及安全信息进行编码设计并录入体系，将 RFID 标签、读写器和 BIM 模型三方进行坐标原点拟合，确保过程中捕捉的四维数据真实可靠；其次按约定的规则定义所需标签，并结合生产运输计划和施工规划实现标签的附着以及现场固定读写器的布设；最后在工程进展过程中，附有 RFID 标签的各种材料设备机械可利用门式与手持阅读器清点物资实现出入库管理、确认装卸场地实现堆场管理、识别环境温湿度实现质量管理、捕捉地理位置实现安全管理。将 BIM 与 RFID 技术集成，实现装配式建筑从各参与方、项目进程以及目标功能三个维度科学合理的智慧化管理。

1. RFID 编码设计

RFID 标签是系统实现信息采集的基础，具体内容包括 ID、对象属性、过程历史与环境信息等。为实现预制构件、施工设施与材料、作业人员以及环境危险区域的数字化管理，结合各项目的特征分别进行编码设计，通过 RFID 读写器对标签的信号进行捕捉，实现体系中的信息录入与数据分析。编码的唯一性可以保障构件信息在各个环节之间的精准传递，以及质量问题的寻根溯源。

2. RFID 信息采集

在规划设计阶段，装配式建筑信息模型设计完成后需进行各专业之间的碰撞检查与深化协同，并通过动画模拟与漫游仿真进行风险区域与关键节点的预判。随后，将此深化模型与预制构件生产厂家对接，进行构件标准化生产与信息化处理，以实现后续构件的生产、物流、进厂、堆放、装配施工以及全过程的质量信息的定位追踪。

在运输与入场管理阶段，首先进行标签、读写器以及建筑模型的坐标原点拟合，通过 RFID 标签自动记录项目持续推进的动态过程数据，由读写器进行信息的采集与上传。构件与材料及其运输车辆的装卸与进出场过程均通过门式阅读器实现时间、数量、质量水平以及负责人员等信息的读取，入场后堆放至指定区域。安装前的存储管理则可通过堆场区域内的固定式阅读器进行构件材料的扫描识别，尤其是捕捉环境温湿度的变化判断是否会对构件与材料性能产生不利影响，扫描堆放状态避免构件出现应力变化，保证其质量满足装配工艺要求，同时降低因存储或放置方式不当带来的构件材料损耗，进而降低成本。

在施工阶段，一方面通过扫描构件信息保证其处于允许施工的状态，同时对安装位置进行确认与匹配；另一方面作业人员出入场时通过门式阅读器确认其个人基本信息与安装防护装置佩戴的完备性，同时通过其随身携带的阅读器进行周围危险区域的标签信号捕捉并及时预警，实现安全管理。

(二) 装配式建筑智慧管理体系的运行流程

1. 规划设计阶段

基于"设计—生产—施工"一体化的理念，设计阶段各参与方通过智慧管理体系实现数据信息的实时共享，此阶段尤其需要预制构件的生产方以及装配施工单位的介入，以便结合历史数据与实际经验进行风险规避，使设计方案满足生产条件与装配施工技术现状，降低并消减安装偏差。

在此阶段，设计人员首先将标准化的构件参数，包括尺寸参数、选材用料，以及应用点位等数据录入上传至智慧管理体系，通过体系对数据的分析与归纳实现构件分类，形成一般构件资源数据库以供各方调用；进行二次深化设计时，在满足装配式建筑特性的情况下，优先选择数据库中的构件进行适度变更，减少特殊构件类型对生产单位设备与技术水平的额外需求，进而提高设计与生产运输效率。

与此同时，此阶段结合事前导入的建筑模型、运输进场安装计划及施工工艺标准，对材料、设备、尺寸以及施工进度进行仿真模拟与事前分析，实现质量安全可视化检查，建立相应数据信息库，各参与方可通过智慧体系相应模块获取随时更新的数据，实现信息的精准对称传递。

2. 预制构件深化设计与数字化加工阶段

装配式构件正式生产之前，生产、设计、施工单位通过智慧管理体系进行构件尺寸、用料信息的交流以及生产需求、运输供应计划的制订，尤其是对于在一般构件库基础上变更的特殊构件，需要进行相应模具的提前制定甚至特殊机械设备的事先采购。

装配式构件在生产过程中附着含有尺寸参数、生产批次、选材用料与环境信息的 RFID 标签，标签编码唯一，结合运输车辆配备的读写器及其他信息技术实现构件的实时定位与监控追踪，通过 BIM 模型实现数据的识别与对比，以及质量信息的有源可溯，通过智慧管理体系，施工单位可及时查看构件位置以调整施工进度计划，生产单位可结合位置与数量信息及时更新生产计划，最终实现各参与方高效运转并提高资源利用率。

装配式构件生产完成后，结合 RFID 与 BIM 模型进行施工现场的场地规划与平面布置，对现场环境与交通条件等信息进行分析，制订最高效的运输计划以及最安全的堆场方案，使构件处在健康、适宜的温湿度环境条件中，在不影响本身安装使用功能的前提下，不破坏周围环境的安全状态，同时对作业人员的安全负责。此阶段构件的运输路线与方式、出库与入场时间节点、运输与质量检测人员信息都有章可循，管理人员可通过智慧管理体系掌握全局动态。

3. 装配施工阶段

（1）施工前期准备。可结合智慧管理体系中的信息化技术实现施工现场规划，对施工进度、作业队伍、机械设备以及周围环境进行不同排列组合，实现仿真模拟，制定最优的运输路线、停放位置以及存储方案，同时分析对比生产备用方案并存档，以实现各方协同管理与备选档案灵活调用。

（2）部品构件管理。入场后的存储、运输、堆场均可通过门式阅读器实现数据的读取与捕捉，通过手持读写器进行精细化质量管理，将检查日期、结果、数量以及负责人员等信息上传至智慧管理体系，实现数据共享与源头可溯。同时对构件所处周围环境进行实时监控，尤其是装卸过程对其形状尺寸的影响、环境温湿度对其强度、密度的影响、放置方式和位置对其结构与受力的影响等，保障部品构件的健康状态。形成每个部品构件安装时间节点与标准作业工序，实现平面计划的三维可视，更加直观科学地进行虚拟施工和进度模拟。同时结合 RFID 的数据采集，将现场作业情况、施工数据及时上传至智慧体系并实时更新，根据采集的数据与原进度计划进行对比，进而判断施工进度所处状态以进行有效管控。装配工作进行的过程中，作业人员利用 RFID 手持读写器实现作业区域内构件的识别并对安装准确性和健康状态进行确认，对作业完成后装配式构件的位置信息、周围环境信息、施工人员信息，以及安装计划的实施与变更情况录入智慧管理体系，实现进度数据的存档以进行项目后分析。

（3）安全管理。由于装配化施工方式机械使用率较高，较传统施工方式相比其建造过程中安全事故后果的危害性更强，风险隐患更加不容忽视。智慧管理体系可利用 BIM 技术进行预先动画模拟，对特殊区域作业以及重大节点进行事前分析与预测，使得安全管理工作目标明确、风险可控。结合 RFID 技术，一方面可以对危险区域进行识别与预警，尤其危险多发区域，如易发生高空坠落的洞口临边区域与脚手架边缘、易发生起重伤害的吊钩覆盖区域、易发生坍塌事故的脚手架与模板垂直投影区域、易发生碰撞伤害的中大型器械周边区域、易发生触电伤害的电线电缆邻近区域以及特殊作业区域。另一方面可以对作业区域施工人员安全防护装置的佩戴与否及齐全与否进行感应。BIM 与 RFID 所得安全管理数据传输至智慧管理体系后，有利于管理人员随时掌握现场安全状态，也便于进行项目后的安全事故分析与管理评估。

（4）质量管理。首先通过智慧管理体系的仿真模拟实现关键节点的重点规划；其次 RFID 技术可对部品构件的质量状态进行实施监控并上传至体系；再次体系对采集所得数据进行最健康情景的对比，以判断是否需要维修或返工；最后汇总到质量管理数据库，并召开一定时间周期的项目质量会议，为项目的进一步推进总结重点环节的质量管理方案，对今后的施工过程进行质量管理预测。

第二节　基于精益管理的装配式建筑智慧化管理体系发展

一、精益管理和智慧化管理的基本理论

(一) 精益管理及其应用理论

精益管理的核心思想是精简不增值的工作流程，通过对各个阶段的工作流程进行分析，尽最大可能的减少全过程中发生的各项浪费，进而能够增加建筑项目的实际利润。精益管理思想的本质是基于消费者的需求，以用户为中心的思想，持续改善建筑项目的全过程，在整个管理过程中以精简为目标，通过对各个流程进行识别，将建筑项目在全建造过程尽可能消除浪费行为和非增值活动，进而使人员、材料、设备等各项资源达到最大合理化、实现建筑企业的最大经济利益、价值最大化、浪费最小化等一系列的目标。精益管理注重其管理思想在建筑项目的整个建造过程中的运用，整个管理过程中具有很多不确定性因素和风险性因素，因此需要利用动态化的管理模式才能达到计划目标。

精益管理思想的应用理论有以下三点：

1. 消费者的需求

目前，以消费者需求为主导进行产品的生产开始广受大家重视，消费者的需求逐渐开始贯穿在整个生产过程。

在生产前期及设计阶段，相关设计人员需要进行多方面的沟通和协调，进而充分地了解当前消费者的实际需求，使产品在前期设计过程中能够最大限度地满足消费者的需求。

在产品项目的进行过程中，需要与消费者形成动态的交流，根据消费者的需求变化作及时的修改和调整。

在产品建成后，应随时了解消费者的反馈信息，并及时的进行归类、整理、分析，为下一次的生产过程提供建设性的参考。

2. 减少浪费，以精简为目标

影响成本偏高的一项重要的因素是在生产过程中存在着大量的浪费。众所周知，在各类生产及制造业项目中产生浪费是不可避免的，但是在精益管理思想下通过对自然资源、人力资源、工作流程等方面的精益管理，可以合理的消除部分浪费，进而从根本上降低生产费用。

3. 进行准时化生产方式

精益管理非常注重准时化生产并以这种生产方式确保产品能够准时完成生产。

通过对各个工作阶段进行准时化生产及准时化管理，能够有效地减少不必要的等待工作环节及时间，进而能够使整个生产过程减少浪费、减少成本并提升制造效率、改善产品质量。

因此，将精益管理思想应用于建筑业中，需要改变传统的设计模式，需要提高设计人员的专业水平，确保设计方在同业主及时沟通的情况下提供"设计阶段—生产阶段—施工阶段"一体化的设计方案。

此外，新的设计模式在基于满足业主需求和设计方案同步的情况下实现功能设计，进而设计出满足消费者需求和功能的建筑项目设计方案。在构配件的生产环节和施工环节应运用精益管理思想极大程度的减少不增值的环节。

(二) 智慧化管理相关理论

1. 智慧化管理理念的来源

智慧化管理是以科学、绿色、可持续为建筑业的发展理念，在整个项目建造中利用精益管理思想减少能耗。以先进的信息化、工业化为基础，并且将其思想应用于建筑项目的整个建造阶段，集成应用物联网技术、大数据分析、BIM 技术、云计算等多种新兴的技术手段作为智慧化管理的技术支撑，并运用于工程项目的精益管理过程中，使精益管理在建筑项目管理过程中能够实现和更好地落地实施，通过建立数据化信息平台使项目在全建造过程中实现实时动态监测，项目各利益相关方能够实现数据共享、协同管理的目标。智慧化管理由两方面进行支持，通过多种新兴信息化技术进行技术支持并以精益管理思想为智慧化管理的理论支持。

2. 智慧化管理的基本特征

智慧化管理集成了多种信息化技术对工程建筑的全建造过程进行管理，使建筑项目在各个工作环节及各参与方能实现信息共享、工作互联。智慧化管理的基本特征有以下四点：

(1) 智慧化。智慧化管理中的智慧化是体现在工程项目的管理过程中有智慧的处理能力，通过集成多种信息化技术进行智能感知、信息共享，采用 BIM 技术进行智能进度管理能够直观地实现对建筑项目进度的实时监测，采用大数据技术进行成本等关键指标的智能控制，采用云计算技术进行智能采购管理并对其步骤进行完善，采用互联网技术对建筑项目的质量和安全进行动态管理并对相关设备、材料等运输进行智能路径优化，进而能够为建筑项目及时、准确地提供调整计划。

(2) 便利化。智慧化管理相较于传统管理，更注重于工程项目在整个项目周期中对于变更和错误的更正和调整，并对于项目在实施过程中的二次更改和更新等方面能够做出更及时的反馈，使后期的变更工作更便捷，以及对于在进行变更的管理工作时，能更合理的安排项目的变更进度，资源调配，人员安排等问题，极大了缩短了建筑项目的变更周期，使管理工作更加便捷、高效。

（3）集成化。智慧化管理中的集成化是指将各类信息化手段进行集成应用于工程项目的各个工作流程中，实现"设计—生产—装配"一体化，对项目的整个建造过程进行一体化管理。并利用集成化的优势在项目的前期阶段对建筑项目进行模拟，进而能够提前掌握工程项目的可行性及预估建造过程中可能出现的风险，针对薄弱环节进行提前预防；在建造过程中，利用集成化技术能够实现对施工现场的进度和质量情况进行实时监测，并对工程建筑进行全面质量管理。

（4）协同化。通过智慧化管理建立的信息平台为项目各参与方获取建筑项目的信息更加及时、准确、便捷，提升了项目各参与方协同工作和管理能力，同时解决了传统管理过程中出现的"信息壁垒"问题。此外，利用智慧化管理中协同化的特点能够对工程建筑的施工现场进行平面布置，改善施工器具、设备发生碰撞等问题，提高了协同作业能力，降低了施工现场出现风险的概率。

二、精益管理思想下装配式建筑智慧化管理体系的构建

（一）精益管理在装配式建筑中的适用性分析

为了使装配式建筑的特殊性、复杂性等方面得到满足，精益管理下的装配式建筑需要辨别装配式建筑全建造过程中不确定的工作流程，并对其管理过程和预制构配件等方面进行标准化管理。利用精益设计将设计和施工整合，进而形成"设计—生产和运输—施工"一体化的装配式建筑产业链，并在功能上实行"建筑—结构"机电装修一体化的系统性集成施工，最终实现精益管理能够在装配式建筑管理过程中落地。

此外，精益管理与装配式建筑存在四点共性，使得精益管理能够很好地适用于装配式建筑的管理过程中。

第一，精益管理与装配式建筑均来源于制造业，本质上有共通点。精益管理思想是来源于制造业中的精益生产，并在制造行业中经过长期的应用发展成为一种较为成熟的管理方式。而对于装配式建筑来说，由于装配式建筑在进行预制构配件的生产过程和现场进行装配和组装的工作环节，是装配式建筑具有较为特殊的工业化生产的特征。在建筑工业化背景下，装配式建筑作为一种新型的建造方法，在重要工作环节和流程中以预制工厂生产和现场装配施工为主，与制造业极为相似。

第二，精益管理与装配式建筑想要达成的目标均为减少浪费。精益管理思想中，通过减少不必要的更改和避免不增值的工程流程，使整个过程的浪费达到最小。在

整个全生命周期中以整体的视角对项目进行管理，实现各利益相关方的及时沟通和数据共享，进而在工作过程中极大程度地避免浪费。

第三，精益管理与装配式建筑致力于走可持续发展道路。在精益管理的 6s 现场管理理念中，6s 管理清扫和 5s 管理清洁中明确强调要求现场工作环境必须保持清洁，降低环境污染。在装配式建筑把部分在现场的装配环节提前至预制工厂中，以标准化的构配件代替传统的混凝土现浇，减少环境的污染和材料资源及人员的浪费。

第四，精益管理与装配式建筑均以用户的需求为中心。在精益管理的思想中，是以顾客的需求为主导，要求企业按照消费者的实际需求进行生产、运营。

因此，精益管理是以消费者的需求贯穿在整个管理过程，进而提高顾客的满足度。装配式建筑在设计之初，设计人员与业主进行及时、有效的沟通以确保装配式建筑在设计阶段能够极大的满足业主的需求。

(二) 智慧化管理在装配式建筑中的适用性分析

第一，对装配式建筑整个建造阶段实施管理。装配式建筑的全建造过程包含了从建筑项目的计划阶段直至项目的拆除，改变了传统管理中片面单一的阶段性管理形式。此外，在管理的实施过程中，实现了在建筑项目各个不同的阶段及各参与方之间的相互协作管理，使信息的沟通更为高效。

第二，通过运用多种新兴信息技术优化装配式建筑的整个建造过程。不同的新兴信息化技术具有不同的管理优势，能够根据不同阶段、不同参与者的不同需求进行管理。在设计阶段将传统的二维设计方式、设计模型改为利用 BIM 技术、可视化技术形成 3D 可视化效果；在预制生产阶段和装配施工阶段实现实时监控，多管理方协同工作；在后期运维阶段实现远程操作，有利于维护工作的进行，进而提高了项目的整体效率，保障了建筑项目的整体质量，提升了项目的管理水平。

第三，实现各参与方在整个过程中的协同管理。通过利用信息化技术手段建立信息化平台进行装配式建筑的信息共享，避免了各参与方之间出现信息不对称而带来建筑项目的风险，使各项目参与方由原来自主管理的管理模式变为多参与方共担风险、共享利益的合作型管理模式。

(三) 精益管理下装配式建筑智慧化管理体系的构建

精益管理来自制造行业，运用在流程和价值的管理。精益管理无法解决数据传递、信息实时共享等方面的问题。智慧化管理能够利用新型信息技术实现精益管理在建筑项目中的具体实施。因此将智慧化管理与精益管理相结合，在体系中能够发挥两者的管理优势。

1. 精益管理与智慧化管理的结合

（1）精益管理与智慧化管理结合的必要性。装配式建筑实施精益管理时，会使装配式建筑项目的图像、数据等相关信息呈倍数增长，传统的精益管理已经不能满足当前的管理需求。而通过应用智慧化管理手段能够对精益管理思想下产生的大量的信息进行实时处理、现场模拟、及时协调和反馈，实现了各参与方的信息集成，将精益管理思想落地。

目前，在我国，精益管理运用于装配式建筑的管理中已经较为广泛，而由于智慧化管理出现较晚，这种管理思想还不够成熟。因此，智慧化管理在装配式建筑的管理需要借鉴精益管理的应用思路，利用精益管理的理论、技术等方面完善和支撑智慧化管理。精益管理是以消费者的需求为中心，以流程增值理论为基础，在装配式建筑的整个建造过程中最大限度地减少浪费，提高建造效率。智慧化管理思想中，利用各类新型技术手段对建筑项目的全过程进行科学的集约型管理，进而节约了各项能源，保证了项目的质量。

精益管理过程中注重减少变更和浪费，智慧化管理能够在装配式建筑项目在设计阶段进行模拟分析，提前预测变更出现的情况，以确保对建筑项目进行持续地改进。精益管理中以消费者的需求为前提，而智慧化管理能够使消费者在装配式建筑的整个建造过程中实时掌握建筑项目的信息、数据、进度等各方面情况，并实现消费者与其他各参与方的交流，能更大程度上满足消费者的需求。

综上所述，精益管理注重于管理过程中的理论技术，而智慧化管理更侧重于管理过程中的实际技术应用，结合两者的优势能够使智慧化建筑的管理水平更加完善。

（2）精益管理与智慧化管理应用于装配式建筑的可行性。装配式建筑进行传统管理过程中，出现管理过程不连续，各环节的管理工作没有相互配合，进而导致在设计阶段出现的问题直至在装配阶段才发现，极大程度地拖延了建筑项目的工期并增加了项目的建造成本。

目前，建筑信息化和工业化已经日趋完善，精益管理和智慧化管理的管理思想已经在装配式建筑的管理过程中得到了推广。在精益管理和智慧化管理的思想下，装配式建筑的整个建造过程都得以信息化、数据化的连续管理。精益管理能够基于价值产业链和持续改进的理念，消除装配式建筑的管理过程的浪费环节并进行不断的优化。智慧化管理能够满足建筑项目在全建造过程中的数据共享、传递等方面的技术支撑，为精益管理的管理理论提供具体的技术支持。

综上所述，智慧化管理和精益管理结合后，在精益管理的思想下，以智慧化管理对装配式建筑管理过程中产生的大量数据进行分析，形成集成化管理。

2. 用户层建设

基于精益管理的装配式建筑智慧化管理体系的顶层为用户层，用户层的主体有业主、设计人员、预制生产与运输管理人员、装配施工管理人员、技术人员、建筑工人以及总包单位、分包单位。在用户层中，业主和相关管理人员作为装配式建筑在建造过程中的决策者，技术人员和建筑工人等是建筑项目的实施者。设计人员负责装配式建筑的前期建筑、机电、结构以及装配式构配件等方面的设计工作。预制生产和运输人员需要按照设计方案进行编制装配式构配件的生产及运输工作计划，同时要依据装配式建筑项目在建造过程中的实际情况对工作计划进行及时的调整。

由于装配式建筑预制生产的要求，预制生产阶段的技术人员和管理人员成为建筑项目在建造过程中较为重要的部分，此外基于装配式建筑自身的特殊性，因而引入了运输环节，在建筑项目的建造过程中对构配件进行运送及储备。装配施工管理人员和技术人员及建筑工人是装配式建筑整个建造过程中最为主要的步骤。施工人员将前期的模型、图纸建造为实体建筑。由于不同人员具体职能不同，因此在平台层中访问智慧化信息管理平台的权限也有差异。通过利用应用层对项目各参与人员进行责任划分，进而对管理平台的权限进行较为详细的权限规定，使得项目各参与人员在利用平台进行数据共享的同时避免了信息安全等问题。

3. 应用层建设

体系的应用层结合了精益管理思想和 BIM、物联网、大数据、云计算等多种新型信息化技术对装配式建筑在不同阶段进行管理，在精益管理的思想下，利用多种新兴信息技术为精益管理提供科学、准确的数据支持和依据，并且实现了精益管理与智慧化管理的在装配式建筑中的有效结合。通过采集、分析、传递、共享建造数据和施工信息等活动运行用户层所给予的计划，及时、准确地将运行结果反馈到用户层。在装配式建筑的管理过程中，主要进行精益设计、精益生产和运输、精益施工的管理。

（1）精益设计。在设计阶段结合了精益设计思想和相关信息化技术。在整个设计阶段通过 BIM 技术与业主进行实时沟通，以确保最大限度地满足业主的自身需求。此外，在具体实施设计时应以精益设计中的价值工程为基本理论创造最大化的价值，利用价值工程思想能够将装配式建筑的功能进行具体化，并对不同的材料购置方案、施工流程及工艺等进行分析。

为了避免设计阶段与实际施工出现较大的偏差，或者出现部分设计方案不符合装配式建筑的实际施工要求，导致装配式建筑的工期延误、建造效率低于预期计划效率、成本偏高等一系列问题。因此，在设计阶段通过利用 BIM 对项目的设计过程与装配施工过程进行综合考虑，进行实现"设计—施工"一体化的设计目标，能够使丰富的一线装配施工经验有效地在设计阶段对设计方案进行补充和优化。通过将设计阶段与施工阶段相整合能够提升装配式建筑的共同协作和专业协同能力，实现优化建造资源的目的。同时，"设计—施工"一体化也是装配式建筑的未来发展方向，能够解决当前面临的成本和建造效率问题。

（2）精益生产和运输。预制生产前，将设计阶段中利用 BIM 技术所形成的构配件数据、模型等资料共享给预制生产管理人员，生产管理人员根据共享的数据资料制定出精准的方案和计划，能够在最短的时间内将构配件所需的材料、设备准备齐全，并尽早地投入生产。在实际生产过程中，利用 RFID、BIM、物联网等相关信息化技术并结合精益生产理念，把装配式构配件在生产阶段、检验过程、入库存放阶段、运输出库阶段的全部信息进行记录、上传，以便相关管理人员能够实时了解构配件的情况。装配式构配件的预制数量要根据施工需求进行实时调整，采用精益管理中的及时生产思想在满足装配施工的前提下减少库存的堆积。利用 RFID 技术使装配式构件在生产过程中能够与设计阶段的构配件模型相匹配，在后期设计变更中能够及时地更新构件的尺寸、材质。在后期装配过程中，现场管理人员能够结合构配件的实际数量及模型尺寸数据对装配式建筑项目的施工计划进行合理的安排。

装配式构配件的运输阶段，需要针对构配件的尺寸、运输路线和运输时间进行提前计划。利用物联网技术和终端设备，实现构配件从出库阶段、运输阶段等整个过程的智慧化管理，并且结合精益管理思想减少因构配件不必要的堆积或未能及时供应而出现资源、工期、人员的浪费。基于以上管理，能够实时掌握运输动态并极大地提高了运输过程的监管水平。

（3）精益施工。在装配施工的前期准备阶段，根据建筑项目自身的特殊性、计划工程量、场地等各方面因素，结合 RFID 技术和 BIM 技术对装配现场进行提前安排和合理布置。利用云计算技术能够实现施工管理人员在终端设备上对建筑项目进行远程指导，并且业主也能够通过上传至云端的施工情况进行监督。

此外，利用 BIM 技术对装配现场进行模拟施工，对构配件、施工器具、设备、材料进行模拟摆放和投入使用，能够科学、高效地发现潜在的施工隐患。

在装配施工的过程中，将前期准备过程中的模拟数据与实际发生的建筑数据进行对比，及时地发现建造过程中出现的进度偏差、成本偏差，做到可以对装配式建筑进行实时管控。装配施工过程中进行成本管理是该环节的重要步骤之一，对材料、设备、人工等方面的投入使用进行精益管理，通过增值理论对各个环节进行分析和把控，做到减少各项资源的浪费，科学地控制成本的预算。在质量管理中，通过前期的模拟施工将重要的质量检验节点和容易发生质量问题的环节提前预防。在现场遇到质量问题时，通过利用 BIM 技术将所发生的质量事故进行归类存储，减少后续建造过程中发生类似的事故并提升了建筑项目的建造效率。通过利用RFID技术将相关构配件部品、材料、设备等物品的信息进行追溯和记录、分析，并将相应环节的施工情况进行分析和检验，保存下处理过程的同时追溯到确定的质量责任人或团队。多种类型的信息化技术的介入提升了整体质量管理水平，并为各方参与管理人员提供了技术和数据支持，实现了建筑项目在全过程的实时质量监督。

4.平台层建设

基于精益管理的装配式建筑智慧化管理体系的平台层需要对装配式建筑的全过程进行协同管理，通过对已产生的施工数据和建筑项目信息进行分析，使得各参与方能更准确地发现管理阶段出现的问题。该体系的平台层是结合多种新兴信息技术建立的智慧化信息管理平台。因此，平台层是该体系的数据交流平台，能够实现对装配式建筑项目在各个阶段实现信息采集和录入、实时监控建造过程并进行分类储存，对项目的各参与方实现信息实时共享进而消除交流障碍，以及利用不同技术软件进行成本管控、质量检查、进度监督等综合型管理。

（1）平台层的构建原则。平台层的建立需要有及时性、准确性、安全性三条基本原则。

第一，平台层的及时性主要体现在装配式建筑在整个建造过程中，通过平台层所建立的信息平台及时将建筑项目发生的建筑数据上传给项目各参与方，使各参与方能够随时了解项目的各方面情况，并及时调整出现的问题，进而降低建造成本，保障建筑项目的质量。

第二，平台层的准确性表现在装配式建筑项目在进行数据传递和交流中，其数据的准确性将会直接影响建筑项目的实施。同时，建筑项目在建造过程中发生的变更、错误等一系列需要修改的环节也需要准确的信息作为保障。因此，准确的信息传递是平台层运行的基础，否则将会对建筑项目产生不利的影响。

第三，平台层的安全性是指装配式建筑项目各参与方在享受平台层带来的信息便利的同时也要遵守保障建筑信息的安全的义务。通过对各部分的参与方进行局部的访问限制，进而极大程度地降低了相关参与人员泄露项目的关键信息及进行非法信息修改等一系列非安全行为。

（2）平台层的结构及作用。平台层中建立的智慧化信息管理平台通过利用多种新兴信息技术，实现在装配式建筑的各个阶段进行信息数据实时共享、智慧化建造等方面的智慧化管理。智慧化管理平台基于精益管理思想，并结合多种新兴信息化技术，确保精益管理的具体实施以及在管理过程中上传和共享正确、及时的数据，提高项目各参与方的沟通效率和解决问题的效率，进而提升装配式建筑在整个生命期内的精细化和智慧化管理水平。

平台层中建立的智慧化信息管理平台的主要作用有：通过对不同类型的信息进行分析，建立了不同的数据分析库，对装配式建筑项目在实际建造中所产生的建筑数据、信息进行管理。改变了传统管理模式中建筑项目各参与方对项目的进展、建造过程、质量、变更等方面不了解的问题，提供了可视化交流平台，通过该平台实现项目各参与方对装配式建筑项目的协同管理，以确保项目的顺利进行。

5. 数据层建设

体系的数据层是装配式建筑与平台层中的智慧化信息管理平台的纽带，通过利用 BIM、物联网、大数据、RFID、云计算、互联网等不同的新兴信息化技术对装配式建筑项目的各个阶段进行信息采集、资料上传、分析各类建筑资源数据、实时监控建筑的质量和进度情况，进而为智慧化信息管理平台提供数据支持。

在数据层中，通过将不同功能的信息技术融入装配式建筑在整个建造过程内，并进行建筑数据和建造信息的深度挖掘和分析，最终传至相关管理人员的终端设备，或相关人员通过平台能够实时共享建筑信息，提高了建筑项目传递信息的时效性、准确性并提升了项目各参与方的协同管理能力。同时，使装配式建筑在整个建造过程中的各个环节都能具有信息化手段进行辅助，保障了各环节高效、有序的运行。

三、基于精益管理的装配式建筑智慧化管理体系的运行

(一) 体系运行的导向

装配式建筑区别于传统建筑的主要特点之一在于：由于装配式建筑需要进行预制构配件的生产，因此装配式建筑更需要以建筑工业化产业链为基础，对建筑项目的各个阶段的信息进行管控，进而对装配式构配件的设计、生产、供应、运输、装配等各个步骤进行完整的供应链管理。因此，体系在运行的过程中对于信息的获取非常关键。

此外，装配式建筑在整个建造过程中进行精益管理和智慧化管理时，会产生大量的建造数据、管理数据等，并且需要对数据进行及时、准确、科学的录入、分析、传递、归类存放。所以，建筑信息流必须贯穿于装配式建筑项目的全过程，才能支撑管理过程中所需要的数据和信息。在装配式建筑项目的前期准备阶段中，业主或者房地产开发商需要协同设计方及总包单位对建筑项目的基本建筑信息、项目总投资、相关的合同、投资、进度、质量等方面的控制信息进行确认并提交正式的信息资料。

在设计阶段，设计人员需要以业主的需求为核心，同时兼顾总包企业在施工过程中的要求，进行项目可行性研究报告和设计任务书的编写，并提交初步建设文件、

施工图纸等信息。

在深化设计过程中，深化设计方需要同设计方、总承包方以及构配件生产方进行协同管理，通过初步建立文件和施工图纸、生产方设备种类、施工需求等工作确定装配式建筑深化设计图纸。在预制生产阶段，装配式构配件生产管理人员需要同设计方、总包人员及供应人员对装配式构件设计图纸、施工进度计划和构配件所需的材料、设备等的供应计划及相关信息进行协商和确定，进而制订装配式构配件预制生产的节点计划和运输方案。同时，物流管理人员需与总包方、分包方、生产方协商，综合考虑建造进度和构配件生产计划，制订出科学、合理的构配件运输计划和储存计划。此外，供应方应协同总包管理人员、分包管理人员及预制构件生产管理人员对进度计划和供应合同等重要信息进行核实，并提交出合理的材料、设备的供应安排。

在装配施工阶段，总包单位需要同各参与单位进行协调，制定各类合同信息，确定施工图设计方案、深化设计方案、装配件生产方案、各类资源供应方案以及业主和设计单位的变更计划，通过获取以上各类方案的信息才能制订装配式建筑的进度、质量、成本等方面的计划并及时下达分包方、供应方和生产方的工作计划指令。

因此，信息的交互过程是装配式建筑进行管理的根本，是基于精益管理的装配式建筑智慧化管理体系是否能够准确运行的关键。日益复杂的装配式建筑项目需要多方参与人员进行信息交换和共享，进而实现共同协作的目标。

（二）体系运行的基本功能

1.维度一：项目各参与方维度

基于精益管理的装配式建筑智慧化管理体系中需要建筑项目的业主方、设计方、材料及设备供应方、预制生产方、总包方、分包方、物流方等参与人员进行协同管理，提高了建筑材料、器械设备、人工等各项资源的利用率，提升了装配式建筑在整个建造过程中信息共享的水平，满足了建筑项目实现多种功能的需求。

2.维度二：时间维度

该体系对装配式建筑进行全建造过程管理，通过对建筑项目的各个阶段进行研究，并且利用该体系对各个阶段发挥着不同的作用和功能。

3.维度三：管理过程维度

基于精益管理的装配式建筑智慧化管理体系在对装配式建筑进行管理过程的主要功能有以下八点。

（1）信息储存和管理功能。在装配式建筑项目进行前期策划分析时，该体系通过多种新型信息化手段对建筑项目的各项资源、文件等相关信息进行实时录入、分类储存和管理。

（2）合同管理功能。在装配式建筑的整个建造过程内，业主需要同各方参与者进行合同签订工作。该体系通过对装配式建筑的特征进行分析，能够在合同的编写工作方面起到补充的作用。合同文件录入该体系之后，能够实现对合同的数据和文本进行统一管理和分析的功能。此外，在后期发生设计变更和涉及支付等情况时，相关管理人员能够根据合同进行实时查询，极大地提高了管理效率。

（3）材料采购管理功能。基于精益管理的装配式建筑智慧化管理体系，通过根据采购计划和实际情况，对相关材料的制定采购方案、生产计划和物流调配等一系列功能。此外，通过整合各项资源筛选出材料质量好、商家信誉良好、能够实现长期稳定供应材料的供应商，进而节约了采购过程中的时间成本，减少了不必要的材料损耗和管理成本。

（4）机械设备管理功能。利用该体系能够对各类施工的机械设备进行管理并形成信息管理库，实现对各类施工器具的提前计划，并且在设备遇到故障时能够进行及时的维修和回收。通过对机械设备的工作信息、运行时间、故障次数等多项数据进行综合分析，能够对各项设备进行评估分析和缺陷报告。

（5）安全管理功能。在实施装配式建筑的整个过程中，各个阶段的安全管理是非常重要的一项管理内容。体系通过对装配式建筑的全过程进行实时监控，进而对各个过程进行实时安全识别。此外，通过对建筑项目自身的危险性和对已发生的安全事故等方面因素进行分析，能够对潜在的危险因素和危险区域进行提前预测，提高了管理人员的安全管理水平。

（6）成本管理功能。基于精益管理的装配式建筑智慧化管理体系对装配式建筑的每个阶段都需要进行成本预测、成本分析和成本管控工作。尤其是在装配施工阶段需要对建筑项目的各项成本指标进行估算、概算，并且与实际过程中发生的成本进行实时对比分析，进而实现成本的动态管理和控制的功能。

（7）质量管理功能。基于精益管理的装配式建筑智慧化管理体系根据质量规范要求和文件，以及装配式建筑项目自身的特点制订的质量计划，对建筑项目的整个建造过程实施质量管理，并进行相应的质量评价，进而形成质量管理分析报表。

（8）进度管理功能。基于精益管理的装配式建筑智慧化管理体系能够对实际进度和计划进度进行对比分析，并对建筑项目的未来进度安排进行计划和预测。

综上所述，基于上述从装配式建筑项目的各参与方维度、时间维度，以及管理过程维度这三方面进行分析可知：基于精益管理的装配式建筑智慧化管理体系为实现装配式建筑整个建造过程的集成化管理，实现了从装配式建筑项目的前期准备阶段至建筑最终拆除的一体化管理，利用精益管理和新兴信息化技术在管理过程中提供相应的数据支撑并且为项目各参与方提供了相互协作、信息交流的平台，实现了多种管理职能的集成，提升了综合管理的水平。

（三）体系运行的框架与流程

1.体系的运行框架

为了使基于精益管理的装配式建筑智慧化管理体系能够从理论层面顺利过渡至实际运用，需要对该体系的运行框架进行研究，依据精益管理和智慧化管理理论的基础上，以装配式建筑整个建造过程中的信息为导向，从多项管理功能的分析着手，通过该体系实现装配式建筑的协同化管理。该体系的运行情况直接影响着装配式建筑的整个管理过程，因此需要对体系的管理过程中进行的多项管理功能制定科学、合理的管理目标。

此外，在管理目标下，将各项管理功能进行细化安排和管理范围。装配式建筑的各参与方作为组织的主体，多方项目参与人员利用体系进行协同管理，进而实现建筑项目的高效运行，并且管理过程中所产生的建筑信息和数据将经过体系的录入和分析处理后及时共享给各参与方的管理人员。

2.体系的运行流程

（1）体系在前期设计阶段的运行。基于精益管理的装配式建筑智慧化管理体系在前期设计过程中，设计人员将利用体系的平台层与各参与方进行实时交流，依据"设计—生产—施工"一体化的设计理念，主要协同预制生产管理人员与装配施工管理人员讨论后期生产阶段和施工阶段可能出现的问题，并且在设计环节避免或减少后面两个阶段出现问题，以保证设计方案能够满足后期的预制生产管理和建造施工需求。

设计阶段，设计人员通过提前收集标准化的构配件的尺寸和形状录入体系中，进而形成标准化预制构配件数据库。在实际设计构配件的过程中，结合装配式建筑自身的特征，优先对标准化预制构配件数据库中的构配件进行选择和更改，能够有效提高设计效率。

在基于精益管理的装配式建筑智慧化管理体系的支撑下，预制构配件数据库能够在协同设计人员构建标准化构配件的同时进行预制构配件的共享。在设计构配件的准备工作完毕之后，根据装配式建筑的结构特性对预制构配件进行分类，将标准化的结构与具有特殊性的结构进行区分并分别统计，在设计过程中尽量减少装配式构配件的种类，最大限度地进行预制构配件标准化的设计和管理。

此外，该体系在前期设计过程中区别于传统设计最大的环节之一是利用BIM、物联网等多种新兴信息化技术，构建装配式建筑项目的模型。通过对建筑项目的应用材料和设备、建筑尺寸、计划施工进度、建造成本等相关特点进行分析，建立该装配式建筑项目的信息数据库。在体系中将该信息数据库进行共享，并且对材料、设备、进度等相关信息进行实时上传和更新，实现在构建模型的整个过程中能够实时查询到所需的建造数据和建筑信息。在建模过程中，将所采集的装配式建筑信息进行参数化设计，能够在后期的设计变更和施工管理过程中更加方便、快捷。此外，装配式建筑的模型具有可视化、模拟化的特点，能够对设计方案和设计图纸进行碰撞、结构、质量、安全等方面的检查。

设计人员将各参与方在设计阶段的协同设计的成果以设计方案和设计图纸的方式进行展现，并且设计图纸将成为装配施工阶段的主要依据。基于精益管理的装配式建筑智慧化管理体系下的设计图纸不仅能够利用建筑结构模型进行各方面的检查工作，还能够利用 BIM 技术生成二维图纸，同时利用云计算技术将设计图纸上传至管理平台，有利于项目各参与方能够及时获取并优化设计方案和设计图纸，提高了信息的共享性和协调性。

（2）体系在预制生产阶段的运行。在基于精益管理的装配式建筑智慧化管理体系运行此阶段时，不仅要将装配式构配件进行生产和运输，还要利用各类信息技术对每个构配件的位置和状态进行定位跟踪和实时更新工作，使各方参与者能够通过体系中的管理平台查询构配件的实际情况，有利于各阶段的工作安排和计划修改。

在进行装配式构配件的生产前，由于构配件的形状和尺寸不全是标准型，因此生产构配件所使用的模具也要多样化。在构配件预制生产的前期准备工作中，需要根据设计方案及图纸将构配件的材料、尺寸、需求安排等资料进行核实和检验，及时与设计人员和装配施工人员进行交流，进而制订合理的模具数量、材料采购量、预制生产计划以及材料的供应安排和构配件的运输安排。

在装配式构配件的预制生产过程中，首先应由采购人员和生产管理人员对采购的材料进行质量检测，并将材料的质量状况、产地、时间、批次等一系列相关信息录入体系中，进而实现质量监管和控制。将构配件原材料的相关信息在体系中转换成相应的信息格式后进行构配件的正式生产过程。通过利用前期准备的模具和自动化的机械设备对相应尺寸的装配式构配件进行自动修剪和制作。在整个生产过程中进行实时监控，并且利用 RFID 技术和 BIM 技术对生产出的构配件与设计阶段构件的建筑模型进行识别、比对。

在装配式构配件脱离模具之后，利用扫描技术将构配件的质量情况进行分析，最终将构配件的质量分析结果发送到管理人员的终端设备上，相关管理人员依据质量分析结果对构配件的合格、不合格状况进行反馈。生产合格的构配件需将其编号、尺寸数据、批次等相关信息制定成相应的二维码标签，由生产人员将构配件信息上传至体系的管理平台中并进行实时更新，实现装配式构配件的实时质量反馈和动态追溯目标。项目各参与方能够利用管理平台对装配式构配件的生产计划和实际状况进行了解，进而为后续的建造工作提供了依据和保障。

装配式构配件生产完成后，需要经生产环节的质量检测人员对构配件的质量进行检查，检查合格的装配式构配件投入施工环节。由于科学的运输计划能够直接影响后期的装配进度和建筑工期等一系列问题。因此，预制生产管理人员利用 BIM 技术和 GIS 技术对装配现场及现场周围进行位置分析和交通情况分析，同时结合设计方案和施工计划制订合理的装配式构配件的运输计划，并将构配件的运输时间、运输方式、运输人员、离场时间、质量检测人员信息、构配件的相关信息等内容录入至信息化管理平台中，并进行共享和实时更新，使装配施工的管理人员能随时掌握构配件的调离情况和储备情况，并能够及时做好构配件的存放和接收工作。

（3）体系在装配施工阶段的运行。装配施工阶段是装配式建筑全建造过程中最核心的阶段。

第一，施工前期准备。在施工前期准备过程中，装配式建筑在进行施工之前需要进行很多准备工作，以确保建筑项目能够顺利进行后期的施工工作。为了避免多种机械设备、不同专业队伍在同时施工时发生碰撞或互相干预等情况，需要利用体系中的信息化技术手段实现建筑项目在不同过程、不同专业施工方的情况下模拟化施工的过程，同时结合施工设备的施工范围、运输路线、存放位置等多项数据和信息对施工设备的进厂时间、施工运作时间进行协调和规划。并且装配式建筑的施工现场需要运输大量的装配式构配件、装配式施工机械设备、现浇设备和材料。

同时，构配件、材料和设备运输至施工现场后的存放位置和第二搬运计划也需要制定科学的方案。因此，需要通过对施工场地的运输路线和各类材料、设备的存放位置进行提前规划。利用体系中的信息软件对施工现场的空间位置和地理位置进行分析，根据分析结果优化运输路线并合理的搭建设备和材料的临时放置处。基于精益管理的装配式建筑智慧化管理体系中的平台层能够利用信息技术将平面化的场地和路线进行三维可视化展示。

此外，通过将建筑项目施工现场情况的实时监控上传至体系中，并与计划方案进行实时对比，进而得出合理的信息分析和比较，能够为各协同方的管理人员提供科学的管理依据。

第二，装配式构配件的管理。施工管理人员通过体系的平台层对装配式构配件的数量、生产进度等情况进行实时了解，并结合前期制订的运输计划，确定每天所需要的装配式构配件的类型和数量能够满足现场的施工需求。管理人员利用体系能够实时掌握构配件的运输情况，提前安排现场质检人员做好质量检查的准备工作，在构配件到达装配现场之后，检查人员利用质量检测工具高效地检查构配件的尺寸、密实度、平整度、露筋等一系列质量问题，对质量结果进行评定并通过手持终端设备将检查日期、质量结果、接收数量、返厂维修数量等信息上传至体系，通过体系中的分析软件将构配件的反馈数据上传至体系的平台层，能够让生产管理人员通过施工反馈的数据优化构配件的生产过程。

此外，对于构配件的放置位置也需要进行提前规划，根据体系平台层中上传的数据对将要运至现场的装配式构配件的形状、尺寸、放置形式、钢筋受力情况等特征，保障构配件在施工现场的放置需求。

第三，装配施工阶段的进度管理。在传统的进度管理过程中，管理人员需要在整个管理过程中依据建筑项目的实际施工状况和现场发生的变更，对计划进度进行不断地调整和修改。管理人员缺乏装配式建筑的管理经验时，会导致每天的进度计划与实际进度不匹配，很大程度上地影响了建筑项目的工期。

然而，基于精益管理的装配式建筑智慧化管理体系在进行进度管理时，利用虚拟化技术手段实现进度计划的三维可视化，能够为进度计划的修改提供支撑。同时，通过对建筑项目的施工过程进行虚拟模拟，对装配过程中的用料计划、运输计划、进度安排计划等进行优化。利用体系的集成功能对现场实际的施工数据进行采集，并与进度计划进行实时对比和分析，实现装配式建筑在施工阶段的实时管理和控制。根据装配式建筑的结构特征、装配式构配件的生产及运输计划、装配技术等方面对施工阶段的重要施工节点、特殊装配特征等工作进行时间节点的设定。

利用 BIM 技术实现虚拟化施工，进而更科学的模拟施工进度，实现每个装配式构件均具有相应的时间计划，装配任务之间能够构成合理的时间安排，改变传统管理过程中以管理者的主观想法制订进度计划所产生的弊端。该体系在进行施工阶段进度计划的编制时，将时间节点与虚拟施工的三维模型进行连接，能够更具体的展现可视化的虚拟施工过程，及时发现进度计划的偏差。

在众多实际案例中可以发现，虽然在装配施工之前制订了进度计划，但是在实际的装配施工过程中会出现很多需要变更的情况，导致出现很大的进度偏差。因此，编制完装配施工阶段的进度计划之后，仍需要对施工进度进行管理和控制，以确保施工阶段的工作能够达到预期的目的。该体系可利用 RFID 技术、物联网技术对施工现场的作业情况、施工数据进行实时监控、上传、更新。首先，依据体系实时上传的各类进度情况与前期制订的进度计划相比较，进而分析当前施工进度是否处于延迟或者超前的状态并进行合理的管控。其次，装配现场的施工人员依据管理平台中实时更新的进度计划，对相应工作区域所使用的装配式构配件进行提前调取和准备工作，施工人员通过利用手持终端设备读取装配式建筑项目的虚拟模型，对各个预制构配件的位置和类型进行一一对照和确认之后再进行装配施工。

在装配施工完成之后，需要对该装配工作的构配件信息、施工人员信息、施工日期、工作情况、安装方式、计划变更情况以及安装现场的温度、湿度、天气状况等一系列环境因素进行录入，并上传至体系中进行储存和分析。

第四，装配施工阶段的安全管理。建筑业的工作环境与工作范围与其他大部分行业相比较来说，施工过程更为复杂、工作人员的劳动强度高、施工环境较为恶劣、安全事故发生的次数更频繁。随着装配式建筑的规模日益增大，建筑项目在建造过程中也将越来越复杂，由各个专业的工作队在装配现场进行同时施工过程会增加安全风险。

因此，体系对装配式建筑进行模拟施工，对于重大节点、危险性较高的工作环节、特殊作业过程进行风险预测和分析，制定安全管理方案。利用 BIM 技术和 VR 设备进行安全事故模拟，能够使体验者直观、真实地感受到事故发生的全过程，进而增强施工现场各类人员的安全意识。

同时，培训施工现场人员正确佩戴和使用安全用品的流程，并且加强施工现场中危险位置的安全防护工作。该体系通过采用 RFID 技术将各类设备、材料、安全设施进行标记，当工作人员操作相关设备、使用材料或进入危险区域时能够立刻感应、并检查工作人员的安全设备是否佩戴齐全。结合 BIM 技术对装配过程中的各类人员、各项工作的安全情况呈现数字化的表达，并且分析装配过程中检查出各项风险因素。将 BIM 技术和 RFID 技术对安全管理的集成结果上传至体系中，使得管理人员能够实时掌握现场的安全状况。

综上所述，基于精益管理的装配式建筑智慧化管理体系进行安全管理能够有效解决传统安全管理方式中的信息不及时、管理不全面等问题，并且能够针对危险情况及时在平台中发出警报信号，能及时地保障现场的安全问题。

第五，装配施工阶段的质量管理。在装配施工阶段的质量管理过程中，利用体系对装配式建筑的施工阶段进行模拟，能够提前对施工质量和关键工作节点进行规划。在实际施工过程中，通过对已经完成装配工作的构配件进行质量检查，并记录质量过程和结果上传至体系的数据库中，对有质量问题的施工环节或构配件能够及时的进行维修或重新施工等补救措施。将每次上传至体系的质量问题、处理的方式和结果进行集成并建立质量管理数据库，分别对每个周、每个月、每个季度的质量情况进行分析，总结出易发生质量事故的工作环节并对之后施工过程中的质量管理情况进行预测。

结束语

在城乡建设绿色发展下，装配式建筑施工和技术发展的研究成为一个重要的课题。装配式建筑作为一种高效、环保的建筑方式，具有快速施工、节能减排、资源回收利用等优势，与绿色建筑理念相契合。因此，研究装配式建筑施工与技术发展对于促进城乡绿色发展具有积极意义。

随着城乡建设绿色发展的推进，装配式建筑施工和技术发展成为研究的焦点。装配式建筑作为一种先进的建筑方式，具有节能环保、工期短、质量可控等优势，逐渐成为城乡建设绿色发展的重要选择。

展望未来，装配式建筑施工将成为城乡建设绿色发展的主流趋势。通过技术的发展和应用，装配式建筑将不断提升施工效率、节能减排，并满足人们对于宜居环境的追求。同时，装配式建筑还将促进城乡建设的协调发展，提高建筑产业的可持续发展水平。

参考文献

1. 著作类

[1] 陈锡宝，杜国城.装配式混凝土建筑概论[M].上海：上海交通大学出版社，2017.

[2] 崔艳清，夏洪波，钟元.装配式建筑装饰施工与施工组织管理[M].成都：西南交通大学出版社，2019.

[3] 董珂，谭静，王亮，等.低冲击低消耗低影响低风险的城乡绿色发展路径[M].北京：中国建筑工业出版社，2022.

[4] 范幸义，张勇一.装配式建筑[M].重庆：重庆大学出版社，2017.

[5] 赵平，龚先政，林波荣，等.绿色建筑用建材产品评价及选材技术体系[M].北京：中国建材工业出版社，2014.

2. 期刊类

[1] 白庶，张艳坤，韩凤，等.BIM技术在装配式建筑中的应用价值分析[J].建筑经济，2015，36(11)：106-109.

[2] 蔡桂添.建筑装饰施工与装配式建筑施工新技术新材料的运用[J].中国科技投资，2019(35)：33，37.

[3] 蔡培.探究装配式建筑装饰装修工程项目管理模式[J].建筑技术研究，2022，5(4)：41-43.

[4] 蔡轩，马腾.非结构性混凝土构件预制装配式施工技术[J].施工技术，2020，49(24)：91-94.

[5] 柴莎莎.装配式木结构在古建筑中的研究与应用[J].建材与装饰，2021，17(26)：64-65.

[6] 陈骏，周毓载，伍永祥，等.装配式混凝土建筑外墙接缝密封胶施工技术[J].施工技术，2019，48(16)：44-47.

[7] 陈绍楠.BIM技术在建筑结构设计中的运用[J].科技资讯，2023，21(07)：86.

[8] 陈郯.预制装配式建筑施工技术研究[J].佛山陶瓷，2023，33(3)：101-103.

[9] 陈旭纯.绿色建筑 [J].建材发展导向（下），2011，9(2)：49-50.

[10] 崔育杰，许秋荻，陈治宇.Smart Ceiling 智能家居系统 [J].科技与创新，2022(3)：69-71，78.

[11] 邓卿，梁洋，黄秉章，等.装配式建筑成本偏高实证分析 [J].黑龙江科学，2023，14(7)：67-69.

[12] 高延继.绿色建筑与绿色建材的发展 [J].新型建筑材料，2000(4)：31-33.

[13] 胡高.装配式木结构体系在建筑设计中的应用 [J].装饰装修天地，2017(18)：194，197.

[14] 胡友陪，陈晓云.绿色建筑建造初探 [J].建筑学报，2010(11)：96-100.

[15] 贾文文.装配式建筑施工技术在建筑工程中的运用 [J].江苏建材，2023(2)：99-101.

[16] 贾晓辉.浅析装配式建筑装饰施工技术 [J].科海故事博览，2021(11)：24-25.

[17] 李功明.装配式建筑对现代建筑设计的影响研究 [J].智能建筑与智慧城市，2023(1)：88-90.

[18] 李广辉，邓思华，李晨光，等.装配式建筑结构 BIM 碰撞检查与优化 [J].建筑技术，2016，47(7)：645-647.

[19] 李凯文，纪敏，万鑫.装配式钢结构建筑研究 [J].城市建筑空间，2022，29(11)：254-255.

[20] 李旭辉，王经伟.共同富裕目标下中国城乡建设绿色发展的区域差距及影响因素 [J].自然资源学报，2023，38(2)：419-441.

[21] 李雪平.浅议绿色建筑设计 [J].工业建筑，2006，36(z1)：68-69，82.

[22] 李莹.预制装配式混凝土外墙施工技术 [J].混凝土与水泥制品，2015(1)：78-81.

[23] 李永琳，姜玉东，左恒原.基于 BIM 的智能家居系统设计 [J].建筑电气，2022，41(2)：11-14.

[24] 廖文清，杨志，王黎明，等.建筑工程现场装配式预制混凝土道路的构造与施工要点 [J].建筑技术，2019，50(10)：1252-1254.

[25] 林铛，齐天一.基于装配式木结构建筑设计与建造研究 [J].四川建材，2021，47(6)：60-61.

[26] 刘冠凤.浅谈绿色建筑与建筑节能 [J].东岳论丛，2008(4)：198-200.

[27] 刘光忱，温振迪，沈静，等.基于因子分析的装配式混凝土建筑质量影响因素研究 [J].建筑经济，2019，40(8)：97-101.

[28] 刘洪峰，廖小烽.谈绿色施工 [J].基建优化，2005，26(6)：27-28.

[29] 刘继鹏，萧树忠，张玲.装配式建筑施工混凝土质量管控分析 [J].建筑技术，2018，49(z1)：59-60.

[30] 刘军.装配式建筑中的建筑设计策略 [J].建材与装饰，2023，19(14)：48-50.

[31] 刘胜波，王兵，张兴伟，等.装配式木结构技术在历史建筑保护中的应用 [J].重庆建筑，2021，20(z1)：52-55.

[32] 楼聪.装配式建筑施工工艺研究 [J].价值工程，2023，42(6)：95-97.

[33] 骆文进.预制装配式混凝土建筑框架结构的施工力学分析 [J].混凝土，2019(10)：120-124.

[34] 任星辰.装配式 BIM 技术在建筑全生命周期中的应用 [J].铁道工程学报，2022，39(6)：90-94.

[35] 申琪玉，李惠强.绿色建筑与绿色施工 [J].科学技术与工程，2005，5(21)：1634-1638.

[36] 石帅，王海涛，王晓琪.预制装配式结构在建筑领域的应用 [J].施工技术，2014(15)：16-19，29.

[37] 史丽影，彭德华，晋继超，等.企业装配式建筑技术创新评价探析 [J].工程建设与设计，2023(6)：243-245.

[38] 司振超，闫许锋，刘雪靖.装配式施工技术在建筑装饰装修工程中的运用 [J].四川建材，2022，48(7)：204-205，229.

[39] 孙健.装配式钢结构住宅的探索与实践 [J].砖瓦世界，2023(3)：34-36.

[40] 孙倩倩，姜程.建筑设计在绿色建造低碳发展中的探析 [J].砖瓦世界，2023(10)：88-90.

[41] 陶红星，王少非，史亚彬，等.基于 BIM 技术的装配式钢结构建筑工程管理 [J].建筑技术，2022，53(3)：347-349.

[42] 田佳乐.BIM 技术在造价咨询中的应用研究 [J].建筑经济，2022，43(z2)：279-282.

[43] 王凤起.装配式混凝土建筑结构施工技术要点与研究 [J].建筑技术，2018，49(1)：15-21.

[44] 王根红.预制装配式建筑施工技术研究 [J].居业，2023(1)：161-163.

[45] 王琦.装配式木结构在建筑设计中的应用 [J].建筑技术开发，2019，46(12)：5-6.

[46] 王润霞.低能耗的绿色建筑 [J].天津大学学报(社会科学版)，2010，12(2)：

144-148.

[47] 王淑芳．装配式建筑成本分析及控制措施 [J]．砖瓦世界，2023(4)：82-84.

[48] 王永春．装配式建筑的监管一体化模式探索 [J]．建设监理，2023(5)：3-5.

[49] 武保焕．装配式钢结构建筑发展现状及展望 [J]．陶瓷，2023(3)：127-130.

[50] 肖绪文，李翠萍，于震平，等．绿色建造评价框架体系 [J]．绿色建造与智能建筑，2022(11)：7-11.

[51] 杨康．装配式建筑结构技术的研究 [J]．建筑与装饰，2023(4)：156-158.

[52] 杨乐．BIM 技术在装配式钢结构中的应用研究 [J]．建材与装饰，2023，19(7)：39-41.

[53] 叶浩文，苏衍江．用工业化思维做装配式建筑 [J]．工程管理学报，2023，37(1)：13-17.

[54] 叶劲毅．绿色施工技术探析 [J]．河南建材，2021(8)：44-45.

[55] 于晓静．生态激励机制建设背景下装配式混凝土建筑研究 [J]．环境工程，2022，40(1)：17.

[56] 袁新杰，陈绍微，王帅．基于精益管理思想的装配式建筑智慧化管理体系研究 [J]．河南科技，2022，41(5)：58-63.

[57] 张光宇．浅论装配式建筑 [J]．砖瓦世界，2020(22)：57.

[58] 张靖，陈培超，赵嘉邦．浅析装配式建筑成本控制措施 [J]．陶瓷，2023(2)：164-166.

[59] 张启志．基于 BIM 软件下的装配式建筑结构设计 [J]．钢结构，2018，33(2)：114-117.

[60] 张涛，孙弋宁，李鑫．装配式建筑成本控制研究 [J]．绿色建筑，2023(3)：62-64.

[61] 张伟权．装配式建筑施工技术研究 [J]．居业，2023(4)：34-36.

[62] 张玉青，王如华，王玉，等．基于 BIM 的装配式建筑智慧化管理体系研究 [J]．智能建筑与智慧城市，2021(3)：96-99.

[63] 赵亮．装配式建筑工程设计与应用 [J]．砖瓦，2023(3)：67-69.

[64] 赵平．浅议绿色发展 [J]．西部皮革，2018，40(20)：40.

[65] 赵青扬，刘畅，田立柱，等．装配式建筑的特点与发展 [J]．混凝土世界，2022(4)：27-30.

[66] 赵晓茜，韦妍．解读装配式木结构建筑的应用现状及展望 [J]．建材与装饰，2020(1)：27-28.

[67] 赵彦革，孙倩，魏婷婷，等．装配式建筑绿色建造评价体系研究 [J]．建筑

科学，2022，38(7)：134-140.

[68] 郑傕招. 装配式建筑结构设计中的剪力墙结构设计 [J]. 中国建筑金属结构，
2023，44(1)：166-168.

[69] 中建建筑承包公司. 绿色建筑概论 [J]. 建筑学报，2002(7)：16-18.

[70] 周鹏. 建筑装饰工程装配式设计与施工的技术分析 [J]. 装饰装修天地，
2020(3)：17.

[71] 朱亚鼎. 装配式木结构建筑应用概述 [J]. 建设科技，2018(20)：84-87.